U0173113

科学出版社"十四五"普通高等教育本科规划教材
基础化学创新课程系列教材

无 机 化 学

（上册）

主 编 李瑞祥

副主编 曾红梅 高道江 高文亮

科 学 出 版 社

北 京

内 容 简 介

全书共 24 章，分为上、下两册。上册共 12 章，讲述化学基本原理，包括物质的聚集状态、原子结构及元素性质的周期性、化学键与分子结构、配位化合物结构、化学热力学、化学反应速率、化学平衡、溶液、电解质溶液、难溶强电解质的沉淀溶解平衡、氧化还原反应、配位平衡。下册共 12 章，讲述元素及其化合物的基础知识，包括氢和稀有气体，碱金属和碱土金属，硼族元素，碳族元素，氮族元素，氧族元素，卤素，铜、锌副族，过渡金属(一)，过渡金属(二)，f 区元素，放射化学。本书重点体现无机化学的基础性、专业性，知识内容的条理性、系统性。

本书可作为高等学校化学类专业本科生的无机化学教材，也可作为其他相关专业学生的参考书。

图书在版编目(CIP)数据

无机化学：全 2 册 / 李瑞祥主编. —北京：科学出版社，2022.4
科学出版社"十四五"普通高等教育本科规划教材 基础化学创新课程系列教材
ISBN 978-7-03-071972-0

Ⅰ. ①无… Ⅱ. ①李… Ⅲ. ①无机化学-高等学校-教材 Ⅳ. ①O61

中国版本图书馆 CIP 数据核字（2022）第 048357 号

责任编辑：侯晓敏 李丽娇 / 责任校对：杨 赛
责任印制：赵 博 / 封面设计：迷底书装

科 学 出 版 社 出版
北京东黄城根北街 16 号
邮政编码：100717
http://www.sciencep.com

三河市骏杰印刷有限公司印刷
科学出版社发行 各地新华书店经销
*
2022 年 4 月第 一 版 开本：787 × 1092 1/16
2024 年 7 月第二次印刷 印张：19 插页：1
字数：486 000
定价：118.00 元（上、下册）
(如有印装质量问题，我社负责调换)

前　言

　　无机化学是化学类专业新生进入大学后的第一门专业基础课。刚脱离已习惯的中学教育模式，进入全新的大学学习，许多学生在该阶段不能很快适应。尤其是高考改革后，一部分高考没有选考化学或选考有机化学、未选结构模块的学生进入大学化学类专业学习。无机化学课程要起到承前启后的作用，不仅要引导学生尽快将学习习惯和思维方式过渡到大学要求的自主学习和创新性学习中，还要引导学生进入化学科学这个大门。因此，无机化学教材的基础性、可读性，知识内容的条理性、系统性，章节之间的有机衔接等显得十分重要。

　　基于无机化学课程的特点，编者结合在无机化学教学中多年的经验积累，在科学出版社和四川大学的支持下，组织长期在无机化学教学科研第一线、具有丰富教学和科研经验的老师共同编写了本书。

　　本书分为上、下两册，适合化学类专业本科生使用。

　　上册为化学原理部分，旨在为学生深刻理解元素及其化合物性质以及学习后续课程打好基础。化学是从原子、分子水平研究物质性质的一门科学。本书首先从原子结构、分子结构、配位化合物结构揭示物质化学变化的本质和基本理论，然后从微观过渡到宏观描述物质相互转化的物理化学性质和方法，即化学热力学、化学反应速率、化学平衡、电离平衡、沉淀平衡、配位平衡、氧化还原与电化学。

　　下册为元素及化合物部分，根据周期表中元素电子的填充规律，从氢和稀有气体开始，再依次从碱金属和碱土金属、硼族元素、碳族元素、氮族元素、氧族元素、卤素、铜锌副族、过渡元素(一)、过渡元素(二)到 f 区元素编排设计。对元素化学部分，以元素性质周期性变化规律为基础，突出了原子的电子结构决定元素及其化合物性质这一本质，体现元素及其化合物的性质变化的内在规律，以解决学生学习元素化学部分时感到内容多且杂，难以系统掌握的问题。在系统描述元素及其化合物结构和性质的基础上，在适当的章节结合相关知识点，简单地介绍在此基础上发展出的一些新物质、新理论及新应用，使基础知识和学科发展前沿有机结合，展现出基础知识和前沿科技发展的相关性，突出学习基础知识的重要性，激发学生的学习兴趣，增强学生的学习动力。

　　本书由李瑞祥、曾红梅、高道江、高文亮共同组织编写。参加本书编写工作的有：重庆理工大学杨顶峰(第 1、13 章)、四川师范大学高道江和赵燕(第 2、23 章)、四川大学周向葛(第 3 章)、四川大学曾红梅(第 4、19、21 章)、重庆大学高文亮(第 5 章)、成都理工大学范聪敏(第 6 章)、西南交通大学王萃娟(第 7、18 章)、重庆科技学院刘火安(第 8、11 章)、西华大学张燕(第 9、10 章)、四川大学鄢洪建(第 12 章)、四川大学刘科伟(第 14、16 章)、绵阳师范学院李辉容(第 15、20 章)、四川大学李瑞祥(第 17 章)、成都理工大学马晓艳(第 22、24 章)。全书由李瑞祥和曾红梅修改、统稿。

本书的出版得到了四川大学化学学院和科学出版社的大力支持,在此表示衷心的感谢。限于编者水平,书中难免有疏漏和不妥之处,恳请读者和同行批评指正。

编　者

2021 年 10 月

目　　录

第1章 物质的聚集状态

1.1 气 体

1.1.1 理想气体状态方程

为了方便研究气体的状态，人们将实际气体简化并抽象为一个理想模型，称为理想气体。其基本假定如下：

(1) 气体分子本身的体积可以忽略。当气体进入密闭容器后，能迅速且均匀地充满容器的整个空间，气体分子本身所占体积与容器体积相比忽略不计，即气体体积为它所占容器的体积。

(2) 将气体分子看成有质量的几何点且其分子之间的相互作用可忽略不计。当气体进入密闭容器后，认为分子与分子、分子与器壁之间的碰撞是弹性碰撞，即碰撞前后无动能损失。

一般情况下，在高温和低压条件下，气体分子之间的距离较远，分子之间的相互作用力较弱，此时气体的状态非常接近理想气体，故理想气体的模型在研究实际的气体性质时有重要的意义。人们通常用物理量如温度(T)、压力(p)、体积(V)和物质的量(n)研究气体物质状态行为。基于此，一些经验规律先后被发现与建立。早在 17 世纪中叶，英国科学家玻意耳(Boyle)在研究气体行为时提出：在 n 和 T 恒定不变的情况下，V 与 p 成反比。数学表达式为

$$pV = 常量 \quad (n、T 恒定) \tag{1-1}$$

19 世纪初，法国科学家查理(Charles)和盖·吕萨克(Gay-Lussac)发现在 p 恒定时，一定量气体的 V 与 T 成正比。数学表达式为

$$\frac{V}{T} = 常量 \quad (p、n 恒定) \tag{1-2}$$

19 世纪中叶，意大利物理学家和化学家阿伏伽德罗(Avogadro)提出了在恒压 p 和恒温 T 下，相同体积的任何气体含有相同的分子数。数学表达式为

$$\frac{V}{n} = 常量 \quad (p、T 恒定) \tag{1-3}$$

综合以上三个经验公式，可得

$$pV = nRT \tag{1-4}$$

式(1-4)称为理想气体状态方程。

此时，利用 $c = \dfrac{n}{V}$ 和 $n = \dfrac{m}{M}$，可以得到式(1-4)的两个变形公式：

$$p = \frac{nRT}{V} = cRT \tag{1-5}$$

$$pV = \frac{mRT}{M} \tag{1-6}$$

式中，p 为气体的压力，Pa；V 为体积，m³；n 为物质的量，mol；T 为热力学温度，K；c 为气体的物质的量浓度，mol·L⁻¹；m 为气体的质量，kg；M 为气体的摩尔质量，kg·mol⁻¹；R 为摩尔气体常量，其值为 8.314 J·mol⁻¹·K⁻¹。

实验中，人们在测试未知气体或易挥发蒸气的密度 ρ 时，可以将其视为理想气体，根据：

$$\rho = \frac{m}{V} = \frac{pM}{RT} \tag{1-7}$$

当未知气体的 M 已知时，就可以通过理想气体状态方程计算出在任意状态下气体的 ρ。

【例 1-1】　某石英管可以耐压 3.04×10⁵ Pa，在温度为 300 K 和压力为 1.013×10⁵ Pa 时使其充满气体。该石英管在多高的温度下将会炸裂？

解　由题意可知：$V_1 = V_2$，$n_1 = n_2$。根据式(1-4)，可得

$$\frac{p_1}{p_2} = \frac{T_1}{T_2}$$

因此

$$T_2 = \frac{p_2 T_1}{p_1} = \frac{3.04 \times 10^5\,\text{Pa} \times 300\,\text{K}}{1.013 \times 10^5\,\text{Pa}} = 900\,\text{K}$$

【例 1-2】　在有机合成实验中，经常会使用无水无氧的实验环境。在反应前，必须将装置中的空气用无水无氧的氮气进行置换。一般情况下，氮气压缩在钢瓶中，其容积为 50.0 dm³，在温度为 25℃时，压力为 15.0 MPa。

(1) 分别计算钢瓶中氮气的物质的量和质量；

(2) 若对实验装置用氮气进行三次洗涤置换后，钢瓶中氮气的压力下降为 13.5 MPa。试计算在 25℃及 0.1 MPa 下，平均每次置换洗涤所耗用氮气的体积。

解　(1) 根据题意，已知：$V = 50.0$ dm³，$T = (273.15+25)$ K，$p_1 = 15.0$ MPa $= 1.50 \times 10^4$ kPa，因此

$$n_1(\text{N}_2) = \frac{p_1 V}{RT} = \frac{1.50 \times 10^4\,\text{kPa} \times 50.0\,\text{dm}^3}{8.314\,\text{J·mol}^{-1}\text{·K}^{-1} \times 298.15\,\text{K}} = 302.6\,\text{mol}$$

再由 $n = \dfrac{m}{M}$，$M(\text{N}_2) = 28.0$ g·mol⁻¹，得

$$m(\text{N}_2) = n_1(\text{N}_2) M(\text{N}_2) = 302.6\,\text{mol} \times 28.0\,\text{g·mol}^{-1} = 8.47 \times 10^3\,\text{g} = 8.47\,\text{kg}$$

(2) 已知 $p_2 = 13.5$ MPa，$V = 50.0$ dm³，$T = 298.15$ K，此时消耗氮气的物质的量 $\Delta n(\text{N}_2)$ 为

$$\Delta n(\text{N}_2) = \frac{(p_1 - p_2)V}{RT} = \frac{(1.50-1.35) \times 10^4\,\text{kPa} \times 50.0\,\text{dm}^3}{8.314\,\text{J·mol}^{-1}\text{·K}^{-1} \times 298.15\,\text{K}} = 30.3\,\text{mol}$$

当在 298.15 K 及 0.1 MPa 下，每次置换洗涤所消耗氮气的体积 $V(\text{N}_2)$ 为

$$V(\text{N}_2) = \frac{1}{3} \times \frac{30.3\,\text{mol} \times 8.314\,\text{J·mol}^{-1}\text{·K}^{-1} \times 298.15\,\text{K}}{100\,\text{kPa}} = 250.4\,\text{dm}^3$$

【例 1-3】　在研究空气气体分离实验中，获得了一种干燥纯净的气体。若容器的体积为 0.500 dm³，质量为 65.301 g。收集气体后，在 30℃和 106.0 kPa 下，容器及气体的总质量为 65.887 g。试

计算收集气体的摩尔质量 M，并判断所收集气体可能为何物。

解　已知 $V = 0.500 \text{ dm}^3$，$T = 303.15 \text{ K}$，$p = 106.0 \text{ kPa}$，气体的质量为

$$m = 65.887 \text{ g} - 65.301 \text{ g} = 0.586 \text{ g}$$

根据 $pV = nRT = \dfrac{m}{M}RT$ 得气体摩尔质量为

$$M = \frac{mRT}{pV} = \frac{0.586 \text{ g} \times 8.314 \text{ J} \cdot \text{mol}^{-1} \cdot \text{K}^{-1} \times 303.15 \text{ K}}{106.0 \text{ kPa} \times 0.500 \text{ dm}^3} = 27.8 \text{ g} \cdot \text{mol}^{-1}$$

经计算获得的 M 与氮气的摩尔质量非常接近，因此推断收集的气体可能为氮气。

1.1.2　气体分压定律

若在同一容器中，存在两种或多种气体，假设气体之间无化学反应和相互作用力且分子本身的体积可以忽略不计，该混合气体称为理想气体混合物。其中，每一种气体称为该理想混合气体的组分气体。

混合气体所具有的压力称为总压，用 p 表示。组分气体 i 对器壁所施加的压力称为该组分气体的分压，用 p_i 表示。在相同温度下，组分气体 i 的分压 p_i 等于该组分气体 i 单独占有与混合气体相同体积时产生的压力。考虑到混合气体中分子间无相互作用，故组分气体 i 碰撞器壁产生的压力与其独立存在时是相同的，即在混合气体中，各组分气体是相互独立的。1801 年，英国科学家道尔顿(Dalton)提出：混合气体的总压 p 等于混合气体中各组分气体的分压 p_i 之和，其数学表达式为

$$p = \sum p_i \tag{1-8}$$

混合气体的物质的量用 n 表示，某组分气体 i 的物质的量表示为 n_i，存在：

$$n = \sum n_i \tag{1-9}$$

此外，用 x_i 表示组分气体 i 的摩尔分数，为

$$x_i = \frac{n_i}{n} \tag{1-10}$$

混合气体的总体积用 V 表示。某组分气体 i 的分体积用 V_i 表示，其大小可以理解为当组分气体 i 单独存在时，且其具有与混合气体相同压力时所占有的体积。组分气体 i 的体积分数定义为分体积 V_i 与混合气体的总体积 V 之比 $\dfrac{V_i}{V}$。

对于理想气体混合物，将道尔顿分压定律与理想气体状态方程结合，存在：

$$pV = nRT \tag{1-11}$$
$$p_iV = n_iRT \tag{1-12}$$
$$pV_i = n_iRT \tag{1-13}$$

式(1-11)～式(1-13)也称为理想气体混合物状态方程。

对比式(1-11)和式(1-12)，可得

$$\frac{p_i}{p} = \frac{n_i}{n} = x_i, \quad 即\ p_i = p \cdot x_i \tag{1-14}$$

对比式(1-11)和式(1-13)，可得

$$\frac{V_i}{V} = \frac{n_i}{n} = x_i, \quad 即\ p_i = p \cdot \frac{V_i}{V} \tag{1-15}$$

综上，对于理想气体混合物，道尔顿分压定律可表述为：①在温度与体积恒定时，混合气体的总压力等于各组分气体的分压力之和；②气体的分压力等于总压力乘以气体的摩尔分数或体积分数。

【例 1-4】　某恒定温度下，将 4×10^5 Pa 的 O_2 5 dm³ 和 3×10^5 Pa 的 N_2 10 dm³ 充入 10 dm³ 真空容器中，求混合气体各组分的分压及总压。

解　依据题意：$p_1(O_2) = 4 \times 10^5$ Pa，$V_1(O_2) = 5$ dm³。混合后，O_2 的分压为

$$p_2(O_2) = \frac{p_1(O_2)V_1(O_2)}{V_2(O_2)} = \frac{4 \times 10^5\,Pa \times 5\,dm^3}{10\,dm^3} = 2 \times 10^5\,Pa$$

同理，　$p_1(N_2) = 3 \times 10^5$ Pa，$V_1(N_2) = 10$ dm³，混合后，N_2 的分压为

$$p_2(N_2) = \frac{p_1(N_2)V_1(N_2)}{V_2(N_2)} = \frac{3 \times 10^5\,Pa \times 10\,dm^3}{10\,dm^3} = 3 \times 10^5\,Pa$$

混合气体的总压为　　　　$p_总 = p_2(O_2) + p_2(N_2) = 5 \times 10^5\,Pa$

【例 1-5】　某容器中含有 CO、H_2 和 H_2O 等混合物。取样分析后，得知其中 $n(CO) = 0.4$ mol，$n(H_2) = 0.2$ mol，$n(H_2O) = 0.1$ mol。混合气体的总压 $p = 100$ kPa。试计算各组分气体的分压。

解　根据题意，$n = n(CO) + n(H_2) + n(H_2O) = 0.4\,mol + 0.2\,mol + 0.1\,mol = 0.7\,mol$，依据分压定律 $p_i = \frac{n_i}{n}p$，得

$$p(CO) = \frac{n(CO)}{n}p = \frac{0.4\,mol}{0.7\,mol} \times 100\,kPa = 57.1\,kPa$$

$$p(H_2) = \frac{n(H_2)}{n}p = \frac{0.2\,mol}{0.7\,mol} \times 100\,kPa = 28.6\,kPa$$

$$p(H_2O) = p - p(CO) - p(H_2) = 100\,kPa - 57.1\,kPa - 28.6\,kPa = 14.3\,kPa$$

1.1.3　气体扩散定律

1831 年，英国物理学家格雷姆(Graham)提出：在同温、同压下气体物质的扩散速率与其密度的平方根呈反比例关系。若某种气体的扩散速率为 u，密度为 ρ，存在：

$$u = \frac{c}{\sqrt{\rho}} \tag{1-16}$$

式中，c 为比例系数。若存在两种不同气体 m 和 n，其扩散速率、密度和相对分子质量分别用 u_m 和 u_n、ρ_m 和 ρ_n、M_m 和 M_n 表示，由式(1-7)可得

$$u_{\mathrm{m}} = \sqrt{\frac{\rho_{\mathrm{n}}}{\rho_{\mathrm{m}}}} = \sqrt{\frac{M_{\mathrm{n}}}{M_{\mathrm{m}}}} \tag{1-17}$$

即同温、同压下，气体的扩散速率与其密度和相对分子质量的平方根成反比。

【例 1-6】 某未知气体在扩散仪器内以 10.00 mm·s⁻¹ 的速率扩散，在此仪器内 CH₄ 气体以 30.00 mm·s⁻¹ 的速率扩散，计算此未知气体的近似相对分子质量。

解 若 CH₄ 用 A 表示，未知气体用 B 表示，CH₄ 的相对分子质量 $M_{\mathrm{A}} = 16.04$，根据气体扩散定律：

$$\frac{u_{\mathrm{A}}}{u_{\mathrm{B}}} = \sqrt{\frac{M_{\mathrm{B}}}{M_{\mathrm{A}}}} \qquad \frac{(u_{\mathrm{A}})^2}{(u_{\mathrm{B}})^2} = \frac{M_{\mathrm{B}}}{M_{\mathrm{A}}}$$

$$M_{\mathrm{B}} = M_{\mathrm{A}} \cdot \frac{(u_{\mathrm{A}})^2}{(u_{\mathrm{B}})^2} = 16.04 \times \frac{(30.00)^2}{(10.00)^2} = 144.4$$

故未知气体的相对分子质量约为 144.4。

1.1.4　气体分子的速率分布和能量分布

在容器内，气体分子无时无刻不断地做无序运动，分子间碰撞频繁。分子的运动速率在随时改变，在任一瞬间，单个分子的速率是完全偶然的，无法预测。但当温度一定时，大量气体分子的运动则遵循一定的统计规律。1859 年，麦克斯韦(Maxwell)依据概率论的方法提出：处于平衡态的理想气体的分子可以用分子数按速率的分布进行描述，称为麦克斯韦速率分布规律。对于某一速率 u 附近，假设其速率区间 $u \to u + \mathrm{d}u$ 内的分子数 $\mathrm{d}N$ 占总分子数 N 的百分比为 $\dfrac{\mathrm{d}N}{N}$，存在：

$$\frac{\mathrm{d}N}{N} = f(u)\mathrm{d}u \tag{1-18}$$

式中，$\dfrac{\mathrm{d}N}{N}$ 也代表气体分子的速率处在 $u \to u + \mathrm{d}u$ 的概率值；$f(u) = \dfrac{\mathrm{d}N}{N\mathrm{d}u}$ 称为速率分布函数，它表示速率在 u 附近单位速率区间中的分子数占总分子数的百分比。式(1-18)表明，不同的速率区间 $u \to u + \mathrm{d}u$ 内，分子百分比 $\dfrac{\mathrm{d}N}{N}$ 是不同的，其与速率区间的大小 $\mathrm{d}u$ 成正比。利用概率的归一化条件可得分布函数 $f(u)$ 也具有归一化性质，存在：

$$\int_0^\infty f(u)\mathrm{d}u = \int_0^N \frac{\mathrm{d}N}{N} = 1 \tag{1-19}$$

可以这样认为，全部分子的速率总会出现在 $0 \to \infty$ 的范围内。因此，在全速率区间 $u \to u + \mathrm{d}u$ 内分子出现的概率为 1。进一步研究发现在温度为 T 的平衡态下，速率在 u 附近处于速率间隔为 $u \to u + \mathrm{d}u$ 内的分子数占总分子数的百分比满足如下方程：

$$\frac{\mathrm{d}N}{N} = 4\pi \left(\frac{m}{2\pi kT}\right)^{\frac{3}{2}} \exp\left(-\frac{mu^2}{2kT}\right)u^2\mathrm{d}u \tag{1-20}$$

式中，T 为气体的温度；m 为气体分子的质量；k 为玻尔兹曼常量。对比式(1-18)，可以得到

速率分布函数 $f(u)$ 的具体表达式为

$$f(u) = 4\pi \left(\frac{m}{2\pi kT}\right)^{\frac{3}{2}} \exp\left(-\frac{mu^2}{2kT}\right)u^2 \tag{1-21}$$

由式(1-21)可得，当气体的质量 m 一定时，速率分布函数 $f(u)$ 只与温度 T 有关。

以速率 u 为横轴，速率分布函数 $f(u)$ 为纵轴，根据式(1-21)可画出麦克斯韦速率分布曲线(图1-1)。在图中曲线下面 u 处、宽度为 $\mathrm{d}u$ 的矩形窄条的面积 $\mathrm{d}\sigma = f(u)\mathrm{d}u$ 表示在 $u \to u + \mathrm{d}u$ 速率区间内的分子数与总分子数的百分比 $\dfrac{\mathrm{d}N}{N}$。图中 $u_1 \to u_2$ 范围曲线下的曲边形面积为

$$\Delta\sigma = \int_{u_1}^{u_2} f(u)\mathrm{d}u = \frac{\Delta N}{N} \tag{1-22}$$

式(1-22)表示在宏观速率区间 $u_1 \to u_2$ 内分子出现的概率。于是曲线下的总面积则表示速率分布在整个速率空间的分子的概率之和为 1。当给定温度 T_1 时，$f(u)$ 先随速率增加而增大，达到最大值后，再随速率增加而减小。再者，气体分子的速率可以在零到无穷大之间取值。更重要的是，具有很大速率或很小速率的分子出现的概率小，此类分子数目占少数。而具有中等速率的分子所占比例较大，出现的概率大。值得注意的是，曲线的极大值对应的速率称为最概然速率 u_p，表示在 u_p 附近单位速率区间内分子出现的概率是最大的。当温度升高到 $T_2(T_2 > T_1)$ 时，速率分布曲线 $f(u)$ 向右移动，曲线高度降低，覆盖面加宽，整个曲线变得较为平坦。温度的升高表明，整体的气体分子的运动速率普遍增大，具有较高速率的分子数目增大，最概然速率 u_p 也随着温度的上升而变大，但是具有这种速率的分子数目在减小。

气体分子的能量与其速率分布密切相关，因此其能量分布与速率分布有类似的分布规律，满足麦克斯韦-玻尔兹曼能量分布。当气体处于温度为 T 的平衡态时，在坐标间隔($x \to x + \mathrm{d}x$, $y \to y + \mathrm{d}y$, $z \to z + \mathrm{d}z$)和速率间隔($u_x \to u_x + \mathrm{d}u_x$, $u_y \to u_y + \mathrm{d}u_y$, $u_z \to u_z + \mathrm{d}u_z$)内的分子数 $\mathrm{d}N$ 为

$$\mathrm{d}N = 4\pi N \left(\frac{m}{2\pi kT}\right)^{\frac{3}{2}} \exp\left(-\frac{E}{kT}\right)u^2 \mathrm{d}u_x \mathrm{d}u_y \mathrm{d}u_z \mathrm{d}x \mathrm{d}y \mathrm{d}z \tag{1-23}$$

式(1-23)是气体分子按能量的分布规律，也称为麦克斯韦-玻尔兹曼能量分布规律，它描述了分子按总能量 E 的分布规律，如图 1-2 所示。E_0 是某种特定分布分子的能量数值，阴影部分面积表示能量大于 E_0 的分子数占总分子数的百分比 $\dfrac{\mathrm{d}N}{N}$。E_0 的数值越大，高能量的分子数百分比越小。

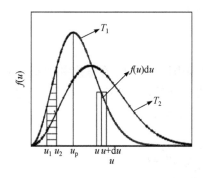

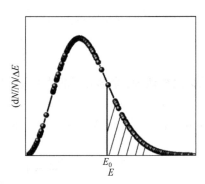

图 1-1　麦克斯韦速率分布曲线　　　　　　图 1-2　麦克斯韦-玻尔兹曼能量分布

【**例 1-7**】 有 N 个粒子,已知其速率分布函数为 $f(u)$,求在 $u_1 \sim u_2$ 速率区间内的分子数 ΔN_{12}。

解 根据式(1-18),速率在 $u \to u + \mathrm{d}u$ 区间内的分子数为 $\mathrm{d}N = Nf(u)\mathrm{d}u$,于是在 $u_1 \sim u_2$ 速率区间内的分子数为

$$\Delta N_{12} = \int_{u_1}^{u_2} \mathrm{d}N = \int_{u_1}^{u_2} Nf(u)\mathrm{d}u = N\int_{u_1}^{u_2} f(u)\mathrm{d}u$$

1.1.5 实际气体状态方程

前面讨论到在压力不太大、温度不太高的情况下,可以使用理想气体模型研究气体的性质。实验研究发现,当气体处于较低温度和较高压力时,使用理想气体的状态方程研究实际气体将产生较大的误差。因为在实际气体中,分子间的相互作用和分子本身的体积不能忽略。若要讨论实际气体,就必须对理想气体状态方程进行修正。为了描述真实气体的状态性质,目前人们已经提出近 200 种状态方程。大致分为两类:第一类是建立在一定的物理模型基础上,通过引入物理参数推导出来的半经验状态方程,其典型代表是范德华方程,这类方程具有明确的物理意义。第二类往往是为研究某种特定的气体而发展的纯经验公式,这类方程不具有普遍性,但它能在给定的温度和压力范围内得出较为精确的结果,其中最有代表性的是维里方程(virial equation)。

1873 年,荷兰科学家范德华(van der Waals)在前人研究的基础上,通过引入压力修正项和体积修正项,获得用于研究中、高压力下的实际气体状态方程——范德华方程。在实际气体中,一方面分子的自身体积不可忽略,分子不再是理想质点;另一方面,当压力增大后,分子的活动空间受到压缩而变小,分子间的相互作用力越发明显,已不能忽略。这里引入 1 mol 实际气体分子本身的体积 b,理想气体摩尔体积 V_m。由此,实际气体的摩尔体积为理想气体摩尔体积减去分子自身体积修正项 b,即 $V_m - b$。因此,经过对理想气体状态方程中体积项修正后,得到实际气体状态方程为

$$p(V_m - b) = RT \tag{1-24}$$

在实际气体中由于存在分子间的相互吸引力,这时施加在单位面积器壁上的力要比忽略分子间吸引力时的小。理想气体的压力应该为实际气体的压力 p_r 与由于分子间引力而减小的压力 p_i 之和。此时,存在:

$$(p_r + p_i)(V_m - b) = RT \tag{1-25}$$

式中, p_i 又称为内压力,是由于分子间吸引力而产生的。对一个即将碰撞器壁的分子而言,内压力 p_i 一方面与内部气体的分子数成正比,另一方面又与碰撞到器壁上的分子数成正比。在同一容器内,这两部分分子的浓度相同,即 p_i 与分子数的平方成正比。对 1 mol 气体而言,一定温度下气体的分子数与摩尔体积成反比,因此内压力 p_i 可表示为

$$p_i = \frac{a}{V_m^2} \tag{1-26}$$

式中，a 为压力修正项常数，$Pa \cdot m^6 \cdot mol^{-2}$。一般而言，分子间吸引力越大，$a$ 的值就越大。

将式(1-26)代入式(1-25)得

$$\left(p_r + \frac{a}{V_m^2}\right)(V_m - b) = RT \tag{1-27}$$

式(1-27)表示实际气体为 1 mol 时的实际气体状态方程。

式(1-27)两边同时乘以物质的量 n，得

$$\left(p + \frac{n^2 a}{V^2}\right)(V - nb) = nRT \tag{1-28}$$

式(1-27)和式(1-28)都是范德华方程，其中 a、b 称为范德华常数。

表 1-1 列出了一些气体的范德华常数。通常情况下，在任意温度和压力条件下都能满足范德华方程的气体均称为范德华气体。但当气体压力 p 无限小且趋于 0 时，摩尔体积 V_m 则趋于 ∞，$\left(p + \frac{a}{V_m^2}\right)$ 及 $(V_m - b)$ 分别化简为 p 及 V_m，范德华方程最终还原为理想气体状态方程。

表 1-1　一些气体的范德华常数

气体	$a \times 10^3/(Pa \cdot m^6 \cdot mol^{-2})$	$b \times 10^3/(m^3 \cdot mol^{-1})$
H_2	24.32	26.6
Ar	135.3	32.2
N_2	136.8	38.6
O_2	137.8	31.8
NO	141.8	28.3
CO_2	365.8	42.8

维里方程是昂内斯(Onnes)于 20 世纪作为纯经验方程提出的，通常有下列两种形式：

$$pV_m = RT\left(1 + \frac{B}{V_m} + \frac{C}{V_m^2} + \frac{D}{V_m^3} + \cdots\right) \tag{1-29}$$

$$pV_m = RT\left(1 + B'p + C'p^2 + D'p^3 + \cdots\right) \tag{1-30}$$

两式中的 B、C、$D\cdots$ 与 B'、C'、$D'\cdots$ 分别称为第二维里系数、第三维里系数、第四维里系数，它们都是温度 T 的函数，且与气体本身性质相关。两式中的维里系数从数值到单位都不相同，其数值往往可由实验得到的 p、V、T 数据拟合得出，像范德华方程一样，当压力 $p \rightarrow 0$ 时，摩尔体积 $V_m \rightarrow \infty$，维里方程即还原为理想气体状态方程。

1.2　液　体

1.2.1　气体的液化

由于热运动，分子往往进行扩散，同时分子间的吸引力又使其聚集在一起。当热运动的

作用大于分子间吸引力时，物质倾向于形成气体，反之形成液体。气体变成液体的过程称为液化，液体变成气体的过程称为蒸发。若要使气体进行液化，则需要减小分子间的距离，增加分子间的引力，通常可以采用降温和加压的方式实现。研究表明，单纯用降温的方法可以使所有气体进行液化，但是单靠加压的方法不能使所有气体液化。对于某些气体，只有将温度降到一定的数值之后，再施加足够大的压力才能进行液化。若温度高于这个数值，无论施加多大压力都不能达到液化的目的。这是因为不能使分子间的距离无限地缩小，倘若在最短的距离，分子间的引力仍然不能大于热运动的作用，气体分子自然就不能进行液化了。此外，分子间的引力与其结构密切相关，不同结构的分子其分子间引力大小也不同，温度要降到何种程度气体才能液化取决于气体的种类。使用加压的方法能使气体液化的最高温度称为临界温度，以 T_c 表示。在临界温度时，使气体液化所需的最低压力称为临界压力，以 p_c 表示；在临界温度和临界压力下，1 mol 气态物质所占的体积称为临界体积，以 V_c 表示；密度为临界密度 D_c。T_c、V_c、p_c、D_c 统称为临界参数，表 1-2 列出一些气体的熔点、沸点和临界温度。从表 1-2 可以看出，He、H_2、N_2、O_2 等非极性分子的熔点、沸点低，临界温度很低，难以液化，原因是其分子间作用力很小，而一些强极性分子如 NH_3 等容易液化。

表 1-2　一些气体的熔点、沸点及临界温度

温度/K	气体						
	He	H_2	N_2	O_2	CO_2	NH_3	Cl_2
T_m	1	14	63	54	217	195	122
T_b	4.6	20	77	90	195(升华)	240	239
T_c	5.2	33.2	126.0	154.3	304.2	405.5	417.1

1.2.2　液体的气化

在液体中，分子之间的距离比气体小得多，其压缩系数小于气体。因此，液体分子间的相互作用力比气体分子之间的作用力强得多，换言之，液体的黏度大于气体。在较强的相互作用力作用下，液体分子与气体分子表现出不同的性质。液体没有固定的外形和显著的膨胀性，有确定的体积，一定的流动性和表面张力，固定的凝固点和沸点。在临界温度以下，气体转化为液体，但分子的热运动并未停止，处于液体表面的少数分子能克服分子间作用力重新逸出液面变成气体，此过程称为液体的气化。如果将液体放置于密闭的容器中，蒸气分子则不至于逃走，已形成蒸气的分子又可能重新碰撞到液面上凝聚为液态。蒸发与凝聚两个过程同时进行，初始阶段前者占据优势，因此气相中分子逐渐增多，接着分子返回液相的机会增大，到一定程度时，单位时间内分子的出入数目相等，此时两个过程达到动态平衡。处于动态平衡的气体称为饱和蒸气，饱和蒸气对密闭容器的器壁所施加的压力称为饱和蒸气压，简称蒸气压。蒸气压是液体的重要特性之一，它是温度的函数，在一定温度下，液体的蒸气压是一个定值，与气体的体积和液体的浓度无关。液体蒸气压随温度有明显的变化，当温度升高时分子的动能增加，表面层分子逸出液面的机会增加，随之气体分子返回液面的数目也逐渐增大，直到建立起一个新的平衡状态，这个过程的总结果还是饱和蒸气压增大。若将饱和蒸气压对温度作图，则可得到一条曲线，称为蒸气压曲线。

1.3　固　　体

与气体和液体相比，固体具有固定的体积和形状。相对来说，固体内部的组成原子之间具有更强的吸引力，位置较为固定。一般情况下，按照原子排列方式的特点，固体分为晶体、非晶体和准晶体。

1.3.1　晶体

人们早在研究矿物晶体时就发现晶体具有规则的几何外形，在理想情况下往往形成凸多面体。经过长期的研究，到 19 世纪建立了比较完善的几何晶体学并推断晶体中原子的排列是有规律的。20 世纪初，利用 X 射线衍射的方法认识到晶体中原子的周期性是晶体最基本的特征。因此，在晶体中，其结构单元(原子、分子或离子)具有三维长程有序周期性排列的显著特征。晶体内部存在对称要素，如对称面、对称轴和对称中心等。通过引入"群"的理论，晶体中的全部对称性存在的空间群共有 230 种，分属于 32 个点群。根据对称性高低可以将自然界中的晶体分为高级晶族(立方晶系)、中级晶族(三方晶系、四方晶系和六方晶系)和低级晶族(正交晶系、单斜晶系和三斜晶系)。晶体的对称性不仅体现在外形上，还体现在其物理化学性质上。晶态材料在物理性质上往往表现出各向异性，如在不同方向上具有不同的电导率、热导率、热膨胀系数、弹性常数及折射率等。此外，晶体具有固定的熔点，这是由其周期性特点决定的。当温度升高晶体开始熔化时，各部分需要的温度相同。按照化学键来分，晶体又分为分子晶体、离子晶体、金属晶体和原子晶体。

近年来，晶体作为晶态功能材料发挥着重要作用，如非线性光学材料、热电材料、铁电材料、压电材料等。

1.3.2　非晶体

与晶体结构不同，非晶体的显著特征是其内部原子在微观空间内无平移周期性。通常情况下，非晶体不呈现宏观多面体外形。在结构上，非晶体与液体比较相似，故又称非晶体为过冷液体。玻璃具有常见的非晶体结构，故非晶体状态又称为玻璃态，有时也称为无定形态。非晶体的物理性质具有各向同性的特点，如玻璃的折射率、热扩散系数及热膨胀系数等一般不随测试方向的改变而出现较大的差异。非晶体材料没有固定的熔点，如玻璃随温度的升高而逐渐变软，最后变成液体。在玻璃整个熔化的过程中没有出现固定的熔点，只体现出一段较宽的软化温度范围。此外，非晶体不会自发地生长并表现出多面体外形。当一些金属、氧化物或硼酸盐急速冷却时呈现出非晶态，这往往是构成物质的晶粒来不及进行有序排列而形成晶体。因此，也可以说非晶体是热力学介稳态。在一定条件下，晶化速度较慢的非晶体会转化成晶体。通过 X 射线衍射可以有效地区分晶体材料与非晶体材料。近年来，非晶体材料如硅酸盐玻璃、稀土磷酸盐玻璃、稀土碲化物和石英玻璃先后被开发用于光学透镜和光纤等，这些光学材料都是当代信息社会发展的重要物质基础。

1.3.3　准晶体

在传统的晶体研究中只可能有 1 重、2 重、3 重、4 重和 6 重旋转轴或者反轴。由于晶格平移性，晶体不可能具有 5 重对称性。然而，1984 年史莱特曼(Schechtman)等在研究骤冷的合金 Al_6Mn 时，发现了具有 5 重对称性的二十面体结构的新相。其选区电子衍射结构分析表明它不是非晶体。随后一系列具有 8 重、10 重和 12 重对称性的相相继被报道。这些相统称为准晶体相，其结构介于晶体和非晶体之间，具有准周期的有序结构。在数学上，准晶体可以通过彭罗斯(Penrose)图来描述，一维准晶体组成一维彭罗斯图的两种不同长度的线段满足斐波那契(Fibonacci)序列。准晶体具有许多特殊的性质，如低摩擦系数、高硬度、低热导率和低表面能等优点。

1.4　特殊物态介绍

1.4.1　超临界流体

继气体、液体和固体之后，超临界流体成为最近人们发现的新型物质状态。超临界流体是指物质的温度和压力高于其临界温度 T_c 和临界压力 p_c 时所处的特殊流体状态。对一个气、液相平衡的系统而言，对其升温加压，热膨胀会引起液体的密度逐渐变小，同时压力使气相的密度增大。当温度和压力达到某一点时，气、液两相的相界面消失，成为均相体系，这一点就是临界点，如图 1-3 所示。

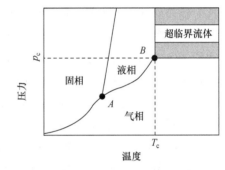

图 1-3　某种纯物质的温度与压力相图

当某种物质的 T 和 p 高于其 T_c 和 p_c 时，物质处于超临界状态，称为超临界流体。超临界流体既不属于气体也不属于液体，具备特殊的物理化学性质。一方面，超临界流体具有类似液体的良好的溶剂化能力和流动性，表面张力为零；另一方面，超临界流体又具有类似气体的低黏度和较大的扩散系数，有利于传质和热交换。表 1-3 给出了一些超临界流体和气体及液体性质的比较。

表 1-3　超临界流体和气体及液体性质的比较

性质	气体(常温、常压)	超临界流体	液体(常温、常压)
密度/($g \cdot cm^{-3}$)	$0.0006 \sim 0.002$	$0.2 \sim 0.9$	$0.6 \sim 1.6$
黏度/($mPa \cdot s$)	10^{-2}	$0.03 \sim 0.1$	$0.2 \sim 3.0$
扩散系数/($cm^2 \cdot s^{-1}$)	10^{-1}	10^{-4}	10^{-5}

此外，大量的研究表明 T 或 p 的较小变化可以引起超临界流体密度的巨大变化，而密度是影响其溶解能力的关键。因此，通过调控超临界流体的 T 或 p 控制体系的热力学性质、传热系数、传质系数、化学反应速率和选择性等可以用来研究化学反应和化合物分离。例如，基于超临界流体，先后发展了超临界流体萃取、超临界流体色谱和超临界化学反应等新型的分离及反应技术。许多天然产物有效成分的提取都使用了超临界流体萃取技术，如从咖啡豆中提取咖啡因、从大豆或玉米胚中分离出甘油酯等。表 1-4 给出了实验中常用的一些超临界流体的 T_c、p_c 和临界密度。

表 1-4　一些常用超临界流体的临界参数

溶剂	$T_c/℃$	p_c/MPa	临界密度/$(g \cdot cm^{-3})$
二氧化碳	31.1	7.38	0.448
乙烷	32.2	4.89	0.203
丙烷	96.6	4.19	0.217
正戊烷	196.5	3.38	0.232
氨	132.3	11.20	0.235
水	374.1	21.83	0.315

1.4.2　等离子体

随着温度的升高，物质的状态由固态转变为液态，继而转变为气态。此时，如果进一步升高温度或者加入电场使原子外层的电子摆脱原子核的束缚成为自由电子，气体将会电离。这时物质的状态是由带正电的原子和带负电的电子通过库仑作用构成的新聚集态，称为等离子体。在等离子体中，负电荷总数等于正电荷总数，它是由电子、正离子、自由基及少数中性原子组成的一种高度电离的独特系统。在宇宙中，等离子体是一种普遍存在的状态，如太阳就是一个灼热的等离子体，地球外部的电离层也是等离子体。日常生活中也有很多等离子体，如霓虹灯中的辉光放电。等离子体最早是在 1879 年被英国物理学家克鲁克斯(Crookes)研究放电管中电离气体时发现的，之后在 1927 年美国化学家朗缪尔(Langmuir)把这种导电气体称为等离子体。作为一种特殊的物质状态，等离子体具有如下特征：

(1) 导电性：等离子体内部存在带负电的自由电子和带正电的离子。

(2) 电中性：在一定的空间和时间尺度内，正、负电荷总数相等，体系呈现出电中性。

(3) 较高的反应活性：等离子体中包含大量的离子、电子、激发态分子及自由基等高活性物种，有利于参与各种化学反应。

等离子体由于上述特殊的"高能量"和"高密度"，广泛用于合成化学、薄膜制备及精细化学品等领域。例如，使用高频感应等离子发生器将 O_2 加热到 2000℃，再与气态的 $TiCl_4$ 反应，骤冷后即可得到微粒状钛白粉 TiO_2。再如，利用等离子体技术制备金刚石薄膜，解决了传统人工合成金刚石方法中的条件苛刻、产物纯度不高等问题，方法是使用微波电场产生 CH_4 和 H_2 的等离子体，在等离子体中发生如下化学反应：

$$H_2 \longrightarrow 2H \cdot$$

$$H \cdot + CH_4 \longrightarrow \cdot CH_3 + H_2$$

$$\cdot CH_3 \longrightarrow C(金刚石) + 3H \cdot$$

在 800~900℃和压力 $3×10^3$~$4×10^3$ kPa 的条件下，H_2 促进了甲烷的热分解反应，有利于得到高纯度的金刚石薄膜。等离子体技术还可以用来冶炼一些高熔点材料，如锆(Zr)、钛(Ti)、钽(Ta)、铌(Nb)、钒(V)、钨(W)等金属；也可以用来焊接合金钢，以及铝、铜、钛等及其合金，其特点是焊缝平整，焊接速度快。

习 题

1-1 名词解释

(1) 理想气体 　　　　(2) 气体分压定律 　　　　(3) 气体扩散定律

(4) 麦克斯韦速率分布 　(5) 麦克斯韦-玻尔兹曼能量分布 　(6) 范德华方程

(7) 晶体 　　　　　(8) 准晶体 　　　　　(9) 超临界流体

(10) 等离子体

1-2 简答题

(1) 理想气体状态方程是什么？其假设条件和应用条件是什么？

(2) 实际气体与理想气体发生偏差的原因是什么？实际气体的范德华方程在理想气体状态方程的基础上做了哪些修正？

(3) 依据麦克斯韦速率分布曲线，尝试解释曲线处于最高值的物理意义。其与温度的关系如何？

(4) 简要概述晶体与非晶体的区别。

(5) 查找相关资料，了解超临界技术在无机合成方面的应用情况。

1-3 计算题

(1) 某气体在 293 K 和 99.7 kPa 时的体积为 0.30 dm^3，质量为 0.343 g。判断它可能为哪种气体。

(2) 某混合气体氢气和氮气，在 300 K 时压力为 200 kPa，现将该气体的体积膨胀至原体积的 4 倍，压力变为 100 kPa。求膨胀后混合气体的温度。

(3) 在等压条件下，一敞口烧瓶在 300 K 时盛有某气体，若使瓶内 1/3 的气体逸出瓶外，需要将烧瓶加热到多高的温度？

(4) 在一定温度下，将 0.88 kPa 的氮气 3.0 dm^3 和 1.05 kPa 的氢气 1.0 dm^3 混合在 2.0 dm^3 的密闭容器中。若混合前后温度不变，计算混合气体的总压。

(5) 0.030 g 某金属与酸完全作用后，生成等物质的量的氢气。在 18℃ 和 100 kPa 下，用排水集气法在水面上收集到氢气 0.0305 dm^3。若 18℃ 时水的饱和蒸气压为 2.1 kPa，求此金属的相对原子质量。

(6) 在温度为 298 K、压力为 2.13×10^5 Pa 时，在一个体积为 1.20 dm^3 的容器中充满 NO 和 O$_2$ 混合气体。反应一段时间后，瓶内总压变为 10.6 ×10^4 Pa。计算生成 NO$_2$ 的质量。

(7) 某容器中含有 8.8 g CO$_2$、28 g N$_2$ 和 25.6 g O$_2$，测得气体总压为 2.026 ×10^5 Pa，计算各组分的分压。

(8) 在 273 K 时，将相同初压的 3.0 dm^3 N$_2$ 和 2.0 dm^3 O$_2$ 压缩到一个容积为 2.0 dm^3 的真空容器中，混合气体的总压为 3.26 ×10^5 Pa。求：

　　(a) 两种气体的初压；

　　(b) 混合气体中各组分气体的分压；

　　(c) 各气体的物质的量。

(9) 由 C$_2$H$_4$ 和过量 H$_2$ 组成的混合气体的总压为 8 kPa。使混合气体通过铂催化剂进行下列化学反应：

$$C_2H_4(g) + H_2(g) \longrightarrow C_2H_6(g)$$

待完全反应后，在相同的温度和体积下，压力降为 4 kPa。求原混合气体中 C$_2$H$_4$ 的摩尔分数。

第 2 章　原子结构及元素性质的周期性

物质由分子或原子这样的微观粒子组成，而原子又是通过原子核和核外高速运动的电子构成。原子是化学反应的物质承担者，化学反应的过程本质上就是原子的重新组合与排列的过程。人们通过化学反应改变物质、合成新物质，为人类创造财富。原子、分子是微观粒子，微观粒子运动遵循的规律与宏观质点运动遵循的规律完全不同，前者遵循的是量子力学，后者遵循的则是经典物理学。因此，要从本质上掌握原子结构及元素性质的周期性，必须首先认识微观粒子的特征，理解微观粒子遵循的运动规律，然后在此基础上清楚地理解并掌握原子结构，从而真正认识由原子电子结构的周期性决定的元素性质的周期性，掌握元素周期律，并在生产实践和科学研究中正确运用这些理论知识。

2.1　核外电子的运动状态

2.1.1　对微观粒子运动状态的认识过程

古希腊的原子理论产生于公元前 400 年，由哲学家德谟克利特(Democritus)提出，他认为万物是由原子构成的。近代原子结构理论的建立，大体上经历了四个重要阶段：道尔顿原子论、汤姆孙(Thomson)发现带负电荷的电子、卢瑟福(Rutherford)天体行星模型和玻尔(Bohr)原子模型。

1803 年，英国化学家道尔顿建立了原子论，认为一切物质都是由不可再分割的原子组成。基本观点包括：一切物质都是由不可见的、不可再分的原子组成的，原子不能自生自灭；同种类的原子具有相同的性质，不同的原子性质不同；每种物质都由特定的原子组成。原子论成为 19 世纪初化学理论的基础，推动了 19 世纪化学的迅速发展。从 19 世纪末到 20 世纪初，科学发展史上发生了一系列重大的事件，促使和帮助人们揭开了原子结构的神秘面纱。

1897 年，英国物理学家汤姆孙发现了带负电荷的电子，从而打破了原子不可分割的观点。人们对物质结构的认识进入了一个重要的发展阶段。

1911 年，英国物理学家卢瑟福借助一个放射源，在用 α 粒子轰击金箔的散射实验中发现了原子核，从而提出了最早的原子结构模型，即天体行星模型。在这个模型中，把微观的原子看成与太阳系相似，带正电的原子核比作太阳，把电子描述为在绕原子核的固定轨道上运动，就像行星绕着太阳运动一样。卢瑟福的 α 粒子散射实验证实了原子中带正电的原子核只是一个体积极小、质量极大的核，核外电子受原子核的作用而在核外空间运动，称为行星式原子模型。但这个模型不能说明原子核中的正电荷数，以及原子可以发射出频率不连续的线状光谱这一事实。

1913 年，年轻的丹麦物理学家玻尔在研究氢原子光谱产生的原因时，在经典力学的基础上吸收了量子论和光子学理论建立了玻尔原子模型，取代了卢瑟福的天体行星模型。下面将重点介绍玻尔原子模型，它成功地解释了氢原子的线状光谱，但仍无法解释电子的波粒二象性所产生的电子衍射实验结果，以及多电子体系的光谱。像电子这样的微观粒子不能用经典力学来描述，它必将被新的原子结构模型所取代。

20 世纪 20 年代，随着科学技术的发展，用量子力学来描述微观粒子具有量子化特性和波粒二象性得到了令人满意的结果，从而建立了近代原子结构的量子力学模型理论。不可否认的是，卢瑟福的天体行星模型和玻尔原子模型对原子结构理论的发展做出了重要贡献。

值得一提的是，近代量子力学所描述的原子结构也是一种模型，这种模型对物质的性质、化学变化的机理只是提出了一个合理的令人满意的解释。但是，随着 21 世纪科技的深入发展，原子内部的秘密必将被揭开，可以肯定地说这个模型必将被新的模型所替代。

2.1.2 氢原子光谱

为了解原子核外电子的运动状态，人们对氢原子线状光谱进行了研究。

一束白光通过三棱镜折射后，可以分解成"赤橙黄绿青蓝紫"等不同波长的光，形成的光谱称为连续光谱。例如，自然界中，雨后天空的彩虹是连续光谱。一般白炽的固体、液体、高压下的气体都能给出连续光谱。以火焰、电弧、电火花等方法灼烧化合物时，化合物发出不同频率的光线，光线通过三棱镜折射，由于折射率不同，在屏幕上得到一系列不连续的谱线，称为线状光谱。所有的原子光谱都是线性光谱。每种原子都有自己的特征谱线，可利用原子的特征谱线鉴定原子的存在。

在真空管中充入少量 $H_2(g)$，通过高压放电，氢气可以产生可见光、紫外光和红外光，这些光经过三棱镜分成一系列按波长大小排列的线状光谱。在可见光区得到四条颜色不同的谱线：红色、青色、蓝色、紫色，通常用 H_α、H_β、H_γ、H_δ 表示，如图 2-1 所示。

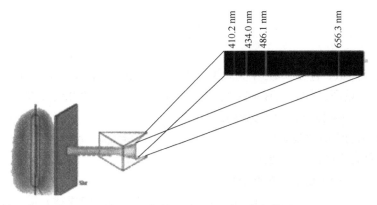

图 2-1 氢光谱仪及氢原子可见光光谱图

除氢原子外，其他原子也可以产生特征的发射谱线，不同原子产生不同的特征谱线。图 2-2

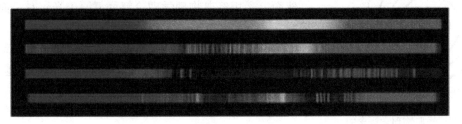

图 2-2 几种光谱

分别为钨灯白炽灯、铁电极弧光灯、分子氢和钡的光谱。

氢原子光谱线具有以下规律：

(1) 氢原子可见区的光谱线符合巴耳末(Balmer)的经验公式：

$$\tilde{\nu} = \frac{1}{\lambda} = R_H\left(\frac{1}{2^2} - \frac{1}{n^2}\right) \tag{2-1}$$

式中，$\tilde{\nu}$ 为波数，是谱线波长的倒数，m^{-1}；R_H 为里德伯(Rydberg)常量，其值为 $1.09677576\times10^7\ m^{-1}$；$n$ 为大于 2 的正整数，$n = 3, 4, 5, 6$ 分别对应氢光谱中 H_α、H_β、H_γ、H_δ 的巴耳末系。

(2) 氢原子线状光谱在紫外区、近红外区存在从巴耳末系到莱曼(Lyman)系、帕邢(Paschen)系(图 2-3)，这些线系符合里德伯公式。

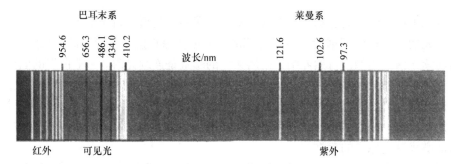

图 2-3　氢原子的红外区、可见区、紫外区的线状光谱图

1913 年，瑞典物理学家里德伯测定氢光谱后，总结每条谱线之间的关系，提出了著名的里德伯公式：

$$\nu = R_H\left(\frac{1}{n_1^2} - \frac{1}{n_2^2}\right) \tag{2-2}$$

式中，n_1、n_2 为正整数，且 $n_1 < n_2$；ν 为频率，Hz；R_H 为里德伯常量，其值也为 $3.289\times10^{15}\ s^{-1}$。

此外，莱曼、帕邢、布拉开(Bracket)、普丰德(Pfund)等科学家相继发现氢光谱在紫外区和红外区的谱线，波数同样可以用里德伯公式计算。

$n_1 = 1$，紫外光谱区(莱曼系)；

$n_1 = 2$，可见光谱区(巴耳末系)；

$n_1 = 3$、4、5，红外光谱区(帕邢系)。

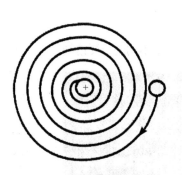

图 2-4　基于经典物理学概念的运动电子的轨道变化

因此，氢原子光谱是不连续的线状光谱，谱线频率符合里德伯经验公式，说明里德伯经验公式真实地揭示了谱线之间的内在关系。

然而，运用经典物理学理论解释氢原子光谱时，面临如下困境：

(1) 根据当时的物理学概念，带电微粒在力场中运动时总要产生电磁辐射并逐渐失去能量，运动着的电子轨道会越来越小，最终将与原子核相撞并导致原子毁灭，如图 2-4 所示。

(2) 按照经典电动力学，做加速运动的电子所辐射的原子光谱应该是连续的。这与氢原子光谱的线状分布完全不符，经典理论无法解释原子光谱的上述定量的实验规律。

为解释原子可以稳定存在的问题和氢原子的线状光谱，1913 年丹麦物理学家玻尔总结普朗克(Planck)的量子论、爱因斯坦(Einstein)的光子论和卢瑟福的原子结构模型，把量子论的基本观点应用于原子核外电子的运动，提出了玻尔理论。

2.1.3　玻尔原子模型

按照卢瑟福行星式原子模型及经典的电磁学理论，可以得到的结论是：①电子最后会坠毁在原子核上；②原子光谱应该是连续的。由于核外电子不会毁灭，而且原子光谱是不连续的、线状的，因此用经典的电磁学理论无法解释氢原子光谱的实验事实。

德国科学家普朗克于 1900 年提出了著名的量子论。他认为，微观世界的物质吸收或放出的能量总是一个最小能量的整数倍。紧接着爱因斯坦于 1905 年在研究光电效应时，提出了光子学说，微观物质吸收或放出的能量是以光量子的整数倍进行的。

1913 年，丹麦物理学家玻尔认为原子属于微观粒子，在上述量子论和卢瑟福原子结构模型的基础上，提出了原子结构的玻尔理论。

1. 玻尔理论要点

1) 轨道假设

假定氢原子核外电子只能在确定半径和能量的轨道上运动，且不辐射能量。轨道的半径为

$$r = \frac{h^2}{4\pi^2 m e^2} n^2 = 0.529 n^2 \tag{2-3}$$

式中，r 为氢原子半径，单位为 Å；h 为普朗克常量；m 为电子质量；e 为电子电量；n 为量子数(特定参数)。

从距核最近的一条轨道算起，n 值分别等于 1, 2, 3, 4, 5, 6, 7, …，根据假定条件计算可得 $n = 1$ 时允许轨道的半径约为 53 pm，这就是著名的玻尔半径。

2) 定态假设

氢原子的核外电子在轨道上运行时具有一定的、不变的能量，不会释放能量，这种状态称为定态(不随时间而改变)。在定态轨道上运动的电子既不吸收能量也不放出能量。

通常电子处于离核最近的轨道上，能量最低的定态称为基态；电子获得能量后，被激发到高能量的轨道上，原子处于激发态。

对于氢原子，核外电子的能量为

$$E = \frac{-2\pi^2 m e^2}{n^2 h^2} = \frac{-2.179 \times 10^{-18} \text{ J}}{n^2} = \frac{-13.6 \text{ eV}}{n^2} \tag{2-4}$$

式中，E 为能量；h 为普朗克常量；m 为电子质量；e 为电子电量；n 为量子数。

可见，氢原子轨道能量不是任意的，而是随着 n 值的改变被一级级地分开，即轨道能量变化是量子化的。对于类氢离子(He^+、Li^{2+}、Be^{3+}、…)，核外电子的能量为

$$E = -\frac{Z^2}{n^2} \times 13.6 \text{ eV} = -\frac{Z^2}{n^2} \times 2.179 \times 10^{-18} \text{ J} \tag{2-5}$$

式中，E 为能量；Z 为核电荷数；n 为量子数。

定态假设解释了原子能够稳定存在的原因。玻尔从核外电子能量的角度提出的定态、基

态、激发态的概念至今仍然是说明核外电子运动状态的基础。

3) 量子化条件

在定态轨道上运动的电子有一定的能量，该能量只能取某些由量子化条件决定的量子数值，这个条件是电子的轨道角动量 L 只能等于 $h/2\pi$ 的整数倍：

$$L = mvr = n\frac{h}{2\pi} \quad (n = 1, 2, 3, 4, 5, \cdots) \tag{2-6}$$

式中，m 为电子质量；v 为电子线速度；r 为电子线性轨道的半径；n 为量子数，取 1、2、3、…等正整数；h 为普朗克常量，$h = 6.626 \times 10^{-34}$ J·s。

轨道角动量的量子化意味着轨道半径受量子化条件的制约。

4) 跃迁规则

电子吸收能量就会跃迁到能量较高的激发态，反过来，激发态的电子返回基态或能量较低的激发态并以光子的形式释放能量，这就是跃迁规则。光子的能量为跃迁前后两个能级的能量差，光的频率取决于轨道间的能量差。

$$\Delta E = E_2 - E_1 = h\nu \tag{2-7}$$

$$\nu = \frac{E_2 - E_1}{h} = \frac{2.179 \times 10^{-18} \text{ J}}{h}\left(\frac{1}{n_1^2} - \frac{1}{n_2^2}\right) = \frac{2.179 \times 10^{-18} \text{ J}}{6.626 \times 10^{-34} \text{ J·s}}\left(\frac{1}{n_1^2} - \frac{1}{n_2^2}\right)$$
$$= 3.289 \times 10^{15}\left(\frac{1}{n_1^2} - \frac{1}{n_2^2}\right)\text{s}^{-1} \tag{2-8}$$

式中，ν 为光的频率；h 为普朗克常量。里德伯常量 $R_H = 3.289 \times 10^{15}$ s^{-1}，根据玻尔模型获得的结果与里德伯常量完全一致，这就很好地解释了氢原子光谱为什么是不连续的线状光谱。

由于各轨道能量是确定的，跃迁是量子化的，不连续的，因而能量的释放也是不连续的。两个轨道能量一定，其差 ΔE 也一定，所以辐射出的射线频率和波长也就一定，并且是不连续的，形成线状光谱。

原子吸收和辐射的能量是不连续的(量子化的)，玻尔理论很好地解释了氢原子光谱中谱线频率(或波长)不连续的原因，成功地解释了氢原子光谱。

当氢原子中的电子从 $n = 3, 4, 5, 6, \cdots$ 轨道跃迁回到 $n = 2$ 的轨道上时，就产生了氢原子的可见光谱线。在可见光区：

当 $n_1 = 2$，$n_2 = 3$，为 H_α 谱线；

当 $n_1 = 2$，$n_2 = 4$，为 H_β 谱线；

当 $n_1 = 2$，$n_2 = 5$，为 H_γ 谱线；

当 $n_1 = 2$，$n_2 = 6$，为 H_δ 谱线。

2. 玻尔理论的贡献和局限性

玻尔理论有以下贡献：① 玻尔所计算出的各谱线的波长及频率非常符合氢原子光谱的实验测定值，解释了 H 及 He$^+$、Li^{2+}、Be^{3+} 的光谱。②提出了主量子数 n 和能级的重要概念，为近代原子结构的发展做出了一定的贡献。轨道半径和轨道能量由 n 决定，n 越大，电子离核越远，电子具有的能量越大。③说明了原子的稳定性。

玻尔理论有以下局限性：①只限于解释氢原子或类氢离子(单电子体系)的光谱，不能解释多电子原子的光谱。②不能解释氢原子光谱的精细结构。玻尔理论的严重缺陷在于其理论体系上，它一方面否定了经典理论而提出定态和量子化能级的概念，另一方面却保留了经典力学的轨道概念，并用经典物理的定律来计算电子的稳定轨道，它不能回答为什么原子的能量是量子化的、为什么原子会有稳定的运动状态、为什么在定态时不辐射能量这些问题。

玻尔理论产生局限性的原因在于未能完全冲破经典物理的束缚，电子在原子核外的运动采取了宏观物体的固定轨道，没有考虑电子本身具有微观粒子所特有的规律性——波粒二象性。因此，玻尔理论无法解释多电子原子的光谱和氢光谱的精细结构等问题。

2.2　微观粒子运动的特殊性

2.2.1　微观粒子具有波粒二象性

光既具有波动性，又具有粒子性，称为光的波粒二象性(wave-particle duality)。例如，光在空间传播的有关现象——波长、频率、干涉、衍射等，说明光表现出波动性。光与实物接触进行能量交换时所具有的有关现象——质量、速度、能量、动量等，说明光表现出粒子性。那么电子是否也具有波粒二象性？

现已清楚，原子是由原子核和电子组成。原子直径约为 10^{-10} m，原子核的直径为 $10^{-16}\sim$ 10^{-14} m，电子的直径约为 10^{-15} m。由于电子的质量很小，又在原子这样小的空间内做高速运动(速度约为 2.18×10^{6} m · s^{-1})，因此像电子这样的微观粒子与宏观物体不同，它具有量子化特性和波粒二象性，它的运动不能用经典力学来描述，而需要用量子力学来描述。

20 世纪初，量子论的提出对原子结构的认识发生了质的变化。1900 年，德国物理学家普朗克根据实验提出：辐射能的吸收或发射是以基本量一份、一份的整数倍做跳跃式的增加或减少，是不连续的，这种过程称为能量的量子化。这个基本量的辐射能称为量子，量子的能量 E 和频率 ν 的关系是

$$E = h\nu \tag{2-9}$$

式中，h 为普朗克常量，$h = 6.626\times10^{-34}$ J · s。

1924 年，法国年轻的物理学家德布罗意(de Broglie)在从事量子论研究时，受到光的波粒二象性的启发，大胆地提出微观粒子(如电子、原子等)也具有波粒二象性，并预言像电子等具有质量 m、运动速度 v 的微粒，与其相应的波长 λ 的关系式为

$$\lambda \;=\; \frac{h}{P} \;=\; \frac{h}{mv} \tag{2-10}$$

↓　　　↓　　　↙　　↘
微粒波长　电子动量　电子质量　电子运动速率
(波动性)　　　　　(粒子性)

通过普朗克常量，电子的波动性和粒子性被联系起来了，并且被定量化了。

电子具有粒子性这是大家都接受的事实，因为大家都知道电子具有一定的质量、速度、能量等。那么电子是否具有波动性？如果电子具有波的衍射现象，就可证明电子具有波动性。

1927 年，美国物理学家戴维孙(Davisson)和革末(Gemer)进行了电子衍射实验，当高速电子流穿过薄晶体片投射到感光屏幕上时，得到一系列明暗相间的环纹，这些环纹正像单色光

通过小孔发生的衍射现象一样。电子衍射实验证明了德布罗意的假设。

2.2.2 测不准原理

在经典力学中，人们能同时准确地测定一个宏观物体的位置和动量。例如，发射炮弹，已知角度和初始速度，可以计算出炮弹的飞行轨迹，即弹道及落点等。

量子力学认为，对于像原子中的电子等微观粒子，由于质量很小，速度极快，具有波粒二象性，因此不可能同时准确测定电子的运动动量和空间位置。

1927 年，德国物理学家海森伯(Heisenberg)提出了量子力学中的一个重要关系——测不准原理(uncertainty principle)，其数学表达式为

$$\Delta x \cdot \Delta P \geqslant \frac{h}{4\pi} \tag{2-11}$$

式中，x 为微观粒子在空间某一方向的位置坐标；Δx 为确定粒子位置时的不准确量；ΔP 为确定粒子动量的不准确量；h 为普朗克常量。

测不准关系式的含义是：如果微观粒子位置的测定准确度越大(Δx 越小)，则其动量的准确度就越小(ΔP 越大)，反之亦然，位置不准确量和动量不准确量的乘积大于或等于 $h/4\pi$。

【例 2-1】 微观粒子如电子，$m = 9.11 \times 10^{-31}$ kg，原子半径约为 10^{-10} m，Δx 至少要达到 10^{-11} m 才相对准确，则其速度的不准确量为多少？

解
$$\Delta v \geqslant \frac{h}{4\pi m \Delta x}$$
$$\geqslant 6.626 \times 10^{-34}/(4 \times 3.14 \times 9.11 \times 10^{-31} \times 10^{-11})$$
$$= 5.79 \times 10^{6} (\text{m} \cdot \text{s}^{-1})$$

显然，速度不准确程度过大，这是无法接受的。究其原因，m 非常小导致其位置与速度不能同时准确测定。

【例 2-2】 对于 $m = 10$ g 的子弹，它的位置可精确到 $\Delta x = 0.01$ cm，其速度不准确量是多少？

解
$$\Delta v \geqslant \frac{h}{4\pi m \Delta x}$$
$$\geqslant \frac{6.626 \times 10^{-34}}{4 \times 3.14 \times 10 \times 10^{-3} \times 0.01 \times 10^{-2}}$$
$$= 5.28 \times 10^{-29} (\text{m} \cdot \text{s}^{-1})$$

几乎没有误差，即对宏观物体可同时测定位置与速度，所以测不准原理对宏观物体无意义。

对微观粒子而言，不可能同时准确地测定其运动速度和空间位置。实际上，测不准原理否定了玻尔的原子模型，指出了微观粒子不同于宏观物体，因为它具有波粒二象性。根据量子力学理论，对微观粒子如电子的运动状态，只能用统计的方法做出概率性的描述，而不能用经典力学的固定轨道来描述。

2.3 波函数和原子轨道

2.3.1 薛定谔方程——微粒的波动方程

根据微观粒子的波粒二象性及量子力学的基本原理，电子在核外某一空间范围内出现的概率可以用统计的方法加以描述。而电子在某一空间的运动状态可用波函数(wave function)描述。1926 年，奥地利物理学家薛定谔(Schrödinger)根据电子具有波粒二象性，提出了著名的描述微观粒子运动的波动方程：

$$\frac{\partial^2 \psi}{\partial x^2} + \frac{\partial^2 \psi}{\partial y^2} + \frac{\partial^2 \psi}{\partial z^2} = -\frac{8\pi^2 m}{h^2}(E-V)\psi \tag{2-12}$$

式中，ψ 为波函数，是空间坐标 x、y、z 的函数；E 为总能量(势能+动能)；V 为势能；m 为电子的质量；h 为普朗克常量。

薛定谔方程是一个二阶偏微分方程，目前仅定性地解释求解的结论。

2.3.2 波函数

在解薛定谔方程时，为有利于薛定谔方程求解以及使波函数的图像更加直观，需将三维直角坐标转换为球坐标，如图 2-5 所示。

坐标转换后，球坐标中用三个变量 r、θ、φ 表示空间位置。经过数学处理，可将含三个变量的方程化简为三个只含一个变量的常微分方程：

$$\psi_{n,l,m}(r,\theta,\varphi) = R_{n,l}(r) \cdot \Theta(\theta) \cdot \Phi(\varphi) \tag{2-13}$$

习惯上将与角度有关的两个函数用 $Y(\theta,\varphi)$ 表示，即

$$Y_{l,m}(\theta,\varphi) = \Theta(\theta) \cdot \Phi(\varphi) \tag{2-14}$$

将式(2-14)代入式(2-13)，得

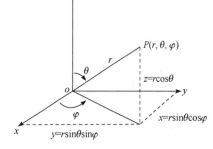

图 2-5 球坐标与直角坐标转换关系图

$$\psi_{n,l,m}(r,\theta,\varphi) = \boxed{R_{n,l}(r)} \cdot \boxed{Y_{l,m}(\theta,\varphi)} \tag{2-15}$$

径向部分 角度部分

但并不是所有的解都是合理的，为了得到核外电子运动状态合理的解，n、l、m 必须取一定的合理值，这样解薛定谔方程可以得到一系列的解——波函数 $\psi_{n,l,m}(r,\theta,\varphi)$ 及每一个波函数所对应的能量 $E_{n,l}$。

波函数 $\psi_{n,l,m}$ 是量子力学中描述原子核外电子运动状态的数学表达式，它表示某一电子的运动状态，人们把 $\psi_{n,l,m}$ 称为原子轨道(atomic orbital)。需要特别指出的是，这里的轨道与宏观物体的运动轨道和玻尔假设的固定轨道的概念是完全不同的。原子轨道并不是一个具体数值，它代表原子核外电子的一种运动状态，不是固定的轨道。

具有合理取值的 n、l、m 称为三个量子数，一套合理的组合决定了原子核外电子的一种状态，即确定一个原子轨道(或者波函数)需要三个量子数。考虑到电子本身具有自旋运动，后来又引入了一个自旋量子数 m_s(注意：这个量子数是人为加的，不是解薛定谔方程引入的)。因

此，准确描述原子核外一个电子的运动需要四个量子数。这四个量子数对描述核外电子的能量、原子轨道和电子云的图像及空间伸展方向等具有非常重要的意义。下面分别讨论四个量子数。

(1) 主量子数(principal quantum number)n：描述核外电子出现的概率最大区域离核的远近，是决定电子运动能量高低的主要因素。

原子中，主量子数 n 相同的电子，其出现概率最大的区域离核的远近几乎相同，可认为电子在同一区域内运动，该区域又称电子层。n 的取值为正整数，并用相应的符号 K、L、M、N 等表示。由于 n 只能取特定的几个值，所以决定了能量 E 的量子化。主量子数 n 的物理意义：①原子中电子出现概率最大的区域；②描述电子离核的远近；③决定电子能级高低的主要因素。

n 值	1	2	3	4	5	6	7	…
电子层	一	二	三	四	五	六	七	…
电子层符号	K	L	M	N	O	P	Q	…
离核平均距离	近 ————————————————→ 远							

对单电子原子或离子来说，n 值越大，电子离核的距离越远，电子运动的能量 E 越高。

(2) 角量子数(azimuthal quantum number)l：电子绕核运动时，不仅具有一定的能量，还具有一定的角动量。电子绕核运动的角动量的大小也是量子化的。角动量的绝对值和角量子数 l 的关系式为

$$|M| = \frac{h}{2\pi}\sqrt{l(l+1)} \tag{2-16}$$

角量子数 l 的物理意义：①决定原子轨道的符号及形状；②对应同一主层的电子亚层；③和 n 共同决定多电子原子的能级。

l 的取值受主量子数 n 的限制，可取 $0 \sim n-1$ 的正整数，共可取 n 个值，并用相应的轨道符号表示，不同的 l 值电子运动的轨道形状是不同的，如图 2-6 和表 2-1 所示。

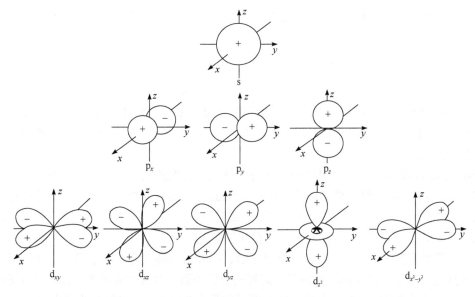

图 2-6　不同 l 值的电子运动轨道(波函数)的形状

表 2-1　l 与 n 的取值关系、轨道符号和形状

n 值	l 可以选取的值	l 值	轨道符号	轨道形状
1	0	0	s	球形对称
2	0, 1	1	p	哑铃形
3	0, 1, 2	2	d	花瓣形
4	0, 1, 2, 3	3	f	花瓣形
5	0, 1, 2, 3, 4	4	g	花瓣形
⋮				
n	0, 1, 2, 3, …, $(n-1)$	⋮	⋮	⋮

对于给定的 n 值，l 只能取小于 n 的 0 和正整数。当 n、l 取值相同时，电子的能量相同。

(3) 磁量子数(magnetic quantum number)m：描述原子轨道在空间伸展的方向，它是根据线状光谱在磁场中还能发生分裂，显示微小的能量差别的现象提出的。磁量子数的物理意义是描述原子轨道在空间的伸展方向，每一个伸展方向相当于一个原子轨道。

m 的取值受角量子数 l 的限制，m 的取值可以为 0、±1、±2、…、±l。对于给定的 l 值，m 可取 $2l+1$ 个值，$|m|$ 只能取小于或等于 l 的 0 和正整数。对于 n 和 l 相同、m 不同的轨道，其能量基本相同，称为等价轨道(equivalent orbital)或简并轨道(degenerate orbital)，如表 2-2 所示。

表 2-2　m 与 l 的关系

l 值	m 值	轨道
当 $l=0$，s 轨道	$m=0$	只有一种取向，无方向性
当 $l=1$，p 轨道	$m=+1, 0, -1$	有三种取向，三个等价轨道
当 $l=2$，d 轨道	$m=+2, +1, 0, -1, -2$	有五种取向，五个等价轨道
当 $l=3$，f 轨道	$m=+3, +2, +1, 0, -1, -2, -3$	有七种取向，七个等价轨道

已知每一个原子轨道是指 n、l、m 组合一定时的波函数 $\psi_{n,l,m}$，代表原子核外某一电子的运动状态，如：

量子数	$\psi_{n,l,m}$	运动状态
$n=2$, $l=0$, $m=0$	$\psi_{2,0,0}$ 或 ψ_{2s}	2s 轨道
$n=2$, $l=1$, $m=0$	$\psi_{2,1,0}$ 或 ψ_{2p_z}	2p$_z$ 轨道
$n=3$, $l=2$, $m=0$	$\psi_{3,2,0}$ 或 $\psi_{3d_{z^2}}$	3d$_{z^2}$ 轨道

由 n 和 l 表示的 2s、2p、3d 等原子轨道，其能量不同，常称它们为 2s 能级、2p 能级、3d 能级等。

(4) 自旋量子数(spin quantum number)m_s 是为了解释氢原子光谱具有精细结构引入的。氢原子光谱的精细结构是指每一条谱线由两条靠得很近的谱线组成。玻尔的原子模型不能解释氢原子光谱的精细结构，同样利用薛定谔方程求解得到的波函数中的三个量子数 n、l、m 仍然不能给予解释。后来人们认为电子除绕核高速运动外，本身还有自旋运动，具有自旋角动量。根据量子力学计算，电子的自旋角动量沿外磁场方向的分量的大小 M_s 也是量子化的，并由自旋量子数 m_s 决定：

$$M_s = m_s h/2\pi \tag{2-17}$$

自旋量子数 m_s 只能取两个值，即 $m_s = +1/2$ 或 $-1/2$，这表明电子在核外运动有自旋相反的两种运动状态，通常用"↑"和"↓"表示，即顺时针自旋和逆时针自旋。自旋量子数的物理意义是描述核外电子的自旋状态(绕电子自身的轴旋转运动)。自旋运动使电子具有类似于微磁体的行为。

综上所述，薛定谔方程的每一个合理的解 $\psi_{n,l,m}$ 代表一个原子轨道，即每一组合理取值的 n、l、m 确定一个原子轨道。但是每一个原子轨道中的电子必须用四个量子数来描述它的运动状态，四个量子数一经确定，电子的运动状态就确定了。

同时，在同一原子中，没有彼此完全处于相同运动状态的电子，换句话说，在同一原子中，不能有四个量子数完全相同的两个电子存在，称为泡利不相容原理。因为四个量子数的取值是相互限制的，所以知道主量子数 n 值，就可以知道该电子层中，电子最多可能容纳的运动状态数，如表 2-3 所示。

表 2-3　核外电子运动的可能状态数

n	l(取值 $0 \leqslant l < n$)	轨道符号(能级)	m(取值 $0 \leqslant \|m\| \leqslant l$)	轨道数	各电子层轨道数	最多可容纳的运动状态数(电子数)($2n^2$)
1	0	1s	0	1	1	2
2	0	2s	0	1	4	8
	1	2p	+1, 0, −1	3		
3	0	3s	0	1	9	18
	1	3p	+1, 0, −1	3		
	2	3d	+2, +1, 0, −1, −2	5		
4	0	4s	0	1	16	32
	1	4p	+1, 0, −1	3		
	2	4d	+2, +1, 0, −1, −2	5		
	3	4f	+3, +2, +1, 0, −1, −2, −3	7		

2.4　概率密度和电子云

2.4.1　概率密度

由于核外电子的运动具有波粒二象性，不可能准确测定其在某一瞬间所处的位置(根据测不准原理)。针对像电子这样的微观粒子，其运动可以用统计的方法来描述，它们的运动有明显的统计规律性。通常把电子在核外某空间区域内出现的机会称为概率，显然电子出现机会多的概率大，出现机会少的概率小。若空间区域不同，则概率的含义不同。

壳层概率是指以原子核为中心，半径为 r，厚度为 dr 的薄层球壳中电子出现的概率。

概率密度(probability density)是指以原子核为中心，半径为 r 的某处单位微体积 $d\tau$ 中电子出现的概率。

壳层概率、概率密度是从不同侧面反映电子的运动状态。描述微观粒子运动状态的波函数与水波、声波等机械波是不同的，它没有直观的物理意义。波函数的物理意义是通过$|\psi|^2$体现的。$|\psi|^2$代表核外空间某处单位微体积中电子出现的概率，即概率密度。根据光的衍射图，光的强度与光子的密度成正比。电子的衍射图与光的行为一样，衍射强度大的地方(亮环)，电子出现的概率大，反之则小。由此也可以证明，衍射强度与电子密度成正比，所以$|\psi|^2$值的大小可以反映电子在核外空间某区域出现的概率密度大小。

2.4.2　电子云

只要知道某电子的$|\psi|^2$，就可以知道该电子在核外空间各处的概率密度。为了描述核外电子运动的概率密度分布，习惯上用小黑点分布的疏密表示电子在某处出现概率密度的相对大小，用这种方法得到的空间图像就像天空的云雾一样，形象地称为电子云(electron cloud)。图 2-7 为氢原子 1s 电子云示意图，氢原子核外只有一个电子运动，它是通过千百万张在不同瞬间拍摄的电子空间位置的照片叠加而成的图像，每一个黑点表示一张照片上电子的空间位置，具有明显的统计规律性。

从图 2-7 可以看出，氢原子 1s 电子云是球形对称的。离核越近，小黑点越密，表示电子在该处的概率密度越大；离核越远，小黑点越稀，表示电子在该处的概率密度越小。图 2-8 为氢原子 1s 电子概率密度与离核半径(r)的关系。

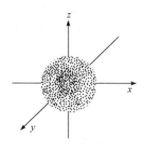

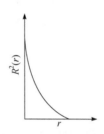

图 2-7　氢原子 1s 电子云示意图　　　　图 2-8　氢原子 1s 电子概率密度与离核半径的关系

对于不同运动状态的电子，因其波函数ψ不同，故它们的$|\psi|^2$的图像——电子云图各不相同，图 2-9 列出了氢原子 s、p、d 电子各种状态电子云示意图。

为了形象地表示电子云的形状，常用等概率密度剖面界面图表示。对于氢原子 1s 电子云，实际上离核 300 pm 外的区域，电子出现的概率已经极小了，可以忽略不计。通常将电子出现概率密度相等的点连接成曲面(图 2-10)。1s 电子的等概率密度面是一系列同心球面，再用数值在球面上标出概率密度的相对大小，以曲面内电子出现的概率达 95%作为界面，再将黑点除去以表示电子云的形状，这样的图像即为剖面界面图(图 2-11)。1s 电子云的界面是一个球面。

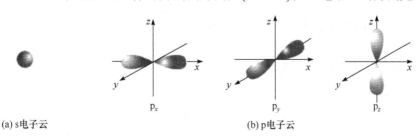

(a) s电子云　　　　　　　　　　　　(b) p电子云

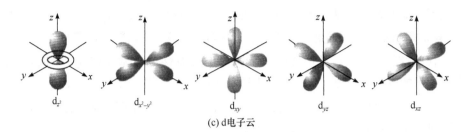

(c) d电子云

图 2-9　氢原子 s、p、d 电子各种状态电子云示意图

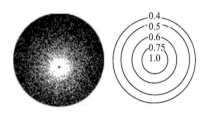

图 2-10　氢原子 1s 电子等概率密度面

图 2-11　氢原子 1s 电子云剖面界面图

2.5　波函数和电子云的空间图像

以一组三个量子数确定的原子轨道 $\psi_{n,l,m}$ 和电子云 $\psi^2_{n,l,m}$ 可用三维图像来表示,但很难简单、直观地表示清楚。通过数学变换处理,可以将波函数分解成随角度变化和随径向变化两部分的乘积:

$$\psi_{n,l,m}(r,\theta,\varphi) = \boxed{R_{n,l}(r)} \cdot \boxed{Y_{l,m}(\theta,\varphi)}$$

$$\downarrow \qquad \downarrow$$

径向部分　角度部分

(2-15)

这样,就可以对原子轨道和电子云从角度部分和径向部分两个侧面加以论述,并画出原子轨道和电子云的形状和它们的伸展方向。

2.5.1　角度部分

1. 原子轨道角度分布图

波函数的角度部分 $Y_{l,m}(\theta,\varphi)$,又称原子轨道的角度部分,若以原子核为坐标原点,引出方向为(θ,φ)、长度为 $Y_{l,m}(\theta,\varphi)$ 相应函数值的线段,连接所有这些线段的端点,在空间可形成一个曲面。这样的图形称为原子轨道角度分布图。

作图前,必须首先知道原子轨道角度部分 $Y_{l,m}(\theta,\varphi)$ 的计算式。它由解薛定谔方程求得。

例如,氢原子的 $Y_{1s} = \sqrt{\dfrac{1}{4\pi}}$ 和 $Y_{2p_z} = \sqrt{\dfrac{3}{4\pi}} \cdot \cos\theta$ 。

【例 2-3】　画出氢原子 1s 原子轨道角度分布图 Y。

解　解薛定谔方程可知

$$Y_{1s} = \sqrt{\dfrac{1}{4\pi}}$$

显然，Y_{1s} 是一个常数，本身与 θ、φ 角度无关。因此，画出的氢原子 1s 原子轨道角度分布图是一个半径为 $(1/4\pi)^{1/2}$ 的球曲面。

由于原子轨道的角度部分 $Y_{l,m}(\theta, \varphi)$ 只与量子数 l、m 有关，而与主量子数 n 无关，因此无论是 1s、2s，还是 3s 原子轨道，它们的角度分布图都是形状相同的球曲面，只是从曲面到原子核的距离随 n 值增大而增大。p、d、f 系列原子轨道同样如此。故在原子轨道角度分布图中，常不标明轨道符号前的主量子数。

【例 2-4】　画出 $2p_z$ 原子轨道角度分布图。

解　解薛定谔方程可知

$$Y_{2p_z} = \sqrt{\frac{3}{4\pi}} \cdot \cos\theta \quad (与 \varphi 无关)$$

利用得到的数据，可以在 xz 平面内画出哑铃形的立体曲面。由于 Y_{p_z} 值在 z 轴方向 $(\theta = 0°)$ 出现了极大值，因此该曲面图称为 p_z 原子轨道角度分布图，记为 Y_{p_z}，通常以其剖面图表示。

用以上类似的方法，可以画出 s、p、d 各轨道的角度分布剖面图，如图 2-12 所示。

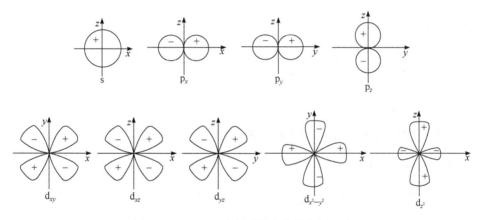

图 2-12　s、p、d 各轨道的角度分布剖面图

2. 电子云角度分布图

将简化的薛定谔方程两边平方，得

$$|\psi_{n,l,m}(r, \theta, \varphi)|^2 = |R_{n,l}(r)|^2 \cdot |Y_{l,m}(\theta, \varphi)|^2 \tag{2-18}$$

式中，$|\psi_{n,l,m}(r, \theta, \varphi)|^2$ 的图像即为原子轨道的电子云图。它由两部分组成：一部分是电子云的径向部分 $|R_{n,l}(r)|^2$，即概率密度随离核半径变化的图像，与角度 θ、φ 无关；另一部分是电子云的角度部分 $|Y_{l,m}(\theta, \varphi)|^2$，即概率密度随角度 θ 和 φ 变化的图像，与主量子数 n、离核半径 r 无关。

电子云角度分布图的画法过程与原子轨道角度分布图一样，只需先将该原子轨道的角度分布 $Y_{l,m}(\theta, \varphi)$ 的计算式两边平方。

例如，p_z 原子轨道的角度部分是 $Y_{p_z} = K\cos\theta$，p_z 电子云的角度部分是 $|Y_{p_z}|^2 = K^2\cos^2\theta$。

若将$|Y_{p_z}|^2$值随θ角度变化作图，得到的图形称为电子云的角度分布图，记为$|Y_{p_z}|^2$。用相同的方法可以画出 s、p、d 各种电子云的角度分布图，如图 2-13 所示，它表示随θ和φ角度变化时，半径相同的各点，概率密度大小相同。

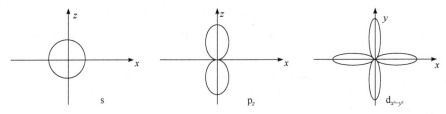

图 2-13　s、p、d 电子云的角度分布图

原子轨道的角度分布图与电子云的角度分布图是相似的，但区别有两点：电子云角度分布图比原子轨道角度分布图瘦些，这是Y值小于 1 的原因；原子轨道角度分布图有正、负号之分，而电子云的角度分布则均为正值。

应注意，把原子轨道角度分布图和电子云角度分布图当作原子轨道和电子云的实际图像是错误的，因为它们只考虑了波函数ψ(原子轨道)和ψ^2(电子云)的角度部分，而没有考虑相应的径向部分，下面讨论有关径向部分。

2.5.2　径向部分

原子轨道和电子云的径向部分分别为$R_{n,l}(r)$和$R^2_{n,l}(r)$，反映R(概率)和R^2(概率密度)在任意角度(与θ、φ角度无关)随离核距离半径r变化的情形。

1. 原子轨道径向部分

以$R(r)$对r作图，得到电子出现的概率随r的变化图，称为原子轨道径向分布图。

2. 电子云径向部分

电子云的径向部分可用多种图示表示，比较重要的是概率密度径向分布图和壳层概率径向分布图。

1) 概率密度径向分布图

以$|R(r)|^2$对r作图，得到电子的概率密度随半径r的变化图，称为概率密度径向分布图。

图 2-14 列出了常用的几种氢原子电子云的$|R(r)|^2$图，它表示任何角度方向上的概率密度随半径r的变化，若再考虑电子云的角度部分$|Y_{l,m}(\theta, \varphi)|^2$，两者结合起来，即为电子云的空间形状。

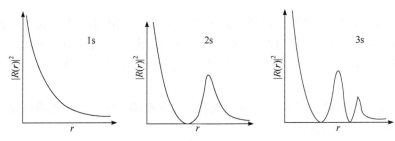

图 2-14　概率密度径向分布图

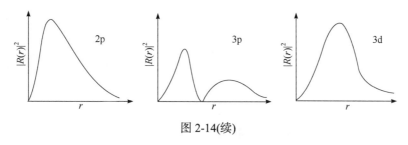

图 2-14(续)

2) 壳层概率径向分布图

壳层概率是指离核半径为 r、厚度为 dr 的薄层球壳中电子出现的概率 $D(r)$，$D(r) = 4\pi r^2 |R(r)|^2$。现以最简单的球形对称的 ns 电子云为例。

设想将 ns 电子云通过中心分割成具有不同半径 r 的薄层球壳(同心圆)，如果考虑一个离核距离为 r、厚度为 dr 的薄层球壳，如图 2-15 所示。

若以 $r^2 |R(r)|^2$ 对 r 作图，可以得到氢原子 s、p、d 各电子云电子的壳层概率随 r 的变化图，称为壳层概率径向分布图。如图 2-16 所示，$D(r)$ 表示半径为 r 的球面上电子出现的概率密度(单位厚度球壳内电子出现的概率)，则 $D(r)$-r 图表示半径为 r 的球面上电子出现的概率密度随 r 的变化。

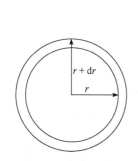

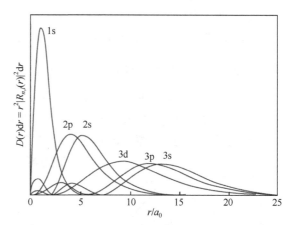

图 2-15　距离为 r、厚度为 dr 的薄层球壳　　　图 2-16　壳层概率径向分布图(D-r 图)

氢原子 s、p、d 电子的壳层概率径向分布图中，峰数不同。壳层概率径向分布图峰的数目 $= n - l$。在概率峰之间有概率为零的节面，节面的数目 $= n - l - 1$。

核外电子的分布可看作是分层的，用于研究"屏蔽效应"和"钻穿效应"对原子轨道能量的影响。

2.5.3　电子云的空间形状

电子云的角度分布图和电子云的概率密度径向分布图从两个不同侧面反映电子云的状态，但它们均不代表电子云的空间形状。因为 $|\psi_{n,l,m}(r, \theta, \varphi)|^2 = |R_{n,l}(r)|^2 \cdot |Y_{l,m}(\theta, \varphi)|^2$，所以 $|\psi_{n,l,m}(r,\theta,\varphi)|^2$ 在空间分布的图像是电子云的空间形状，必须由电子云的概率密度径向部分 $|R_{n,l}(r)|^2$ 和角度部分 $|Y_{l,m}(\theta, \varphi)|^2$ 两部分结合在一起来描述。

氢原子的几种常用的电子云的空间形状示意图见图 2-17。

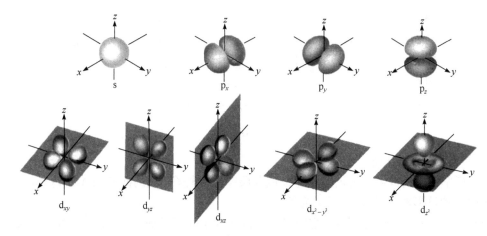

图 2-17　氢原子的电子云图

2.6　原子核外电子排布和元素周期表

基于量子力学理论研究氢原子光谱,通过求解薛定谔方程,得到了如波函数 ψ(原子轨道)、四个量子数、电子云、壳层概率径向分布图、单电子原子(H)能级等重要概念,它们对讨论多电子原子的能级和核外电子的排布规律具有重要的指导意义。

2.6.1　多电子原子的原子轨道能级

氢原子或类氢离子核外只有一个电子,它仅受到原子核的引力作用,因而该电子的能量只由主量子数 n 决定,与角量子数 l 无关。而对于多电子原子,某电子的能量不仅要考虑原子核对其的吸引,还应考虑各轨道之间的电子排斥作用。因此,多电子原子的原子轨道能级就有可能发生改变,光谱实验结果证实了这一点。

$$E_n = -13.6 \times Z^2/n^2 \ (\text{eV}) \qquad (2\text{-}19)$$

应该注意的是,鲍林(Pauling)的原子轨道能级图是假设所有不同元素原子的能级高低次序完全一样,因此是近似能级图。它无法解释原子轨道能级交错现象,更不能反映多电子原子的原子轨道能级与原子序数的变化关系。量子力学理论和光谱实验证明,随着原子序数的增加,核对电子的吸引力增强,原子轨道的能量逐渐降低,而且各原子轨道能量降低的程度是不同的。因此,各轨道能级顺序会发生改变。

科顿(Cotton)的原子轨道能级图(图 2-18)是在光谱实验的基础上总结出来的,最大的优点是反映原子轨道能级与原子序数的关系。

从图 2-18 中可以看到,对于单电子原子,如 ^{1}H,轨道能级是由主量子数 n 决定的。对于多电子原子,如 ^{3}Li、^{19}K 等,轨道的能量则是由主量子数 n 和角量子数 l 决定

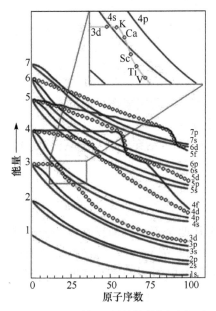

图 2-18　科顿的原子轨道能级图

的。还可以看到，ns、np 轨道的能级随原子序数的增加而降低的坡度较为正常，而 nd、nf 降低的过程很特殊，由于原子轨道能级降低的坡度不同，出现了能级交错的现象(如 3d 和 4s 能级曲线)。又如，原子序数 $Z = 31\sim 57$ 时，$E_{6s} < E_{4f} < E_{5d}$。这些能级交错现象很好地反映在科顿原子轨道能级图中。

鲍林根据光谱实验的结果，总结出多电子原子中电子填充各原子轨道能级顺序。

如图 2-19 所示，该图可以说明以下几个问题。

(1) 将能级相近的原子轨道排在一组，目前分为七个能级组，并按照能量从低到高的顺序从下往上排列。

(2) 每个能级组中，每一个小圆圈表示一个原子轨道，将 3 个等价 p 轨道、5 个等价 d 轨道、7 个等价 f 轨道……排成一排，表示在该能级组中它们的能量相等。除第一能级组外，其他能级组中，原子轨道的能级也有差别。

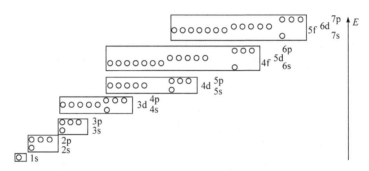

图 2-19　鲍林的原子轨道近似能级图

(3) 多电子原子中，原子轨道的能级主要由主量子数 n 和角量子数 l 决定。当角量子数相同，主量子数不同时，主量子数越大，轨道能量越高，如 $E_{1s} < E_{2s} < E_{3s} < E_{4s}$；当主量子数相同，角量子数不同时，角量子数越大，轨道能量越高，这种现象称为能级分裂，如 $E_{4s} < E_{4p} < E_{4d} < E_{4f}$。当主量子数和角量子数都不同时，要具体问题具体分析。当两原子轨道主量子数相差较小时，主量子数小、角量子数大的轨道能量高于主量子数大、角量子数小的轨道，这种现象称为能级交错，如 $E_{4s} < E_{3d}$。以上原子轨道能级高低变化的情况可用屏蔽效应和钻穿效应解释。

在多电子原子中，由于其他电子对某一个电子的排斥作用而抵消一部分核电荷，从而使有效核电荷降低，削弱了核电荷对该电子的吸引，这种作用称为屏蔽效应。

钻穿效应：在原子核附近出现的概率较大的电子可更多地避免其余电子的屏蔽，受到核的较强的吸引而更靠近核，是一种强烈进入原子内部空间趋势的作用。

钻穿效应与原子轨道的径向分布函数有关。角量子数越小的轨道径向分布函数中出现峰的个数越多，第一个峰钻得越深，离核越近。与屏蔽效应相反，外层电子有钻穿效应。外层角量子数小的能级上的电子，如 4s 电子具有钻到靠近原子核内层空间的趋势，这样受到其他电子的屏蔽作用小，受核引力强，因而电子能量降低，造成 $E_{4s} < E_{3d}$，如图 2-20 所示。钻穿效应可以解释原子轨道的能级交错现象。

原子轨道能级的高低受屏蔽效应和钻穿效应两方面因素影响。徐光宪结合光谱实验数据归纳得到与 n、l 两个量子数同时相关的轨道能级排序近似规律，称为"徐光宪法则"，即

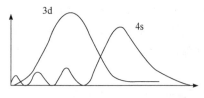

图 2-20　4s 轨道的钻穿效应示意图

(1) 对原子外层电子来说，能级按($n + 0.7l$)递增。

(2) 对阳离子外层电子来说，能级按($n + 0.4l$)递增。

(3) 对原子或离子较深的内层电子来说，能级的高低基本上取决于 n。

需要指出的是，徐光宪法则针对第七周期及其以内的元素是能够很好地匹配的，但对于未来发现的和合成的第七周期以外的元素原子，其能级顺序不适合。需要结合原子的构造原理及其特点予以推算，具体的规律和特点将在元素周期表(periodic table of the elements)的结构部分和特点部分归纳总结。

2.6.2　原子核外电子的排布(电子结构)

1. 核外电子排布的原则

人们通常采用鲍林原子轨道近似能级图来进行核外电子排布和布局元素周期表。根据光谱实验结果和对元素周期律的分析，绝大多数元素的原子其核外电子排布应遵循以下三个原则。

(1) 能量最低原理。电子在原子轨道上的排布要尽可能使电子的能量最低。占满能量较低的轨道后才进入能量较高的轨道，即电子在原子轨道填充的顺序应先从最低能级 1s 轨道开始，依次向能级高的轨道上填充，称为能量最低原理。

(2) 泡利不相容原理。1925 年，奥地利科学家泡利(Pauli)在光谱实验现象的基础上，提出了一个假设，后被实验所证实。该假设有三种表达方式：①在同一原子中，不可能存在所处状态完全相同的电子；②在同一原子中，不可能存在四个量子数完全相同的电子；③每一轨道只能容纳自旋方向相反的两个电子，即自旋量子数分别为+1/2 或–1/2 两个取值，这两个自旋量子数不同的电子可用"↑↓"表示，即一个为顺时针自旋，另一个为逆时针自旋。

(3) 洪德规则。1925 年，德国科学家洪德(Hund)根据大量光谱实验数据总结出，在 n 和 l 相同的等价轨道中，电子尽可能以自旋方向相同的形式占据各等价轨道，称为洪德规则，也称为等价轨道原理。量子力学计算证实，按洪德规则分布且自旋方向相同的单电子越多，能量越低，体系越稳定。

此外，量子力学理论还指出，在等价轨道中电子排布全充满、半充满和全空状态时，体系能量最低、最稳定，如全充满 p^6, d^{10}, f^{14}；半充满 p^3, d^5, f^7；全空 p^0, d^0, f^0。

2. 原子的电子结构

原子的电子结构式主要是根据核外电子排布三原则和光谱实验结果书写的，有时也用电子轨道式表示。

下面根据核外电子排布三原则讨论核外电子排布和书写电子结构式的几个实例。

按照鲍林原子轨道近似能级图，电子填充各能级轨道的先后顺序为(图 2-21)：

1s　2s2p　3s3p　4s3d4p　5s4d5p　6s4f5d6p　7s5f6d7p　…

为了避免电子结构过长，可用稀有气体原子实来代替内层电子结构(与对应的稀有气体电子结构相同)。将对应稀有气体的元素符号用符号"[ ]"括起来，称为原子实。例如，[Ar]原子实，表示 Ar 的电子结构式：$1s^2 2s^2 2p^6 3s^2 3p^6$。

例如，Cr 原子电子结构为 $[Ar]3d^54s^1$，Cr^{3+} 电子结构为 $[Ar]3d^34s^0$。同理，原子序数为 9 的 F 原子的电子结构为 $1s^22s^22p^5$，F^- 电子结构为 $1s^22s^22p^6$，只需在外层加一个电子即可。

2.6.3 原子的电子层结构和元素周期性

1869 年，俄国化学家门捷列夫(Mendeleev)在总结对比当时已知的 63 种元素的性质时发现化学元素之间的本质联系：按相对原子质量递增把化学元素排成序列，元素的性质发生周期性的递变。这就是元素周期律的最早表述。

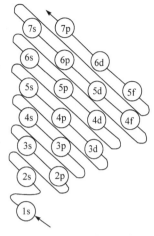

图 2-21 电子填充顺序

1913 年，年轻的英国人莫塞莱(Moseley)在分析元素的特征 X 射线时发现，门捷列夫化学元素周期表中的原子序数不是人们的主观赋值，而是原子核内的质子数。

随后的原子核外电子排布理论则揭示了核外电子的周期性分层结构。

(1) 元素周期律：随核内质子数递增，核外电子呈现周期性排布，元素性质呈现周期性递变。

(2) 元素周期性：内涵极其丰富，具体内容不可穷尽，其中最基本的是，随原子序数递增，元素周期性地从金属渐变成非金属，以稀有气体结束，又从金属渐变成非金属，以稀有气体结束，如此循环反复。

(3) 元素周期表：自 1869 年门捷列夫给出第一张元素周期表以来，100 多年间至少出现了 700 多种不同形式的周期表。人们制作周期表的目的是方便地研究周期性。研究对象不同，周期表的形式就不同。

1. 原子的电子层结构

根据核外电子排布的三原则和光谱实验的结果，可以得到周期表中各元素原子的电子层结构。

应该说明，核外电子排布的三原则只是一般的排布规律，对绝大多数原子来说是适用的。由于核外电子的数目逐渐增多，电子间的相互作用增强，核外电子的排布越显复杂。对某些元素，如第五周期尤其是第六周期镧系元素和第七周期锕系的某些元素，光谱实验测定的结果常出现"例外"的情况。例如：

	元素	按三原则排布	实际
第五周期	铌 ^{41}Nb	$[Kr]4d^35s^2$	$[Kr]4d^45s^1$
第五周期	钌 ^{44}Ru	$[Kr]4d^65s^2$	$[Kr]4d^75s^1$
第六周期	钆 ^{64}Gd	$[Xe]4f^86s^2$	$[Xe]4f^75d^16s^2$

因此，对某些元素原子的电子排布，还应尊重实验事实加以确定。

2. 原子的电子层结构与周期的划分

为什么元素性质会周期性出现？人们发现，随着原子序数(核电荷)的增加，不断有新的电子层出现，并且最外层电子的填充始终是从 ns^1 开始到 ns^2np^6 结束(除第一周期外)，即都是从碱金属开始到稀有气体结束，重复出现。由于最外电子层的结构决定了元素的化学性质，因此就出现了元素性质呈现周期性变化的一个又一个周期。同时表明，元素性质呈现周期性的变化规律(周期律)是由原子的电子层结构呈现周期性造成的。

结合原子的电子结构和能级组的划分以及元素性质呈现周期性变化的规律，它们有以下关系，如表 2-4 所示。

表 2-4　周期数与能级组数和最大电子容量的关系

能级组	1s	2s2p	3s3p	4s3d4p	5s4d5p	6s4f5d6p	7s5f6d7p
能级组数	1	2	3	4	5	6	7
周期数	1	2	3	4	5	6	7
电子层数(最外层主量子数)	1	2	3	4	5	6	7
元素数目	2	8	8	18	18	32	32
最大电子容量	2	8	8	18	18	32	32

注：周期数=能级组数=电子层数。

由能级组和周期的关系可知，能级组的划分是导致周期表中各元素能划分为周期的本质原因。

结合原子的构造原则，周期表的结构具有以下特点：

(1) 从第二周期开始，每隔两个周期增加一个亚层。

(2) 每一周期以 ns 开始，以 np 结束。

(3) 新增的亚层排在 ns 之后。

例如，第一周期只有 s 亚层，第二、三周期出现 p 亚层，第四、五周期出现 d 亚层，第六、七周期出现 f 亚层，因此可以预言第八、九周期会出现 g 亚层。第八周期对应的能级组应为"8s5g6f7d8p"，第九周期对应的能级组为"9s6g7f8d9p"。

3. 原子的电子层结构与族的划分

元素周期表将元素分为 16 个族，排成 18 个纵列，其中

8 个主族(A 族)：ⅠA～ⅧA 族　　　　ⅧA 族为稀有元素

8 个副族(B 族)：ⅠB～Ⅷ族　　　　　Ⅷ族占了三个纵列

族数 = 价电子层上电子数(参与反应的电子) = 最高氧化数

(Ⅷ族只有 Ru 和 Os 元素的氧化数可达+8，ⅠB 族有例外)

要特别注意，ⅠB、ⅡB 族与ⅠA、ⅡA 族的主要区别在于：ⅠB、ⅡB 族次外层 d 轨道上电子是全满的，而ⅠA、ⅡA 族从第四周期开始元素才出现次外层 d 轨道，且还未填充电子。

由于同一族的元素其价电子层构型相似，故它们的化学性质也十分相似。

族数与价电子层构型的关系见表 2-5。

表 2-5　族数与价电子层结构的关系

族数	价电子层	价电子层构型	实例		
			价电子层构型	族	最高氧化数
I A	外层	ns^1	$2s^1$, $3s^1$	I A	+1
II A	外层	ns^2	$2s^2$, $3s^2$	II A	+2
III A~VIII A	外层	$ns^2np^{1\sim6}$	$3s^23p^1$, $3s^23p^4$	III A, VI A	+3, +6
I B	次外层+外层	$(n-1)d^{10}ns^1$	$4d^{10}5s^1$	I B	+1, 有例外
II B	次外层+外层	$(n-1)d^{10}ns^2$	$3d^{10}4s^2$	II B	+2
III B~VII B	次外层+外层	$(n-1)d^{1\sim5}s^{1\sim2}$	$3d^14s^2$, $3d^54s^2$	III B, VII B	+3, +7
VIII(较复杂)	次外层+外层	$(n-1)d^{6\sim8}s^{1\sim2}$ 电子 8~10 个 (除 Pd $4d^{10}$ 外)	$3d^64s^2$, $3d^74s^2$, $5d^96s^1$	VIII	只有 Ru、Os 可达+8

由于元素的价电子层结构呈现周期性(表 2-6)，因此与价电子层结构有关的元素的某些性质如原子半径、电离能、电子亲和能、电负性等也表现出明显的周期性。

表 2-6　元素分区与价电子层结构的关系

价电子层构型	电子数	族	区
$ns^{1\sim2}$	ns = 1~2	I A, II A	s
$ns^2np^{1\sim5}$	$ns + np$ = 3~7	III A~VII A	p
ns^2np^6	$ns + np$ = 8	VIII A	p
$(n-1)d^{10}ns^{1\sim2}$	ns = 1~2	I B, II B	ds
$(n-1)d^{1\sim5}ns^{1\sim2}$	$(n-1)d + ns$ = 3~7	III B~VII B	d
$(n-1)d^{6\sim8}ns^{1\sim2}$	$(n-1)d + ns$ = 8~10	VIII	d
$(n-2)f^{1\sim14}ns^2$			f

根据各元素原子的核外电子排布及价电子层构型的特点，可将长式周期表中的元素分为五个区，如图 2-22 所示。

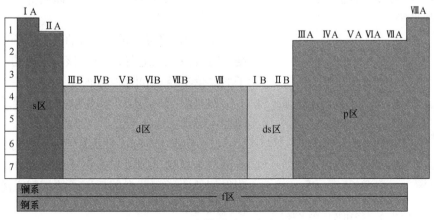

图 2-22　周期表中元素分区

(1) s 区元素。s 区元素主要包括元素周期表中ⅠA族元素和ⅡA族元素。ⅠA族元素包括氢、锂、钠、钾、铷、铯、钫七种元素。由于钠和钾的氢氧化物是典型的碱，因此除氢外的六种元素又称碱金属。ⅡA族元素包括铍、镁、钙、锶、钡、镭六种元素。由于钙、锶、钡的氧化物的性质介于碱金属与稀土元素之间，因此又称碱土金属。钫和镭都是放射性元素。在本区元素中同一主族从上到下、同一周期从左至右性质的变化都呈现明显的规律性。

(2) p 区元素。p 区元素包括元素周期表中ⅢA族～ⅧA族元素。ⅢA族元素又称为硼族元素，包括硼、铝、镓、铟、铊；ⅣA族元素又称为碳族元素，包括碳、硅、锗、锡、铅；ⅤA族元素又称为氮族元素，包括氮、磷、砷、锑、铋；ⅥA族元素又称为氧族元素，包括氧、硫、硒、碲、钋；ⅦA族元素又称为卤素，包括氟、氯、溴、碘、砹；ⅧA族元素或零族元素又称为稀有气体，包括氦、氖、氩、氪、氙、氡。

(3) d 区元素。d 区元素是元素周期表中的副族元素，即ⅢB族～Ⅷ族元素。这些元素中具有最高能量的电子是填充在 d 轨道上的。这些元素有时也称为过渡金属。

(4) ds 区元素。ds 区元素是指元素周期表中的ⅠB、ⅡB两族元素，包括铜、银、金、锌、镉、汞 6 种金属元素。ds 区的名称是因为它们的价电子构型都是 $d^{10}s^1$(ⅠB)或 $d^{10}s^2$(ⅡB)。ds 区可视为 d 区元素的一个特殊部分，ds 区元素都是过渡金属。但由于它们的 d 层是满的，因此体现的性质与其他过渡金属有所不同(如最高氧化数只能达到+3)。

(5) f 区元素。f 区元素指的是元素周期表中的镧系元素和锕系元素。大多数 f 区元素具有最高能量的电子是排布在 f 轨道上的。这一区中同周期的元素之间的性质差别很小，这一点在镧系各元素中表现得很明显。

2.7　元素基本性质的周期性

2.7.1　原子半径

1. 原子半径的概述

从量子力学理论考虑，电子云没有明确的界限，因此严格来讲原子半径有不确定的含义，也就是说要给出一个准确的原子半径是不可能的。原子半径是假设原子为球形，根据实验测定和间接计算方法求得的。在不同的情况下，常用的原子半径有三种，即共价半径、范德华半径和金属半径。

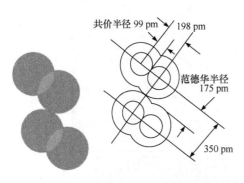

图 2-23　氯的共价半径和范德华半径

(1) 共价半径。同种元素的两个原子以共价单键结合时(如 H_2、Cl_2 等)，它们核间距离的一半称为原子的共价半径，如图 2-23 所示。

如果给出的是共价双键或共价三键结合的共价半径，必须加以注明。

(2) 范德华半径。对稀有气体，它们不能生成共价键或金属键，因此只能在低温形成分子晶体中，测得相邻原子间两个邻近原子的核间距离的一半，称为范德华半径。

(3) 金属半径。将金属晶体看成是由球状的金属原子堆积而成，则在金属晶体中，相邻的两个接触原子的核间距离的一半称为该原子的金属半径。

通常情况下，范德华半径都比较大，而金属半径比共价半径大。在比较元素的某些性质时，原子半径取值最好用同一套数据。

在讨论原子半径在周期表中的变化时，采用的是共价半径。而稀有气体为单原子分子，只能用范德华半径。

2. 原子半径在周期表中的变化

1) 同一周期元素原子半径的变化

同周期中，从左到右，在原子序数增加的过程中，有以下两个因素影响原子半径的变化：

(1) 核电荷数 Z 增大，对电子吸引力增大，使原子半径 r 有减小的趋势。

(2) 核外电子数增加，电子之间排斥力增大，使原子半径 r 有增大的趋势。

在这一对矛盾中，以(1)为主导。因此，同一周期从左到右原子半径整体趋势是减小的。只有当出现 d^5、d^{10}、f^7、f^{14} 半充满和全充满结构时，层中电子的对称性较高，这时(2)才占主导地位，则该原子的半径 r 大于邻近左侧或左右两侧的原子。同时，不同周期，随着核电荷数的增加，原子半径减小的幅度也是明显不同的。

短周期：指周期表中第一、二、三周期。在同一短周期中从左到右，由于增加的电子排布在最外层的 s 轨道或 p 轨道，它们对核电荷的屏蔽作用小，导致原子的有效核电荷逐渐增大，对核外电子的吸引力逐渐增强，故原子半径依次变小。而最后一个稀有气体的原子半径变大，这是由于稀有气体的原子半径采用了范德华半径。短周期主族元素的原子半径如表 2-7 所示。

表 2-7 短周期的主族元素原子半径

元素	Li	Be	B	C	N	O	F	Ne
r/pm	152	113	86	—	—	—	72	—
元素	Na	Mg	Al	Si	P	S	Cl	Ar
r/pm	186	160	143	118	108	106	—	—

长周期：在同一长周期中，从左到右，原子半径的总体变化趋势与短周期相似，也是依次变小的。由于过渡元素的变化所增加的电子填充在次外层的 d 轨道上，它们对核电荷的屏蔽作用较大，原子的有效核电荷增加较少，因此过渡元素的原子半径依次变小的幅度很缓慢。当电子填充至 d^{10} 全满的稳定状态时，对核外电子的屏蔽效应更加显著，故原子半径有所变大。这种情况也发生在超长周期(第六、七周期)的内过渡元素(镧系元素和锕系元素)中。长周期和超长周期的元素原子半径见表 2-8 和表 2-9。

表 2-8 长周期的过渡元素原子半径

元素	Sc	Ti	V	Cr	Mn	Fe	Co	Ni	Cu	Zn
r/pm	162	147	134	128	127	126	125	124	128	134
元素	Y	Zr	Nb	Mo	Te	Ru	Rh	Pd	Ag	Cd
r/pm	180	160	146	139	136	134	134	137	144	149

表 2-9　超长周期的内过渡元素原子半径

元素	La	Ce	Pr	Nd	Pm	Sm	Eu	Gd	Tb	Dy	Ho	Er	Tm	Yb	Lu
r/pm	188	182	182	181	183	180	208	180	177	176	176	176	176	194	174

镧系收缩：与短周期和长周期相比，镧系元素从镧(La)到镥(Lu)整个系列的原子半径减小不明显(平均减小的幅度很小)的现象称为镧系收缩。其原子半径减小的特点是缓慢、积累。

镧系元素(^{57}La～^{71}Lu 共 15 种元素)和锕系元素(^{89}Ac～^{103}Lr 共 15 种元素)：随着核电荷数 Z 增加，增加的电子进入$(n-2)$f(4f 或 5f)轨道，故也称为内过渡元素，对最外层 ns(6s 或 7s)屏蔽更完全($\sigma \approx 1$)，有效核电荷数 Z^*几乎无增加，La 的半径为 188 pm，Lu 的半径为 174 pm。从 La 到 Lu 共 15 种元素，原子半径总减小值只有 14 pm，平均减小幅度仅约 1 pm。

镧系收缩对原子半径的影响见表 2-10。

表 2-10　镧系收缩对原子半径的影响

元素	K	Ca	Sc	Ti	V	Cr	Mn	Fe
r/pm	232	197	162	147	134	128	127	126
元素	Rb	Sr	Y	Zr	Nb	Mo	Tc	Ru
r/pm	248	215	180	160	146	139	136	134
元素	Cs	Ba	La	Hf	Ta	W	Re	Os
r/pm	265	217	187	159	146	139	137	135

2) 同一族元素原子半径的变化

同族中，从上到下，有两种因素影响原子半径的变化趋势：

(1) 核电荷数 Z 增加，对电子吸引力增大，使 r 减小。

(2) 核外电子增多，增加一个电子层，使 r 增大。

在这一对矛盾中，(2)起主导作用。因此，同族中，从上到下，原子半径增大。

主族元素：同一主族元素从上到下，电子层逐渐增加所起的作用大于有效核电荷数增加的作用，因此原子半径逐渐增大。

副族元素：同一副族元素从上到下，原子半径的变化趋势总体上与主族相似。第一过渡系列(第四周期过渡金属)原子半径较小，第二(第五周期过渡金属)和第三(第六周期过渡金属)过渡系列半径较大。由于在第三过渡系列前有电子填充在$(n-2)$f轨道上的镧系元素，镧系收缩导致第三过渡系列的原子半径几乎不增加或增大不明显，使上、下两元素的原子半径非常接近，性质相似，分离困难。

2.7.2　电离能

1. 电离能的定义

某元素 1 mol 基态气态原子分别失去最高能级的 1 个电子，形成 1 mol 气态离子(M^+)所吸收的能量称为这种元素的第一电离能(用 I_1 表示)，即

$$M(g) \Longrightarrow M^+(g) + e^- \qquad \Delta H = I_1$$

1 mol 气态离子(M^+)继续失去最高能级的 1 mol 电子，形成 1 mol 气态离子(M^{2+})所吸收的

能量为第二电离能 I_2。

$$M^+(g) \rlap{=\!=\!=} M^{2+}(g) + e^- \qquad \Delta H = I_2$$

用类似的方法定义 I_3、I_4、$\cdots$、I_n。一般来说，电离能数据是通过光谱实验得到的。

通常情况下，常使用的是第一电离能。元素的电离能在周期表中呈现明显的周期性变化(图 2-24)。元素周期表列出了周期表中各元素的第一电离能数据。

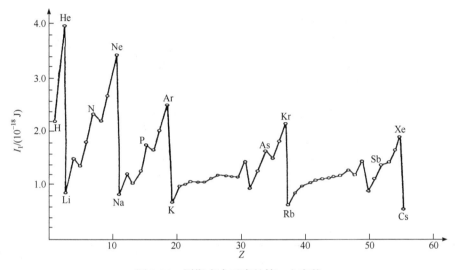

图 2-24　周期表中元素的第一电离能

2. 电离能在周期表中的变化

元素的第一电离能 I_1 的大小与原子的核外电子层数和原子半径及有效核电荷数相关。

1) 同一周期元素电离能的变化

短周期：同一短周期的元素具有相同的核外电子层数，从左到右，有效核电荷数逐渐增大，原子半径逐渐减小，则原子核对外层电子的吸引力逐渐增强，因此元素第一电离能 I_1 总的趋势逐渐增大，失去电子的趋势逐渐减弱。

短周期主族元素中 O 和 S 失去一个 p 电子后，得到较稳定的 p 轨道的半充满结构，因此这两种元素的第一电离能分别小于 N 和 P，造成反常。短周期元素的第一电离能见表 2-11。

表 2-11　短周期元素的第一电离能

元素	Li	Be	B	C	N	O	F	Ne
$I_1/(\text{kJ} \cdot \text{mol}^{-1})$	520	900	801	1086	1402	1314	1681	2081
元素	Na	Mg	Al	Si	P	S	Cl	Ar
$I_1/(\text{kJ} \cdot \text{mol}^{-1})$	496	738	578	787	1012	1000	1251	1521

长周期：同一周期从左到右，第一电离能 I_1 总体趋势也是逐渐增大的，到ⅡB族时增大幅度大，由于失去一个电子后 s 轨道处于半满状态。进入 p 区元素时第一电离能 I_1 又突然减小，然后又增大，这与它们的电子层结构有关。第一过渡系列金属的第一电离能见表 2-12。

表 2-12　第一过渡系列金属的第一电离能

元素	Sc	Ti	V	Cr	Mn	Fe	Co	Ni	Cu	Zn
$I_1/(\text{kJ} \cdot \text{mol}^{-1})$	633	659	651	653	717	762	760	737	746	906

每一周期末的稀有气体元素的第一电离能都很大，这是由于它们都具有稳定的 8 电子结构。

2) 同一族元素电离能的变化

主族元素：同一主族元素从上到下，核外电子层逐渐增多，原子半径变大的趋势大于有效核电荷数增大的趋势，故第一电离能 I_1 逐渐减小，元素的金属性依次增强。碱金属和碱土金属的第一电离能见表 2-13。

表 2-13　碱金属和碱土金属的第一电离能

元素	$I_1/(\text{kJ} \cdot \text{mol}^{-1})$	元素	$I_1/(\text{kJ} \cdot \text{mol}^{-1})$
Li	520	Be	900
Na	496	Mg	738
K	419	Ca	590
Rb	403	Sr	550
Cs	376	Ba	503

副族元素：同一副族元素从上到下，第一电离能的变化幅度较小且不规则，主要原因是新增加电子填充次外层$(n-1)$d 轨道，且外层 ns 轨道电子数相近，以及镧系收缩。第二和第三过渡系列金属的第一电离能见表 2-14。

表 2-14　第二和第三过渡系列金属的第一电离能

元素	Y	Zr	Nb	Mo	Tc	Ru	Rh	Pd	Ag	Cd
$I_1/(\text{kJ} \cdot \text{mol}^{-1})$	600	640	652	684	702	710	720	804	731	868
元素	La	Hf	Ta	W	Re	Os	Ir	Pt	Au	Hg
$I_1/(\text{kJ} \cdot \text{mol}^{-1})$	583	659	728	759	756	814	865	864	890	1007

2.7.3　电子亲和能

1. 电子亲和能的定义

与原子失去电子需消耗一定的能量相反，电子亲和能是指原子获得电子所放出的能量。

1 mol 某元素的基态气态原子得到 1 mol 电子形成气态负离子(M^-)时放出的能量称为该元素的第一电子亲和能，用 E_1 表示，同样有 E_2、E_3、E_4、…。例如：

$$F(g) + e^- \Longrightarrow F^-(g) \qquad \Delta H = -328.2 \ \text{kJ} \cdot \text{mol}^{-1}$$

则

$$E_1 = -\Delta H = 328.2 \ \text{kJ} \cdot \text{mol}^{-1}$$

电子亲和能定义为形成负离子时所放出的能量，因此电子亲和能 E 的符号与过程的 ΔH 的符号相反。

大多数元素的第一电子亲和能都是正值(放出能量)，也有的元素为负值(吸收能量)。这说明这种元素的原子获得电子成为负离子时能量升高，或者说获得电子比较困难。例如：

$$O(g) + e^- \Longrightarrow O^-(g) \qquad E_1 = +141 \text{ kJ} \cdot \text{mol}^{-1}$$

$$O^-(g) + e^- \Longrightarrow O^{2-}(g) \qquad E_2 = -780 \text{ kJ} \cdot \text{mol}^{-1}$$

元素的电子亲和能数据目前还不完整，元素周期表列出了一些元素的电子亲和能。

2. 电子亲和能在周期表中的变化

电子亲和能的大小也与核外电子层数、原子半径、有效核电荷数有关。元素的电子亲和能也可衡量元素的金属性，电子亲和能的值越小，说明元素的原子获得电子形成负离子的趋势越小，因此非金属性越弱。

1) 同一周期元素第一电子亲和能的变化

由于数据不完整，以主族元素为例进行比较。同一周期从左到右，元素的第一电子亲和能 E_1 总体趋势是增大的。由于核外电子层未增加，随着有效核电荷数的增加，原子半径变小，失去电子的倾向减弱，获得电子的倾向增大，故元素的第一电子亲和能增大。但也有反常的现象，这与它们的电子层结构有关。

ⅤA族元素由于原子最外层电子组态为半充满稳定状态，因此电子亲和能较小；ⅡA族(碱土金属)元素由于原子半径大，且有 ns^2 全充满电子层结构，较难得到电子，因此电子亲和能为负值；稀有气体元素由于具有 2 电子或 8 电子稳定电子层结构，因此更难得到电子，电子亲和能最小。第二和第三周期元素的第一电子亲和能见表 2-15。

表 2-15　第二和第三周期元素的第一电子亲和能

元素	Li	Be	B	C	N	O	F	Ne
$E_1/(\text{kJ} \cdot \text{mol}^{-1})$	59.6	—	26.7	121.9	—	141.0	328.2	
元素	Na	Mg	Al	Si	P	S	Cl	Ar
$E_1/(\text{kJ} \cdot \text{mol}^{-1})$	52.9	—	42.6	133.6	72.0	200.4	348.6	—

2) 同一族元素第一电子亲和能的变化

同一族元素从上到下，由于核外电子层的增加趋势大于有效核电荷数的增加趋势，因此原子半径依次变大。电子亲和能总体来说逐渐减小，获得电子的能力依次减弱，非金属性减弱。

同一主族元素第一电子亲和能也有反常现象。例如，第二周期ⅦA族氟元素的 E_1 比第三周期同一族氯元素小。原因是 $r_F < r_{Cl}$，形成 -1 价离子时，半径小的原子得到电子后，电子间排斥力较大。氧族和卤族元素的第一电子亲和能见表 2-16。

表 2-16　氧族和卤族元素的第一电子亲和能

元素	$E_1/(\text{kJ} \cdot \text{mol}^{-1})$	元素	$E_1/(\text{kJ} \cdot \text{mol}^{-1})$
O	141.0	F	328.2
S	200.4	Cl	348.6
Se	195.0	Br	324.5
Te	190.2	I	295.2

2.7.4　元素的电负性

1. 元素电负性的定义

元素的电离能和电子亲和能可反映某元素的原子失去和获得电子的能力，但并不是完美的。因为许多元素在形成化合物时，并不是简单地失去或获得电子，电子只是在它们的原子之间发生偏移。为了更全面地反映分子中原子对成键电子的吸引能力，人们又提出了元素电负性的概念。

1932 年，鲍林首先提出：在分子中，元素原子吸引电子的能力称为元素的电负性(electronegativity)，用符号 χ_P 表示，并指定氟的电负性为 4.0，以此为标准，再根据热化学的方法可求出其他元素的相对电负性，故元素的电负性没有单位。元素的电负性数值见元素周期表。

1934 年，马利肯(Mulliken)综合考虑了元素的电离能(I)和电子亲和能(E)，提出了元素电负性新的求算方法。

$$\chi_M = \frac{I+E}{2} \tag{2-20}$$

这样计算求得的电负性数值为绝对的电负性。马利肯的电负性(χ_M)由于没有完整的电子亲和能数据，应用上受到限制。

1957 年，阿莱(Allred)和罗周(Rochow)根据原子核对电子的静电引力，也提出了计算元素电负性的公式：

$$\chi_{A,R} = \frac{0.359Z^{*2}}{r} + 0.744 \tag{2-21}$$

式中，Z^*为有效核电荷数；r 为电子离核的距离。利用式(2-21)得到了一套与鲍林的元素的电负性数值相吻合的数据。元素的电负性是衡量分子中原子吸引电子能力大小的一种量度。目前各种电负性不下 20 种，本节采用的是简便、实用的鲍林电负性。

2. 元素电负性在周期表中的变化及应用

元素的电负性在周期表中也呈现出周期性变化。根据元素的电负性大小也可衡量元素的金属性和非金属性的强弱。

1) 同一周期元素的电负性变化

短周期：同一周期从左到右，元素的电负性逐渐增大，原子吸引电子的能力趋强，元素的非金属性逐渐增强。在所有元素中氟的电负性最大，是非金属性最强的元素。

长周期：同一周期从左到右，元素的电负性总体趋势逐渐增大，非金属性趋强。但过渡元素变化趋势不是很有规律，这与电子层结构有关。

2) 同一族元素的电负性变化

主族元素：从上到下，元素的电负性逐渐减小，原子吸引电子的能力趋弱，相反，失电子的能力趋强，故非金属性依次减弱，金属性依次增强。在所有元素中铯的电负性最小，是金属性最强的元素。

副族元素：从上到下，元素的电负性没有明显的变化规律，这与过渡元素的电子层结构有关。而且第三过渡元素(第六周期)与同族的第二过渡元素(第五周期)除ⅠB 族和ⅡB 族元素外，元素的电负性非常接近，这是镧系收缩所致。

在通常情况下，金属元素的电负性在 2.0 以下，非金属元素的电负性在 2.0 以上，但没有严格的界限。

总之，元素的电离能、电子亲和能和电负性在衡量元素的金属性和非金属性强弱时结果是大致相同的。但由于元素的电负性的大小是表示分子中原子吸引电子的能力大小，因此能方便地反映元素的某些性质，如金属性与非金属性、氧化还原性、估计化合物中化学键的类型、键的极性等，故在化学领域中被广泛地应用。部分元素的电负性见图 2-25。

H 2.18																
Li 0.98	Be 1.57											B 2.04	C 2.55	N 3.04	O 3.44	F 3.98
Na 0.93	Mg 1.31											Al 1.61	Si 1.90	P 2.19	S 2.58	Cl 3.16
K 0.82	Ca 1.00	Sc 1.36	Ti 1.54	V 1.63	Cr 1.66	Mn 1.55	Fe 1.8	Co 1.88	Ni 1.91	Cu 1.90	Zn 1.65	Ga 1.81	Ge 2.01	As 2.18	Se 2.55	Br 2.96
Rb 0.82	Sr 0.95	Y 1.22	Zr 1.33	Nb 1.60	Mo 2.16	Tc 1.9	Ru 2.28	Rh 2.2	Pd 2.20	Ag 1.93	Cd 1.69	In 1.78	Sn 1.96	Sb 2.05	Te 2.10	I 2.66
Cs 0.79	Ba 0.89	La 1.2	Hf 1.3	Ta 1.5	W 2.36	Re 1.9	Os 2.2	Ir 2.2	Pt 2.28	Au 2.54	Hg 2.00	Tl 2.04	Pb 2.33	Bi 2.02	Po 2.0	At 2.2

图 2-25　部分元素的电负性

习　　题

2-1　当电子的速度达到光速的 20%时，该电子的德布罗意波长是多少？当锂原子(质量 7.02 amu)以相同速度飞行时，其德布罗意波长是多少？

2-2　氧分子 O_2 的键能为 494 kJ · mol^{-1}，试计算 O_2 分子解离为氧原子时需要吸收的光的最小波长。

2-3　将氢原子核外电子从基态激发到 2s 或 2p 轨道所需要的能量有无差别？若是氦原子，情况又如何？

2-4　原子核外电子排布遵循哪些原则？将碳原子的电子排布式写成 $1s^22s^12p^3$ 和 $1s^22s^22p_x^2$ 分别违反了哪条原则？

2-5　假定有下列电子的各套量子数：

① (2,1,0,0)　② (2,2,−1,−1/2)　③ (3,0,0,1/2)

④ (7,1,1,−1/2)　⑤ (4,0,−1,1/2)　⑥ (3,3,2,−1/2)

⑦ (3,2,3,−1/2)　⑧ (2,−1,0,1/2)　⑨ (6,5,4,1/2)

(1) 哪些是不可能存在的？为什么？

(2) 用轨道符号表示可能存在的各套量子数。

2-6　试用 4 个量子数的合理组合描述 Fe^{2+}的 $3d^6$ 价电子。

2-7　以下哪些原子或离子的电子组态是基态、激发态或是不可能的组态？

(1) $1s^22s^2$　(2) $1s^23s^1$　(3) $1s^23d^3$　(4) $[Ne]3s^23d^1$

(5) $[Ar]3d^24s^2$　(6) $1s^22s^22p^63s^1$　(7) $[Ne]3s^23d^{12}$

2-8　写出下列元素的电子组态：

(1) 电子亲和能最大的元素；

(2) 电负性最大的元素；

(3) 第三周期含有两个成单电子的元素。

2-9　基态时，He 和 He⁺中电子离核距离哪个远？为什么？

2-10　已知电中性的基态原子的价电子层电子组态分别为：

(a) $3s^23p^5$　　　　(b) $3d^64s^2$　　　　(c) $5s^2$　　　　(d) $4f^96s^2$　　　　(e) $5d^{10}6s^1$

试根据这个信息确定它们在周期表中属于哪个区、哪个族、哪个周期。

2-11　ⅠA 族元素与ⅠB 族元素原子的最外层都只有一个 s 电子，但前者单质的活泼性明显强于后者，试从它们的原子结构特征加以说明。

2-12　某元素基态原子最外层为 $5s^2$，最高氧化数为+4，它位于周期表哪个区？是第几周期第几族元素？写出它的+4 氧化数离子的电子构型。若用 A 代替它的元素符号，写出相应氧化物的化学式。

2-13　某元素原子 M 层电子比最外层 N 层电子多 8 个，它为第几周期第几族元素？用 4 个量子数表明每个价电子的状态。

2-14　某元素原子 X 的最外层只有一个电子，其 X^{3+}的最高能级三个电子的主量子数为 3，角量子数为 2。试写出该元素符号，说明该元素在周期表中的位置。

2-15　从元素电负性数据判断下列化合物中哪些是离子化合物，哪些是共价化合物。

NaF　　　AgBr　　　RbF　　　HI　CuI　　　HBr　　　CsCl

2-16　根据原子结构理论预测：

(1) 原子核外出现第一个 g (l = 4)电子的元素的原子序数是多少？

(2) 第八周期应该有多少种元素？

2-17　周期表中哪种元素的电负性最大？哪种元素的电负性最小？周期表从左到右和从上到下元素的电负性变化呈现什么规律？为什么？

2-18　什么是镧系收缩？镧系收缩产生的原因是什么？镧系收缩有什么特点？镧系收缩对元素的性质产生了哪些影响？

2-19　给出第 118 号和第 166 号元素在周期表中的位置。

2-20　根据元素周期表填写下表中的空格：

元素符号	V	Bi			Pt
元素名称			钼	钨	
所属周期					
所属族					
价电子层构型					

2-21　有 A、B、C、D 四种元素。其中 A 为第四周期元素，与 D 可形成原子比 1∶1 和 1∶2 的化合物。B 为第四周期 d 区元素，最高氧化数为 7。C 和 B 是同周期元素，具有相同的最高氧化数。D 为所有元素中电负性第二大元素。给出四种元素的元素符号，并按电负性由大到小排列。

2-22　第四周期的 A、B、C、D 四种元素，其价电子数依次为 1、2、12、7，其原子序数按 A、B、C、D 顺序依次增大，已知 A 与 B 的次外层电子为 8，而 C、D 的次外层电子数为 18，试推断：

(1) 哪些是金属元素？

(2) D 与 A 的简单离子是什么？

(3) 哪种元素的氢氧化物碱性最强？

(4) B 与 D 原子间能形成哪种类型化合物？写出其路易斯电子结构式。

2-23 有 A、B、C、D 四种元素，其价电子数依次为 1、2、6、7，其电子层数依次减小。已知 D⁻ 的电子层结构与 Ar 原子相同，A 和 B 的次外层均为 8 个电子，C 的次外层有 18 个电子。试推断这四种元素，写出它们的元素符号、元素名称，用原子实加外层电子构型的方式写出它们的电子分布式，确定它们在周期表中的位置(周期和族)。

2-24 现有 A、B、C 三种元素的原子，已知它们的电子最后排布在相同的能级组上，而且 B 的核电荷数比 A 大 12，C 的质子数比 B 多 4 个。1 mol A 与酸反应，能置换出 1 g 氢气，同时转化为具有氩原子型电子层结构的离子。

(1) 判断 A、B、C 各为哪种元素。

(2) 写出 A 原子、B 的阳离子、C 的阴离子的电子排布式。

2-25 已知甲、乙、丙、丁四种元素，其中甲为第四周期元素，它与丁元素能形成原子比为 1∶1 的化合物。乙为第四周期 d 区元素，其最高正氧化数为+7，丙与乙同周期，并具有相同的正氧化数，丁为所有元素中电负性最大的元素。

(1) 填写下表：

元素	价电子层构型	周期	族	金属或非金属
甲				
乙				
丙				
丁				

(2) 四种元素电负性高低顺序为_____。

第3章 化学键与分子结构

相邻原子或者离子之间的相互作用力称为化学键，根据成键方式不同，化学键可分为离子键、共价键和金属键等基本类型。此外，分子之间还普遍存在一种较弱的相互作用力，从而使分子聚集成液体或固体。这种分子之间较弱的相互作用力称为分子间作用力。除分子间作用力外，在某些含氢化合物的分子间或分子内还可形成氢键。本章在原子结构理论的基础上，讨论化学键的形成、分子间的作用力，并进一步介绍它们与物质的物理、化学性质的关系。

3.1 离 子 键

3.1.1 离子键的形成

离子键是由原子得失电子后，生成的正、负离子之间靠静电作用而形成的化学键。

在离子键的模型中，可以近似地将正、负离子视为球形电荷。这样根据库仑定律，两种带有相反电荷(q^+和 q^-)的离子间的静电引力 F 与离子电荷的乘积成正比，与离子之间距离的平方成反比。可见，离子的电荷越大，离子电荷中心间的距离 d 越小，离子间的引力越强。

在一定条件下，当电负性较小的活泼金属元素的原子与电负性较大的活泼非金属元素的原子相互接近时，活泼金属原子失去最外层电子，形成具有稳定电子层结构的带正电荷的正离子；而活泼非金属原子得到电子，形成具有稳定电子层结构的带负电荷的负离子。正、负离子之间靠静电引力相互吸引，当它们充分接近到一定的距离后，离子的原子核之间及电子之间的排斥作用增大。当正、负离子之间的相互吸引和排斥作用达到平衡时，系统的能量达到最低，正、负离子间形成稳定的离子键(ionic bond)。

以 NaCl 为例，离子键形成的过程可简单表示为图 3-1。

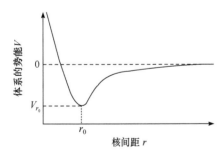

图 3-1 NaCl 的势能曲线

由图 3-1 可知：$r>r_0$ 时，当 r 减小时，正、负离子靠静电作用相互吸引，势能 V 减小，体系趋于稳定；$r=r_0$ 时，V 有极小值，此时体系最稳定，表明形成离子键；$r<r_0$ 时，随 r 减小，V 急剧上升。

因此，离子相互吸引，保持一定距离时，体系最稳定，这就意味着形成了离子键。r_0 与键长有关，而 V_{r_0} 与键能有关。

生成离子键的条件是原子间电负性相差较大，一般要大于 2.0，此时比较容易发生电子的转移。由离子键形成的化合物称为离子化合物(ionic compound)。

3.1.2 离子键的特点

离子键的特点是没有饱和性和方向性。离子是一个带电球体，它在空间各个方向上的静电作用是相同的，正、负离子可以在空间任何方向与电荷相反的离子相互吸引，因此离子键没有方向性。只要空间允许，一个正离子或负离子可以同时与多个电荷相反的离子相互吸引，并不受离子本身所带电荷的限制，因此离子键也没有饱和性。当然，这并不意味着一个正离子或负离子可以吸引相反电荷离子的数目可以无限大。虽然从正负电荷的吸引角度看离子键没有饱和性，但是吸引在其周围的相同电荷的离子之间会产生排斥，最终吸引和排斥达到平衡，离子晶体以使体系能量最低的形式存在。结果是，在离子晶体中，每一个正、负离子周围排列的相反电荷离子的数目都是固定的。例如，在 NaCl 晶体中，每个 Na^+ 周围有 6 个 Cl^-，每个 Cl^- 周围也有 6 个 Na^+；在 CsCl 晶体中，每个 Cs^+ 周围有 8 个 Cl^-，每个 Cl^- 周围也有 8 个 Cs^+。

3.1.3　离子的特征

1. 离子半径

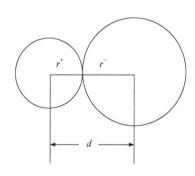

离子半径是离子的重要特征之一。与原子一样，单个离子也不存在明确的界面。离子半径是根据离子晶体中正、负离子的核间距测出的，并假定正、负离子的核间距为正、负离子的半径之和(图 3-2)。可利用 X 射线衍射法测定正、负离子的平衡核间距，若知道了其中一个正离子或负离子的半径，就可推算出另一个离子的半径。

图 3-2　正、负离子半径及核间距

离子半径大致有如下变化规律：

(1) 在周期表各主族元素中，由于自上而下电子层数依次增多，因此具有相同电荷数的同族离子的半径依次增大。例如，$Li^+ < Na^+ < K^+ < Rb^+ < Cs^+$；$F^- < Cl^- < Br^- < I^-$。

(2) 同一周期中主族元素随着原子序数的递增，正电荷的电荷数增大，离子半径依次减小。例如，$Na^+ > Mg^{2+} > Al^{3+}$。

(3) 若同一种元素能形成几种不同电荷的正离子，则高价离子的半径小于低价离子的半径。例如，$Fe^{3+}(60\ pm) < Fe^{2+}(75\ pm)$。

(4) 负离子的半径较大，为 130～250 pm；正离子的半径较小，为 10～170 pm。

(5) 周期表中处于相邻族的左上方和右下方斜对角线上的正离子半径近似相等。例如，$Li^+(60\ pm) \approx Mg^{2+}(65\ pm)$；$Sc^{3+}(81\ pm) \approx Zr^{4+}(80\ pm)$；$Na^+(95\ pm) \approx Ca^{2+}(99\ pm)$。

离子半径是决定离子间引力大小的重要因素，因此离子半径的大小对离子化合物性质有显著影响。离子半径越小，电荷密度越高，离子间的引力越大，要拆开它们所需的能量越大，因此离子化合物的熔、沸点越高。

2. 离子的电荷及电子构型

由离子键的形成过程可知，正离子的电荷就是相应原子(或原子团)失去的电子数；负离子的电荷就是相应原子(或原子团)得到的电子数。

离子电荷也是影响离子键强度的重要因素。离子电荷越高，对相反电荷离子的吸引力越大，形成的离子化合物的熔点越高。例如，大多数碱土金属离子 M^{2+} 的盐类的熔点比碱金属离子 M^+ 的盐类的熔点高。

原子形成离子时，所失去或得到的电子数目与原子的电子层结构有关。一般是原子得失电子之后，形成离子的电子层达到较稳定的结构。

简单负离子(如 Cl^-、F^-、S^{2-}等)的最外电子层都是 8 个电子的稀有气体结构。但是，简单的正离子的电子构型比较复杂，其电子构型有以下几种。

(1) 2 电子构型：最外层电子构型为 $1s^2$，如 Li^+、Be^{2+}等。

(2) 8 电子构型：最外层电子构型为 ns^2np^6，如 Na^+、Ca^{2+}等。

(3) 18 电子构型：最外层电子构型为 $ns^2np^6nd^{10}$，如 Ag^+、Zn^{2+}等。

(4) 18+2 电子构型：次外层有 18 个电子，最外层有 2 个电子，电子构型为$(n-1)s^2(n-1)p^6(n-1)d^{10}ns^2$，如 Sn^{2+}、Pb^{2+}等。

(5) 9~17 电子构型：属于不规则电子组态，最外层有 9~17 个电子，电子构型为 $ns^2np^6nd^{1\sim9}$，如 Fe^{2+}、Cr^{3+}等。

离子的外层电子构型的差异对于离子之间的相互作用有显著的影响，从而使键的性质发生改变。例如，Na^+和 Cu^+的电荷相同，离子半径几乎相等，但 $NaCl$ 易溶于水，而 $CuCl$ 难溶于水。显然，这是由 Na^+和 Cu^+具有不同的电子构型造成的。这部分内容将在"离子的极化"中深入地讨论。

3.1.4　离子晶体

离子化合物主要以晶体状态出现，它们都是由正离子与负离子通过离子键结合而成的晶体，统称为离子晶体。

1. 离子晶体的特性

在离子晶体中，组成晶体的正、负离子在空间有规则的排列，而且每隔一定距离便重复出现，有明显的周期性，这种排列情况在结晶学上称为结晶格子，简称晶格。晶体中最小的重复单位称为晶胞。

在离子晶体中，质点间的作用力是静电吸引力，即正、负离子是通过离子键结合在一起的，由于正、负离子间的静电作用力较强，因此离子晶体一般具有较高的熔点、沸点和硬度。离子晶体中离子的电荷越高，半径越小，静电作用力越强，晶体的熔点越高。

离子晶体的硬度较大，但比较脆，延展性较差。这是由于在离子晶体中，正、负离子交替地规则排列，当晶体受到冲击力时，各层离子位置发生错动，使吸引力大大减弱而易破碎。

离子晶体无论在熔融状态还是在水溶液中都具有优良的导电性，但在固体状态下，由于离子被限制在晶格的一定位置上振动，因此几乎不导电。在离子晶体中，每个离子都被若干个带相反电荷的离子包围，因此在离子晶体中不存在单个分子，可以认为整个晶体就是一个巨型分子。

2. 离子晶体的类型

离子晶体中，正、负离子在空间的排布情况不同，离子晶体的空间结构也不同。对于简单的 AB 型离子化合物来说，主要有以下三种典型的晶体结构类型，见图 3-3。

CsCl 型晶体：晶胞形状是立方体(属简单立方晶格)，晶胞的大小完全由一个边长来确定，组成晶体的质点(离子)被分布在立方体的八个顶点和中心上，每个离子的配位数为 8。

NaCl 型晶体：它是 AB 型离子化合物中最常见的晶体构型。它的晶胞形状也是立方体(属面心立方晶格)，每个离子的配位数为 6。

立方 ZnS 型(闪锌矿型)晶体：晶胞形状也是立方体(属面心立方晶格)，但质点的分布更复杂，正、负离子的配位数都为 4。

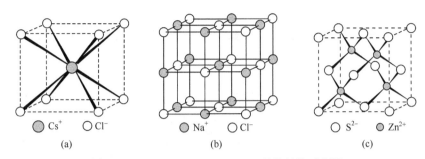

图 3-3　CsCl(a)、NaCl(b)、ZnS(c)晶体结构示意图

3. 离子键的强度

相互远离的气态正离子和气态负离子结合成离子晶体时所释放的能量称为晶格能(lattice energy)，以符号 U 表示。晶格能越大，形成离子键得到离子晶体时放出的能量越多，离子键越强。例如，NaCl 的晶格能 $U=786\ \text{kJ}\cdot\text{mol}^{-1}$，MgO 的晶格能 $U=3916\ \text{kJ}\cdot\text{mol}^{-1}$。

根据能量守恒定律，通过玻恩-哈伯循环法或赫斯定律，晶格能可由下式求出：

$$U = -\Delta_\text{f} H^{\ominus} + S + 0.5D + I - E$$

式中，$\Delta_\text{f} H^{\ominus}$ 为物质的生成热；S 为升华能；D 为解离能；I 为电离能；E 为电子亲和能。

根据晶格能的大小可以解释和预言离子化合物的某些物理化学性质。对相同类型的离子晶体来说，离子电荷越多，正、负离子的核间距越短，晶格能的绝对值越大。这也表明离子键越牢固，因此反映在晶体的物理性质上有较高的熔点、沸点和硬度。

离子晶体的熔点主要由离子键的键能决定，键能越大，熔点越高。键能和正、负离子电荷及半径有关。电荷高，离子键强。半径大，离子间距大，晶格能小；相反，半径小，晶格能大。

NaCl 和 NaBr 的正离子均为 Na^+，负离子电荷半径 $r_{\text{Cl}^-} < r_{\text{Br}^-}$，因此键能 $E_{\text{NaCl}} > E_{\text{NaBr}}$，熔点 NaCl＞NaBr。

CaO 和 KCl 的键能大小主要取决于离子电荷数。CaO 的正、负离子电荷数值均为 2，而 KCl 的均为 1，因此 CaO 的键能比 KCl 的大，熔点 CaO＞KCl。

除正、负离子电荷和半径影响键能外，离子极化作用较强时，可使离子化合物具有较多的共价成分，而使键能减小，熔点降低。

MgO 与 Al_2O_3 相比，Al_2O_3 的电荷相当高，半径小，极化作用很强，因而使 Al_2O_3 具有较多的共价成分，离子键的键能减小，因此熔点 MgO＞Al_2O_3。

3.2　现代共价键理论

随着量子力学的建立，近代形成了两种共价键理论，即价键理论(valence bond theory，简称 VB 法，又称电子配对法)和分子轨道理论(molecular orbital theory，简称 MO 法)。

3.2.1 价键理论

1. 共价键的形成

1927 年，海特勒和伦敦由量子力学处理两个 H 原子形成 H_2 分子的过程，得到 H_2 分子的能量与原子核间距离的关系曲线(图 3-4)。

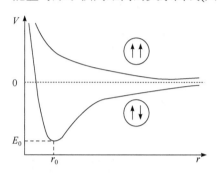

图 3-4 H_2 分子的能量与原子核间
距离及自旋状态的关系

由图 3-4 可知，当两个 H 原子从远处互相接近时，会出现两种可能的情况：如果两个 H 原子的 1s 电子自旋方向相反时，随着两原子的核间距离 r 的减小，这时体系能量逐渐降低，当核间距为 $r = r_0$ 时，能量降到最低值 E_0，两核间电子云密度较为密集，如果此时两个原子进一步靠近，则原子核间的排斥力占主导作用，体系的能量将升高；如果两个 H 原子的 1s 电子自旋方向相同，随着核间距 r 的减小，系统能量逐渐升高。由此可知，自旋方向相反的两个 H 原子以核间距 r_0 相结合，可以形成稳定的 H_2 分子，这一状态称为氢分子的基态，此时体系的能量低于两个未结合时 H 原子的能量。相反，如果两个 H 原子的 1s 电子自旋方向相同，则体系的能量随 r 的减小而增大，电子在核间的概率密度很小，这意味着两个氢原子趋向于分离而不能键合。因此，根据量子力学的基本原理，氢分子的基态之所以能成键，是由于两个氢原子的 1s 原子轨道互相重叠时，ψ_{1s} 都是正值，相加后使两个核间的电子云密度增加。在两核间出现电子云密度较大的区域，一方面降低了两核间的排斥，另一方面增大了两个核对电子云密度较大区域的吸引，有利于体系势能的降低和形成稳定的化学键。这种由共用电子对所形成的化学键称为共价键(covalent bond)(图 3-5)。

(a) 基态   (b) 排斥态

图 3-5   氢分子基态与排斥态核间电子密度

2. 价键理论的基本要点

1930 年，鲍林等在海特勒和伦敦处理 H_2 分子结构的基础上，发展了量子力学处理氢分子成键的结果，建立了价键理论，其理论的基本要点为

(1) 两个原子相互接近时，自旋方向相反的单电子可以配对形成共价键；

(2) 电子配对时放出的能量越多，形成的化学键越稳定，如形成一个 C—H 键时放出 $411\ kJ \cdot mol^{-1}$ 能量，形成 H—H 键时放出 $432\ kJ \cdot mol^{-1}$ 能量。

3. 共价键的特征

1) 共价键具有饱和性

共价键的饱和性是指一个原子含有几个单电子，就能与几个自旋相反的单电子配对形成共价键。也就是说，一个原子形成的共价键的数目不是任意的，它受单电子数目的制约。如果 A 原子和 B 原子各有 1 个、2 个或 3 个单电子，且自旋相反，则可以互相配对，形成共价单键、双键或三键(如 H—H、O=O、N≡N)。如果 A 原子有 2 个单电子，B 原子有 1 个单电子，若自旋相反，则 1 个 A 原子能与 2 个 B 原子结合生成 AB_2 型分子，如 2 个 H 原子和 1 个 O 原子结合生成 H_2O 分子。

2) 共价键具有方向性

根据原子轨道的最大重叠原理，即形成共价键时，原子间总是尽可能地沿着原子轨道最大重叠的方向成键。成键电子的原子轨道重叠程度越高，电子在两核间出现的概率密度也越大，形成的共价键越稳固。

共价键的形成将沿着原子轨道最大重叠的方向进行，这样两核间的电子云越密集，形成的共价键越牢固，这就是共价键的方向性。除 s 轨道呈球形对称无方向性外，p、d、f 轨道在空间都有一定的伸展方向。在形成共价键时，除 s 轨道与 s 轨道在任何方向上都能达到最大程度的重叠外，p、d、f 轨道只有沿着一定的方向才能发生最大程度的重叠。例如，当 H 原子的 1s 轨道与 Cl 原子的 $3p_x$ 轨道发生重叠形成 HCl 分子时，H 原子的 1s 轨道必须沿着 x 轴才能与 Cl 原子的含有单电子的 $3p_x$ 轨道发生最大程度的重叠，形成稳定的共价键[图 3-6(a)]；而沿其他方向重叠时，原子轨道不能重叠[图 3-6(b)]或重叠很少[图 3-6(c)]，因而不能成键或不能生成稳定的共价键。

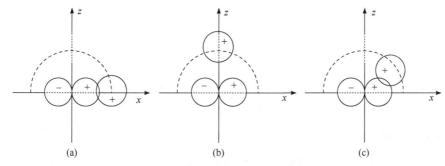

(a)　　　　　　　　(b)　　　　　　　　(c)

图 3-6　s 轨道和 p_x 轨道重叠示意图

3) 共价键的类型(σ 键和 π 键)

按原子轨道的重叠方式不同，可以将共价键分为 σ 键和 π 键两种类型(图 3-7)。例如，两个原子都含有成单的 s 和 p_x、p_y、p_z 电子，当它们沿 x 轴接近时，能形成共价键的原子轨道有 s-s、p_x-s、p_x-p_x、p_y-p_y、p_z-p_z。这些原子轨道之间可以有两种成键方式：一种是沿键轴(两个原子核之间的连线)的方向，以"头碰头"的方式发生轨道重叠，轨道重叠部分沿键轴呈圆柱形对称分布，这种键称为 σ 键，如 s-s、p_x-s、p_x-p_x 等。另一种是原子轨道以"肩并肩"的方式发生轨道重叠，如 p_z-p_z、p_y-p_y，轨道重叠部分以键轴为平面，具有镜面反对称性，这种键称为 π 键。

一般来说，π 键具有反对称面，其重叠程度小于 σ 键，因此 π 键的键能小于 σ 键，π 键的稳定性也小于 σ 键，π 键电子的能量高于 σ 键，活泼性高，是化学反应的积极参与者。

两个原子间形成共价单键时，通常生成的是 σ 键；形成共价双键或三键时，其中一个为 σ 键，其余的为 π 键。

例如，如图 3-8 所示，N 原子有 3 个单电子($2p_x^1 2p_y^1 2p_z^1$)，两个 N 原子形成 N_2 分子时，两个氮原子的 p_x 轨道和 p_x 轨道头碰头地重叠形成一个 σ 键，而两个氮原子的 p_y 和 p_y、p_z 和 p_z 轨道分别以肩并肩的形式重叠形成两个互相垂直的 π 键。

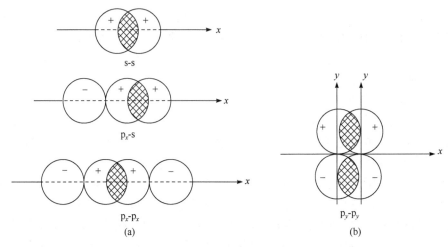

图 3-7　σ 键(a)和 π 键(b)的成键示意图

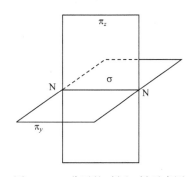

图 3-8　N_2 分子的σ键和π键示意图

前面所讨论的共价键的共用电子对都是由形成化学键的两个原子分别提供一个电子组成的。此外还有一类共价键，其共用电子对不是由成键的两个原子分别提供，而是由其中一个原子单方面提供，另一个原子提供空轨道。这种由一个原子提供电子对，另一个原子提供空轨道形成的共价键称为配位键(coordination bond) 或共价配键。配位键的形成条件是：其中的一个原子的价电子层有孤电子对(即未共用的电子对)；另一个原子的价电子层有可接受孤电子对的空轨道。一般含有配位键的离子或化合物是相当普遍的。

3.2.2　杂化轨道理论

价键理论成功地阐明了共价键的本质和特性，但是在解释多原子分子的空间构型方面遇到了困难。已知基态碳原子的电子层构型是 $1s^2 2s^2 2p_x^1 2p_y^1$，其中 $1s^2$ 电子在原子的内层不参与成键作用，不必考虑。外层 $2s^2$ 已成对，只有两个未成对的 2p 电子，似乎应该只能形成两个共价键。但实验事实证明绝大部分碳原子形成的化合物中，碳原子都生成了四个化学键。例如，在 CH_4 分子中，中心 C 原子分别与四个 H 原子形成四个 C—H 共价键，而且四个化学键的性质完全等同，这是价键理论不能解释的。为了解释多原子分子的空间结构，鲍林在价键理论的基础上，进一步补充和发展了价键理论，提出了杂化轨道理论(hybrid orbital theory)。

1. 杂化轨道理论的基本要点

杂化轨道理论认为：原子在形成分子时，由于原子间相互影响，若干不同类型且能量相近的原子轨道混合起来，重新组合成一组新轨道，这种重新组合的过程称为杂化(hybridization)，所形成的新的原子轨道称为杂化轨道(hybrid orbital)。

其基本要点如下：

(1) 激发。当能量相近的轨道要形成化学键时，为了形成尽可能多的化学键，中心原子的成对电子可以激发到能量较高的空轨道，原子从基态转化为激发态，其所需能量由所形成共价键数目的增加所释放出更多的能量来补偿。

如图 3-9 所示，以碳原子为例，碳原子最外层电子排布为 $2s^2 2p^2$，受到激发后 2s 轨道的一个电子跃迁到 2p 轨道上，并发生杂化形成四个等价的 sp^3 杂化轨道。

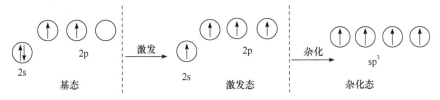

图 3-9　碳原子 sp^3 杂化示意图

(2) 杂化。为了解释中心原子和其他相同原子所生成分子具有相同的化学键，杂化轨道理论认为，处于激发态的不同原子轨道线性组合成一组能量相同的新轨道，这一过程称为杂化。只有能量相近的原子轨道才能进行杂化，同时杂化只有在形成分子的过程中才会发生，而孤立的原子是不可能发生杂化的。

(3) 轨道重叠。杂化轨道和其他原子轨道重叠形成化学键时，同样需要满足原子轨道最大重叠原则。因为杂化后原子轨道的形状发生变化，电子云分布集中在某一方向上，比未杂化的 s、p、d 轨道的电子云分布更集中，重叠程度增大，成键能力增强，形成共价键更稳定。由于杂化轨道的空间伸展方向与杂化前相比发生了改变，满足原子轨道最大重叠原则决定了形成分子的空间构型。

(4) 杂化轨道的数目等于参加杂化的原子轨道数目的总数，杂化后的轨道既不能增加，也不能减少。

(5) 杂化轨道成键时，要满足化学键间最小排斥原理。键与键之间排斥力的大小取决于键的方向，即杂化轨道间的夹角，因此杂化轨道的类型与分子的空间构型有关。

2. 杂化轨道的类型

根据参与杂化的原子轨道种类和数目的不同，杂化轨道通常分为 s-p、s-p-d 及其他类型。杂化轨道又可分为等性和不等性杂化轨道两种。由不同类型的原子轨道混合起来，重新组合成一组完全等同(能量相等、成分相同)的杂化轨道称为等性杂化。由杂化轨道中有不参与成键的孤电子对而造成杂化轨道不完全等同，这种杂化称为不等性杂化。

1) 等性杂化

(1) sp 等性杂化。由一个 ns 轨道和一个 np 轨道参与的杂化称为 sp 杂化，所形成的轨道称为 sp 杂化轨道。每一个 sp 杂化轨道中含有 1/2 的 s 轨道成分和 1/2 的 p 轨道成分，两个杂化轨道间的夹角为 180°，呈直线形。

如图 3-10 所示，以 $BeCl_2$ 为例，Be 原子最外层电子结构为 $1s^2 2s^2$，成键时一个 2s 轨道的电子激发到空的 2p 轨道上同时发生杂化，组成两个新的等价的 sp 杂化轨道。每个 sp 杂化轨道均含有 1/2 s 成分和 1/2 p 成分。两个轨道在一条直线上，杂化轨道的夹角为 180°。两个 Cl 原子的 3p 轨道以"头碰头"的方式与 Be 原子的两个杂化轨道的大的一端发生重叠形成 σ 键。$BeCl_2$ 中的三个原子在一条直线上，Be 原子位于中间(图 3-11)。

(2) sp^2 等性杂化。由一个 ns 轨道和两个 np 轨道参与的杂化称为 sp^2 杂化，所形成的三个杂化轨道称为 sp^2 杂化轨道。每个 sp^2 杂化轨道中含有 1/3 的 s 轨道成分和 2/3 的 p 轨道成分，杂化轨道间的夹角为 120°，呈平面正三角形。

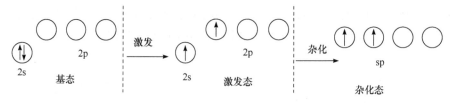

图 3-10　BeCl₂ 的 sp 杂化示意图

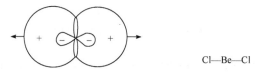

Cl—Be—Cl

图 3-11　BeCl₂ 的 sp 杂化轨道分布及分子构型

如图 3-12 所示，以 BF₃ 分子的形成说明 sp² 等性杂化过程。B 原子的外层电子构型为 $2s^22p^1$，只有一个未成对电子，成键过程中 2s 的一个电子激发到 2p 空轨道上，同时发生杂化，组成三个新的等价的 sp² 杂化轨道。每个杂化轨道均含有 1/3 s 成分和 2/3 p 成分。三个杂化轨道位于同一平面，分别指向正三角形的三个顶点。杂化轨道间的夹角为 120°。三个 F 原子的 p 轨道以"头碰头"的方式与 B 原子的杂化轨道形成三个 σ 键(图 3-13)。

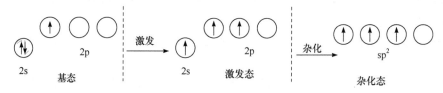

图 3-12　BF₃ 的 sp² 杂化示意图

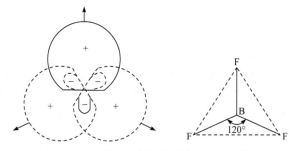

图 3-13　BF₃ 的 sp² 杂化轨道分布与分子构型

(3) sp³ 等性杂化。由一个 ns 轨道和三个 np 轨道参与的杂化称为 sp³ 杂化，所形成的四个杂化轨道称为 sp³ 杂化轨道。sp³ 杂化轨道的特点是每个杂化轨道中含 1/4 的 s 成分和 3/4 的 p 成分，杂化轨道间的夹角为 109°28′，空间构型为四面体形。

以 CH₄ 分子的形成说明 sp³ 等性杂化过程。C 原子价层电子为 $2s^22p^2$，有两个未成对电子。在成键过程中，经过激发并杂化，组成四个新的等价的 sp³ 杂化轨道，每个杂化轨道都含有 1/4 s 成分和 3/4 p 成分。四个杂化轨道间的夹角为 109°28′。四个氢原子的 s 轨道以"头碰头"的方式与四个杂化轨道的大的一端重叠，形成四个 σ 键(图 3-14)。

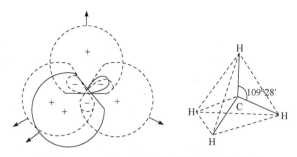

图 3-14　CH₄ 的 sp³ 杂化轨道分布与分子构型

2) 不等性杂化

在一组杂化轨道中，若参与杂化的各原子轨道 s、p 等成分不相等，则杂化轨道的能量不相等，这种杂化称为不等性杂化。例如，在水分子中，根据电子配对理论，由于氧原子的两个未成对电子占据两个 p 轨道，形成水分子时键角应为 90°。然而，实验测得 H—O—H 的键角却为 104.5°。根据杂化轨道理论，氧原子的一个 2s 轨道和三个 2p 轨道也采取 sp³ 杂化，但 4 个杂化轨道能量并不一致，为 sp³ 不等性杂化。有两个杂化轨道能量较低，被两对孤电子对占据；另外两个杂化轨道的能量较高，被单电子占据，并与两个氢原子的 1s 轨道形成两个共价键。根据 sp³ 杂化轨道具有四面体构型，键角应为 109°28′，该键角与事实不符。这是由于成键电子受氧和氢原子作用，电子云主要集中在键轴位置，而孤电子对不参与成键，只受到氧原子的作用，电子云集中在氧原子周围，显得比较肥大，故对成键轨道产生较大的排斥作用，引起 O—H 键之间的夹角小于 109°28′，成为 104.5°（图 3-15）。

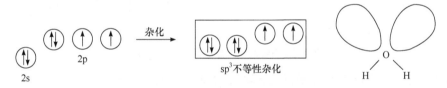

图 3-15　H₂O 中 O 原子不等性杂化及分子构型

同样，在氨分子中，氮原子的电子构型为 $1s^2 2s^2 2p_x^1 2p_y^1 2p_z^1$，成对 2s 轨道和 3 个单电子占据的 3 个 p 轨道杂化，形成 4 个 sp³ 不等性杂化轨道，其中一个被孤电子对占据，不能形成化学键，另外由单电子占据的 3 个杂化轨道和氢原子的 1s 原子轨道重叠成键，孤电子对的较强排斥作用导致所形成的 N—H 键的键角小于 109°28′，因此氨分子的几何构型为三角锥形。

杂化轨道除 sp 型外，还有 dsp 型[利用 $(n-1)dnsnp$ 轨道]和 spd 型(利用 $nsnpnd$ 轨道)，详见第 4 章。表 3-1 列出几种常见的杂化轨道及所对应分子的空间构型。

表 3-1　几种常见的杂化轨道类型

类型	轨道数目	空间构型	实例
sp	2	直线形	HgCl₂、BeCl₂
sp²	3	平面三角形	BF₃
sp³	4	四面体	CCl₄、NH₃、H₂O
dsp²	4	平面正方形	[PtCl₄]²⁻
sp³d 或 dsp³	5	三角双锥	PCl₅
sp³d² 或 d²sp³	6	八面体	SF₆

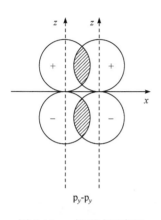

图 3-16　π 键形成示意图

3) π 键与大 π 键

两个互相平行的 p_y 或 p_z 轨道以"肩并肩"的方式进行重叠，轨道的重叠部分垂直于键轴并呈镜面反对称分布(原子轨道在镜面两边波瓣的符号相反)，原子轨道以这种重叠方式形成的共价键称为 π 键，形成 π 键的电子称为 π 电子。如图 3-16 所示，x-z 平面(或 y-z 平面)为对称镜面。

在具有双键或三键的两原子之间通常既有 σ 键又有 π 键。例如，N_2 分子内 N 原子之间就有一个 σ 键和 2 个 π 键。N 原子的价层电子构型是 $2s^2 2p^3$，形成 N_2 分子时用的是 2p 轨道上的 3 个单电子。这 3 个 2p 电子分别分布在 3 个相互垂直的 $2p_x$、$2p_y$、$2p_z$ 轨道内。当 2 个 N 原子的 p_x 轨道沿着 z 轴方向以"头碰头"的方式重叠时，伴随着 σ 键的形成，2 个 N 原子将进一步靠近，这时垂直于键轴(这里指 x 轴)的 $2p_y$ 和 $2p_z$ 轨道只能以"肩并肩"的方式两两重叠，形成 2 个 π 键。

图 3-17 为 N_2 分子中化学键的形成示意图。

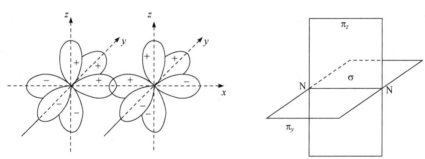

图 3-17　N_2 分子中化学键的形成示意图

当分子中多个原子间有相互平行的 p 轨道，彼此连贯重叠形成的 π 键也称为大 π 键或离域 π 键。离域 π 键的一个经典例子就是苯。如图 3-18 所示，苯分子中有一个闭合的离域 π 键，均匀对称地分布在 6 个碳原子组成的六角环平面上下。

在 3 个或 3 个以上用 σ 键相连的原子间，形成离域 π 键的条件是：这些原子都在同一个平面上；每一个原子有一个 p 轨道且互相平行；p 电子数目小于 p 轨道数目的 2 倍。由 n 个原子提供 n 个相互平行的 p 轨道和 m 个电子形成的离域 π 键，通常用符号 Π_n^m 表示。例如，碳酸根中是四中心六电子 π 键，符号为 Π_4^6。

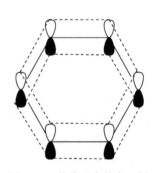

图 3-18　苯分子中的大 π 键

3.2.3　价层电子对互斥理论

依据杂化轨道理论可知，不同的杂化类型有相对应的空间构型，可以根据已知分子的空间构型，通过杂化轨道理论对该分子的成键和空间结构进行解释，也就是说杂化轨道理论不能用于预测分子的立体构型。1940 年，西奇威克(Sidgwick)等在总结大量试验事实的基础上，提出了价层电子对互斥理论(valence-shell electron pair repulsion theory)，简称 VSEPR 理论。该理论较简单，不需要原子轨道的概念，而且在解释、判断和预见分子构型的准确性方面比杂化轨道理论更有效。

1. 价层电子对互斥理论的基本要点

在共价分子中，中心原子周围配置的原子或原子团的几何构型主要取决于中心原子价电子层中电子对的相互排斥作用，价电子层中的电子对数包括成键电子对和孤电子对。分子的几何构型总是采取电子对相互排斥最小的那种结构。

对于共价分子，其分子的几何构型主要取决于中心原子的价层电子对的数目和类型。根据电子对之间相互排斥最小的原则，电子对间应尽可能远离。分子的几何构型与电子对的数目和类型的关系如表 3-2 所示。

表 3-2　分子的几何构型与电子对数目的关系

总电子对数	成键电子对数	孤电子对数	电子对几何构型	分子的实际构型实例
2	2	0	直线形	BeH_2(直线形)
3	3	0	平面三角形	BF_3(平面三角形)
	2	1	三角形	$SnBr_2$(V 形)
4	4	0	四面体	CH_4(四面体)
	3	1	四面体	NH_3(三角锥)
	2	2	四面体	H_2O(V 形)
5	5	0	三角双锥	PCl_5(三角双锥)
	4	1	三角双锥	SF_4(变形四面体)
	3	2	三角双锥	ClF_3(T 形)
	2	3	三角双锥	I_3^- (直线形)
6	6	0	八面体	SF_6(八面体)
	5	1	八面体	IF_5(四角锥)
	4	2	八面体	XeF_4(平面正方形)

当中心原子和配位原子通过双键或三键结合时，共价双键或三键被当作一个共价单键处理。

价层电子对相互排斥作用的大小取决于电子对之间的夹角和电子对的成键情况。一般规律为：①电子对之间的夹角越小，排斥力越大；②价层电子对之间静电斥力大小顺序为孤电子对-孤电子对＞孤电子对-成键电子对＞成键电子对-成键电子对；③由于双键或三键含有的电子数多，占据空间较大，排斥力较大，故其排斥大小顺序为三键＞双键＞单键。

2. 判断共价分子结构的一般规律

首先确定中心原子的价层电子对数，中心原子的价层电子对数由下式确定：

$$价层电子对数 = \frac{中心原子的价电子数 + 配位原子提供的电子数}{2}$$

通常在共价键中：

(1) 氢原子和卤素原子作为配位原子时，均各提供 1 个电子。例如，CH_4 和 BF_3 中的氢原子和氟原子。

(2) 氧原子和硫原子作为配位原子时，认为不提供电子。

(3) 若讨论的物种是一个离子，则应加上或减去与电荷相应的电子数。例如，NH_4^+ 中的中心原子 N 的价层电子对数为 $(5 + 4 - 1)/2 = 4$；SO_4^{2-} 中的中心原子 S 的价电子对数为 $(6 + 2)/2 = 4$。

(4) 若中心原子的价电子和配位原子的价电子之和为奇数，除以 2 后还有一个单电子，这一个单电子也视为一对电子处理。例如，NO 的电子对数 $(5 + 0)/2$，其电子对数为 3；NO_2 的电子对数也为 3。

根据中心原子价层电子对数，从表 3-2 中找出相应的电子对排布，这种排布方式可使电子对之间静电斥力最小。

画出结构图，将配位原子排布在中心原子周围，每一对电子连接一个配位原子，剩下的未结合的电子对是孤电子对。根据孤电子对、成键电子对之间相互排斥力的大小，确定排斥力最小的稳定结构。如果中心原子周围只有成键电子对，则每一对成键电子和一个配位原子相连，分子最稳定的结构就是电子对在空间排斥力最小的构型。例如，BF_3 的 B 原子周围有 3 对成键电子，3 对电子占据平面三角形的三个顶点排斥力最小，分子呈平面三角形结构。如果价电子对中包含孤电子对，则分子的结构和电子对排斥力最小的电子对排布方式不同，分子的构型就是除去孤电子对后的几何构型。例如，H_2O 分子中氧原子周围的电子对数为 $(6+2×1)/2 = 4$，则 4 对电子采取排斥力最小的四面体构型，且其中的两对分别与两个氢原子形成两个化学键的电子对占据四面体的两个顶点，另外两对孤电子对占据四面体的另外两个顶点。所以，H_2O 分子的结构为除去两对孤电子对后的构型，故为 V 形分子构型。同理，NH_3 分子构型为三角锥形。

3. 价层电子对互斥理论的应用实例

在 CCl_4 分子中，中心原子 C 有 4 个价电子，4 个氯原子提供 4 个电子，因此中心原子 C 的价层电子总数为 8，即有 4 对电子。由表 3-2 可知，4 对电子伸向四面体的四个顶点的形式排布排斥最小。由于价层电子对全部是成键电子对，因此 CCl_4 分子的空间构型和电子对的排布形式一样，为正四面体。

在 ClO_3^- 中，中心原子 Cl 有 7 个价电子，O 原子不提供电子，再加上得到的 1 个电子，价层电子总数为 8，价层电子对为 4。由表 3-2 可知，Cl 原子的价层电子对的排布为正四面体，其中 3 对电子为成键电子对，故正四面体的 3 个顶点被 3 个 O 原子占据，余下的一个顶点被孤电子对占据，这种排布只有一种形式，因此 ClO_3^- 为三角锥形。

在 IF_2^- 中，中心原子 I 有 7 个价电子，2 个 F 各提供 1 个电子，再加上阴离子的电荷数 1，中心原子共有 5 个价层电子对，价层电子对排斥最小的空间排布为三角双锥。在中心原子的 5 个价层电子对中，有 2 个成键电子对和 3 个孤电子对，IF_2^- 有三种可能的构型(图 3-19)。

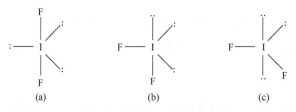

图 3-19　IF_2^- 的三种可能构型

在三角双锥排布中，电子对之间的夹角有 90°、120°和 180°三种。电子对之间的夹角越小，静电斥力就越大，所以只需考虑 90°夹角间的静电斥力。90°夹角的价层电子对数目见表 3-3。

表 3-3　90°夹角的价层电子对数目

IF_2^- 的可能构型	图 3-19(a)	图 3-19(b)	图 3-19(c)
90°孤电子对-孤电子对的数目	0	2	2
90°孤电子对-成键电子对的数目	6	3	4
90°成键电子对-成键电子对的数目	0	1	0

由表 3-3 可知，结构(a)中没有 90°的孤电子对-孤电子对的排斥作用，它的静电斥力最小，是最稳定的构型，因此 IF_2^- 的空间构型为直线形。

由此可见，价层电子对互斥理论和杂化轨道理论在判断分子的几何构型方面可以得到大致相同的结果，而且价层电子对互斥理论应用起来比较简单。但是，它不能很好地说明键的形成和键的相对稳定性。

3.2.4　分子轨道理论

在价键理论上发展起来的杂化轨道理论成功地说明了共价化合物化学键的形成和空间构型，解释分子中化学键的形成和几何构型十分简便直观，容易理解。然而在涉及个别分子的某些性质时又显得无能为力。例如，价键理论认为 O_2 分子中不含有单电子，因为两个氧原子各有两个未成对的价电子，两者结合时正好配对，按价键理论得出氧分子的结构似乎应当是特征的双键结构。根据物理学理论可知，若分子或离子中不存在未成对电子(电子全部成对)，则该分子或离子应当是反磁性的。相反，若某个分子或离子是顺磁性的，则必有未成对电子(成单电子)，且通过磁矩测定可以获得分子或离子中未成对电子的数目。但对氧分子的磁性实验研究表明，O_2 是顺磁性的，且含有两个自旋方向相同的成单电子。价键理论无法解释氧分子的顺磁性问题。又如，根据价键理论，只有一个电子的 H_2^+ 是不可能存在的，但是 H_2^+ 实实在在地存在，而且还具有一定的稳定性，价键理论对这一现象也无法解释。

为什么价键理论对上述问题显得无能为力？这是因为价键理论认为原子形成分子时仅仅是各自的成单价电子相互配对，似乎原子成键时只与未成对价电子有关，与其他价电子无关，忽视了将分子作为一个整体，当原子形成分子后电子的运动应该从属于整个分子这一重要因素。假如将分子中的电子看作是在分子中所有原子核及其他电子所形成的势场中运动，那么分子整体的性质就能得到较好的说明，这就是分子轨道理论的基本出发点。分子轨道理论是由密立根(Mulliken)和洪德(Hund)等在 1932 年提出的。近十几年来随着计算机技术的发展和应用，该理论发展很快，在共价键理论中占有非常重要的地位。

1. 分子轨道的概念

通过原子结构理论的学习，我们知道原子中的电子在原子核及其他电子所形成的势场中运动，每个电子都对应一定的运动状态和能量。原子中电子存在若干种运动状态，如 ψ_{1s}、ψ_{2s}、

$\psi_{2p}\cdots$，电子的这些运动状态称为原子轨道，即原子中存在 1s、2s、2p 等原子轨道。分子轨道理论认为，在多原子分子中，组成分子的每个电子并不从属于某个特定的原子，而是在整个分子的范围内运动。分子中的电子处于所有原子核和其他电子的作用下，分子中电子的运动状态和原子中电子的运动状态一样，也可以用波函数来描述，这些波函数称为分子轨道，即分子中电子的空间运动状态称为分子轨道。

正如原子中每个原子轨道分别对应一个能量，在分子中也存在对应一定能量的若干分子轨道。像原子结构那样，电子遵循"能量最低原理"将分子中所有电子按能量高低依次填入各分子轨道中，则可得到分子中的电子排布，并由此说明分子的性质，这就是分子轨道理论的基本思路。

2. 分子轨道理论的基本要点

(1) 分子轨道是由原子轨道线性组合(linear combination of atomic orbitals，LCAO)而成，n 个原子轨道组合成 n 个分子轨道。在组合形成的分子轨道中，比组合前原子轨道能量低的称为成键分子轨道，用 ψ 表示；能量高于组合前原子轨道的称为反键分子轨道，用 ψ^{*} 表示。

例如，两个氢原子的 1s 原子轨道 ψ_A 与 ψ_B 线性组合，可产生两个分子轨道：

$$\psi_{\sigma 1s} = C_1(\psi_A + \psi_B) \qquad \psi_{\sigma 1s}^{*} = C_2(\psi_A - \psi_B) \quad (C_1、C_2 为常数)$$

(2) 原子轨道组合成分子轨道时，必须遵循对称性原则、能量近似原则和最大重叠原则。

a. 对称性原则(对称性匹配)

原子轨道均具有一定的对称性，如 s 轨道是球形对称，p 轨道是反对称(即一半是正，一半是负)，d 轨道有中心对称和对坐标轴或某个平面对称。为了有效组合成分子轨道，必须要求参加组合的原子轨道对称性相同(匹配)，对称性不相同的原子轨道不能组合成分子轨道。对称性相同是指：将原子轨道绕键轴(如 x 轴)旋转 $180°$，原子轨道的正、负号都不变或都改变，即为原子轨道对称性相同(匹配)(图 3-20)；若一个正、负号变了，另一个不变，即为对称性不相同(不匹配)(图 3-21)。

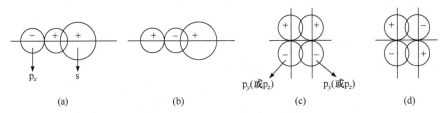

图 3-20 对称性相同的原子轨道

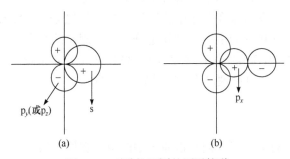

图 3-21 对称性不同的原子轨道

b. 能量近似原则

两个对称性相同的原子轨道能否组合成分子轨道，还要看这两个原子轨道能量是否接近。只有能量接近的原子轨道才能组合成有效的分子轨道，而且原子轨道的能量越接近越好，这就是能量近似原则。在同核双原子分子中，1s-1s、2s-2s、2p-2p 很自然地能有效组合成分子轨道，而能量近似原则对异核的双原子分子或多原子分子来说更重要。例如，H 原子 1s 轨道的能量是-1312 kJ·mol^{-1}，O 的 2p 轨道和 Cl 的 3p 轨道能量分别是-1314 kJ·mol^{-1} 和 -1251 kJ·mol^{-1}，因此 H 原子的 1s 轨道与 O 的 2p 轨道和 Cl 的 3p 轨道能量相近，就可以组成分子轨道。而 Na 原子 3s 轨道能量为-496 kJ·mol^{-1}，与 O 的 2p 轨道、Cl 的 3p 轨道及 H 的 1s 轨道能量都相差很远，因此不能有效组合成分子轨道。

c. 轨道最大重叠原则

当两个对称性相同、能量相同或相近的原子轨道组合成分子轨道时，原子轨道重叠得越多，组合成的分子轨道越稳定，称为最大重叠原则。这是因为原子轨道发生重叠时，在可能的范围内重叠程度越大，成键轨道能量降低得越显著。

(3) 每个分子轨道都有相应的能量和图像。分子的能量 E 等于分子中电子能量的总和，而电子的能量即为它们所占据的分子轨道的能量。根据原子轨道的重叠方式和形成的分子轨道的对称性不同，可将分子轨道分为 σ 成键、π 成键和 σ*反键、π*反键轨道。将这些分子轨道按能量的高低排布，可以得到分子轨道的近似能级图。

(4) 分子中所有电子将遵循原子轨道中电子排布三原则，即能量最低原则、泡利不相容原则、洪德规则进入分子轨道，即得分子的基态电子排布。

3. 分子轨道的形成和类型

当 A 原子与 B 原子结合形成分子时，A、B 原子中原子轨道的类型有 ns、np_x、np_y、np_z 等。若 ns(A)与 ns(B)、np(A)与 np(B)能量相等或相近，则 ns(A)与 ns(B)、np_x(A)与 np_x(B)、np_y(A)与 np_y(B)、np_z(A)与 np_z(B)将组合成分子轨道；若两原子的 ns(A)与 np(B)能量接近，则 ns(A)与 np(B)也会发生组合。原子轨道同号重叠(波函数相加)得到成键分子轨道，异号重叠(波函数相减)得反键分子轨道。常见的有以下几种情况，分别介绍如下。

1) 分子轨道的形成

(1) ns-ns 组合的分子轨道。A、B 两原子的 ns 轨道相结合，可以形成两条分子轨道，一条是能量比 ns 原子轨道能量低的成键分子轨道，用符号σ$_{ns}$表示；另一条是能量比 ns 原子轨道能量高的反键分子轨道，用σ$_{ns}^*$表示，如图 3-22 所示。

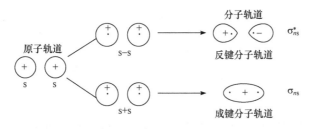

图 3-22 分子轨道σ$_{ns}$ 与 σ$_{ns}^*$ 的形成

(2) ns-np_x组合的分子轨道。当能量相等或相近的 A 原子的 ns 轨道与 B 原子的 np 轨道沿键轴(x 轴)重叠时，由于 ns 轨道只与 np_x 轨道对称性匹配，可以组合成两条分子轨道，用 σ_{sp_x} 和 $\sigma_{sp_x}^*$ 表示，如图 3-23 所示。

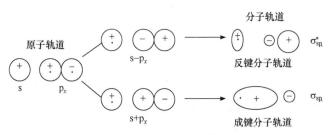

图 3-23　分子轨道 σ_{sp_x} 与 $\sigma_{sp_x}^*$ 的形成

(3) np-np 组合的分子轨道。每个原子的 np 轨道共有 3 条，即 np_x、np_y、np_z，它们在空间的分布是互相垂直的。若原子 A 与原子 B 沿键轴(x 轴)方向重叠时，np_x(A)与 np_x(B)以"头碰头"方式重叠，有两种重叠方式，从而形成两条 σ 分子轨道，分别用符号 σ_{np_x} 和 $\sigma_{np_x}^*$ 表示，如图 3-24 所示。

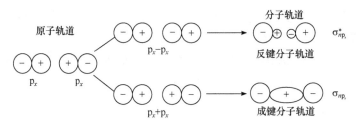

图 3-24　分子轨道 σ_{np_x} 与 $\sigma_{np_x}^*$ 的形成

由于 np_x(A)与 np_x(B)以"头碰头"方式重叠，它们的 np_y(A)与 np_y(B)、np_z(A)与 np_z(B)的重叠就以"肩并肩"的方式进行，形成 π 分子轨道。这两组轨道的组合情况相同，仅空间伸展方向不同，因此 π_{np_y} 与 π_{np_z}、$\pi_{np_y}^*$ 与 $\pi_{np_z}^*$ 的能量相等，互为简并轨道，如图 3-25 所示。

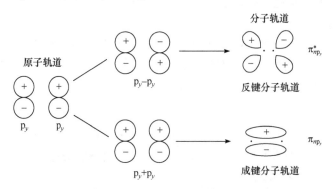

图 3-25　分子轨道 π_{np_y} 与 $\pi_{np_y}^*$ 的形成

分子轨道的重叠方式还有 p-d、d-d 重叠，这类重叠一般出现在过渡金属化合物和一些含氧酸中，在此不做介绍。

2) 第二周期同核双原子分子的分子轨道能级图

每个分子轨道都具有相应的能量，分子轨道中每一分子轨道对应的能量高低主要是通过分子光谱实验来确定的。图 3-26 是第二周期同核双原子分子的分子轨道能级图。第二周期同核双原子分子的分子轨道能级顺序有两种情况，下面分别进行讨论。

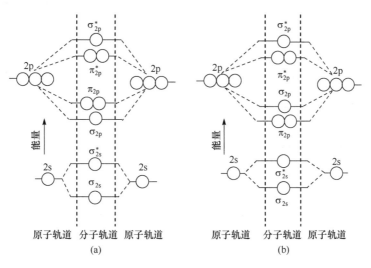

图 3-26　同核双原子分子的分子轨道能级图

(1) O_2 和 F_2 的分子轨道能级图。对于 O_2 和 F_2 等同核双原子分子，组成原子的 2s 和 2p 轨道能量相差较大，一般认为大于 15 eV 或 $2.4×10^{-19}$ J，原子轨道组合成分子轨道时，只发生 s-s、p-p 重叠，不会发生 2s 和 2p 轨道之间的相互作用。分子轨道的能级顺序如图 3-26(a)所示。O_2 和 F_2 的分子轨道则是按该能级顺序排列的。

(2) H_2-N_2 的分子轨道能级图。对于第一和第二周期某些元素的同核双原子分子，组成原子的 2s 和 2p 轨道能级相差较小，一般认为 10 eV 左右或 $1.6×10^{-19}$ J 左右，不仅会发生 s-s、p-p 重叠，还必须考虑 2s 和 2p 轨道之间的相互作用，造成 σ_{2p} 能量高于 π_{2p} 能量的能级交错现象。N_2、C_2、B_2 等分子轨道是按图 3-26(b)的能级顺序排列的。

第二周期同核双原子分子的分子轨道能级顺序也可用分子轨道电子排布式表示。O_2、F_2 的分子轨道电子排布式为

$$\sigma_{1s}\sigma_{1s}^*\sigma_{2s}\sigma_{2s}^*\sigma_{2p_x}(\pi_{2p_y}\pi_{2p_z})(\pi_{2p_y}^*\pi_{2p_z}^*)\sigma_{2p_x}^*$$

B_2、C_2、N_2 的分子轨道电子排布式为

$$\sigma_{1s}\sigma_{1s}^*\sigma_{2s}\sigma_{2s}^*(\pi_{2p_y}\pi_{2p_z})\sigma_{2p_x}(\pi_{2p_y}^*\pi_{2p_z}^*)\sigma_{2p_x}^*$$

其中，括号内的分子轨道为简并轨道。

下面以同核双原子分子的实例说明分子轨道理论的应用。

【例 3-1】　H_2、H_2^+ 的结构(图 3-27)：

H_2^+ 及 H_2 中的两个氢原子的轨道线性组合形成两个分子轨道，一个成键轨道，一个反键轨道。

H_2^+ 的单电子排布在成键轨道上。一个电子排布在成键轨道上形成的共价键称为单电子键。单电子键就是一个电子按照波函数所描述的状态绕两个核运动。

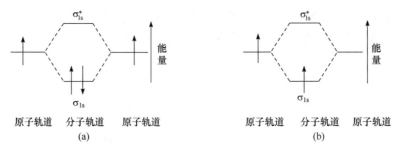

图 3-27　H₂(a)、H₂⁺(b)的分子轨道能级图

【例 3-2】　N₂ 分子的结构(图 3-28)：

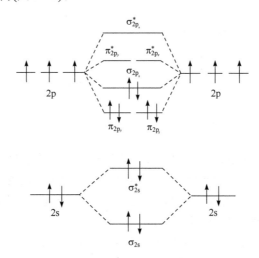

图 3-28　N₂ 的分子轨道能级图

N₂ 的电子组态为[KK$(\sigma_{2s})^2(\sigma_{2s}^*)^2(\pi_{2p_y})^2(\pi_{2p_z})^2(\sigma_{2p_x})^2$]，其中 KK 代表$(\sigma_{1s})^2(\sigma_{1s}^*)^2$。

因此，N₂ 具有三重键 σ＋π＋π，具有反磁性。键能高达 946 kJ·mol⁻¹，因此合成氨反应中需要高温、高压及催化剂的反应条件。

【例 3-3】　O₂ 的结构(图 3-29)。

O₂ 的电子组态为[KK$(\sigma_{2s})^2(\sigma_{2s}^*)^2(\sigma_{2p_x})^2(\pi_{2p_y})^2(\pi_{2p_z})^2(\pi_{2p_y}^*)^1(\pi_{2p_z}^*)^1$]。O₂ 的特点之一是有两个电子自旋平行进入 $\pi_{2p_y}^*$ 和 $\pi_{2p_x}^*$，是一个双自由基，故键级为 2，尽管键级与价键理论的双键一致，但是分子轨道理论圆满地解释了 O₂ 的顺磁性。

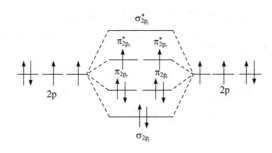

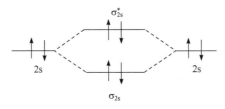

图 3-29　O_2 的分子轨道能级图

3.2.5　金属键理论

非金属元素的原子都有足够多的价电子，彼此互相结合时可以共用电子。例如，两个 Cl 原子共用 1 对电子形成 Cl_2 分子，两个 N 原子共用 3 对电子形成 N_2 分子，然后靠分子间作用力在一定温度下凝聚成液体或固体；金刚石晶体中每个碳原子与 4 个相邻原子分别共用 1 对电子。大多数金属元素的价电子都少于 4 个(多数只有 1 个或 2 个价电子)，而在金属晶格中每个原子要被 8 个或 12 个相邻原子包围。以钠为例，它在晶格中的配位数是 8(体心立方)，它只有 1 个价电子，很难想象它怎样与相邻 8 个原子结合。为了说明金属键的本质，目前已发展出两种理论。

1. 金属的改性共价键理论

改性共价键理论认为，在固态或液态金属中，价电子可以自由地从一个原子到另一个原子，好像价电子为许多原子或离子(指每个原子释放出自己的电子便成为离子)所共有。这些共用电子起到把许多原子或离子黏合在一起的作用，形成了金属键，这种键可以认为是改性的共价键，这种键是由多个原子共用一些能够流动的自由电子所组成的。对于金属键有两种形象化的说法：一种说法是在金属原子或离子之间有电子在自由流动；另一种说法是"金属原子或离子浸沉在电子的海洋中"。

在金属晶体中，由于自由电子的存在和晶体的紧密堆积结构，金属获得了共同的性质，如具有较大的密度、有金属光泽、良好的导电性、导热性和机械加工性等。

金属中的自由电子可以吸收可见光，然后又把各种波长的光大部分再发射出来，因而金属一般有银白色光泽并且对辐射有良好的反射性能。金属的导电性也与自由流动的电子有关，在外加电场的作用下，自由电子沿着外加电场定向流动形成电流。不过在晶格内的原子和离子不是静止的，而是在晶格结点上做一定幅度的振动，这种振动对电子的流动起着阻碍作用，加上阳离子对电子的吸引作用，构成了金属特有的电阻。加热时原子和离子的振动加强，电子的运动便受到更大的阻力，因而一般温度升高金属的电阻加大。金属的导热性也取决于自由电子的运动，电子在金属中运动，会不断地与原子或离子碰撞而交换能量。因此，当金属的某一部分受热而加强了原子或离子的振动时，就能通过自由电子的运动把热能传递到邻近的原子或离子上，使热运动扩展开，很快使金属整体的温度均一化。金属紧密堆积结构允许在外力下使一层原子在相邻的一层原子上滑动而不破坏金属键，这是金属有良好的机械加工性能的原因。

2. 金属键的能带理论

金属键的量子力学模型称为能带理论，能带理论的基本要点如下：

(1) 为使金属原子的少数价电子(1个、2个或3个)能够适应高配位数结构的需要,成键时价电子必须是离域的(即不再从属于任何一个特定的原子),所有的价电子应该是整个金属晶格的原子所共有。

(2) 金属晶格中原子很密集,能组成许多分子轨道,而且相邻的分子轨道间的能量差很小。以金属锂为例,Li原子起作用的价电子是$2s^1$,锂原子在气态下形成双原子分子,用分子轨道法处理时,认为分子中可以有两个分子轨道,一个是低能量的成键分子轨道,另一个是高能量的反键分子轨道,Li_2的两个价电子都进入成键轨道。如果设想有一个假想分子Li_n,那么将会有n个分子轨道,而且相邻两个分子轨道间的能量差将变得很小(因为当原子互相靠近时,由于原子间的相互作用,能级发生分裂)。在这些分子轨道中,有一半分子轨道将被成对电子充满,另一半的轨道是空的。此外,相邻分子轨道能级之间的差值将很小,一个电子从低能级向邻近高能级跃迁时并不需要很多能量。

(3) 上述分子轨道所形成的能带也可以看成是紧密堆积的金属原子的电子能级发生的重叠,这种能带是属于整个金属晶体的。

(4) 由于原子轨道能级的不同,金属晶体中可以有不同的能带。由充满电子的原子轨道能级所形成的低能量能带,称为满带;由未充满电子的能级所形成的高能量能带,称为导带。从满带顶到导带底之间的能量差通常很大,以致低能带小的电子向高能带跃迁几乎是不可能的,因此将满带顶和导带底之间的能量间隔称为禁带。

(5) 金属中相邻近的能带有时可以互相重叠。能级发生分裂,而且原子越靠近,能级分裂程度越大。

以图3-30的Li为例,$1s^2 2s^1$所组成的1s能带充满电子,称为满带;2s轨道电子半充满,组成的能带电子也不满,称为导带;2p能带中无电子,称为空带。从满带顶到导带底(或空带底)的能量间隔较大,电子跃迁困难,这个能量间隔称为禁带。

有时,相邻近的能带可以重叠,即能量范围有交叉。图3-30中Be的2s能带和2p能带产生部分重叠,这时满带中的2s电子较容易跃迁至2p能带中。

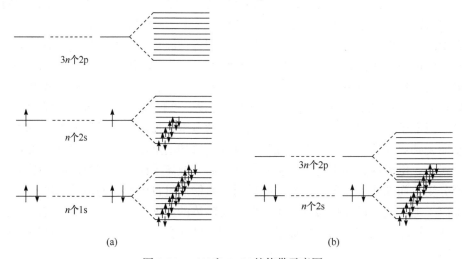

图 3-30　Li(a)和Be(b)的能带示意图

能带理论能很好地说明金属的一些物理性质。向金属施以外加电场时,导带中的电子便会在能带内向较高能级跃迁,并沿着外加电场方向通过晶格产生运动,这就说明了金属的导电性；能带中的电子可以吸收光能，也能将吸收的能量发射出来，这就说明金属具有光泽和金属是辐射能的优良反射体；电子也可以传输热能，表现出金属有导热性；给金属晶体施加机械应力时，由于在金属中电子是离域的(即不属于任何一个原子而属于金属整体)，一个地方的金属键被破坏，在另一个地方又可以生成新的金属键，因此机械加工不会破坏金属结构，仅能改变金属的外形，这就是金属有延展性、可塑性等机械加工性能的原因。

3.2.6　键参数

共价键的性质从理论上可以通过量子力学的计算做定量的讨论，也可以通过表征分子价键性质的某些物理量，如键级、键能、键长、键角等数据定性或半定量地描述。这些表征化学键性质的物理量统称为键参数(bond parameter)。

1. 键级

分子轨道理论提出了键级(bond order)的概念，键级的定义是：

$$键级 = \frac{成键轨道中的电子总数 - 反键轨道中的电子总数}{2}$$

键级实际上是净的成键电子对数，一对成键电子构成一个共价键，因此键级一般等于键的数目。键级为零，意味着原子间不能形成稳定分子；成键轨道中电子数目越多，分子体系的能量降低得越多，分子越稳定。因此，键级越大，键越牢固，分子越稳定。例如，

$H_2\ [(\sigma_{1s})^2]$:　　　　　　　　　　　　　　　　　　　键级 $= (2-0)/2 = 1$

$O_2[KK(\sigma_{2s})^2(\sigma_{2s}^*)^2(\sigma_{2p_x})^2(\pi_{2p_y})^2(\pi_{2p_z})^2(\pi_{2p_y}^*)^1(\pi_{2p_z}^*)^1]$:　键级 $= (8-4)/2 = 2$

$N_2[KK(\sigma_{2s})^2(\sigma_{2s}^*)^2(\pi_{2p_y})^2(\pi_{2p_z})^2(\sigma_{2p_x})^2]$:　　　键级 $= (8-2)/2 = 3$

因此上述分子稳定性大小排列次序为：$N_2 > O_2 > H_2$。

2. 键能

键能是表征化学键强度的物理量，可以用键断裂时所需的能量大小来衡量。其定义为：在 101.3 kPa 和 298 K 下，将 1 mol 气态分子 AB 断裂成理想气态原子所吸收的能量称为 AB 的解离能(kJ·mol^{-1})，常用符号 D(A—B)表示。

在多原子分子中，断裂气态分子中的某一个键所需的能量称为分子中这个键的解离能。例如，

$$NH_3(g) \Longrightarrow NH_2(g) + H(g) \qquad D_1 = 435\ kJ·mol^{-1}$$
$$NH_2(g) \Longrightarrow NH(g) + H(g) \qquad D_2 = 397\ kJ·mol^{-1}$$
$$NH(g) \Longrightarrow N(g) + H(g) \qquad D_2 = 339\ kJ·mol^{-1}$$

NH_3 分子中虽然有三个等价的 N—H 键，但先后拆开它们所需的能量是不同的。键能通常是指在 101.3 kPa 和 298 K 下，将 1 mol 气态分子拆开成气态原子时，每个键所需能量的平均值，键能用 E 表示。显然对双原子分子来说，键能等于解离能。例如，298.15 K 时，H_2 的键能 E(H—H) $= D$(H—H) $= 436\ kJ·mol^{-1}$；而对多原子分子来说，键能和解离能是不同的，如 NH_3 分子中 N—H 键的键能应是三个 N—H 键解离能的平均值：

$$E(N—H) = (D_1 + D_2 + D_3)/3 = 1171\ kJ·mol^{-1}/3 = 390\ kJ·mol^{-1}$$

键能通常通过热化学方法或光谱化学实验测定解离能得到，常用键能表示某种键的强弱。表 3-4 列出了一些键的键能平均值。

表 3-4　部分共价键的键能

共价键	键能/(kJ·mol⁻¹)	共价键	键能/(kJ·mol⁻¹)	共价键	键能/(kJ·mol⁻¹)
H—H	436	C—Si	290	H—N	391
H—F	565	C—N	292	H—P	392
H—Cl	428	C—S	259	H—S	364
H—Br	362	C—F	485	B—F	582
Cl—Cl	240	C—Cl	328	B—Cl	388
C—C	346	H—C	414	N—O	201

3. 键长

分子中两个成键的原子核之间的平衡距离称为键长(bond length)。在理论上，用量子力学近似方法可以算出键长，但是由于分子结构的复杂性，键长通常通过光谱或衍射等实验方法测定。在假定共价键的键长等于原子共价半径之和的前提下，通过测定键长可以确定原子的共价半径。例如，C—C 键的键长为 154 pm，则 C 的共价半径 $r_C = 77$ pm。

同一种键在不同的分子中的键长差别很小，表 3-5 列出了一些共价键的键长数据。

表 3-5　共价键的键长与键能

共价键	键长/pm	键能/(kJ·mol⁻¹)
F—F	128	158
Cl—Cl	198	240
Br—Br	228	193
C—C	154	346
C=C	134	610
C≡C	120	835
C—N	127	615
C≡N	115	887

4. 键角

分子中相邻两个键之间的夹角称为键角(bond angle)。键角是表征分子空间结构的一个重要参数。例如，实验测得 H_2O 的键角为 104.5°，可以确定水分子的空间构型为 V 形；CO_2 分子中 C—O 键的键角为 180°，则 CO_2 分子为直线形。键角通常通过光谱实验或衍射方法测得。

5. 键的极性

根据成键原子电负性的差异，可将共价键分成极性共价键和非极性共价键。同种元素的两个原子形成共价键时，共用电子对将均匀地绕两原子核运动，原子轨道相互重叠形成的电子云密度最大区域恰好在两原子之间，因此电荷的分布是对称的，不偏向任何一个原子，这种共价键称为非极性共价键，简称非极性键(non-polar bond)，如 H_2、Cl_2 等。

不同元素的两个原子形成共价键时，由于成键原子电负性不同，共用电子对将偏向电负性大的原子一方，即原子轨道重叠形成的电子云密度最大区域靠近电负性大的原子一边，造成电荷分布(电子云分布)不对称。电负性大的原子一端电子云分布多一些，显负电，电负性小的原子一端电子云分布少一些，显正电，即在键的两端出现了电的正极和负极，这样形成的键具有极性，称为极性共价键，简称极性键(polar bond)，如 HCl 分子等。

共价键极性的大小可以用键矩 μ 衡量，键矩 μ 的定义式为

$$\mu = q \times d$$

式中，q 为正、负两极所带的电量；d 为正、负两极之间的距离。键矩是矢量，其方向是从正极到负极。因为一个电子所带的电荷为 1.602×10^{-19} C，而正、负两极的距离 d 相当于原子之间的距离，其数量级为 10^{-10} m，因此键矩 μ 的数量级在 10^{-30} C·m 范围。通常将 3.33×10^{-30} C·m 作为键矩 μ 的单位，称为"德拜"(Debye)，以 deb 表示，即 1 deb = 3.33×10^{-30} C·m。不难理解，成键原子之间的电负性相差越大，键矩越大，键的极性越大。当电负性差值大到一定程度时，成键电子对几乎完全偏向电负性大的一方，使其成为负离子，另一方成为正离子，此时共价键已变成离子键。因此，随着成键元素电负性差值减小，化学键可以由离子键通过极性共价键向非极性共价键过渡，如表 3-6 所示。

表 3-6　键型与成键原子电负性差值的关系

	KCl(g)	HF(g)	HCl(g)	HBr(g)	HI(g)	Cl₂
电负性差值	2.2	1.9	0.9	0.7	0.3	0.0
键矩 μ/deb	34.16	6.37	3.50	2.67	1.40	0.0
键型	离子键	极性共价键				非极性共价键

6. 分子的极性和偶极矩

任何分子都是由带正电荷的核和带负电荷的电子组成的，对于每一种电荷可以假设其集中于一点。像对物体的质量取重心那样，可以在分子中取一个正电荷重心和一个负电荷重心，根据正、负电荷重心是否重合，可将分子分为极性分子和非极性分子。分子中正、负电荷重心重合的分子称为非极性分子(non-polar molecule)；与此相反，正、负电荷重心不互相重合的分子称为极性分子(polar molecule)，分子的正、负电荷重心又称为分子的正、负极，因此极性分子又称为偶极子。

分子极性的大小常用偶极矩(dipole moment)衡量。偶极矩的概念是德拜在 1912 年提出的，分子偶极矩 μ 的定义式为

$$\mu = q \times d$$

式中，q 为电荷重心上所带的电量；d 为分子中正、负极之间的距离，也称偶极长。分子的偶极矩也是矢量，其方向和单位与键矩相同。分子的偶极矩与分子中各化学键键矩的关系是

分子的偶极矩 = 分子中化学键键矩的矢量和

利用分子的偶极矩可以判断分子的极性。偶极矩越大，分子的极性越大；分子的偶极矩为零，则为非极性分子。对双原子分子来说，分子的极性与键的极性是一致的，如 HCl 分子

中 H—Cl 是极性键，整个分子也是极性分子。复杂的多原子分子的极性则不仅与键的极性有关，还与分子的空间构型有关。若分子中组成原子相同，键无极性(各键矩为零)，分子必为非极性分子，如 P_4、S_8 等；若键有极性，而分子的空间构型恰好使各极性键键矩的矢量和为零，则分子的偶极矩 $\mu = 0$，分子无极性；若键有极性，分子的几何构型又不能使各化学键的极性抵消，即各极性键键矩的矢量和不为零，分子的偶极矩不等于零，分子为极性分子。例如，NH_3 分子的 N—H 键为极性键，分子构型为三角锥形，其正、负电荷重心不重合，因此为极性分子。

通过测定分子的偶极矩还可以判断分子的空间构型。例如，CO_2 和 SO_2 分子均属于 AB_2 型分子，测得前者的偶极矩为 0，说明分子是非极性的，应属于直线形分子；测得后者的偶极矩 $\mu = 1.6\,deb$，说明分子有极性，当然属于 V 形结构。

3.3　分子间的作用力

3.3.1　范德华力

化学键是分子中相邻原子之间较强的相互作用力。不仅分子内原子之间有作用力，分子与分子之间也有作用力。物质在气态时，分子之间的距离很大，分子可以自由运动，人们不易感觉到分子之间有作用力。然而，当气体冷却时，分子运动减缓，气体可以凝聚成液体，甚至固体，这表明分子之间存在作用力(气体凝聚成固体后具有一定的形状和体积)。范德华早在 1873 年就已经注意到这种作用力的存在，并对此进行了卓有成效的研究，因此后人将分子间的作用力又称为范德华力。分子间作用力与化学键相比要弱得多，即使在固体中它也只有化学键强度的 1/100～1/10。然而，分子间作用力是决定物质的熔点、沸点和硬度等物理化学性质的一个重要因素。根据分子间作用力产生的原因，一般从理论上将其分成三类：取向力、诱导力和色散力。

1. 取向力

取向力(orientation force)存在于极性分子之间。由于极性分子具有电性的偶极，因此当两个极性分子相互靠近时，同极相斥，异极相吸。分子将产生相对的转动，分子转动的过程称为取向。在已取向的分子之间，由于静电引力而互相吸引。极性分子由于固有偶极(永久偶极)的取向而产生的静电作用力称为取向力。

理论研究表明，取向力与分子偶极矩的平方成正比，与热力学温度成反比，与分子间距离的六次方成反比。

2. 诱导力

在极性分子和非极性分子之间，非极性分子由于受到极性分子的固有偶极产生的电场影响，其重合在一点的正、负电荷重心产生位移。这种在外电场影响下分子的正、负电荷重心发生位移的现象称为分子的极化，由此而产生的偶极称为诱导偶极。诱导偶极与极性分子的固有偶极间的作用力称为诱导力(induction force)，如图 3-31 所示。

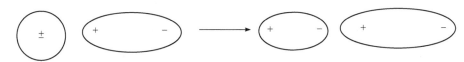

图 3-31　极性分子与非极性分子相互作用示意图

同样，在极性分子和极性分子之间，除了取向力外，由于极性分子的相互影响，每个极性分子也会发生变形，产生诱导偶极，其结果是使极性分子的偶极矩增大，从而使分子之间出现了除取向力外的额外吸引力——诱导力。对极性分子与极性分子之间的作用来说，它是一种附加的取向力。诱导力也会出现在离子和离子以及离子和分子之间(离子极化)。

静电理论研究表明，诱导力与极性分子偶极矩的平方成正比，与被诱导分子的变形性(极化率)成正比，与分子间距离的七次方成反比，与温度无关。

3. 色散力

在非极性分子中没有偶极，似乎不存在静电作用。但实际情况表明，非极性分子之间也有相互作用。例如，在常温下，Br_2 是液态，I_2 是固态，F_2 是气态；在低温下，Cl_2、N_2、O_2 甚至稀有气体也能液化。另外，对极性分子来说，按前两种力计算出的分子间的力与实验值相比要小得多，说明分子中还存在第三种力，这种力称为色散力。色散力的名称并不是因为它的产生原因，而是因为从量子力学导出的这种力的理论计算公式与光的色散公式类似。

只有根据近代量子力学的观点才能正确理解色散力的来源和本质。在非极性分子中，从宏观上看，分子的正、负电荷重心是重合在一起的，电子云呈对称分布，但电荷的这种对称分布只是一段时间的统计平均值。由于组成分子的电子和原子核总是处于不断运动中，在某一瞬间，可能会出现正、负电荷重心不重合，瞬间的正、负电荷重心不重合而产生的偶极称为瞬时偶极。这种瞬时偶极也会诱导邻近的分子产生瞬时偶极。这种由于存在瞬时偶极而产生的相互作用力称为色散力(dispersion force)。

由于色散力包含瞬间诱导极化作用，因此色散力的大小主要与相互作用分子的变形性有关。一般来说，分子体积越大，其变形性越大，分子间的色散力越大，即色散力与相互作用分子的变形性成正比；色散力还与分子间距离的七次方成反比；此外，色散力与相互作用分子的电离势也有关。不难理解，只要分子可以变形，无论其原来是否有偶极，都会产生瞬时偶极。因此，色散力是普遍存在的，而且在一般情况下，它是主要的分子间作用力，只有在极性很强的分子中，取向力才能占据分子间作用力的主要部分。

总之，分子间的范德华力具有如下特点：

(1) 不同情况下分子间作用力的组成不同。极性分子与极性分子之间的作用力是由取向力、诱导力和色散力三部分组成的；极性分子与非极性分子之间只有诱导力和色散力；非极性分子之间仅存在色散力。由此可见，色散力是普遍存在的。不仅如此，在多数情况下，色散力还占据分子间作用力的绝大部分，这已为事实所证明，见表 3-7。

表 3-7　分子间作用力的组成

分子	偶极矩/(10^{-30} C · m)	取向力/(kJ · mol^{-1})	诱导力/(kJ · mol^{-1})	色散力/(kJ · mol^{-1})	总和/(kJ · mol^{-1})	色散力占比
Ar	0	0.000	0.000	8.50	8.50	100%
CO	0.33	0.003	0.008	8.75	8.761	99.8%

续表

分子	偶极矩/(10^{-30} C·m)	取向力/(kJ·mol^{-1})	诱导力/(kJ·mol^{-1})	色散力/(kJ·mol^{-1})	总和/(kJ·mol^{-1})	色散力占比
H_2O	6.14	36.39	1.93	9.00	47.31	19%
NH_3	4.93	13.31	1.55	14.95	29.60	50%
HCl	3.50	3.31	1.00	16.83	21.14	80%
HBr	2.67	0.64	0.502	21.94	23.11	95%

(2) 分子间作用力作用的范围很小(一般是 300~500 pm)。由于分子间作用力与分子间距离的七次方成反比,因此随着分子间距离的增加,分子间作用力减小。因此,在液态或固态的情况下,分子间作用力比较显著;气态时,分子间作用力可以忽略,将其视为理想气体。

(3) 分子间作用力与化学键不同。分子间作用力既无饱和性,又无方向性;分子间作用力比化学键键能小 1~2 个数量级;分子间作用力主要影响物质的物理性质,化学键则主要影响物质的化学性质。

3.3.2 氢键

实验证明,有些物质的某些物理性质具有反常现象,如水的比热特别大、水的密度在 277 K 时最大,水的沸点比氧族同类氢化物的沸点高等。同样,NH_3、HF 也具有类似反常的物理性质。人们为了解释这些反常现象,提出了氢键的概念。

1. 氢键的形成

研究结果表明,当氢原子与电负性很大、半径很小的原子(如氟、氧或氮等)形成共价氢化物时,由于二者电负性相差很大,共用电子对强烈地偏向于电负性大的原子一边,使氢原子几乎变成裸露的质子而具有极强的吸引电子的能力,这样氢原子就可以与另一个电负性大且含有孤电子对的原子产生强烈的静电吸引,这种吸引力称为氢键(hydrogen bond)。例如,液态水分子 H_2O 中的 H 原子可以与另一个 H_2O 分子中的 O 原子互相吸引形成氢键(图 3-32 中以虚线表示)。

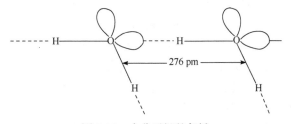

图 3-32　水分子间的氢键

氢键通常可用通式 X—H⋯Y 表示,X 和 Y 代表 F、O、N 等电负性大、原子半径较小且含孤电子对的原子。

2. 氢键的特点

1) 饱和性

由于氢原子很小,在它周围容不下两个或两个以上的电负性很强的原子,因此一个氢原子只能形成一个氢键,即每个 X—H 只能与一个 Y 原子形成氢键。

2) 方向性

氢键的方向性是指 Y 原子与 X—H 形成氢键时, 为减少 X 与 Y 原子电子云之间的斥力, 应使氢键的方向与 X—H 键的键轴在同一方向, 即 X—H⋯Y 在同一直线上。

3. 氢键的类型

1) 分子间氢键

在分子间形成的氢键称为分子间氢键。通过分子间氢键, 分子可以缔合成多聚体。例如, 常温下水中除有 H_2O 外, 还有$(H_2O)_2$、$(H_2O)_3$。又如, 甲酸可以形成如图 3-33 所示的二聚物。

由于分子缔合使分子的变形性增大及 "相对分子质量" 增加, 分子间作用力增强, 物质的熔点和沸点随之升高。

2) 分子内氢键

研究发现, 某些化合物的分子内也可以形成氢键。例如, 硝酸分子中可能出现如图 3-34 所示的分子内氢键。分子内氢键不可能与共价键成一直线, 往往在分子内形成较稳定的多原子环状结构, 化合物的熔点、沸点较低。由此可以理解为什么硝酸是低沸点酸(沸点是 83℃)。与此不同的是, 硫酸中的氢是形成分子间的氢键, 从而将很多 SO_4^{2-} 结合起来, 使硫酸成为高沸点的酸。另外, 当苯酚的邻位上有 —OH、—COOH、—NO₂、—CHO 等时, 都可以形成分子内氢键。

图 3-33 甲酸分子间氢键

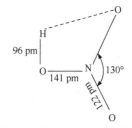

图 3-34 硝酸分子内氢键

4. 氢键对化合物性质的影响

物质的许多理化性质都受到氢键的影响, 如熔点、沸点、溶解度、黏度等。形成分子间氢键时, 会使化合物的熔点、沸点显著升高, 这是由于要使液体气化或使固体熔化, 不仅要破坏分子间的范德华力, 还必须给予额外的能量去破坏分子间的氢键。

若溶剂与溶质之间能形成氢键, 将增强溶质和溶剂之间的相互作用, 则溶解度增大。例如, NH_3、HF 在水中的溶解度很大, 就是因为 NH_3 或 HF 分子与 H_2O 分子之间形成了分子间氢键。溶质分子如果形成分子内氢键, 则分子的极性降低, 在极性溶剂中的溶解度降低, 而在非极性溶剂中的溶解度增大。例如, 邻硝基苯酚在水中的溶解度比对硝基苯酚小, 但它在苯中的溶解度却比对硝基苯酚大。

液体分子间若形成氢键, 则黏度增大。例如, 甘油的黏度很大, 就是因为 $C_3H_5(OH)_3$ 分子间有氢键。

3.3.3 离子的极化作用

1. 离子的极化

分子在外电场(如极性分子)影响下, 其正、负电荷重心将发生位移, 产生诱导偶极, 分子的这种变化称为分子的极化(polarization)或分子的变形。分子极化的程度用极化率来衡量。离子和分子一样，在外界电场的影响下也会发生极化。我们将离子在外电场影响下，正、负电荷重心发生偏离，产生诱导偶极的现象称为离子的极化。

每个离子作为带电粒子均具有二重性：一方面离子本身带电，会在其周围产生电场，对另一个离子产生极化作用，使另一个离子的电子云发生变形；另一方面，在另一个离子的极化作用下，该离子本身也可以被极化产生变形，因此每种离子均具有变形性和极化作用双重性。当正、负离子相互靠近时，将发生相互极化和相互变形，这种结果将导致相应的化合物在结构和性质上发生相应的变化。

一个离子使另一异号离子极化而变形的作用称为该离子的极化作用。离子极化作用的强弱由离子电荷、半径和离子的电子层构型决定。

(1) 正离子半径越小，电荷越多，极化作用越强。例如，$Al^{3+} > Mg^{2+} > Na^+$。

(2) 负离子半径越小，电荷越多，极化作用越强。例如，$F^- > Cl^-$，$S^{2-} > Cl^-$。

(3) 电荷和半径相近时，极化作用与电子层构型有关，而且影响很大。这一点主要表现在金属离子上。极化作用的强弱次序是：(18+2)电子型离子、18 电子型离子 > (9~17)电子型离子 > 8 电子型离子，即离子的极化作用随其外层 d 电子数增多而增大。例如，(Ge^{2+}、Pb^{2+}、Zn^{2+}、Hg^{2+}) > (Fe^{2+}、Mn^{2+}) > (Mg^{2+}、Sr^{2+})。

2. 离子的变形性

离子受外电场影响发生变形，产生诱导偶极的现象称为离子的变形，变形性常用极化率来衡量。影响离子变形性的主要因素如下。

(1) 最外层电子结构相同的离子，电子层越多，半径越大，变形性越大。例如，$F^- < Cl^- < Br^- < I^-$。

(2) 电子结构相同的离子，随着负电荷减少和正电荷增加，变形性减小。例如，$O^{2-} > F^- > Na^+ > Mg^{2+} > Al^{3+} > Si^{4+}$。

(3) 18 电子型离子和(9~17)电子型离子，比半径相近、电荷相同的 8 电子型离子变形性大。例如，$Ag^+ > Na^+$；$Zn^{2+} > Mg^{2+}$。

(4) 复杂负离子的变形性较小，且中心离子氧化数越高，变形性越小。

综上所述，极化作用最强的是电荷高、半径小和具有 18 电子层或(18+2)电子层的正离子；最容易变形的是半径大、电荷高的负离子和具有 18 电子层或(18+2)电子层的低电荷正离子；可见，具有 18 电子层或(18+2)电子层的正离子无论极化作用还是变形性均较强。

3. 相互极化作用

虽然正离子和负离子都具有极化作用和变形性两方面的性能，但负离子在正离子的极化作用下更易变形。正离子主要表现为对负离子的极化作用，负离子主要表现为电子云的变形。因此，在讨论正、负离子间的相互极化时，往往注重的是正离子的极化作用和负离子的变形性。但是当正离子的电子层构型为非稀有气体构型时，正离子也容易变形，此时要考虑正离子和负离子之间的相互极化作用。正、负离子相互极化的结果导致彼此的变形性增大，产生的诱导偶极增大，从而进一步加强它们的极化能力，这种加强的极化作用称为附加极化作用。离子的外层电子构型对附加极化作用的大小有很重要的影响，一般是最外层含有 d 电子的正离子容易变形而产生附加极化作用，而且所含 d 电子越多，这种附加极化作用越大。

4. 离子极化对化合物性质的影响

当正离子和负离子相互结合形成离子晶体时，如果相互间无极化作用，则形成的化学键应是纯粹的离子键。但实际上正、负离子之间将发生程度不同的相互极化作用，导致电子云变形，即负离子的电子云向正离子方向移动，同时正离子的电子云向远离负离子方向移动，即负离子的电子云发生了向正离子的偏移。相互极化作用越强，电子云偏移的程度越大，键的极性减弱越多，离子间的作用越强。以卤化银为例，实测核间距比理论核间距缩小值大，化学键从离子键过渡到共价键。

(1) 化合物的熔点降低。由于离子极化，化学键由离子键向共价键转变，化合物也相应由离子型向共价型过渡，其熔点、沸点也随共价成分的增多而降低。

例如，第三周期的氯化物，由于 Na^+、Mg^{2+}、Al^{3+}、Si^{4+} 电荷依次递增而半径依次减小，极化作用依次增强，引起 Cl^- 发生变形的程度也依次增大，使正、负离子轨道的重叠程度依次增大，化学键的极性减小，由离子晶体 NaCl 转变成过渡型晶体 $MgCl_2$、$AlCl_3$，而 $SiCl_4$ 则是共价型分子晶体，故其熔点依次降低。

AgCl 与 NaCl 相比，Ag^+ 的极化能力和变形能力都远大于 Na^+，故 AgCl(熔点 455℃)远低于 NaCl(800℃)。

对于阴离子同样适用，卤化钙的熔点按照 CaF_2、$CaCl_2$、$CaBr_2$、CaI_2 的顺序依次降低。

(2) 化合物的溶解度降低。离子晶体通常是可溶于水的。水的介电常数很大(约为 80)，它会削弱正、负离子之间的静电吸引，离子晶体进入水中后，正、负离子间的吸引力将减到约为原来的 1/80，这样使正、负离子很容易受热运动的作用而互相分离。由于离子极化，离子的电子云相互重叠，正、负离子靠近，离子键向共价键过渡的程度较大，即键的极性减小。水不能像减弱离子间的静电作用那样减弱共价键的结合力，因此导致离子极化作用较强的晶体难溶于水。例如，AgF、AgCl、AgBr、AgI 溶解度依次降低。

(3) 化合物的稳定性下降(分解温度降低)。随着离子极化作用的加强，负离子的电子云变形，强烈地向正离子靠近，有可能使正离子的价电子失而复得，又恢复成原子或单质，导致该化合物分解。例如，卤化铝的分解温度以 $AlCl_3$、$AlBr_3$、AlI_3 顺序依次降低。

(4) 化合物的颜色加深。离子极化作用使外层电子变形，价电子活动范围增大，与核结合松弛，使离子间电子发生荷移跃迁所吸收光的波长从紫外到可见光方向移动，吸收部分可见光而使化合物的颜色变深。例如，S^{2-} 变形性比 O^{2-} 大，因此硫化物颜色比氧化物深，而且副族离子的硫化物一般都有颜色，而主族金属硫化物一般都无颜色，这是因为主族金属离子的极化作用都比较弱。

5. 化学键的离子性

通过离子极化理论的学习，了解到离子键和共价键虽然有本质区别，但无严格界限。离子键中由于离子的相互极化，正、负离子的电子云互相重叠而产生共价键的成分。共价键中由于元素电负性的不同共用电子对向电负性大的原子一边偏移产生极性，从而使共价键具有离子键的成分。例如，CsF 是典型的离子键，但现代实验证实 Cs—F 键只有 92% 的离子性。为了客观地表达化学键的实际情况，鲍林提出用单键离子性的百分数表示键的离子性和共价性的相对大小。键的离子性百分数大小由成键两原子电负性差值决定，两元素电负性差值越大，它们之间键的离子性越大。AB 型化合物元素电负性差值 $\Delta\chi$ 和单键离子性百分数之间的关系见表3-8。

表 3-8　元素电负性差值与单键离子性百分数的关系

电负性差值	离子性/%	电负性差值	离子性/%
0.2	1	1.8	55
0.4	4	2.0	63
0.6	9	2.2	70
0.8	15	2.4	76
1.0	22	2.6	82
1.2	30	2.8	86
1.4	39	3.0	89
1.6	47	3.2	92

鲍林提出将键的离子性百分数为 50%，$\Delta\chi = 1.7$ 作为判断离子键和共价键的相对标准。若 $\Delta\chi > 1.7$，可认为原子间的化学键主要是离子键，该物质是离子化合物；若 $\Delta\chi < 1.7$，可认为两原子之间的化学键主要是共价键，该物质是共价化合物。例如，AgF 中 $\Delta\chi = 2.05$，查表得离子性为 63%，因此 AgF 是离子化合物；AgI 中 $\Delta\chi = 0.73$，键的离子性接近 15%，由此可见 AgI 是共价化合物。然而，例外的情况也不少。例如，BF$_3$ 中 $\Delta\chi = 2.0$，但 BF$_3$ 没有离子化合物的性质，常温下 BF$_3$ 是气体，可见 BF$_3$ 中化学键不是离子键；又如，CaS 中 $\Delta\chi = 1.5$，但 CaS 中的化学键是离子键。这说明仅用电负性差值判断化学键的键型并不总是可靠的，原因在于影响化学键极性的因素比较复杂。

习　　题

3-1 试述影响离子键强弱的主要因素。

3-2 已知 NaF 晶体的晶格能为 894 kJ·mol^{-1}，Na 原子的电离能为 494 kJ·mol^{-1}，金属钠的升华热为 101 kJ·mol^{-1}，F$_2$ 分子的解离能为 160 kJ·mol^{-1}，NaF 的标准摩尔生成焓为 −571 kJ·mol^{-1}，试计算元素 F 的电子亲和能。

3-3 试述价键理论的基本要点。

3-4 分别指出 H$_2$S(V 形)、SO$_2$Cl$_2$(四面体)、SF$_6$(八面体)、SOF$_4$(三角双锥)和 SF$_3^+$(三角锥)分子或离子中的 σ 键数、硫的杂化轨道类型及其孤电子对数。

3-5 PCl$_3$ 的空间几何构型为三角锥形，键角略小于 109°28′，SiCl$_4$ 是四面体形，键角为 109°28′，试用杂化轨道理论说明。

3-6 应用价层电子对互斥理论，画出下列化合物的空间构型并标出孤电子对的位置：

(1) XeOF$_4$　　　(2) ClO$_2^-$　　　(3) IO$_6^{5-}$　　　(4) I$_3^-$　　　(5) PCl$_3$

3-7 根据价层电子对互斥理论画出下列各分子(离子)的空间结构，并指出中心原子的杂化轨道类型、标出孤电子对和 π 键。

(1) COCl$_2$　　　(2) ICl$_4^-$　　　(3) NO$_3^-$　　　(4) SO$_2$　　　(5) SF$_4$

3-8 试写出 P(CH$_3$)$_2$F$_3$ 的结构，为什么甲基 CH$_3$ 的位置有选择性？

3-9 用价层电子对互斥理论判断下列分子或离子的空间几何构型：

(1) NO_2　　　　(2) NF_3　　　　(3) SO_3^{2-}　　　　(4) ClO_4^-　　　　(5) CS_2

(6) BF_3　　　　(7) SiF_4　　　　(8) H_2S　　　　(9) SF_4　　　　(10) ClO_3^-

3-10 现有离子 H^-、H_2^+、H_2^-、H_2^{2-}，分别写出它们的分子轨道式，计算其键级，判断哪些可以存在，哪些不能存在。

3-11 第二周期元素的同核双原子分子中除了 O_2 外，还有没有顺磁性分子？

3-12 现有下列分子或离子：NO^+、NO、NO^-，根据分子轨道理论分别写出分子轨道式，计算键级，判断磁性及其相对大小，比较相对稳定性。

3-13 写出 F_2 和 OF 的分子轨道式，指出它们是顺磁性还是反磁性，比较它们的相对稳定性。

3-14 下列化合物中哪些存在氢键？是分子内氢键还是分子间氢键？

C_6H_6，NH_3，C_2H_6，邻羟基苯甲醛，间硝基苯甲醛，对硝基苯甲醛，固体硼酸。

3-15 虽然氢氟酸 HF 可比水 H_2O 形成更强的氢键，但氢氟酸的蒸发热比水的蒸发热低，试说明原因。

3-16 判断下列各对分子之间存在何种类型的分子间作用力。

(1) C_6H_6 和 CCl_4　　　　(2) CH_3COOH 和环己烷　　　　(3) CO_2 和 HCl　　　　(4) $CHCl_3$ 和 CH_2Cl_2

3-17 给出溴水中分子间作用力的类型，若分子间作用力不止一种类型时，指出其中最主要的作用力类型，并结合其聚集状态，简要说明。

3-18 试从离子极化观点解释：

(1) $FeCl_2$ 的熔点高于 $FeCl_3$ 的熔点；

(2) $ZnCl_2$ 的沸点、熔点低于 $CaCl_2$ 的沸点、熔点；

(3) $HgCl_2$ 为白色，溶解度较大；HgI_2 为黄色或红色，溶解度较小。

3-19 比较并解释下列每组两个物质的性质：

(1) MgO 和 LiF 的硬度；

(2) NH_3 和 PH_3 的沸点；

(3) $FeCl_3$ 和 $FeCl_2$ 的熔点；

(4) HgS 的颜色比 ZnS 的颜色深；

(5) AgF 的溶解度比 AgCl 的溶解度大。

3-20 试解释为什么室温下 CCl_4 是液体，CH_4 和 CF_4 是气体，而 CI_4 是固体。

3-21 判断下列各组物质的两种化合物分子之间存在的分子间作用力类型：

(1) 苯和四氯化碳；

(2) 甲醇和水；

(3) 氨和水；

(4) 氯化氢和溴化氢。

3-22 从结构上解释以下现象：

(1) NaCl 比 ICl 的熔点高；

(2) SiO_2 比 CO_2 的熔点高；

(3) Hg 比 S 是更好的导体；

(4) H_2O 比 H_2S 的沸点高。

3-23 比较下列各项性质，并予以简单解释：

(1) SiO_2、KI、$FeCl_3$、CCl_4 的熔点；

(2) BF_3、BBr_3 的熔点；

(3) SiC、CO_2、BaO 的硬度。

3-24 为什么 CCl_4 不与水作用而 $SiCl_4$ 却极易水解？

3-25 试判断下列各对分子中哪个分子的化学键极性较大。

(1) HCl 与 HF

(2) ZnO 与 ZnS

(3) AsH_3 与 NF_3

(4) H_2S 与 H_2Se

(5) NH_3 与 NF_3

(6) H_2O 与 OF_2

3-26 下列说法是否正确？为什么？

(1) 在多原子分子中，键的极性越强，分子的极性也越强；

(2) 由极性共价键形成的分子，一定是极性分子；

(3) 分子中的键是非极性键，分子一定是非极性分子；

(4) 非极性分子中的化学键一定是非极性共价键。

3-27 已知 N 与 H 的电负性差(0.8)小于 N 与 F 的电负性差(0.9)，解释 NH_3 分子偶极矩远比 NF_3 大的原因。

3-28 分子晶体、原子晶体、离子晶体和金属晶体各自是由单质组成的，还是由化合物组成的？请举例说明。

第 4 章　配位化合物结构

配位化合物(coordination compound)是一类组成比较复杂，而应用极广的化合物。特别是在现代结构化学理论和近代物理实验方法的推动下，配位化学已发展成一门内容丰富、成果丰硕的学科，并广泛应用于工业、生物、医药等领域。配位化学的研究成果促进了分离技术、配位催化、原子能、火箭等尖端技术的发展，化学模拟固氮、人工模拟光合作用和太阳能利用等，无一不与配位化学密切相关。总之，配位化学在整个化学领域中具有极为重要的理论和实践意义。本章概括地介绍了一些配位化学中最基本的知识。

4.1　配位化合物的基本概念

4.1.1　配位化合物的定义

配位化合物简称配合物，过去称为络合物(complex compound)，其原意指的是复杂化合物，所谓复杂是相对于经典的共价化合物和离子化合物而言的。例如，AgCl 可与氨水生成 $[Ag(NH_3)_2]Cl$，溶液中有大量的 $[Ag(NH_3)_2]^+$ 配离子，而 Ag^+ 却很少。配合物有以下共同特点：其结构中都包含中心离子(或原子)和一定数目的中性分子或阴离子相结合而成的结构单元，此结构单元表现出新的性质和特征。在配合物中，中心离子(或原子)与阴离子或中性分子通过形成配位共价键而结合成独立的结构单元。

综上所述，可给配合物作如下定义：配合物是由可以给出孤电子对或多个不定域电子的一定数目的离子或分子(称为配体)和具有能容纳孤电子对或多个不定域电子的空位原子或离子[统称中心原子或离子]按一定的组成和空间构型所形成的化合物。这种由一定数目的配体结合在中心原子周围所形成的配位个体可以是中性分子，也可以是带电荷的离子。中性配位个体就是配合物，带电荷的配位个体称配离子，带正电荷的配离子称配阳离子，带负电荷的配离子称配阴离子，含有配离子的化合物统称配合物。

4.1.2　配位化合物的组成

配合物包含一个独立的结构单元作为配合物的特征部分，称为内界。例如，$[Cu(NH_3)_4]SO_4$ 和 $K_2[HgI_4]$ 的内界分别是 $[Cu(NH_3)_4]^{2+}$ 和 $[HgI_4]^{2-}$。内界以外的部分称外界。用化学式表示时通常把内界部分写在方括号里面，外界部分写在方括号外面。配位分子只有内界，没有外界。

内界一般是由一个金属离子和若干个中性分子或阴离子组成。其中金属离子是内界的核心部分，称为中心离子，而与之相连接的中性分子或阴离子称配体。配体与中心离子直接相连接的原子称配位原子。在内界中配位原子的数目称配位数。图 4-1 清楚地表示出内界、外界、配体、中心离子和配位数的关系。

图 4-1　配合物的结构关系

1. 中心离子(或原子)

作为中心离子(或原子)的条件是必须具有空的价轨道,可以接受配体所给予的孤电子对,它是配合物的形成体,位于配离子的中心。周期表中绝大多数元素都可作为中心离子。常见的是一些过渡元素如铬、铁、镍、铜、银、金、锌、汞、铂等元素的离子或原子,它们具有$(n-1)d$、ns、np、nd 等空的价轨道,如$[Co(NH_3)_6]Cl_3$ 中的 Co(Ⅲ),$K_4[Fe(CN)_6]$中的 Fe(Ⅱ)等。一些具有高氧化数的非金属元素也能作为形成体,如 $Na[BF_4]$中的 B(Ⅲ)、$K_2[SiF_6]$中的 Si(Ⅳ)和 $NH_4[PF_6]$中的 P(Ⅴ)。此外,还包括极少数的阴离子,如在 $H[Co(CO)_4]$中的 Co 按氧化数计算应为-1。

2. 配位体与配位原子

能给出孤电子对或多个不定域电子的一定数目的离子或分子称为配位体,简称配体。配体中直接和中心离子键合的原子称配位原子。配位原子绝大部分是含有孤电子对的非金属原子,如卤素、O、S、N、P、C 等,但有的没有孤电子对的配体却能提供其 π 键上的电子,如 $CH_2=CH_2$、$C_5H_5^-$ (缩写为 Cp)等。

配体按在配合物中提供的配位原子的数目分为单齿配体(或单基配体)和多齿配体(或多基配体)。只含有一个配位原子的配体称为单齿配体(monodentate ligand),如 NH_3、H_2O、X^-、CN^-等。配体可能配位的原子的数目用单齿、二齿、三齿等表示。每个配体提供两个或两个以上的配位原子同时与一个中心离子配合的配体称多齿配体(polydentate ligand),如乙二胺 H_2N—CH_2—CH_2—NH_2(缩写为 en)、乙酰丙酮 CH_3—CO—CH_2—CO—CH_3(缩写为 acac)、草酸根 $C_2O_4^{2-}$ (缩写为 ox)等。它们的配位情况可示意如下:

二(乙二胺)合铜离子　　　　　　　　　　二(草酸根)合钙离子

多齿配体能和中心离子(或原子)形成环状结构,就像螃蟹双螯钳住中心离子一样,故称螯合作用,因此也称这种多齿配体为螯合剂(chelating agent)。与螯合剂不同,有些配体虽然也具有两个或多个配位原子,但在一定条件下,仅有一种配位原子与中心离子配位,这类配体称为两可配体。例如,硫氰根(SCN^-,以 S 配位),异硫氰根(NCS^-,以 N 配位);硝基(—NO_2,以 N 配位),亚硝酸根(—O—$N=O^-$,以 O 配位);氰根(CN^-,以 C 配位),异氰根(NC^-,以 N 配位)。它们都是两可配体,而这些两可配体实际上仍起单齿配体的作用。

一个多齿配体通过两个或两个以上的配位原子与一个中心原子连接的称为螯合配体或螯合剂,而连接于一个以上中心原子的配体称为桥联配体(简称桥基)。中心原子之间可以通过桥基连接,也可以直接连接。中心原子连接的数目用单核、双核、三核、四核等表示。

配合物内界中的配体种类可以相同,也可以不同。常见的配体列于表 4-1。

表 4-1　常见的配体

类型	配位原子	实例
单齿配体	C	CO，C_2H_4，CNR(R 代表烃基)，CN^-
	N	NH_3，NO，NR_3，RNH_2，C_5H_5N，NCS^-，NO_2^-
	O	ROH，R_3PO，R_2O，H_2O，R_2SO，OH^-，$RCOO^-$，$C_2O_4^{2-}$，ONO^-，SO_4^{2-}，CO_3^{2-}
	P	PH_3，PR_3，PX_3，PR_2
	S	R_2S，RSH，SCN^-
	X	F^-，Cl^-，Br^-，I^-
双齿配体	N	乙二胺(en)，联吡啶(bipy)
	O	乙酰丙酮(acac)
三齿配体	N	二亚乙基三胺(deta)
五齿配体	N, O	乙二胺三乙酸根离子
六齿配体	N, O	乙二胺四乙酸根离子(EDTA)
	O	18 冠-6(18C6)，二苯并-18 冠-6(DB18C6)

3. 配位数

配位数是中心离子的重要特征。直接与中心离子(或原子)配位的原子数目称为中心离子(或原子)的配位数。中心离子(或原子)与单齿配体结合时，配体的数目就是该中心离子(或原子)的配位数。例如，$[Cu(NH_3)_4]SO_4$ 中 Cu^{2+} 的配位数为 4，$[Co(NH_3)_5H_2O]Cl_3$ 中 Co^{3+} 的配位数为 6。中心离子(或原子)与多齿配体配合时，配位数等同于配位原子数目，而不是配体的数目，如 $[Cu(en)_2]^{2+}$ 中有两个乙二胺配体，乙二胺是双齿配体，因此 Cu^{2+} 的配位数为 4。

中心离子的配位数一般是 2、4、6，最常见的是 4 和 6，配位数的多少取决于中心离子和配体的性质——电荷、体积、电子层结构及配合物形成时的条件，特别是配体的浓度和反应温度。影响配位数的主要因素分述如下：

(1) 中心原子的价电子层结构。第二周期元素的价电子层最多只能容纳 4 对电子，其配位数最大为 4；第三周期及以后的元素，其配位数常为 4、6。

(2) 静电作用。一般来讲，中心离子的电荷越高越有利于形成配位数较高的配合物，如 $[PtCl_6]^{2-}$、$[PtCl_4]^{2-}$、$[Cu(NH_3)_2]^+$、$[Cu(NH_3)_4]^{2+}$。但配体电荷的增加对形成高配位数配合物是不利的，因为它增加了配体之间的斥力，使配位数减小，如 $[Zn(NH_3)_6]^{2+}$、$[Zn(CN)_4]^{2-}$。因此，从电荷这一因素考虑，中心离子电荷的增加及配体电荷的减少有利于配位数的增加。反之，配位数减小。

(3) 空间效应。中心离子的半径越大，在引力允许的条件下，其周围可容纳的配体越多，配位数越大。例如，Al^{3+} 与 F^- 可形成 $[AlF_6]^{3-}$ 配离子，体积较小的 B(III)原子就只能生成 $[BF_4]^-$ 配离子。但应指出中心离子半径的增大固然有利于形成高配位数的配合物，但若过大又会减弱它与配体的结合，反而降低了配位数。例如，Cd^{2+} 可形成 $[CdCl_6]^{4-}$ 配离子，比 Cd^{2+} 大的 Hg^{2+} 却只能形成$[HgCl_4]^{2-}$配离子。

显然配体的半径较大，在中心离子周围容纳不下过多的配体，配位数就减小。例如，F^-可与Al^{3+}形成$[AlF_6]^{3-}$配离子，但半径比F^-大的Cl^-、Br^-、I^-与Al^{3+}只能形成$[AlX_4]^-$配离子(X代表Cl^-、Br^-、I^-)。

(4) 外界因素。温度升高，通常使配位数减小。这是因为温度升高，分子中的热振动加剧，削弱中心离子与配体间的配位键，导致配体的离去而降低了配位数。配体浓度增大有利于形成高配位数的配合物。

综上所述，影响配位数的因素比较复杂，由多方面因素决定。某一中心离子与不同的配体结合时，常具有一定的特征配位数。现将常见金属离子的特征配位数列于表 4-2 中。

表 4-2　常见金属离子的配位数

配位数	金属离子	实例
2	Ag^+、Cu^+	$[Ag(NH_3)_2]^+$、$[Cu(CN)_2]^-$
4	Cu^{2+}、Zn^{2+}、Ni^{2+}、Pt^{2+}、Hg^{2+}、Co^{2+}	$[Cu(NH_3)_4]^{2+}$、$[ZnCl_4]^{2-}$、$[Ni(CN)_4]^{2-}$、$[PtCl_2(NH_3)_2]$、$[HgI_4]^{2-}$、$[CoCl_4]^{2-}$
6	Fe^{2+}、Fe^{3+}、Co^{3+}、Cr^{3+}、Al^{3+}、Pt^{2+}	$[Fe(CN)_6]^{4-}$、$[FeF_6]^{3-}$、$[Co(NH_3)_6]^{3+}$、$[Cr(NH_3)_6]^{3+}$、$[AlF_6]^{3-}$、$[Pt(NH_3)_6]^{2+}$

4. 配离子的电荷

配离子的电荷是中心离子和配体两者电荷的代数和。例如，$[Cu(NH_3)_4]^{2+}$中，配离子的电荷为$(+2)+4\times0=+2$；$[Fe(CN)_6]^{4-}$中，配离子的电荷为$(+2)+6\times(-1)=-4$；而在$[PtCl_2(NH_3)_2]$中，配位单元的电荷为$(+2)+2\times0+2\times(-1)=0$，故$[PtCl_2(NH_3)_2]$本身是一个电中性的配合物。除了像$[PtCl_2(NH_3)_2]$这种内界不带电荷的配合物外，一般内界均带电荷，为了保持整个配合物的电中性，必然有电荷相等但符号相反的外界离子与配离子结合，因此也可根据外界离子的电荷计算出配离子的电荷，如在$K_3[Fe(CN)_6]$中配离子的电荷为-3，从而推知中心离子是Fe^{3+}。

4.1.3　配位化合物的命名

配合物组成比较复杂，下面介绍简单配合物的命名原则。

1. 内界与外界

配合物的命名遵循无机化合物命名的一般原则：在内外界之间先阴离子，后阳离子。若配合物外界是一简单的酸根，如Cl^-，则称"某化某"；若是复杂阴离子，如SO_4^{2-}，则称"某酸某"。如果配合物的阴离子为配离子时，也称为"某酸某"，即与一般酸、碱、盐的命名相同。

内界可按以下顺序命名：配体数-配体名称(不同配体名称之间以中圆点"·"分开)-合(表示配位结合)-中心离子名称-中心离子的氧化数(加括号，括号内用罗马数字注明)。例如，$[FeF_6]^{3-}$配离子的命名为六氟合铁(Ⅲ)酸根离子。

2. 配体列出顺序

当配合物含有多种配体时，在命名时配体列出顺序按如下规定：

(1) 若配体中既有无机配体又有有机配体，则无机配体在前，有机配体在后。

(2) 在无机配体中既有离子型配体又有分子型配体，则阴离子在前，中性分子在后。

(3) 同类配体(如同是无机配体又同是分子型配体)，按配位原子的元素符号在英文字母表中的顺序排列，如$[Co(NH_3)_5H_2O]Cl_3$ 命名为三氯化一水五氨合钴(Ⅲ)。

(4) 同类配体，配位原子相同，则配体中原子数目少的排在前面。若原子数目也相同，则按结构式中与配位原子相连原子的元素符号的英文字母顺序排列。例如，$[Pt(NH_2)(NO_2)(NH_3)_2]$ 应命名为一氨基·一硝基·二氨合铂(Ⅱ)。

(5) 配体个数用倍数词头一、二、三、四等数字表示，配合物命名如图 4-2 所示。

图 4-2　配合物命名

有些常见的配合物仍沿用一些习惯叫法，如$[Cu(NH_3)_4]^{2+}$ 称为铜氨配离子，$[Ag(NH_3)_2]^+$ 称为银氨配离子，$K_3[Fe(CN)_6]$ 称为铁氰化钾(赤血盐)，$K_4[Fe(CN)_6]$ 称为亚铁氰化钾(黄血盐)等。

含有桥联基团配合物命名规则如下：

(1) 在桥联基团(或原子)的前面加上希腊字母"μ"，并在桥联基团(或原子)名称之后加上中圆点与配合物中其他配体分开；

(2) 两个或多个相同的桥联基团，用"二-μ"等表示；

(3) 同一种配体有的是桥联基团，有的不是桥联基团，则先列出桥联基团；

(4) 如果分子是对称的，应用倍数词头以得到较简单的名称。

例如，$[(NH_3)_5Cr\text{-}OH\text{-}Cr(NH_3)_5]Cl_5$　　　五氯化μ-羟·二[五氨合铬(Ⅲ)]

　　　　$[(CO)_3Fe(CO)_3Fe(CO)_3]$　　　三(μ-羰基)·二(三羰基合铁)

对于含有 π-配体的配合物命名时在配体名称前加上词头 η。

例如，$[PtCl_2(NH_3)(C_2H_4)]$　　　　　二氯·氨·(η-乙烯)合铂(Ⅱ)

　　　　$K[PtCl_3(C_2H_4)]$　　　　　　　三氯·(η-乙烯)合铂(Ⅱ)酸钾

　　　　$[Cr(C_6H_6)_2]$　　　　　　　　　二(η^6-苯)合铬(0)

　　　　$[Ni(C_5H_5)_2]$　　　　　　　　　二(η^5-茂)合镍(Ⅱ)

　　　　$[Cr(CO)_3(C_6H_6)]$　　　　　　三羰基·(η^6-苯)合铬(0)

　　　　$[Co(C_5H_5)(C_5H_6)]$　　　　　(η^5-茂)·(η^4-环戊二烯)合钴(Ⅰ)

4.1.4　配位化合物的类型

1. 简单配位化合物

简单配合物是指由一个中心离子与若干单齿配体所形成的配合物，如$[Cu(NH_3)_4]SO_4$、$K_2[HgI_4]$、$[Ag(NH_3)_2]^+$、$[Ni(CN)_4]^{2-}$等均属于这种类型。这类配合物中一般没有环状结构，在溶液中常发生逐级生成和逐级解离现象。

2. 整合物

一种配体有两个或两个以上的配位原子，同时与一个中心离子结合形成具有环状结构的配合物称为整合物(chelating ligand)或内配合物(图 4-3)。整合物的中心离子和配体数目之比称为配位比，在[Cu(en)$_2$]$^{2+}$中，其配位比为 1∶2。整合物的稳定性较高，很少有逐级解离现象。

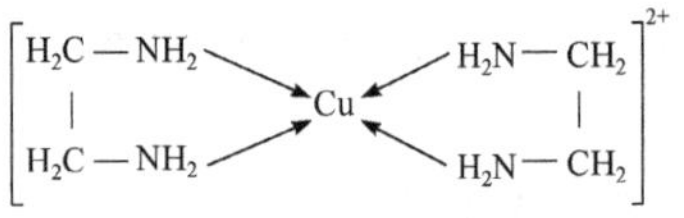

形成整合物的配体称为整合剂。整合剂一般必须具备下列两个条件：①配体必须含有两个或两个以上能同时给出电子对的原子，主要是 O、N、S、P 等配位原子；②这种含两个或两个以上能给出孤电子对的配位原子应该间隔两个或三个其他原子。因为只有这样才能形成稳定的五元环或六元环，获得稳定的环状结构。例如，联氨 H$_2$N—NH$_2$ 虽有两个配位原子氮，但中间没有间隔其他原子，与金属配合后形成一个三原子环，成环张力太大，这是一种不稳定的结构，故不能形成整合物。

图 4-3　[Cu(en)$_2$]$^{2+}$配离子结构

常见的整合剂是乙二胺四乙酸，简称 EDTA。其分子结构式如图 4-4 所示。

EDTA 可表示为 H$_4$Y，因其在水中溶解度不大，常用其二钠盐 Na$_2$H$_2$Y。乙二胺四乙酸是一个六齿配体，其中 4 个羧基氧原子和 2 个氨基氮原子共提供 6 对孤电子对，与中心原子配位时能形成 5 个五元环，它几乎能与所有金属离子形成十分稳定的整合物。乙二胺四乙酸金属整合物的结构如图 4-5 所示。

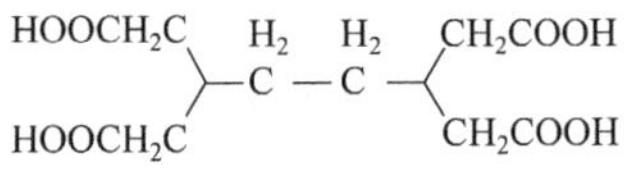

图 4-4　乙二胺四乙酸(EDTA)的结构式

一般情况下，EDTA 与二价金属离子、三价金属离子和四价金属离子形成整合物时的配位比都是 1∶1。EDTA 与无色金属离子形成无色整合物，与有色金属离子形成颜色更深的整合物。EDTA 是最常用的配合滴定剂、掩蔽剂和水的软化剂，在医药领域也有多种用途，如可用于医治重金属和放射性元素中毒。

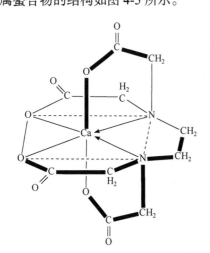

图 4-5　乙二胺四乙酸金属整合物的结构

3. 多核配合物

在配合物内界中含有两个或两个以上的中心离子或原子的配合物称为多核配合物。在多核配合物中，几个中心离子之间是通过配体在两个金属之间"搭桥"连接。这种配体称桥基配体，简称桥基。作为桥基的配体必须具备下列条件：在其配位原子或原子基团中有一对以上的孤电子对，能同时与两个或两个以上的金属离子形成配位键，从而起到"搭桥"作用。例如，在钯的配合物中，桥基上的 Cl$^-$提供两对孤电子对，每一对分别与一个 Pd^{2+}形成配键，这种 Cl$^-$称氯桥。常见的桥基有 OH$^-$、NH$_2^-$、O^{2-}、O$_2^{2-}$、Cl$^-$、SO$_4^{2-}$ 等。在实践中最常遇到的多核配合物是多核羟桥配合物，它们可以在金属离子水解过程中形成，如图 4-6 所示。

图 4-6　桥式配合物的结构

4.1.5 配位化合物的立体构型和几何异构

1. 配离子的立体构型

在配离子中，中心离子居中央，配体分布在其周围，它们相对于中心离子的位置是按照一定空间位置分布的，这种分布称为配合物的立体构型。这是因为能量接近的 s、p、d 轨道杂化后形成的新轨道具有方向性，它直接关系到配合物的空间构型。金属离子常使用其特定的杂化轨道成键，形成结构稳定的配合物，配位数不同，立体构型也不同。由于中心离子和配体的种类及相互作用的情况不同，配位数相同的配合物也可能有不同的立体构型。配离子的立体构型与中心离子的杂化方式的关系详见价键理论。

2. 配离子的几何异构

化学式相同而结构不同的化合物其性质必然不同，这种现象称为同分异构现象(isomerism)，这些化合物称为同分异构体(isomer)。配合物的多种异构现象大部分是由立体结构不同或内界组成和配体的连接方式不同引起的。配体在中心原子周围因排列方式不同而产生的异构现象，称为立体异构现象。平面正方形的[MA₂B₂]型配合物有顺式和反式两种异构，即相同的配体处于同一侧为顺式，相同的配体处于对角线位置为反式。例如，[PtCl$_2$(NH$_3$)$_2$]的两种异构体如图 4-7 所示。

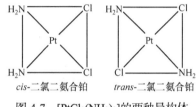

图 4-7 [PtCl$_2$(NH$_3$)$_2$]的两种异构体

在八面体配合物中同样存在顺反异构现象，如[CoCl$_2$(NH$_3$)$_4$]$^+$的顺反异构见图 4-8。

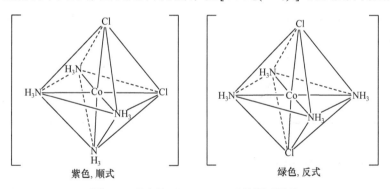

图 4-8 配合物[CoCl$_2$(NH$_3$)$_4$]$^+$的顺反异构

平面四边形、三角双锥、四方锥、八面体等都有这种顺反异构。

4.2 配位化合物的化学键理论

配体和中心金属为什么要生成配位键？它们是借什么力结合起来的？为什么中心离子只能与一定数目的配体结合？生成配合物后这些物质的性质有什么变化？这些就是化学键理论需要解决的问题。

4.2.1 价键理论

价键理论是从电子配对法的共价键引申，于 1928 年由鲍林将杂化轨道理论应用于配合物而形成的。

1. 价键理论的基本要点

(1) 中心离子与配体以配位键结合。配体的配位原子单方面提供孤电子对,中心离子提供容纳这些电子对的空轨道。

(2) 为提高成键能力,形成配合物时中心离子提供能量相近的空轨道首先必须进行杂化,形成数目相同、能量相等且有一定空间取向的新的杂化轨道,它们分别和配位原子的孤电子对轨道在一定方向上彼此接近,发生最大重叠而形成配位键,这样就形成了不同配位数和不同空间构型的配合物。

(3) 配合物的空间构型、中心原子的配位数和配位单元的稳定性等主要取决于中心原子提供的杂化轨道的数目和类型。

中心离子的配位数及杂化轨道类型与配离子立体构型的关系如表 4-3 所示。

表 4-3　杂化轨道类型与配合单元立体构型的关系

配位数	杂化轨道	立体构型	实例
2	sp	直线形	$[Ag(NH_3)_2]^+$、$[Cu(CN)_2]^-$
3	sp^2	平面三角形	$[CuCl_3]^{2-}$
4	sp^3 dsp^2	四面体形 平面四边形	$[Zn(NH_3)_4]^{2+}$、$[HgI_4]^{2-}$、 $[Co(SCN)_4]^{2-}$、$[Ni(CO)_4]$ $[AuCl_4]^-$、$[Ni(CN)_4]^{2-}$ $[Cu(NH_3)_4]^{2+}$、$[PtCl_2(NH_3)_2]$
5	dsp^3 d^4s	三角双锥 四方锥	$[Fe(CO)_5]$ $[TiF_5]^-$
6	sp^3d^2 d^2sp^3	八面体	$[FeF_6]^{3-}$、$[Fe(H_2O)_6]^{2+}$、 $[AlF_6]^{3-}$ $[Fe(CN)_6]^{4-}$、$[Fe(CN)_6]^{3-}$、 $[Co(NH_3)_6]^{3+}$

2. 外轨配合物和内轨配合物

中心离子利用哪些空轨道杂化,既与中心离子的电子层结构有关,又与配体中配位原子的电负性有关。对过渡金属离子来说,内层的$(n-1)d$ 轨道尚未填满,而外层的 ns、np、nd 是空轨道。它们有两种轨道杂化方式,因而形成两种类型的配合物。

1) 外轨配合物

当配位原子的电负性较大,如卤素、氧等,它们不易给出孤电子对,对中心离子影响较小,不能引起中心离子原有的电子层结构发生变化,仅能用外层空轨道 ns、np、nd 杂化,生成数目相等的杂化轨道与配体结合。这类配合物称为外轨配合物(outer orbital coordination compound)。

例如,$[FeF_6]^{3-}$配离子,Fe^{3+}的价电子层结构为 $3d^5$,当 Fe^{3+} 与 F^- 配位形成配离子时,Fe^{3+} 原有的电子层结构不变,用 1 个 4s、3 个 4p 和 2 个 4d 轨道杂化成 6 个 sp^3d^2 杂化轨道,再接受 6 个 F^- 提供的孤电子对,形成八面体配合物,如图 4-9 所示。

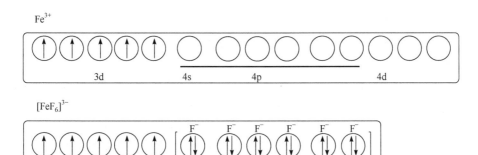

图 4-9 $[FeF_6]^{3-}$ 的外层杂化轨道

又如，Ni^{2+} 的价电子结构为 $3d^8$，它的最外层 4s、4p、4d 轨道都空着，在 Ni^{2+} 与 Cl^- 形成 $[NiCl_4]^{2-}$ 配离子时，Ni^{2+} 原有的电子层结构不变，用 1 个 4s 和 3 个 4p 轨道组成 4 个 sp^3 杂化 轨道，接受 4 个 Cl^- 提供的四对孤电子对，形成正四面体配合物，如图 4-10 所示。

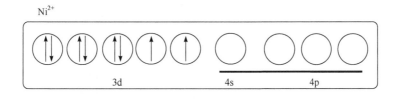

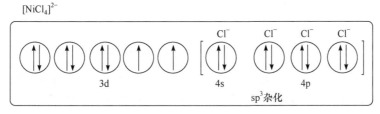

图 4-10 $[NiCl_4]^{2-}$ 的外层杂化轨道

再如，$[Ag(NH_3)_2]^+$ 配离子中的 Ag^+ 采用 sp 杂化轨道容纳两个氨分子中两个氮原子提供的 孤电子对，形成直线形的配合物，如图 4-11 所示。

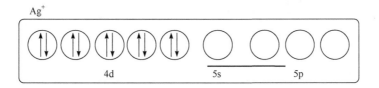

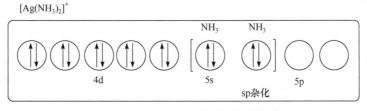

图 4-11 $[Ag(NH_3)_2]^+$ 的外层杂化轨道

综上，中心离子用 sp、sp^3、sp^3d^2 杂化轨道与配位原子结合成配位数分别为 2、4、6 的配合物，都是外轨配合物。外轨配合物的键能小，稳定性较差，在水中易解离。

2) 内轨配合物

当配位原子的电负性较小，如 C、N、P 等，较易给出孤电子对，对中心离子的影响较大，使其价电子层的电子结构发生变化，导致 $(n-1)d$ 轨道上的成单电子被强行配对，空出内层能量较低的 $(n-1)d$ 轨道与外层的 ns、np 轨道杂化，形成数目相同的杂化轨道与配体结合。这类配合物称为内轨配合物(inner orbital coordination compound)。例如，$[Fe(CN)_6]^{3-}$ 配离子中的 Fe^{3+} 在配体 CN^- 的影响下，3d 轨道中的 5 个电子重排占据 3 个 d 轨道，剩余 2 个空的 3d 轨道与外层 4s、4p 轨道形成 6 个 d^2sp^3 杂化轨道与 6 个 CN^- 成键，形成八面体配合物，如图 4-12 所示。这类内轨配合物的键能较大、稳定性较高，在水中不易解离。

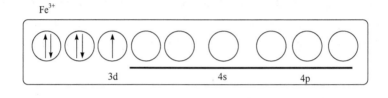

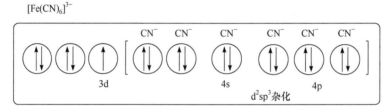

图 4-12　$[Fe(CN)_6]^{3-}$ 的内层杂化轨道

又如，$[Ni(CN)_4]^{2-}$ 配离子中 Ni^{2+} 的 8 个 3d 电子强行配对进入 4 个 d 轨道，空出一个 3d 轨道，与 1 个 4s 轨道、2 个 4p 轨道形成 4 个 dsp^2 杂化轨道与 4 个 CN^- 成键，形成内轨配合物(平面正方形)，如图 4-13 所示。

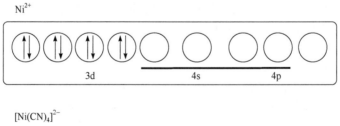

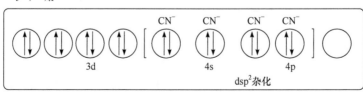

图 4-13　$[Ni(CN)_4]^{2-}$ 的内层杂化轨道

内轨配合物由于使用了 $(n-1)d$ 轨道，其能量较低，形成配位键的键能较大，稳定性较高。上述例子说明中心离子用 dsp^2、d^2sp^3 杂化轨道与配位原子结合成配位数分别为 4、6 的配合物，都是生成内轨配合物。

生成内轨配合物时，要使原来的成单电子配对在同一轨道中。电子配对时所需要的能量称为成对能(以 P 表示)。形成内轨配合物的条件是 M 与 L 之间成键放出的总能量在克服成对能后仍比形成外轨配合物的总能量大。形成内轨配合物或外轨配合物，取决于中心原子的电子层结构和配体的性质：

(1) 当中心原子的$(n-1)$d 轨道全充满(d^{10})时，没有可利用的$(n-1)$d 空轨道，只能形成外轨配合物。

(2) 当中心原子的$(n-1)$d 电子数不超过 3 个时，至少有 2 个$(n-1)$d 空轨道，因此总是形成内轨配合物。

(3) 当中心原子的电子层结构既可以形成内轨配合物，又可以形成外轨配合物时，配体就成为决定配合物类型的主要因素。若配体中配位原子的电负性较大时，不易给出孤电子对，则倾向于占据中心原子的最外层轨道形成外轨配合物。若配位原子的电负性较小，容易给出孤电子对，使中心原子 d 电子发生重排，空出$(n-1)$d 轨道形成内轨配合物。

3. 配合物的磁矩

如何判断一种化合物是内轨配合物还是外轨配合物呢？通常可利用配合物的中心原子的未成对电子数进行判断。内轨配合物中心离子成键 d 轨道单电子数减少，而外轨配合物中心离子成键 d 轨道单电子数未变。

成单电子是顺磁性的，成单电子数越多，顺磁性越大，磁矩也越大。磁矩的大小和成单电子数目的关系为

$$\mu = \sqrt{n(n+2)}\,\mu_B$$

式中，μ_B 为玻尔磁子(B.M.)，由磁矩可算出成单电子数，外轨配合物中心离子成键 d 轨道单电子数在配位前后未发生变化。内轨配合物中心离子的成单电子数在配位后会减少，比自由离子的磁矩相应降低，因此通常可由磁矩的降低来判断内轨配合物的生成。表 4-4 列出了 $n=1\sim5$ 的磁矩理论值。

表 4-4　未成对电子数与磁矩的理论值

未成对电子数	0	1	2	3	4	5
$\mu_{计}$/(B.M.)	0	1.73	2.83	3.87	4.90	5.92

例如，自由的Fe^{2+}，3d 轨道有 4 个未成对电子，计算磁矩为 4.90 B.M.，实验测得$[Fe(H_2O)_6]^{2+}$的磁矩为 5.25 B.M.，由此可推知$[Fe(H_2O)_6]^{2+}$中仍保留着 4 个未成对电子，推知它是外轨配离子。又如，$[Fe(CN)_6]^{4-}$的磁矩为 0 B.M.，可见它没有未成对电子，推知是内轨配离子。

4. 反馈 π 键

1948 年，鲍林对化合物的稳定性提出了"电中性原理"。该原理指出：在形成一个稳定的分子或配离子时，其电子结构使每个原子的净电荷基本上等于零(即在$-1\sim+1$ 范围内)。例如，$[Co(NH_3)_6]^{3+}$，实验证明在$+2$ 价和$+3$ 价氧化态过渡金属离子配合物中，金属元素是接近电中性的。

形成零价甚至–1 价的低价金属配合物的情况同样符合电中性原理的要求，如 $Ni(CO)_4$、$Cr(CO)_6$。这些羰基化合物的形成显然不能用静电引力来说明(金属和羰基氧化数为零)，而必须认为主要是共价键。如果单用配体提供孤电子对，金属提供空轨道来说明零价金属与 CO 的成键也有困难，因为它在接受电子对时会造成金属原子上大量负电荷的积累而不稳定。为了合理地说明金属羰基化合物的生成，提出了"反馈 π 键"的概念。

Ni 的价电子构型为 $3d^84s^2$，在形成 $Ni(CO)_4$ 时，Ni 的价电子构型重排为 $3d^{10}4s^0$，以外层的 4s 和 3 个 4p 轨道杂化成 4 个 sp^3 杂化轨道，每个轨道可接受一对孤电子对而形成 σ 配键[图 4-14(a)]。但 CO 是弱的 σ 给电体，而且配合物中金属的氧化态为零，不像阳离子那样可接纳配体提供较多的负电荷，如果 C—M 间只生成 σ 配键，则不可能形成稳定的配合物，因此金属已充满的 d 轨道(d_{xy})根据对称性匹配和能量近似的原则，可反馈电子到 CO 分子的反键 π 轨道 ($\pi^*_{2p_y}$)上形成反馈 π 键[图 4-14(b)]。这种由金属原子向配体的空轨道提供电子的 π 键称为反馈 π 键。

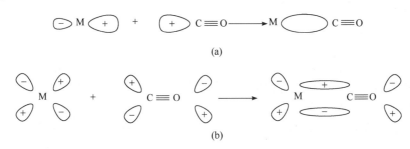

图 4-14　金属羰基配合物中的成键作用

反馈 π 键既可消除金属原子上的负电荷的积累，又可双重成键，从而增加了配合物的稳定性，使低价态的金属羰基化合物得以形成，同样反馈电子进入 CO 的 π^*轨道，削弱了 CO 分子中 C 与 O 间的键，使 CO 的活性增大。

通常能形成反馈 π 键的 π 接受体除 CO 外，还有 CN^-、—NO_2、NO、N_2、R_3P、R_3As 等，它们不是有空的 π^*轨道就是有空的 p 轨道或 d 轨道，可以接受金属反馈的 dπ 电子。一般金属电荷越低，d 电子数越多，配位原子的电负性越小，越有利于反馈 π 键的形成。

综上所述，价键理论主要解释了中心离子与配体间的结合力、中心离子(或原子)的配位数、配合物的空间构型、稳定性及某些配离子的磁性。但它有一定的局限性。例如，不能解释成键电子的能量问题，因此不能定量解释配合物的稳定性，如不能解释第一过渡系列金属配合物的稳定性变化规律，也不能解释配合物的可见、紫外吸收光谱的特征，以及过渡金属配合物普遍具有特征颜色等问题。价键理论的根本缺点是它只看到孤电子对占据中心离子空轨道这一过程，而没有看到配体负电场对中心离子的影响，特别是中心离子的价层 d 轨道在负电场影响下电子云分布和能量的变化，因而在阐明配合物的某些性质时发生了困难，这些问题可用晶体场理论得到比较满意的解释。

4.2.2　晶体场理论

1929 年，贝特(Bethe)首先提出了晶体场理论(crystal field theory)，这一理论将金属离子和配体之间的相互作用完全看作静电的吸引和排斥，同时考虑配体对中心离子 d 轨道的影响，它在解释配离子的光学、磁学等性质方面十分成功。

1. 晶体场理论的基本要点

晶体场理论是针对含有 d 电子的过渡元素提出的，基本要点如下：

(1) 在配合物中，中心离子处于带负电荷的配体(阴离子或极性分子)形成的静电场中，中心离子与配体之间完全靠静电作用结合在一起，这是配合物稳定的主要因素。

(2) 配体所形成的负电场(晶体场)对中心离子的电子，特别是价电子层的 d 电子产生排斥作用，使中心离子原来能量相同的 5 个简并 d 轨道的能级发生分裂，有的 d 轨道能量升高较多，有的能量升高较少。

(3) 由于 d 轨道能级发生分裂，中心离子价电子层的 d 电子将重新分布，往往使系统的总能量降低，在中心离子和配体之间产生附加成键效应。

晶体场理论主要讨论中心离子在配体负电场作用下所造成的 d 轨道能级的分裂及这种分裂与配合物性质之间的关系。

2. 中心离子 d 轨道的能级分裂

金属离子价电子层中的 d 轨道有 5 个，即 $d_{x^2-y^2}$、d_{z^2}、d_{xy}、d_{yz}、d_{xz}。它们在没有外电场影响时是一组能量相同的简并轨道，但这 5 个 d 轨道的空间伸展方向不同。如果将金属离子放在一个球形对称的负电场中心，那么各个 d 轨道上的电子将受负电场的斥力，能量会升高。由于球形对称的负电场从各个方向均匀地作用于中心离子，因此 5 个 d 轨道的能量虽然升高，但它们彼此能量仍相同，仍为一组简并的 d 轨道。

在配合物中，6 个配体形成八面体的对称性电场，4 个配体可以形成平面四边形场和四面体场。尽管这些电场的对称性高，但在这些非球形对称性的配体负电场中，d 轨道的能量将不再简并。

1) 正八面体场中的能级分裂

将中心离子置于直角坐标的原点，六个配体分别沿$\pm x$、$\pm y$、$\pm z$ 轴方向接近中心离子，形成八面体场，如图 4-15 所示。在电场中各轨道的能量均有所升高，但各轨道在空间的伸展方向不同，能量升高幅度不同。5 个 d 轨道能量升高的总和与球形场中升高的总和相等，因此相比于球形场有的轨道能量升高，有的轨道能量降低。

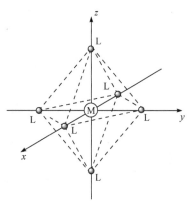

图 4-15　八面体配合物中
配体和中心离子的关系

如图 4-16 所示，在坐标轴方向上电子云密度最大的 $d_{x^2-y^2}$、d_{z^2} 两个轨道正好与配体迎头相"撞"，这两个轨道受到配体场的排斥最大，使这两个轨道的能量升高较多，高于球形场。分裂后这两个轨道的能量相同，形成二重简并轨道。另外三个轨道 d_{xy}、d_{yz}、d_{xz} 正好伸向配体的空隙之间(即夹在两坐标轴之间)，避开了配体的方向，因而受到斥力较小，能量比前者低，低于球形场。这三个轨道除极大值所在的平面不同外，形状和受周围环境影响均相同，所以形成三重简并轨道。因此，在八面体场中，中心离子原来能量相等的 5 个简并 d 轨道分裂为两组：一组是能量较高的 $d_{x^2-y^2}$ 和 d_{z^2} 轨道，称为 $d_\gamma(e_g)$轨道；另一组是能量较低的 d_{xy}、d_{yz}、d_{xz} 轨道，称为 $d_\varepsilon(t_{2g})$轨道，如图 4-17 所示。

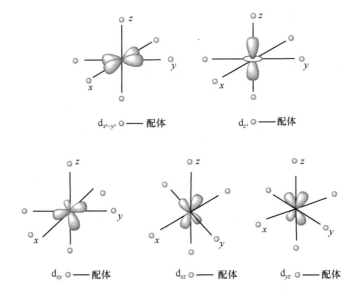

图 4-16　八面体配合物中配体和中心离子轨道相互作用示意图

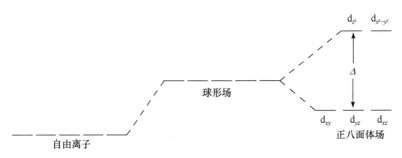

图 4-17　d 轨道在正八面体场中的能级分裂

2) 四面体场中的能级分裂

将中心离子置于立方体的中心，直角坐标系的 x、y、z 轴分别指向立方体的面心，四个

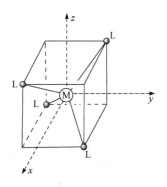

图 4-18　四面体配合物中
配体和中心离子的关系

配体占据立方体八个顶点中互相错开的四个顶点位置，这就构成一个四面体晶体场，如图 4-18 所示。在四面体场中，$d_{x^2-y^2}$、d_{z^2} 轨道指向立方体的面心，d_{xy}、d_{yz}、d_{xz} 指向立方体的每条边的中点，后者比前者更靠近配体，因此 $d_{x^2-y^2}$、d_{z^2} 轨道受到配体电场的斥力比 d_{xy}、d_{yz}、d_{xz} 轨道受到的斥力小，因而能量较低。因此，四面体场中 5 个 d 轨道依然分裂为两组，一组是能量较高的 d_ε 轨道，另一组是能量较低的 d_γ 轨道。在四面体配离子中，中心离子的 d 轨道能级分裂的方式刚好与八面体场相反。又由于 d 轨道没有与配体处于迎头相"撞"的状态，因此静电排斥作用的程度不像八面体配合物那样强烈，能级分裂也不如八面体场的大，见图 4-19。

图 4-19　d 轨道在正四面体场中的能级分裂

3) 平面正方形场中的能级分裂

中心离子处于直角坐标的原点，四个配体分别沿±x、±y 轴方向接近中心离子，这就构成了一个平面正方形场，见图 4-20。这时中心离子的 5 个 d 轨道的能级分裂为四组，$d_{x^2-y^2}$ 轨道与配体迎头相"撞"所受斥力最大，能量最高；d_{xy} 轨道虽没有迎头相"撞"，但在同一平面，所受斥力较大，能量次之；d_{z^2} 轨道仅有一小圈与配体在同一平面，能量更次之；d_{yz}、d_{xz} 轨道与配体不在同一平面，斥力最小，能量最低，其能级次序见图 4-21。

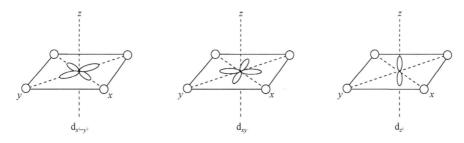

图 4-20　平面正方形配合物中配体和中心原子轨道相互作用示意图

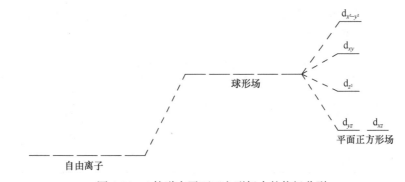

图 4-21　d 轨道在平面正方形场中的能级分裂

3. 晶体场分裂能

分裂后能量最高的 d 轨道与能量最低的 d 轨道之间的能量差称为晶体场分裂能(crystal field splitting energy)，用 Δ 表示。分裂能与晶体场的场强有关，场越强，分裂能越大。

晶体场中轨道能量计算：根据晶体场理论可以计算分裂后各组 d 轨道的相对能量。

以八面体场为例：中心原子由场强相等的球形场转入八面体场中，中心原子的 d 轨道受配体的排斥作用不同而发生能级分裂。d 轨道在分裂前后的总能量应保持不变，以球形场中 d 轨道的能量为比较标准。因此对于一个八面体场，以 Δ_o[下标 o 代表八面体(octahedron)]或 10 Dq(Dq 为能量单位，其值不定，因晶体场的对称性、中心离子和配体的不同而不同)表示八面体场的分裂能，有下列关系。

$$E_{d_\gamma} - E_{d_\varepsilon} = \Delta_o$$

$$2E_{d_\gamma} + 3E_{d_\varepsilon} = 0$$

解上述方程，得

$$E_{d_\gamma} = \frac{3}{5}\Delta_o = 6\,\text{Dq}$$

$$E_{d_\varepsilon} = -\frac{2}{5}\Delta_o = -4\,\text{Dq}$$

可见在八面体场中，d 轨道能级分裂结果与球形场中简并 d 轨道能级相比较，d_γ 轨道能量上升了 6 Dq，d_ε 轨道能量下降了 4 Dq。

在四面体场中，以 Δ_t[下标 t 代表四面体(tetrahedron)]表示四面体场的分裂能，由于 d 轨道受配体的排斥作用较八面体小，$\Delta_t = \frac{4}{9}\Delta_o$，其 d 轨道能量间的关系为

$$E_{d_\varepsilon} - E_{d_\gamma} = \Delta_t = \frac{4}{9}\Delta_o = \frac{4}{9} \times 10\,\text{Dq} = 4.45\,\text{Dq}$$

$$3E_{d_\varepsilon} + 2E_{d_\gamma} = 0$$

解上述方程，得

$$E_{d_\gamma} = -2.67\,\text{Dq}$$

$$E_{d_\varepsilon} = 1.78\,\text{Dq}$$

现将八面体场、四面体场、平面正方形场中 d 轨道能量的相对数值(以 Dq 为单位)列在表 4-5 中，它们的相对关系见图 4-22。

表 4-5　各种对称场中 d 轨道的能量(Dq)

晶体场	$d_{x^2-y^2}$	d_{z^2}	d_{xy}	d_{yz}	d_{xz}
八面体场	6.00	6.00	−4.00	−4.00	−4.00
四面体场	−2.67	−2.67	1.78	1.78	1.78
平面正方形场	12.28	−4.28	2.28	−5.14	−5.14

分裂能 Δ 的大小主要依赖于配合物的几何构型、中心离子电荷和 d 轨道的主量子数 n，此外，还与配体的种类有很大的关系。

1) 晶体场对称性的影响

仅从配合物的几何构型看，分裂能 Δ 的大小顺序为：平面正方形＞八面体＞四面体。

例如，平面正方形：　　$[Ni(CN)_4]^{2-}$　　　　$\Delta_s = 35500\,\text{cm}^{-1}$

　　　　八面体：　　$[Fe(CN)_6]^{4-}$　　　　$\Delta_o = 33800\,\text{cm}^{-1}$

　　　　四面体：　　$[CoCl_4]^{2-}$　　　　$\Delta_t = 3100\,\text{cm}^{-1}$

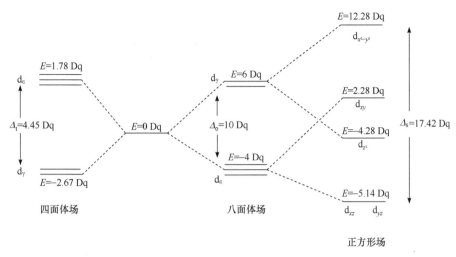

图 4-22　d 轨道在不同晶体场 Δ 的相对值

2) 中心原子的氧化数

由相同配体与不同中心原子所形成的配位单元,中心原子的氧化数越高,分裂能越大。例如, $[Fe(H_2O)_6]^{3+}$ 和 $[Fe(H_2O)_6]^{2+}$ 的 Δ 值分别为 13700 cm^{-1} 和 10400 cm^{-1}。这是由于中心离子的正电荷越高,对配体的引力越大,配体和中心离子的核间距越小,d 轨道与配体间的斥力越大,分裂能 Δ 越大。

3) 中心原子的周期数

在配体和金属离子的氧化数相同时, Δ 值按下列顺序增加:第一过渡系＜第二过渡系＜第三过渡系。当配体相同时,分裂能与中心原子所属的周期有关,同族同氧化数的第五周期副族元素的中心原子比第四周期副族元素的中心原子的分裂能增大 40%～50%;而第六周期副族元素又比第五周期的分裂能增大 20%～25%。这是因为 d 轨道离核越远,越易在外电场的作用下发生分裂,且分裂能也越大。例如, $[CrCl_6]^{3-}(\Delta_o = 13600\ cm^{-1})＜[MoCl_6]^{3-}(\Delta_o = 19200\ cm^{-1})$。

4) 配体的影响

对同一中心离子, Δ 值随配体不同而变化,大致按下列顺序增加:I⁻＜Br⁻(0.76)＜Cl⁻(0.80)＜—SCN⁻＜F⁻(0.9)～尿素＜OH～—O—N≡O(亚硝酸根)～HCOO—＜ $C_2O_4^{2-}$ (0.98)＜ H_2O(1.00)＜—NCS⁻＜EDTA⁴⁻＜吡啶(1.25)～ NH_3＜en(1.28)＜ SO_3^{2-} ＜联吡啶～邻二氮菲(1.34)＜—NO₂(硝基)＜CN⁻(1.5～3.0)～CO。

括号内的数字是以 H_2O 的 Δ_o 为 1.00 时的相对值。这个顺序称光谱化学序列(spectro-chemical series),即配体场强度的顺序。它是从光谱实验中总结得到的。通常将 Δ 值大的配体如 CN⁻等称为强场配体,而 Δ 值小的配体如 I⁻、Br⁻等为弱场配体。从光谱化学序列可粗略地看出,按配位原子来说, Δ 值的大小为:卤素＜氧＜氮＜碳。

4. 晶体场中 d 电子的排布

晶体场中 d 电子的排布依然遵循能量最低原理、泡利不相容原理和洪德规则。

具有 d^1～d^3 型的中心原子,形成八面体型配位单元时,其 d 电子应分占 3 个 d_ε 轨道,且自旋方式相同。

具有 $d^4 \sim d^7$ 构型的中心原子，形成八面体型配位单元时，其 d 电子可以有两种分布方式：一种分布方式是尽量分布在能量较低的 d_ε 轨道，此时需克服电子成对能 P；另一种分布方式是尽量分占不同的 d 轨道，且自旋方式相同，此时需克服分裂能 Δ_0。中心原子的 d 电子分布方式取决于分裂能 Δ_0 和电子成对能 P 的相对大小(表 4-6)。

表 4-6　八面体场中心原子的 d 电子分布

d 电子数	$\Delta_0 < P$		未成对电子数	$\Delta_0 > P$		未成对电子数
	d_ε	d_γ		d_ε	d_γ	
1	↑		1	↑		1
2	↑ ↑		2	↑ ↑		2
3	↑ ↑ ↑		3	↑ ↑ ↑		3
4	↑ ↑ ↑	↑	4 (高自旋)	↑↓ ↑ ↑		2 (低自旋)
5	↑ ↑ ↑	↑ ↑	5 (高自旋)	↑↓ ↑↓ ↑		1 (低自旋)
6	↑↓ ↑ ↑	↑ ↑	4 (高自旋)	↑↓ ↑↓ ↑↓		0 (低自旋)
7	↑↓ ↑↓ ↑	↑ ↑	3	↑↓ ↑↓ ↑↓	↑	1 (低自旋)
8	↑↓ ↑↓ ↑↓	↑ ↑	2	↑↓ ↑↓ ↑↓	↑ ↑	2
9	↑↓ ↑↓ ↑↓	↑↓ ↑	1	↑↓ ↑↓ ↑↓	↑↓ ↑	1
10	↑↓ ↑↓ ↑↓	↑↓ ↑↓	0	↑↓ ↑↓ ↑↓	↑↓ ↑↓	0

当配体为弱场时，$\Delta_0 < P$，电子成对所需要的能量较高，中心原子的 d 电子将尽可能分占较多的 d 轨道，形成高自旋配合物(high spin coordination compound) (表 4-6 中弱场)。弱场配体对中心离子所造成的分裂能小，因此多形成高自旋配离子。

当配体为强场时，$\Delta_0 > P$，电子成对所需要的能量较低，中心原子的 d 电子将尽可能占据能量较低的 d_ε 轨道，形成低自旋配合物(low spin coordination compound) (表 4-6 中强场)。强场配体使中心离子的 d 轨道分裂能增大，因此多形成低自旋配合物。

以 Co^{3+} 八面体构型的配合物为例，Co^{3+} 有 6 个 3d 电子。d 轨道在八面体场中分裂成 3 个低能量的 d_ε 轨道和 2 个高能量的 d_γ 轨道，根据能量最低原理，3 个 d 电子首先分别填入 d_ε 轨道，另外 3 个 d 电子的排布就有两种情况，见图 4-23，第一种情况是根据洪德规则，电子进入高能级的 d_γ 轨道，且保持自旋平行，但这种排布方式需要克服分裂能 Δ_0。第二种方式是根据能量最低原理，这 2 个电子仍排在 d_ε 轨道上，这样就必须克服电子成对能。由图 4-23 可见，第一种方式未成对电子的数目比第二种方式多，因此前者是高自旋配合物，后者是低自旋配合物。

图 4-23　Co^{3+} 的八面体场中 d 电子的排布方式

Co^{3+}形成配合物时的电子成对能和分裂能的关系见表 4-7。

表 4-7 Co^{3+}形成配合物时的电子成对能和分裂能

项目	$[Co(CN)_6]^{3-}$	$[CoF_6]^{3-}$
Δ_o/J	67.524×10^{-20}	25.818×10^{-20}
P/J	35.250×10^{-20}	35.250×10^{-20}
场的强弱	强	弱
Co^{3+}的价电子构型	$3d^6$	$3d^6$
八面体场中 d 电子排布	$d_\varepsilon^6 d_\gamma^0$	$d_\varepsilon^4 d_\gamma^2$
未成对电子数	0	4
实测磁矩/(B.M.)	0	5.62
自旋状态	低	高
价键理论	内轨型	外轨型
杂化方式	d^2sp^3	sp^3d^2

四面体场分裂能Δ_t只有八面体场分裂能Δ_o的$\frac{4}{9}$，$\Delta_t < P$，因此四面体配离子总是高自旋。

5. 晶体场稳定化能

d 电子从未分裂前的 d 轨道进入分裂后的 d 轨道所产生的总能量下降值，称为晶体场稳定化能(crystal field stabilization energy，CFSE)。它给配合物带来了额外的稳定性。所谓"额外"是指除中心离子与配体由静电吸引形成配合物的结合能之外，d 轨道的分裂能使 d 电子进入能量低的 d 轨道而带来的额外稳定性。根据分裂后各轨道的相对能量和进入其中的电子数，可计算出配合物的晶体场稳定化能。例如，对八面体配合物：

$$CFSE = E_球 - E_晶 = 0 - [E_{d_\varepsilon} \times n_\varepsilon + E_{d_\gamma} \times n_\gamma + xP] = \frac{2}{5}\Delta_o \times n_\varepsilon - \frac{3}{5}\Delta_o \times n_\gamma - xP$$

式中，n_ε和n_γ为进入d_ε轨道和d_γ轨道的电子数；x为八面体场中新增的成对电子对数(相比于球形场)。晶体场稳定化能既与Δ_o有关，又与进入d_ε和d_γ轨道的电子数目有关。当Δ_o一定时，进入低能d_ε轨道的电子数目越多，稳定化能越大，配合物越稳定。

表 4-8 列出了d^n构型的过渡元素金属离子在不同配体场中的晶体场稳定化能(注：该表中计算的稳定化能均未扣除电子成对能，而且是以Δ_o为基准比较所得的相对值)。

表 4-8 d^n离子的晶体场稳定化能(Dq)

d^n	弱场			强场		
	正方形	正八面体	正四面体	正方形	正八面体	正四面体
d^0	0	0	0	0	0	0
d^1	5.14	4	2.67	5.14	4	2.67
d^2	10.28	8	5.34	10.28	8	5.34
d^3	14.56	12	3.56	14.56	12	3.56

续表

d^n	弱场			强场		
	正方形	正八面体	正四面体	正方形	正八面体	正四面体
d^4	12.28	6	1.78	19.70	16	10.68
d^5	0	0	0	24.84	20	8.90
d^6	5.14	4	2.67	29.12	24	7.32
d^7	10.28	8	5.34	26.84	18	5.34
d^8	14.56	12	3.56	24.56	12	3.56
d^9	12.28	6	1.78	12.28	6	1.78
d^{10}	0	0	0	0	0	0

从表 4-8 中数据可见，晶体场稳定化能与配离子立体构型、d 电子数和晶体场强弱有关。d^0、d^{10} 型离子和弱场的 d^5 型离子的稳定化能均为零。除上述情况外，无论在弱场还是强场中，稳定化能的顺序是：正方形>正八面体>正四面体。在弱场中，正方形与正八面体的稳定化能的差值以 d^4、d^9 型离子为最大；在强场中，以 d^8 型离子的差值为最大。在弱场中，d^1 与 d^6、d^2 与 d^7、d^3 与 d^8、d^4 与 d^9，相差 5 个 d 电子的各对稳定化能分别相等，这是因为在弱场中，无论哪种几何形态的场，多出的 5 个电子根据重心不变原理对稳定化能没有贡献。

综上所述，晶体场理论的核心内容是配体的静电场与中心离子作用引起的 d 轨道的能级分裂和 d 电子进入低能轨道时所产生的稳定化能。必须指出，由于分裂能远远小于气态金属离子(即自由离子)与配体形成配合物时的能量，通常稳定化能比结合能小一个数量级左右。尽管如此，配合物的稳定性和许多其他性质都与稳定化能有关。

6. 晶体场理论的应用

1) 配合物的电子排布

配合物中心原子的 d 电子排布依然遵循能量最低原理、泡利不相容原理和洪德规则。八面体场中，$d^{1\sim3}$ 型离子的 d 电子只能分占 3 个简并的 d_ε 低能轨道，即只有一种 d 电子的排布方式。而 $d^{4\sim7}$ 型离子分别有两种可能的排布，当 $P > \Delta_0$ 时，因电子成对需要能量高，故 d 电子将尽量分占不同的 d 轨道而具有最多自旋平行的成单电子的状态，即高自旋态；反之，当 $P < \Delta_0$ 时，因电子进入 d_γ 轨道体系不是能量最低状态，故 d 电子将尽量占据低能量轨道并成对，而具有较少的成单电子，即低自旋态。高自旋态即是 Δ_0 较小的弱场排列，配合物不够稳定，成单电子多而磁矩高。低自旋态即是 Δ_0 较大的强场排列，配合物较稳定，成单电子少而磁矩低。对比配合物的稳定性时，高自旋与价键理论中的外轨型，低自旋与价键理论中的内轨型相对应。但二者是有区别的，高、低自旋是从稳定化能出发的，内、外轨型是从内外层轨道的能量不同出发的。

实验证明，对于第一过渡系金属离子的四面体配合物，因 $\Delta_t = \dfrac{4}{9}\Delta_0$，即 Δ_t 较小，通常不会超过 P，尚未发现低自旋配合物。

水是弱场，无 $P > \Delta$ 的问题，水合离子应为弱场高自旋。图 4-24 给出 M^{2+} 水合离子 $d^0 \sim d^{10}$ 的晶体场稳定化能 CFSE 与 d 电子数的对应关系。

d 电子数	0	1	2	3	4	5	6	7	8	9	10
CFSE/Dq	0	4	8	12	6	0	4	8	12	6	0

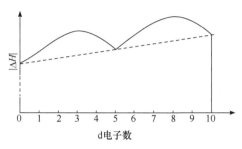

图 4-24　水合热的双峰曲线

利用晶体场理论可以解释第一过渡系金属水合热的双峰特性。

2) 配离子的空间结构

根据正方形场>八面体场>正四面体场的稳定化能,似乎大多数配合物都应当是正方形构型。但实际情况却是正八面体配合物更常见(即更稳定)。这主要是由于正八面体配离子可以形成 6 个配位键,而平面正方形配离子只形成 4 个配位键,总键能前者大于后者,而且稳定化能与总键能相比是很小的一部分,因而正八面体配合物更常见。只有两者的稳定化能的差值最大时,才有可能形成正方形配离子。而弱场中的 d^4 型离子、d^9 型离子及强场下的 d^8 型离子才是差值最大的情况,例如,弱场中 $Cu^{2+}(d^9)$ 形成接近正方形的 $[Cu(H_2O)_4]^{2+}$ 和 $[Cu(NH_3)_4]^{2+}$,强场中的 $Ni^{2+}(d^8)$ 形成正方形的 $[Ni(CN)_4]^{2-}$。

比较正八面体和正四面体稳定化能可以看出,只有 d^0 型离子、d^{10} 型离子及弱场的 d^5 型离子的二者才相等,因此这三种组态的配离子在适合的条件下才能形成四面体。例如,d^0 型的 $TiCl_4$、CrO_4^{2-},d^{10} 型的 $[Zn(NH_3)_4]^{2+}$、$[Cd(CN)_4]^{2-}$ 及弱场 d^5 型的 $[FeCl_4]^-$ 等都是四面体构型。

3) 配合物的颜色

含有 $d^{1\sim9}$ 构型的过渡元素配合物大多是有颜色的。以水合配离子为例,如表 4-9 所示。

表 4-9　不同金属水合离子的颜色(配位数:6)

项目	离子									
	Ti^{3+}	V^{3+}	Cr^{3+}	Cr^{2+}	Mn^{2+}	Fe^{3+}	Fe^{2+}	Co^{2+}	Ni^{2+}	Cu^{2+}
d 电子构型	d^1	d^2	d^3	d^4	d^5	d^5	d^6	d^7	d^8	d^9
成单电子数	1	2	3	4	5	5	4	3	2	1
颜色	紫红	绿	紫	蓝	粉红	浅紫	浅绿	粉红	绿	蓝

晶体场理论认为,这些配位单元的中心原子的 d 轨道没有充满,电子吸收光能后从 d_ε 轨道跃迁到 d_γ 轨道上,这种跃迁称为 d-d 跃迁。d-d 跃迁所需的能量(即分裂能)一般为 1~3 eV,接近于可见光的能量。配位单元呈现的颜色是入射的可见光去掉被吸收光后剩下的那一部分可见光的颜色。

$$E(d_\gamma) - E(d_\varepsilon) = h\nu = hc/\lambda$$

例如,正八面体配离子 $[Ti(H_2O)_6]^{3+}$ 的水溶液显紫红色,这是因为 Ti^{3+} 只有 1 个 3d 电子,它在八面体场中的电子排布为 d_ε^1，当可见光照射到该配离子溶液时，处于 d_ε 轨道上的电子吸收了可见光中波长为 492.7 nm 附近的光而跃迁到 d_γ 轨道。该波长光子的能量恰好等于配离子的分裂能，相当于 20400 cm^{-1}，这时可见光中蓝绿色光被吸收，剩下红色和紫色的光，故溶液显紫红色，如图 4-25 所示。

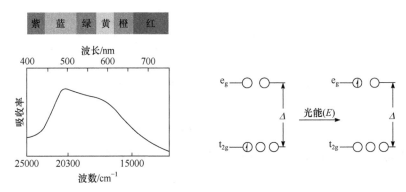

图 4-25　配合物 d-d 跃迁对可见光的吸收

根据晶体场理论，配位单元呈现颜色必须具备以下两个条件：①中心原子的外层 d 轨道未填满；②分裂能必须在可见光的能量范围内。配合物的颜色与 Δ 值有关，分裂能越大，要实现 d-d 跃迁就需要吸收高能量的光子(即波长短的光子)，使配合物吸收光谱向短波方向移动。$[Cu(H_2O)_4]^{2+}$ 显蓝色(吸收橙红光为主，吸收峰约在 12600 cm^{-1})，而 $[Cu(NH_3)_4]^{2+}$ 显深蓝色(吸收橙黄色光为主，吸收峰约在 15100 cm^{-1})，就是因为 NH_3 作为强场配体引起晶体场分裂能比 H_2O 的分裂能大。

4) 姜-泰勒效应

电子在简并轨道中的不对称占据会导致分子的几何构型发生畸变，从而降低分子的对称性和轨道的简并度，使体系的能量进一步下降，这种效应称为姜-泰勒效应(Jahn-Teller effect)(图 4-26)。

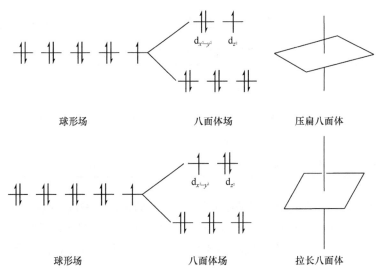

图 4-26　配合物的姜-泰勒效应(一)

利用姜-泰勒效应可以解释为什么 $[Cu(NH_3)_4(H_2O)_2]^{2+}$ 为拉长的八面体结构而 $[Cu(NH_3)_4]^{2+}$ 为正方形结构。按晶体场理论，Cu^{2+} 为 d^9 电子构型，在八面体场中，最后一个电子有两种排布方式：一种是最后一个电子排布到 $d_{x^2-y^2}$ 轨道，则 xy 平面上的 4 个配体受到的斥力大，距离较远，形成压扁的八面体；另一种是最后一个电子排布到 d_{z^2} 轨道，则 z 轴方向上的 2 个配体受到的斥力大，距离较远，形成拉长的八面体。

这恰好解释了 $[Cu(NH_3)_4(H_2O)_2]^{2+}$ 为拉长的八面体。若轴向的两个配体拉得太远，则失去轴向两个配体，变成 $[Cu(NH_3)_4]^{2+}$ 正方形结构，如图 4-27 所示。

晶体场理论在配位化学中有广泛的应用，它能解释一些价键理论不能解释的实验现象。用晶体场理论能说明过渡金属配离子的吸收光谱和配合物呈现颜色的原因；根据配位场强弱，电子成对能 P 与分裂能 Δ 的相对大小，决定 d 电子的排布，了解配合物的自旋状态是高自旋还是低自旋，可以解释配合物的磁性等。但是晶体场理论也有

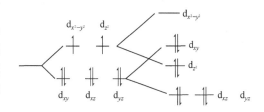

图 4-27　配合物的姜-泰勒效应(二)

局限性，它只考虑了中心离子与配体之间的静电作用，而没有考虑它们之间有一定程度的共价结合，因此它不能解释 $Ni(CO)_4$、$Fe(CO)_5$ 等以共价为主的配合物，也不能解释光谱序列的本质。例如，中性 H_2O 分子为什么比带负电的卤素离子分裂能大，而 CO 和 CN^- 等配体的分裂能特别大，这些问题无法单纯用静电场解释。核磁共振等近代实验方法证明，金属离子的轨道与配体分子轨道仍有重叠，也就是说金属离子与配体之间的化学键具有一定程度的共价成分。从 1952 年开始人们把晶体场（或静电场）理论与分子轨道理论结合起来提出了配位场理论。配位场理论更为合理地说明配合物结构与其性质的关系，配位场理论在此不做介绍。

习　题

4-1　什么是配位化合物、配位单元、内界、外界、中心原子、配体、配阳离子、配阴离子、配位分子、双齿配体、多齿配体、螯合物、内盐、配位原子、配位数？举例说明。

4-2　给下例配合物命名。

(1) $K_2Na[Co(NO_2)_6]$ 　　　　(2) $Co(NH_3)_3Cl_3$ 　　　　(3) $[CrCl(H_2O)_2(NH_3)_3]SO_4$

(4) $[Cr(H_2O)_4Br_2]Br \cdot 2H_2O$ 　　　　(5) $[Pt(en)(NH_3)Cl_3]Cl$

4-3　写出下列配合物的化学式。

(1) 三氯·氨合铂(Ⅱ)酸钾　　　　　　　　(2) 氯化硝基·氨·羟胺·吡啶合铂(Ⅱ)

(3) 硫酸叠氮·五氨合钴(Ⅲ)　　　　　　　(4) 四(异硫氰酸根)·二氨合铬(Ⅲ)酸铵

(5) 反-二(氨基乙酸根)合钯(Ⅱ)　　　　　(6) 三(μ-羟基)·六氨合二钴(Ⅲ)配离子

(7) 硫酸μ-氨基·μ-羟基八氨合二钴(Ⅱ)　　(8) η-二苯合铬

4-4　列表指出下列配合物的中心离子、配体、配位原子、中心离子的配位数、配离子的电荷数、中心离子的电荷数，并给出命名。

(1) $[Cr(H_2O)_4Cl_2]Cl$ 　　　　(2) $[Ni(en)_3]Cl_2$ 　　　　(3) $K_2[Co(NCS)_4]$

(4) $[Co(C_2O_4)_3]^{3-}$ 　　　　(5) $[Pt(NH_3)_2]Cl_2$ 　　　　(6) $[Fe(EDTA)]^-$

4-5　有两种配合物 A 和 B，它们的组成为 21.95% Co、39.64% Cl、26.08% N、6.38% H、5.95% O。求其化学式，并根据下面的实验结果，确定这两种配合物 A 和 B 的结构简式。

(1) A 和 B 的水溶液都呈微酸性，加入强碱并加热至沸腾时，有氨气放出，同时析出 Co_2O_3 沉淀；

(2) 向 A 和 B 的水溶液中加入硝酸银溶液时都生成 AgCl 沉淀；

(3) 过滤除去两种溶液中的沉淀后，再加硝酸银均无变化，但加热至沸腾时，在 B 的溶液中又有 AgCl 沉淀生成，其质量为原来析出沉淀的一半。

4-6 画出下列配合物的几何异构体的结构图。

(1) $[Co(NO_2)_3(NH_3)_3]$　　　　(2) $[CrCl_2(en)_2]^+$　　　　(3) $[PtCl_2(en)]$(平面正方形)

(4) $[RuCl_2(en)_2]^+$　　　　(5) $[Cr(C_2O_4)_2Cl_2]^{3-}$　　　　(6) $[PtBrCl(NH_3)Py]$(平面正方形)

4-7 试述配合物价键理论的基本要点，内轨配合物和外轨配合物有什么区别？

4-8 配离子$[NiCl_4]^{2-}$和$[Ni(CN)_4]^{2-}$的空间构型分别为四面体形和平面正方形。试根据价键理论分别画出它们的中心原子价层电子排布图，判断其磁性，指出 Ni 的杂化轨道类型。

4-9 已知下列配合物的磁矩：

① $[Ni(NH_3)_6]^{2+}$　$\mu = 3.2$ B.M.　　　　　　② $[Cu(NH_3)_4]^{2+}$　$\mu = 1.73$ B.M.

(1) 命名；

(2) 根据价键理论画出中心原子价层电子排布图；

(3) 指出中心原子杂化轨道类型；

(4) 指出配离子的空间构型；

(5) 指出该配合物是内轨配合物还是外轨配合物。

4-10 用价键理论写出下列配离子的电子构型、中心离子的杂化轨道类型、配离子的几何构型，判断其是内轨配合物还是外轨配合物。

(1) $[Fe(en)_2]^{2+}$($\mu = 5.5$ B.M.)　　　　(2) $[Pt(CN)_4]^{2-}$

(3) $[Mn(CN)_6]^{4-}$(有一个成单电子)　　　　(4) $[FeF_6]^{3-}$

4-11 根据价键理论分别画出$[CoF_6]^{3-}$(顺磁性)和$[Co(NH_3)_6]^{3+}$(逆磁性)配离子的中心原子价层轨道示意图，指出中心原子的杂化轨道类型，配离子属于内轨型还是外轨型？

4-12 CO 是一个弱路易斯碱，作为配体，它给出孤电子对与中心离子形成 σ 配键 M ← L 的能力很弱，为什么 CO 能与许多低氧化态过渡金属离子或原子形成稳定的羰基配合物？试解释，并画出 CO 与中心金属原子成键的示意图。

4-13 下列配合物中，哪些存在反馈 π 键？

(1) $[Pt(PPh_3)_4]^{2+}$　　　　(2) $[PtCl_3(CH_2\!=\!CH_2)]^-$　　　　(3) $[Ru(NH_3)_5(N_2)]^{2+}$

(4) $[CoF_6]^{3-}$　　　　(5) $[Ni(CN)_4]^{2-}$　　　　(6) $[Fe(H_2O)_6]^{2+}$

4-14 举例说明什么是反馈 π 键？它主要有哪些类型？为什么将乙烯和乙烷的混合气体通过 $AgNO_3$ 或 $AgClO_4$ 等可溶性银盐溶液时，可将它们分离？

4-15 试述晶体场理论的基本要点。

4-16 根据晶体场理论估计下列各组配合物中，哪一个吸收光的波长较长。

(1) $[CrCl_6]^{3-}$，$[Cr(NH_3)_6]^{3+}$　　　　(2) $[Ni(NH_3)_6]^{2+}$，$[Ni(H_2O)_6]^{2+}$

(3) $[TiF_6]^{3-}$，$[Ti(CN)_6]^{3-}$　　　　(4) $[Fe(H_2O)_6]^{2+}$，$[Fe(H_2O)_6]^{3+}$

(5) $[Co(en)_3]^{3+}$，$[Ir(en)_3]^{3+}$

4-17 根据价键理论和下列磁矩数据指出下列各配离子的成键轨道杂化轨道类型和空间构型：

(1) $[Fe(CN)_6]^{3-}$　2.3 B.M.　　　　(2) $[FeF_6]^{3-}$　5.9 B.M.

(3) $[Fe(CN)_6]^{4-}$　0.0 B.M.　　　　(4) $[Fe(H_2O)_6]^{2+}$　5.3 B.M.

(5) $[Ni(NH_3)_4]^{2+}$　3.2 B.M.　　　　(6) $[Ni(CN)_4]^{2-}$　0.0 B.M.

4-18 根据实验测得的有效磁矩数据判断下列各配离子中哪些是高自旋型的，哪些是低自旋型的，哪些是外轨型，哪些是内轨型。

(1) [Fe(en)₃]²⁺　5.5 B.M.

(2) [Fe(dipy)₃]²⁺　0.0 B.M.

(3) [Mn(CN)₆]⁴⁻　1.8 B.M.

(4) [Mn(CN)₆]³⁻　3.2 B.M.

(5) [Mn(NCS)₆]⁴⁻　6.1 B.M.

(6) [Mn(acac)₃]　5.0 B.M.

4-19 已知[Fe(CN)₆]⁴⁻和[Fe(NH₃)₆]²⁺的磁矩分别为 0 B.M.和 5.2 B.M.，试用价键理论和晶体场理论分别画出它们形成时中心离子的价层电子分布，指出它们分别属于哪种类型的配合物(指外轨型或内轨型；高自旋型或低自旋型)。

4-20 在−78℃时向 NiBr₂ 的 CS₂ 溶液中加入 PEtPh₂(Et 代表乙基，Ph 代表苯基)，生成一种分子式为 (PEtPh₂)₂NiBr₂ 的红色配合物，在室温下静置时，该配合物转变成一种具有相同分子式的绿色配合物，红色配合物是反磁性的，而绿色配合物却具有 3.2 B.M.的磁矩。试问：

(1) 这两个配合物有怎样的空间几何构型？简述理由。

(2) 根据它们结构上的差异，合理地说明这两个配合物的颜色。

4-21 已知 [Fe(CN)₆]⁴⁻和[Fe(H₂O)₆]²⁺两个配离子的分裂能和成对能：

	[Fe(CN)₆]⁴⁻	[Fe(H₂O)₆]²⁺
分裂能/cm⁻¹	33000	10400
成对能/cm⁻¹	17600	17000

(1) 判断它们属于什么类型的配合物(高自旋或低自旋)；

(2) 分别写出它们的 d 电子分布式；

(3) 分别计算它们的晶体场稳定化能。

4-22 用晶体场理论判断配离子[Fe(H₂O)₆]²⁺、[Fe(CN)₆]⁴⁻、[CoF₆]³⁻、[Co(en)₃]³⁺(Δ₀ = 23300 cm⁻¹，Co(Ⅲ)的电子成对能 P = 21000 cm⁻¹)是高自旋还是低自旋，计算配合物的磁矩μ及晶体场稳定化能。

4-23 在具有 1～10 个 d 电子的过渡金属离子中，哪些 d 电子构型在八面体配合物中既有高自旋排布，又有低自旋排布？

4-24 变色硅胶中加入的 CoCl₂ 在无水时是蓝色的，吸水后则呈现红色或粉红色。试用晶体场理论解释这种颜色变化。

4-25 Co³⁺的配合物[Co(NO₂)₆]³⁻为橙黄色，具有抗磁性；而 Co³⁺的配合物[CoF₆]³⁻则呈蓝色，具有顺磁性。试用晶体场理论解释它们之间的差别。

4-26 Ni(Ⅱ)、Pd(Ⅱ)、Pt(Ⅱ)都是 d⁸ 电子构型，为什么 Ni(Ⅱ)四配位的配合物多数是四面体构型(sp³ 杂化)，少数为平面正方形构型(dsp² 杂化)，而 Pd(Ⅱ)和 Pt(Ⅱ)的四配位配合物基本上都是平面正方形构型(dsp² 杂化)？

4-27 试用价键理论解释 Ni²⁺的八面体配合物都属于外轨配合物；用晶体场理论解释 Ni²⁺的八面体配合物都属于高自旋型配合物。

4-28 什么是姜-泰勒效应？第一过渡系的元素中，哪些离子的八面体配合物可能表现出明显的姜-泰勒畸变？

4-29 为什么存在 K₂SiF₆、K₂SnF₆ 和 K₂SnCl₆，却不存在 K₂SiCl₆？

第 5 章　化学热力学

热力学是一门研究热能和机械能以及其他形式的能量之间相互转化的科学，是人们在研究热机效率的实践中发展起来的。19 世纪建立起来的热力学第一定律、第二定律奠定了热力学的基础，20 世纪初建立的热力学第三定律使热力学理论臻于完善。

将热力学的理论和研究方法应用于解决化学问题，则产生了化学热力学。化学热力学可以为化学工作者回答如下问题：①一个化学反应能否自发进行；②如果一个化学反应能够自发进行，则其物理量会发生怎样的变化；③如果化学反应能够自发进行，则其能够进行到什么程度。

化学热力学讨论物质变化时，只是基于宏观性质的变化，并不涉及物质的微观结构。因此，用热力学的方法研究化学问题时，只需要知道研究对象的起始状态和终止状态，不需要知道变化过程的机理，就能对许多过程的一般规律加以探讨，这也是化学热力学的成功之处。但是，化学热力学变化过程不涉及时间概念，因此不能解决化学变化的速率问题，这也是化学热力学的不足。

化学热力学涉及的内容既广泛又深奥，在无机化学学习阶段只简要介绍热力学的基本概念、理论、方法和应用。

5.1　热力学第一定律

5.1.1　基本概念及术语

1. 系统和环境

热力学上通常把研究的对象称为系统，而把系统之外的与系统密切相关的部分称为环境。根据研究的需要，系统和环境的划分通常是人为的，其界面可以是实际存在的，也可以是想象的。根据系统和环境之间物质和能量的交换关系，系统可分为三类：
(1) 敞开系统：系统和环境之间既有物质交换，又有能量交换；
(2) 隔离系统：系统和环境之间既无物质交换，又无能量交换；
(3) 封闭系统：系统和环境之间只有能量交换，而无物质交换。
系统的确定对热力学研究是非常重要的，研究对象的不同会导致描述它们的变量存在差异，其所适用的热力学公式也会有所不同。对于经典热力学，封闭系统是最常见的研究体系。

2. 状态、状态函数与状态方程

系统性质(如温度、物质的量、体积、压力等)的总和决定了系统所处的热力学状态。系统的性质都确定了，系统也就处于一定的热力学状态。当系统的某一个性质发生了改变，系统的状态也必然会随之改变。热力学上通常把描述系统状态的函数称为状态函数。当系统处于一定的状态时，状态函数也为定值。当系统状态发生改变时，状态函数的变化量只取决于系统的始态和终态，而与变化时所经历的途径无关。因此，状态函数的特性可表述为"异途同归，值变相等；周而复始，数值还原"。

如果状态函数的数值大小与系统中所含物质的物质的量成正比，具有加和性，则此状态函数具有广度性质，如热力学能 U、体积 V 等。若其数值大小与物质的量无关，不具有加和性，则此状态函数具有强度性质，如压力 p、温度 T 等。具有广度性质和强度性质的物理量可以相互转化，某广度性质的物理量除以物质的量(或质量)可转化为某强度性质的物理量，如体积 V 为广度性质，摩尔体积 V_m 则为强度性质。

状态函数不是孤立存在的，当系统状态发生变化时，其数值也存在相互的关联。系统状态函数之间的定量关系称为状态方程。例如，一定量理想气体的体积 V、温度 T、压力 p 之间存在状态方程：$pV = nRT$。因此，描述系统的状态并不需要罗列所有的性质，只需根据具体的情况选择必要的能确定系统状态的几种性质。

3. 过程与途径

在一定条件下，系统发生了一个从始态 A 变为终态 B 的热力学变化($A \rightarrow B$)，称系统发生了一个热力学过程，简称为过程。根据系统状态变化时条件的差异，又可把过程分为不同的类型，如等温过程、等压过程、等容过程、绝热过程、循环过程等。

(1) 等温过程：系统的始态温度 T_1、终态温度 T_2、环境温度 T_e 均相等的过程，即 $T_1 = T_2 = T_e$。等温过程只强调始态和终态温度的一致性，并没有对过程中的温度变化给出明确的说明。因此，严格说，等温过程和恒温过程是不等同的，一般情况下热力学上并不对其进行严格的区分。只有在特殊条件下，热力学才会给出具体区别。

(2) 等压过程：系统的始态压力 p_1、终态压力 p_2、环境压力 p_e 均相等的过程，即 $p_1 = p_2 = p_e$。同理，一般情况下，热力学上并不区分等压过程和恒压过程。

(3) 等容过程：系统在变化过程中体积一直保持不变的过程。例如，刚性容器中发生的变化为等容过程，即 $dV = 0$。

(4) 绝热过程：系统在变化过程中与环境之间没有热交换的过程，即 $Q = 0$。

(5) 循环过程：系统从始态出发，经过一系列变化又回到了原来的状态，称为循环过程。循环过程中所有状态函数的变化都为 0。

系统从始态变为终态的具体实现方式称为途径。例如，1 mol 理想气体经过一个过程从一个状态(T_1, V_1, p_1)变化到另一个状态(T_2, V_2, p_2)，可采用图 5-1 中的两个途径进行：

途径 1：先等温再等容，即在 T_1 温度下气体体积变为 V_2，然后在体积不变下变温到 T_2；

途径 2：先等温再等压，即在 T_1 温度下气体压力变为 p_2，然后在压力不变下变温到 T_2。

4. 热力学平衡态

热力学平衡态是指系统的各个热力学性质不随时间而变化的状态。由于热力学平衡态时各状态函数均为定值，因此系统应同时存在下列几种平衡：

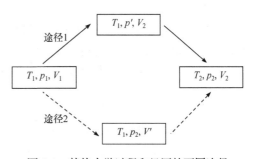

图 5-1 某热力学过程和经历的不同途径

(1) 热动平衡，即系统各部分温度都相同；

(2) 力学平衡，即系统各部分压力都相同；

(3) 相平衡，即系统存在不只一个相时，物质在各相之间没有物质的净转移；

(4) 化学平衡，即系统存在化学反应时，物质组成不随时间而发生变化。

当系统没有处于热力学平衡态时，其状态就不能以简单的方法进行描述，其始态和终态之间热力学函数变化值也难以确定。因此，在本书中，如果不是特别说明，所讨论的系统均处于热力学平衡态。

5.1.2 能量守恒和转化定律——热力学第一定律

1. 热力学能

热力学能是指宏观静止系统内部分子运动的总能量，以符号 U 表示，包括分子运动的平动能、转动能、振动能、电子动能、核能以及分子与分子相互作用的势能等。热力学能的绝对值是无法确定的，但随着人类对物质运动形式的不断探索，对其的认识也逐渐深入。由于热力学能体现了系统自身的性质，其数值只取决于系统所处的状态，在实际应用中只需知道其改变值 ΔU 就足够了。

2. 热和功

热是由于系统和环境之间存在温差，或虽然温度相同，但系统发生了相变或化学变化而交换的能量，常以符号 Q 表示，单位为焦耳(J)。热力学上规定：系统从环境吸收热量，Q 取正值，即 $Q>0$；系统向环境放出热量，Q 取负值，即 $Q<0$。

除了热之外，热力学上把其他各种被传递的能量都称为功，用符号 W 表示，单位为焦耳(J)。热力学上规定：当环境对系统做功时，W 取正值，即 $W>0$；系统向环境做功时，W 取负值，即 $W<0$。

功有多种类型，可分为膨胀功 W_e(过程可以是膨胀或压缩，下标"e"是 external 的缩写，意指外压)和非膨胀功 W_f。非膨胀功是指除膨胀功以外所有其他形式的功，有多种形式，如机械功、电功等，也常称为有用功。

膨胀功 W_e 是热力学过程中最常见的一种能量转化形式，它是系统反抗外压使体积发生变化时而做的功，其计算公式可表示为

$$W_e = \int -p_e dV \tag{5-1}$$

或
$$W_e = -p_e \Delta V \text{ (恒外压条件)} \tag{5-2}$$

显然，当 $p_e=0$ (也称为自由膨胀过程)，或体积不变(即 $dV=0$)时，膨胀功的数值为 0。对于凝聚态系统(如液体和固体)，由于其状态变化前后体积改变很小，膨胀功的数值往往可以忽略。但对于气体，通常需要考虑膨胀功的大小。

3. 热力学第一定律的表述

热力学第一定律是能量守恒和转化定律在热现象领域内所具有的特殊表现形式，它说明了热力学能、热和功之间相互转化时遵循的定量关系。热力学第一定律可表述为：封闭系统中热力学能的变化值等于系统与环境交换的热量和功的总和，其数学表达式为

$$\Delta U = U_2 - U_1 = W + Q \tag{5-3}$$

热力学第一定律是人类历史经验的总结，并无严格的推导和证明。但热力学发现至今，从热力学所导出的结论，还没有发现与实践矛盾的例子，这都有力地证明了该定律的正确性。在人类历史上曾出现制造"第一类永动机"(即外界不需要供给能量，却能对外做功的机器)的热潮，显然这种机器与热力学第一定律相矛盾，因此其失败也是必然的。

5.2　热　化　学

由于化学反应常伴有热量的得失，在历史上逐渐形成了测定和计算化学反应热效应的分支——热化学。热化学的实验数据在工业生产和理论研究上具有很重要的价值。例如，对生产实践来说，反应热的多少与经济价值密切相关；在理论研究方面，反应热对计算平衡常数和其他热力学数据非常有用，如绝对熵函数的计算。

5.2.1　焓函数

当系统发生一个 $W_f = 0$ 的化学变化后，系统的温度又回到了反应前的始态温度，此时系统放出或吸收的热量称为该反应的热效应，简称反应热。由于热效应属于过程变量，因此化学反应的热效应与化学反应的具体过程有关。化学反应发生时最普遍的条件是等容过程或等压过程，因此又常分为等容热效应和等压热效应。

根据热力学第一定律，当系统只做膨胀功时，化学反应发生后其热力学能 U 与过程 W 和 Q 的关系式为

$$\Delta U = W_e + Q \tag{5-4}$$

若反应是在等容条件下进行，膨胀功 $W_e = 0$，式(5-4)变为

$$\Delta U = Q_V \tag{5-5}$$

即化学反应的热力学能变化等于等容条件下的热效应，只需要测定该等容条件下的热即可求得系统的热力学能变化。

若反应在等压条件下进行，根据式(5-4)得

$$Q_p = \Delta U + p_e \Delta V$$

由于 $p_1 = p_2 = p_e = p$，

$$Q_p = (U_2 - U_1) + p \times (V_2 - V_1)$$
$$Q_p = (U_2 + pV_2) - (U_1 + pV_1) \tag{5-6}$$

将 $U + pV$ 进行综合考虑，其数值也由系统的状态决定，热力学上把这种函数形式定义为焓，用符号 H 表示，即

$$H = U + pV \tag{5-7}$$

式(5-6)可表示为

$$Q_p = H_2 - H_1 = \Delta H \tag{5-8}$$

由于化学反应通常是在等压条件下进行，本书如不特别注明，通常的反应热都是指等压热

效应。

　　焓是状态函数，单位为焦耳(J)。焓虽然具有能量的单位，但其并没有确切的物理意义，其数值在过程发生前后也并不遵循守恒规则。新函数 H 的出现是因为它在实际中具有很重要的作用，尤其是在处理热化学问题时非常方便。换句话说，化学反应大多是在等压条件下进行的，焓函数的变化值与等压热效应建立了一个等量关系，因此具有很重要的实际意义。

　　在实践中，常用的热量计(如氧弹热量计)所测定的热效应为等容热效应，下面简单推导 Q_V 和 Q_p 之间的关系。根据式(5-5)和式(5-8)可知：

$$Q_p - Q_V = \Delta H - \Delta U = \Delta(U + pV) - \Delta U = \Delta(pV) = p_2V_2 - p_1V_1$$

　　对于一个化学反应，若反应物和产物都为凝聚相，反应前后体积变化很小，则 $\Delta(pV) \approx 0$，即

$$Q_p \approx Q_V$$

若反应物和产物含有气体(理想气体)，忽略凝聚相反应前后的体积变化，则

$$\Delta(pV) = p_2V_2 - p_1V_1 = n(\text{气体产物})RT - n(\text{气体反应物})RT = \Delta n(\text{气体})RT$$

即

$$Q_p = Q_V + \Delta nRT$$

或

$$\Delta H = \Delta U + \Delta nRT \tag{5-9}$$

式中，Δn 为反应前后气态产物的物质的量与气态反应物的物质的量之差。例如，298.15 K 时，1 mol 苯甲酸燃烧的计量方程为

$$C_7H_6O_2(s) + 7.5\,O_2(g) \xrightarrow{\text{燃烧}} 7\,CO_2(g) + 3\,H_2O\,(l)$$

反应前后，气态产物和反应物的物质的量变化 $\Delta n = -0.5$ mol，因此上述反应等压热效应和等容热效应的差值为

$$Q_p - Q_V = \Delta nRT = -1239 \text{ J}$$

5.2.2　反应进度

　　对于广度性质的状态函数(如热力学能、焓等)，其数值变化与系统中物质的量的变化有关。为了便于计算，IUPAC 推荐在化学反应中使用一个重要的物理量——反应进度，用符号 ξ 表示。反应进度在反应焓变、化学平衡、反应速率的计算中被普遍采用。

　　对于化学计量方程式：

$$\alpha A + \beta B \Longrightarrow \gamma C + \delta D$$

上述方程式也可表示为另一种形式：

$$0 = \sum v_B B \tag{5-10}$$

式中，B 为参与反应的任一组分；v_B 为反应式中给出的各组分的化学计量系数。对反应物来说，v_B 取负值，而对产物，v_B 取正值。

　　反应进行时，组分 B 从开始($t = 0$)的 $n_{B,0}$ 变为某一时刻($t = t_1$)的 n_B，则反应进度定义为

$$\xi = \frac{n_B - n_{B,0}}{v_B} = \frac{\Delta n_B}{v_B} \tag{5-11}$$

式中，$n_{B,0}$ 为组分 B 初始时的物质的量；n_B 为 B 在反应进度为 ξ 时的物质的量；ξ 的单位为 mol。

例如，

$$2SO_2(g) + O_2(g) \Longrightarrow 2SO_3(g)$$

$t=0,\ \xi=0$	10 mol	5 mol	0 mol
$t=t_1,\ \xi=\xi$	8 mol	4 mol	2 mol

根据反应方程式，用 SO_2、O_2 和 SO_3 各物质的量变化分别计算反应进度：

$$\xi = \frac{\Delta n\ (SO_2)}{v\ (SO_2)} = \frac{\Delta n\ (O_2)}{v\ (O_2)} = \frac{\Delta n\ (SO_3)}{v\ (SO_3)} = \frac{(8-10)\ mol}{-2} = \frac{(4-5)\ mol}{-1} = \frac{(2-0)\ mol}{2} = 1\ mol$$

由此可见，无论是用反应物还是产物的物质的量变化计算 ξ，在任何时刻，所得的 ξ 数值都相同，这也是引进反应进度的优势所在。

需要注意的是，计算反应进度时需与所采用的化学反应的计量方程所对应。当同一个化学反应采用不同的化学计量系数时，ξ 相同时表示的意义是不同的。例如，对于上一反应，若计量方程式表示为 $SO_2(g) + 0.5O_2(g) \Longrightarrow SO_3(g)$，则 $\xi = 1$ mol 时，反应物或产物的物质的量的变化 Δn 显然是不同的。因此，离开具体的化学反应方程式谈反应进度是没有意义的。

5.2.3 标准摩尔焓变

从上面的论述可知，一个化学反应的焓变 $\Delta_r H$ 取决于反应进度。将反应按照所给计量方程式进行到 $\xi = 1$ mol 时的焓变，称为化学反应的摩尔焓变，用 $\Delta_r H_m$ 表示，单位为 $J \cdot mol^{-1}$。

表示化学反应与热效应关系的方程式，称为热化学方程式。例如，在温度 T 和 100 kPa 下，碳酸钙分解为 1 mol 氧化钙和 1 mol 二氧化碳时，要吸收 178 kJ 的热量，相应的热化学方程式可表示为

$$CaCO_3(s) \Longrightarrow CaO(s) + CO_2(g) \quad \Delta_r H_m(T) = 178\ kJ \cdot mol^{-1}$$

由于反应的焓变与具体反应的条件有关，因此在书写热化学方程式时需要注意以下几方面：

(1) 注明方程式中各物质的聚集状态和晶态类型。一般分别以符号 "s"、"l"、"g" 表示物质处于固态、液态、气态。如果某种固态物质具有不同晶型，则需注明其晶态类型。例如，对于碳，可分别标记为 C(石墨)、C(金刚石)等。溶液状态要标记为 "aq" 或标出其浓度，如 NaOH(aq)、NaOH(1 mol $\cdot$ L^{-1})。

(2) 注明反应时的温度和压力。习惯上，如果没有注明压力与温度，则指反应的温度为 298.15 K，压力为 100 kPa。

(3) 反应的焓变要与具体的计量方程相对应。计量方程不同，其热效应也不同。例如，100 kPa 和 298.15 K 下，氢气和氧气化合为水的反应：

$$2H_2(g) + O_2(g) \Longrightarrow 2H_2O(g) \quad \Delta_r H_m = -483.64\ kJ \cdot mol^{-1}$$

$$H_2(g) + 0.5O_2(g) \Longrightarrow H_2O(g) \quad \Delta_r H_m = -241.82\ kJ \cdot mol^{-1}$$

由上可知，化学反应的摩尔焓变与反应进行时的温度和压力有关。化学热力学规定了一个参考状态作为比较的标准，称为标准态。处于标准态的物理量，通常在热力学函数右上角以符号 "$\ominus$" 标注。热力学上标准态的压力数值都固定为 100 kPa，用符号 $p^{\ominus}$ 表示。因此，对于纯固体或纯液体，其标准态是指压力为 $p^{\ominus}$ 和温度为 T 时的状态(换句话说，每一个温度都有一个

标准态)。对于纯气体，标准态是指处于 $p^\ominus$ 和温度 T，且具有理想气体性质的状态。对于溶液，其标准态是浓度为 $1\ mol \cdot L^{-1}$，标准态浓度的符号为 $c^\ominus$。

从上面的规定可知，热力学标准态没有具体指定温度。通常，从手册上查到的热力学函数数值是温度为 298.15 K 时的数据。同时也需认识到，标准态仅仅是作为一种参考状态，有时在实际中并不存在。例如，对于某种气体，当其处于标准态时，气体的性质并不符合理想气体的行为。

如果参加反应的各物质都处于标准态，则此时该反应的焓变就称为标准摩尔焓变，用符号 $\Delta_r H_m^\ominus(T)$ 表示。

5.2.4 标准摩尔焓变的计算

1. 赫斯定律

反应热一般可以通过实验测定。但对某些反应来说，反应热的准确测定还存在一定的困难，如对于进行极慢的反应、步骤难以控制的反应、目前还没有较妥善的测定方法的反应等。遇到这些情况时，可采用赫斯定律利用已知的热效应数据间接获得。

例如，一定条件下，碳不完全燃烧生成 CO 的反应热就很难从实验中直接测定，原因是碳的燃烧产物中不可避免会混有 CO_2。对于此类反应的热效应，俄国科学家赫斯(Hess)在总结了大量实验数据的基础上给出了解决方案，即著名的赫斯定律。该定律认为：对于任一化学反应，无论反应是一步完成的，还是分几步完成的，只要始态、终态一定，其热效应的数值便相同。

严格地讲，赫斯定律仅对等压过程和等容过程才完全正确。因为对于封闭系统，当 $W_f = 0$ 时，等压过程的热效应就等于焓的变化值，等容过程的热效应就等于热力学能的变化值。焓和热力学能都是状态函数，只要化学反应的始态和终态确定了，$\Delta_r H$ 和 $\Delta_r U$ 就为定值。上例提到的碳不完全燃烧生成 CO 的反应热可以通过赫斯定律间接求得。

$$反应(1) \qquad C(s) + 0.5\ O_2(g) == CO(g) \qquad \Delta_r H_m(1)$$

已知：

$$反应(2) \qquad C(s) + O_2(g) == CO_2(g) \qquad \Delta_r H_m(2)$$

$$反应(3) \qquad CO(g) + 0.5\ O_2(g) == CO_2(g) \qquad \Delta_r H_m(3)$$

反应(2)−反应(3)得反应(1)，所以

$$\Delta_r H_m(1) = \Delta_r H_m(2) - \Delta_r H_m(3)$$

需要注意的是，利用赫斯定律时，反应所涉及的各步反应应在相同的反应条件(如温度、压力等)下进行。

2. 标准摩尔生成焓

原则上，只要知道参与反应各物质绝对焓的数值，就可以直接计算出化学反应的摩尔焓变 $\Delta_r H_m$。但实际上，由于热力学能 U 的绝对值无法确定，因此焓的绝对值也是不能实际求得的。热力学上规定了一种相对的标准来定义各物质的焓值，从而很方便地计算反应的摩尔焓变 $\Delta_r H_m$。

对化合物来说，都可以表示为所含单质之间的化合反应。例如，298.15 K 时液态水的生成反应可表示为

$$H_2(g) + 0.5\,O_2(g) \Longrightarrow H_2O(l)$$

上述反应的焓变为

$$\Delta_r H_m = \Delta H(H_2O,\ l) - [\Delta H(H_2,\ g) + 0.5\,\Delta H(O_2,\ g)]$$

若上述反应中各单质的焓值为 0，则有

$$\Delta_r H_m = \Delta H(H_2O,\ l)$$

也就是说，当以单质的焓值为参考零点时，化合物的相对焓值可以用单质化合反应的焓变数值来表示。人们通过测定此类化合物生成反应的焓变，即可得到该物质的相对焓值。利用各物质的相对焓值，可以进一步求得涉及这些物质的各类反应的焓变。

热力学上规定，某温度 T 时，处于标准态的指定单质合成 1 mol 标准态的物质 B 的反应焓变，称为物质 B 的标准摩尔生成焓，用符号 $\Delta_f H_m^{\ominus}$(B, 相态, T) 表示。其中下标 "f" 是英文 formation 的词头，上标 "$\ominus$" 表示物质处于标准态。应注意的是，这里所说的 "指定单质" 大多数为一定条件下存在的最稳定单质形态，如 $H_2(g)$、$Br_2(l)$。但也有少数例外，如碳的指定单质为石墨而不是金刚石。由于规定标准摩尔生成焓时并没有限定反应的温度，因此原则上每一个温度都有相应的标准摩尔生成焓的数值，但通常提供的数据为 298.15 K 时的数值。本书附录 2 中列出了一些常见化合物在 298.15 K 时的标准摩尔生成焓数值。

然而，对于很多化合物，实际上并不能直接用所含单质来合成。例如，对于 $CH_3COOH(l)$，实际上难以通过 C、H_2、O_2 单质来合成，

反应(1)　　　$2C(石墨) + 2H_2(g) + O_2(g) \Longrightarrow CH_3COOH(l)$　　　$\Delta_r H_m^{\ominus}(1)$

因此，对上式来说，通过测量反应热来获得 $CH_3COOH(l)$ 的生成焓是行不通的。但可以利用赫斯定律间接解决上述问题。

例如，298.15 K 时，反应(1)可以由下面的反应(2)、反应(3)和反应(4)线性组合求得：

反应(2)　　　　　$H_2(g) + 0.5O_2(g) \Longrightarrow H_2O(l)$　　　　　　　$\Delta_r H_m^{\ominus}(2)$

反应(3)　　　　　$C(石墨) + O_2(g) \Longrightarrow CO_2(g)$　　　　　　　$\Delta_r H_m^{\ominus}(3)$

反应(4)　　$CH_3COOH(l) + 2O_2(g) \Longrightarrow 2CO_2(g) + 2H_2O(l)$　$\Delta_r H_m^{\ominus}(4)$

$2\times$[反应(2) +反应(3)] − 反应(4) 可得反应(1)，因此

$$\Delta_r H_m^{\ominus}(1) = 2\times[\Delta_r H_m^{\ominus}(2) + \Delta_r H_m^{\ominus}(3)] - \Delta_r H_m^{\ominus}(4)$$

$$\Delta_r H_m^{\ominus}(1) = \Delta_f H_m^{\ominus}(CH_3COOH,\ l,\ 298.15\ K)$$

对于任意反应 $0 = \sum \nu_B B$，如果知道了各物质的标准摩尔生成焓，则反应的标准摩尔焓变可通过下式进行计算，

$$\Delta_r H_m^{\ominus}(298.15\ K) = \sum_B \nu_B \Delta_f H_m^{\ominus}(B,\ 298.15\ K) \tag{5-12}$$

式中，ν_B 为反应式中给出的各组分的化学计量数。对于反应物，ν_B 取负值，对于产物，ν_B 取正值。

3. 标准摩尔离子生成焓

对于离子参与的反应焓变,可利用标准摩尔离子生成焓的数值计算。例如,298.15 K 和 $p^{\ominus}$ 条件下,对于无限稀释状态下的酸碱中和反应:

$$H^+(\infty,aq) + OH^-(\infty,aq) === H_2O(l)$$

式中,$H^+(\infty,aq)$ 和 $OH^-(\infty,aq)$ 代表无限稀释状态下的离子。

中和反应的标准摩尔焓变可用下式求算:

$$\Delta_r H_m^{\ominus}(298.15\text{ K}) = \Delta_f H_m^{\ominus}[H_2O(l)] - \Delta_f H_m^{\ominus}[H^+(\infty,aq)] - \Delta_f H_m^{\ominus}[OH^-(\infty,aq)]$$

由于溶液是电中性的,正离子和负离子都不能单独存在,因此获得单一离子生成焓数值是行不通的。热力学上规定 $H^+(\infty,aq)$ 的标准摩尔离子生成焓为零,并以此为基准,利用一些物质的溶解热来获得其他离子的生成焓数据。

例如,在 298.15 K 和 $p^{\ominus}$ 条件下,将 1 mol HCl(g)溶于大量水中,该溶解过程放热 75.14 kJ · mol^{-1},即

$$HCl(g) === H^+(\infty,aq) + Cl^-(\infty,aq)$$

$$\Delta_{sol} H_m^{\ominus}(298.15\text{ K}) = \Delta_f H_m^{\ominus}[H^+(\infty,aq)] + \Delta_f H_m^{\ominus}[Cl^-(\infty,aq)] - \Delta_f H_m^{\ominus}[HCl(g)] = -75.14\text{ kJ} \cdot \text{mol}^{-1}$$

HCl(g)的标准摩尔生成焓查表为−92.31 kJ · mol^{-1},因此

$$\Delta_f H_m^{\ominus}[Cl^-(\infty,\ aq)] = -167.45\text{ kJ} \cdot \text{mol}^{-1}$$

本书附录 3 列出了一些常见离子的标准摩尔离子生成焓数值。

4. 标准摩尔燃烧焓

与标准摩尔生成焓类似,标准摩尔燃烧焓提供了另一种计算标准摩尔焓变的方法。两者的区别在于,标准摩尔生成焓是以各种单质为参照起点的相对值,而标准摩尔燃烧焓则是以指定燃烧产物为参照终点的相对值。

热力学规定,1 mol 可燃物质 B 在 $p^{\ominus}$ 下完全氧化为同温度下的指定产物的标准摩尔焓变,称为物质 B 的标准摩尔燃烧焓,用符号 $\Delta_c H_m^{\ominus}$(B, 相态, T) 表示。其中下标"c"是英文 combustion 的词头,上标"$\ominus$"表示物质都处于标准态,单位是 kJ · mol^{-1}。

例如,298.15 K 和 $p^{\ominus}$ 条件下的甲烷燃烧反应,

$$CH_4(g) + 2O_2(g) === CO_2(g) + 2H_2O(l)$$

$$\Delta_c H_m^{\ominus}(CH_4, g, 298.15\text{ K}) = -890.8\text{ kJ} \cdot \text{mol}^{-1}$$

热力学对燃烧终点的产物有严格的规定。例如,元素 C 的燃烧产物为 $CO_2(g)$,元素 H 的燃烧产物为 $H_2O(l)$,元素 S 的燃烧产物为 $SO_2(g)$,元素 N 的燃烧产物为 $N_2(g)$,元素 Cl 的燃烧产物为 HCl(aq),金属元素的燃烧产物为其游离状态。这些规定说明,各元素指定的燃烧产物的燃烧焓规定为零。单质氧为助燃剂,其燃烧焓也为零。一些常见的有机物在 298.15 K 时标准摩尔燃烧焓的数值列于本书附录 4 中。

由燃烧焓可以很方便地计算反应的标准摩尔焓变,即各反应物的燃烧焓的总和减去各产物燃烧焓的总和,其计算公式如下:

$$\Delta_r H_m^{\ominus}(298.15 \text{ K}) = -\sum_B v_B \Delta_c H_m^{\ominus}(\text{B}, 298.15 \text{ K}) \tag{5-13}$$

下面仍以 298.15 K 和 $p^{\ominus}$ 条件下，$2\text{C(石墨)} + 2\text{H}_2(\text{g}) + \text{O}_2(\text{g}) == \text{CH}_3\text{COOH(l)}$ 为例，

$$2\text{C(石墨)} + 2\text{H}_2(\text{g}) + \text{O}_2(\text{g}) \xrightarrow{\Delta_r H_m^{\ominus}} \text{CH}_3\text{COOH(l)}$$

$2\Delta_c H_m^{\ominus}(\text{C}) + 2\Delta_c H_m^{\ominus}(\text{H}_2)$ 　　　　　$\Delta_c H_m^{\ominus}(\text{CH}_3\text{COOH})$

$$2\text{CO}_2(\text{g}) + 2\text{H}_2\text{O(g)}$$

$$\Delta_r H_m^{\ominus}(298.15 \text{ K}) = 2\Delta_c H_m^{\ominus}(\text{C}) + 2\Delta_c H_m^{\ominus}(\text{H}_2) - \Delta_c H_m^{\ominus}(\text{CH}_3\text{COOH})$$

$$= -\sum_B v_B \Delta_c H_m^{\ominus}(\text{B}, 298.15 \text{ K})$$

由标准摩尔生成焓的定义可知，上述反应的标准摩尔焓变等于 $\text{CH}_3\text{COOH(l)}$ 的标准摩尔生成焓的数值，即 $\Delta_r H_m^{\ominus}(298.15 \text{ K}) = \Delta_f H_m^{\ominus}(\text{CH}_3\text{COOH, l})$。虽然有机物的标准摩尔生成焓难以测定，但其燃烧焓却比较容易通过实验测得，因此通常用燃烧焓数据计算一些有机物的标准摩尔生成焓数据。

5. 键能

化学反应的本质是反应物旧键断裂和产物新键形成的过程，是原子或原子团之间的重新排列组合。由于断裂化学键需要吸收能量，形成化学键要放出能量，因此化学反应的焓变可通过计算参与反应各物质的化学键的键能来估算。键能是指拆散气态化合物中某一类具体键生成气态原子所需要的平均能量。例如，气态水解离为气态原子需要经历两个步骤：

(1)　$\text{H}_2\text{O(g)} == \text{H(g)} + \text{OH(g)}$　　$\Delta_r H_m = 502.1 \text{ kJ} \cdot \text{mol}^{-1}$

(2)　$\text{OH(g)} == \text{O(g)} + \text{H(g)}$　　$\Delta_r H_m = 423.4 \text{ kJ} \cdot \text{mol}^{-1}$

由上可知，断裂第一个 O—H 键和第二个 O—H 键所需的能量不相同，键能是上述所需能量的平均值，即　$\Delta H_m(\text{OH}) = \dfrac{(502.1 + 423.4)\text{kJ} \cdot \text{mol}^{-1}}{2} = 462.8 \text{ kJ} \cdot \text{mol}^{-1}$

目前，键能的数据还不完善，也不够准确。然而，对于复杂结构的化合物，尽管由键能估算反应焓变还不够准确，但在实际应用中，在缺乏数据的情况下，采用键能数据估算反应焓变仍具有一定实用价值。表 5-1 给出了常见几种类型键的平均键能。

表 5-1　一些常见键的平均键能数值(298.15 K)

键	$\Delta H_m^{\ominus} / (\text{kJ} \cdot \text{mol}^{-1})$	键	$\Delta H_m^{\ominus} / (\text{kJ} \cdot \text{mol}^{-1})$
C—C	348	O=O(O$_2$ 中)	497
C=C	612	O—H	463
C≡C	838	F—F(F$_2$ 中)	155
C—H	412	F—H(HF 中)	565
C—O	360	Cl—Cl(Cl$_2$ 中)	242
C=O	743	Cl—F	254

键	$\Delta H_m^{\ominus} / (kJ \cdot mol^{-1})$	键	$\Delta H_m^{\ominus} / (kJ \cdot mol^{-1})$
C—N	305	Cl—H(HCl 中)	431
C≡N	890	Br—Br(Br$_2$ 中)	193
C—D	484	Br—H(HBr 中)	366
C—Cl	338	I—I(I$_2$ 中)	151
N—N	163	I—H(HI 中)	299
N≡N(N$_2$中)	946	Si—H	318
N—H	388	S—H	338
O—O	146	H—H	436

资料来源: Atkins P W. Physical Chemistry. 7th ed. New York: Oxford University Press, 2002: 1096.

5.3　热力学第二定律

热力学第一定律被认为是自然界中最重要而普遍的自然法则之一，由它出发推演出的各种结论无一与实验事实违背。热力学第一定律提出了能量传递和转化过程中的守恒关系，但这个规律并不能判断过程进行的方向和趋势，热力学第二定律在这种情势下应运而生。

热力学第二定律是在研究热功转化的规律中建立并逐渐发展起来的。1824 年，法国工程师卡诺(Carnot)提出了著名的卡诺定理，该理论为热机工作时的最高效率(热机效率)提供了重要的理论依据。尽管卡诺在热功转化理论中得出了重要而正确的结论，但他在理论证明中却引用了错误的"热质说"。后来，克劳修斯(Clausius)和开尔文(Kelvin)指出，欲证明卡诺定理的正确性必须依据新的原理。1865 年，克劳修斯在卡诺等的理论基础上发现了新的状态函数——熵，并采用热力学第二定律的形式表现出来。

5.3.1　可逆过程和最大功

要理解热力学第二定律，首先需要了解可逆过程这个概念。下面以理想气体在等温膨胀时不同的膨胀途径与所做的体积功的大小关系为例，对可逆过程的概念进行讨论。

设一定量的理想气体，从状态 1 经等温膨胀过程到达状态 2，并使体积增加到始态的 4 倍，即状态1 $(T,V,4p) \rightarrow$ 状态2 $(T,4V,p)$。为了便于说明，假设每一个沙堆都是由无限小的沙粒组成，每个沙堆产生的压力为 p。设初始压力为 $4p$，等温膨胀过程可分别经历下面 3 个途径，如图 5-2 所示。

途径 1：外压恒为 p(即去掉 3 个沙堆)，系统膨胀至终态；

途径 2：首先外压恒为 $2p$(即首先去掉 2 个沙堆)，平衡后再改变外压为 p(即再去掉 1 个沙堆)，系统膨胀至终态；

途径 3：系统膨胀次数为∞次，每次膨胀时都使外压比系统压力小 dp(可假设每次都去掉一颗无限小的沙粒)，直至系统膨胀至终态。

对于途径 1，由于外压恒为 p，因此从状态 1 膨胀到状态 2 所做的膨胀功为

$$W_{e,1} = -p \times (4V - V) = -3pV$$

$W_{e,1}$ 的绝对值相当于图 5-3(a)中阴影部分的面积。

对于途径 2，膨胀过程由前后 2 个等外压步骤组成。第一步外压保持 $2p$，使系统体积从 V 膨胀到 $2V$；第二步保持外压为 p，使体积从 $2V$ 膨胀到 $4V$。整个过程所做的膨胀功为

$$W_{e,2} = -2p \times (2V - V) - p \times (4V - 2V) = -4pV$$

$W_{e,2}$ 的绝对值相当于图 5-3(b)中阴影部分的面积。

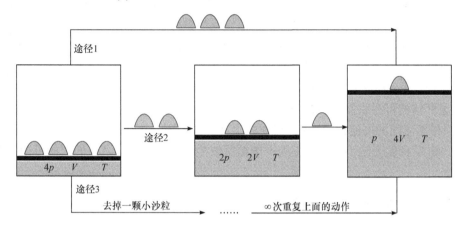

图 5-2　理想气体从始态出发分别经历 3 个不同的途径等温膨胀到相同的终态

对于途径 3，不断调整外压 p_e，使其总比内压 p_i 小一个无限小，直至体积膨胀到 $4V$ 为止。经过无限次调整，整个过程所做的膨胀功为

$$
\begin{aligned}
W_{e,3} &= -\sum p_e \mathrm{d}V \\
&= -\sum (p_i - \mathrm{d}p)\mathrm{d}V = -\sum (p_i \mathrm{d}V - \mathrm{d}p\mathrm{d}V) \approx -\sum p_i \mathrm{d}V \\
&= -\int_V^{4V} \frac{4VnRT}{V}\mathrm{d}V = -nRT\ln\frac{4V}{V} = -nRT\ln 4 = -4pV\ln 4
\end{aligned}
$$

$W_{e,3}$ 的绝对值相当于图 5-3(c)中阴影部分的面积。

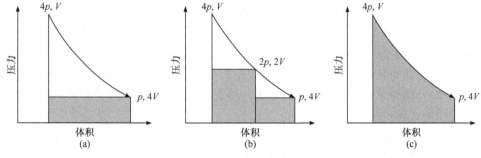

图 5-3　不同途径所做的膨胀功

由图 5-3 可知，从相同的始态变化到相同的终态，以上 3 个不同的途径环境从系统得到的功的数值是不同的，其数值等于图中阴影部分的面积。也就是说，功是一个与过程密切相关的物理量，膨胀次数越多，膨胀功的数值越大。当膨胀次数接近无穷大时，系统对环境所做的功的数值最大。对于上述途径 3 的膨胀，取出一颗无穷小的沙粒总是导致内压比外压大一个无穷小，过程中每时每刻都无限接近于平衡态，故系统要经历无穷多次膨胀才能到达终态。

如果一个过程进行的每一个瞬间,系统都无限接近于平衡态,在任意选取的短时间内,状态参数在整个系统各部分都有确定的值,以至于整个过程可以看成由一系列极接近平衡的状态构成,这个过程称为可逆过程(忽略膨胀过程的能量耗散)。换言之,可逆过程就是当过程发生后所产生的后果(系统和环境的后果)在不引起其他变化的条件下能够完全消除的过程。反之,若一个系统经过某个过程后,系统和环境都相应发生了变化,如果无论用什么方法都不能使系统和环境完全复原而不引起其他变化,则这个过程为不可逆过程。也就是说,不可逆过程就是过程进行后所产生的后果,在不产生其他变化的条件下无法消除的过程。

从上面的论述可以看出,可逆过程是实际发生过程的极限,是一个科学的抽象和理想化的概念。在自然界中发生的一切宏观过程都是不可逆过程。尽管如此,可逆过程的概念却很重要,它是热力学的一块基石,确定了实际过程所能达到的极限值。在实际应用中,除了本章中介绍的理想气体的可逆膨胀、可逆压缩外,通常还会遇到下列几类接近于可逆过程的实际变化,如不同相态之间的可逆相变过程、可逆电池在外加电压与电池电动势近似相等时的充电和放电过程、浓度梯度无限小的范特霍夫平衡箱里发生的化学反应、液体的表面可逆增大-收缩过程等。

5.3.2　自发过程的共同特征——不可逆性

首先列举几个常见的过程:①热量从高温物体传导给低温物体,直至温度相同;②氯化钠晶体溶于水后,溶液中各部分的浓度趋于一致;③气体向真空膨胀,终态时各部分的压力一致。从上面的3个例子可以看出,以上各变化都无需外力参与,即可自动发生,这类过程称为自发过程。对于以上各过程的逆过程,即:①热量从低温物体传导给高温物体;②氯化钠溶液形成氯化钠固体和纯水;③气体压缩,一端为真空,另一端为高压气体;在外力不参与的情况下,不能自动发生。换言之,自发过程具有不可逆性,其逆过程不会自动发生。

从表面上看,以上各个过程不可逆的原因各有不同,如:①温度梯度导致热量从高温物体传导至低温物体;②浓度梯度导致溶质从高浓度部分扩散至低浓度部分;③压力梯度导致气体从高压部分扩散至低压部分。若从可逆过程的特点分析,以上3个自发变化过程都可以最终归结为同一表述,即"从单一热源吸热,全部变为功,而不引起其他变化"。以热传导过程为例,热量从高温物体A自发传递给低温物体B并达到温度均衡;这个过程若为可逆过程,则系统环境都需复原而不产生任何影响。即要想使它们复原,必须设想能从B取出热量使其降到原来的温度,同时将吸收的热量完全转化为功而不产生任何影响。然后把这些功再变成热,从而使物体A升高到原来的温度。我们知道,热量完全转化为功而不产生影响是不可能的,因此这个设想的过程也是不可能实现的。

人们对自发过程之所以感兴趣,是因为自发过程可以在适当的条件下对外做功;而非自发过程的发生则必须依靠外力,即环境要消耗功才能进行。

5.3.3　热力学第二定律描述

热力学第二定律有很多说法,但各种说法均是等效的。下面主要介绍克劳修斯说法和开尔文说法。

克劳修斯说法:不可能以热的形式将低温物体的能量传到高温物体,而不引起其他变化。克劳修斯说法反映了热传导过程的不可逆性,要想将热从低温物体传到高温物体,环境就需要付出代价。即通过环境对系统做功，而这部分功的能量也必然以热的形式传到环境中，总的结果相当于是环境做了功但同时得到了热。

开尔文说法：不可能以热的形式将单一热源的能量转变为功，而不发生其他变化。开尔文说法表述了热功转化的不等价性，功可以无条件 100%转化为热，而热不能无条件 100%转化为功。

上述两种说法可用作判断过程方向性的准则，由于这两种说法与实践中可测量的热和功相联系，比较直观，因而一直被人们采用。

5.3.4　熵函数

1. 熵函数的定义

实践证明，任一封闭系统从状态 A 变化到状态 B 可有多个可逆途径来实现，如图 5-4 所示的可逆变化过程：$A(T_1,V_1,p_1) \rightarrow B(T_2,V_2,p_2)$，尽管不同的可逆途径中系统吸收(或放出)的热量各不相同，但各可逆途径中的热温商的代数和彼此相等。

对于图 5-4 表示的不同可逆途径，若系统在温度 T 时吸收了 δQ_R 的热量，则热温商分别可表示为

$$\left[\sum_i \frac{(\delta Q_i)_R}{T_i}\right]_1 = \left[\sum_i \frac{(\delta Q_i)_R}{T_i}\right]_2 = \left[\sum_i \frac{(\delta Q_i)_R}{T_i}\right]_3$$

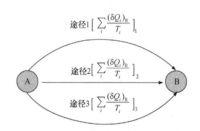

图 5-4　不同可逆途径的热温商

这一经验事实说明，可逆过程的热温商的代数和具有状态函数的特征，其数值只与系统的始终态有关，而与过程实施的途径无关。克劳修斯据此定义了一个热力学状态函数，称为熵，并用符号"S"表示。根据定义可知，熵的单位为 $J \cdot K^{-1}$。如令 S_A 和 S_B 分别表示始态和终态的熵，则

$$S_B - S_A = \Delta S = \int_A^B \left(\frac{\delta Q}{T}\right)_R \tag{5-14}$$

或

$$\Delta S = \sum_i \left(\frac{\delta Q_i}{T_i}\right)_R \tag{5-15}$$

正如在介绍热力学第一定律时引入热力学函数 U 和 H 一样，要认识 U 和 H 的含义，需要凭借系统和环境之间热量和功的交换，从外界的变化推断系统热力学函数 U 和 H 的变化值，即一定条件下 $\Delta U = Q_V$ 和 $\Delta H = Q_p$。熵也是一样，系统在处于某种状态时具有确定的数值，当系统发生变化时要用可逆过程的热温商来衡量它的变化值。

热力学第二定律指出，自然界发生的自发过程都是不可逆过程，而且这些不可逆过程都可以与热功交换的不可逆相联系。从微观上讲，热是分子无规则运动的体现，而功与有方向的运动相联系，是有秩序的运动。显然，功转变为热的过程是规则运动变为无规则运动，是向混乱度增加的方向进行。有秩序的运动会自动变为无秩序的运动，而无秩序的运动不会自动变为有秩序的运动。从上面介绍的自发运动的几个例子可以看出，一切不可逆过程都是向混乱度增加的方向进行，而熵函数可以作为系统混乱度的一个度量。这就是热力学第二定律所阐明的不可逆过程的本质。

熵和其他热力学函数一样，是与体系有关的状态函数。物质处于不同的物态时，其熵值也不同。对固体物质而言，内部的质点排列具有一定的秩序，质点在其平衡位置进行振动，混乱度比较小，其熵值也较小。当物质熔化时，质点的运动加剧，其运动范围也增大，导致质点混乱度增大，熵值也变大。当物质进一步变为气体时，气体质点运动更为剧烈，熵值进一步增大。因此，对于同种物质，其熵值一般具有如下规律：$S(s)<S(l)<S(g)$。

2. 熵函数的计算

对于等温过程，熵变可以直接用此可逆途径的热量和温度的比值来计算。例如，理想气体经过等温可逆膨胀过程从体积 V_1 变化到 V_2，由于理想气体温度不变时热力学能 $\Delta U=0$，因此该过程的熵变为

$$\Delta S = \frac{Q_R}{T} = \frac{-W_e}{T} = \frac{\int_{V_1}^{V_2} p\mathrm{d}V}{T} = \int_{V_1}^{V_2} \frac{nR}{V}\mathrm{d}V = nR\ln\frac{V_2}{V_1}$$

又如，1 mol $H_2O(l)$ 在 373 K 和 $p^\ominus$ 时吸热蒸发为同温、同压下的 $H_2O(g)$，吸热 44 kJ。由于在此温度和压力下发生的相变可视为可逆过程，因此该过程的熵变为

$$\Delta S = \frac{Q_R}{T} = \frac{44\times10^3\ \mathrm{J}}{373\ \mathrm{K}} = 118\ \mathrm{J\cdot K^{-1}}$$

需要注意的是，如果过程并非可逆过程，则不能用此过程的热量来计算熵变，因为在不同的过程，交换热量的数值并不相等。例如，对于一个相变过程，若外界条件并非是相变点时对应的温度和压力[如上例中 $H_2O(l)$ 在 373 K 和 $p^\ominus$ 时吸热蒸发为 373 K 和 $p^\ominus$ 下的 $H_2O(g)$]，明显这个过程并非可逆过程，因此其熵变并不能采用这个过程中交换的热量数值来计算，而需设计与这个不可逆过程具有相同始终态的可逆过程，并采用设计的可逆过程的热温商来计算。同理，对于非等温过程(如绝热可逆膨胀过程)，其熵变要采用式(5-14)微积分形式进行计算。这些知识将在今后的物理化学课程中进行进一步学习。

3. 熵判据——熵增原理

对于一个从状态 A 到状态 B 的过程，虽然具有相同的始终态，但可逆过程的热温商大于不可逆过程的热温商，即

$$\int_A^B \left(\frac{\delta Q}{T}\right)_R > \int_A^B \left(\frac{\delta Q}{T}\right)_{IR}$$

结合熵的定义式(5-14)，可得

$$\Delta S \geqslant \sum_A^B \frac{\delta Q}{T} \tag{5-16}$$

式中，">"为不可逆过程；"="为可逆过程。此式称为克劳修斯不等式，它是热力学第二定律的一种数学表达形式。

对于绝热系统中发生的变化，由于 $\delta Q=0$，因此式(5-16)可变为

$$\Delta S \geqslant 0 \tag{5-17}$$

即在绝热系统中只可能发生 $\Delta S\geqslant0$ 的过程，不可能发生 $\Delta S<0$ 的过程。换句话说，封闭系统中

从一个平衡态经绝热过程到达另一个平衡态，系统的熵不减少，这就是熵增原理。

隔离系统当然也是绝热的，因此上述结论也可推广到隔离系统，即"一个隔离系统的熵永不减少"，这也是熵增原理的另一种表述。可以用下式判断自发变化的方向：

$$\Delta S_{iso} \geqslant 0 \tag{5-18}$$

式中，">"代表不可逆过程；"="代表可逆过程。对隔离系统而言，总体上通常把系统以及与系统密切相关的环境看作一个整体，因此计算隔离系统的熵变不但需要考虑系统的熵变，同时也需要考虑环境的熵变，即

$$\Delta S_{iso} = \Delta S_{sys} + \Delta S_{sur} \geqslant 0$$

4. 热力学第三定律和标准熵

如果知道了各种物质的熵的绝对值，则求 ΔS 就很方便了。但热力学第二定律只能说明熵的变化值，而不能提供熵的绝对值。不过，正如定义各物质的标准摩尔生成焓一样，可以人为设定一些参考零点来求其绝对值。

1912 年，普朗克(Planck)提出：在绝对零度时，一切纯物质的熵值为零。1920 年，路易斯(Lewis)和吉布森(Gibson)加上完美晶体(即晶体中原子或分子只有一种有序排列形式)的条件，于是形成了热力学第三定律的说法：在 0 K 时，一切完美晶体的熵等于零。

$$\lim_{T \to 0} S = 0 \tag{5-19}$$

从熵值为 0 的状态出发，使系统变化到 $p^{\ominus}$ 和任意温度 T，如果知道过程的热力学数据(如热容)，原则上可以求出该过程的熵变，这些相对值称为规定熵。人们把由这种方法得到的各种物质在标准状态下的摩尔熵值，简称为标准熵，用符号 $S_m^{\ominus}$ 表示，单位为 $J \cdot mol^{-1} \cdot K^{-1}$。附录 2 和附录 3 给出了一些常见化合物在 298.15 K 下的标准熵的数值。

化学反应的标准摩尔熵变 $\Delta_r S_m^{\ominus}$，可以在物质的标准熵的基础上求出，即

$$\Delta_r S_m^{\ominus} = \sum_B v_B S_m^{\ominus}(B) \tag{5-20}$$

式中，v_B 为化学计量反应式中各物质的系数，对于反应物取负值，产物取正值。

5.4　吉布斯自由能与化学反应方向

热力学第一定律提出了热力学能的概念，并解决实际应用中能量相互转化和守恒的问题。为了便于解决热化学问题，又进一步定义了一个新函数——焓。热力学第二定律提出了熵的概念，并为过程的方向性提供了判断依据。但采用熵判据时，系统必须是隔离系统，不但需要考虑系统的熵变，还需要考虑环境的熵变，这在应用中很不方便。由于反应大多是在等温、等压的条件下进行，若能定义一个新的热力学函数，仅仅在考虑系统自身此类函数的变化后就可判断自发变化的方向，无疑会方便得多。美国科学家吉布斯(Gibbs)在结合热力学第一定律和第二定律的基础上，引入了一个新的辅助函数，为等温、等压下的自发过程提供了判据。

5.4.1　吉布斯自由能

根据热力学第二定律和热力学第一定律的基本公式：

$$dS - \frac{\delta Q}{T_{sur}} \geqslant 0 \text{ 和 } \delta Q = dU - \delta W$$

可得

$$-\delta W \leqslant -(dU - T_{sur}dS)$$

　　等温条件下，

$$T_1 = T_2 = T_{sur} = T$$

$$-\delta W \leqslant -d(U - TS)_T$$

这里的功 W 既包括膨胀功 W_e，又包括非膨胀功 W_f，因此上式可以表示为

$$-(\delta W_e + \delta W_f) \leqslant -d(U - TS)_T$$

$$p_{sur}dV - \delta W_f \leqslant -d(U - TS)_T$$

　　若系统同时也是在等压下进行，则 $p_1 = p_2 = p_{sur} = p$，上式可写作

$$-\delta W_f \leqslant -d(U + pV - TS)_{T,p}$$

或

$$-\delta W_f \leqslant -d(H - TS)_{T,p} \tag{5-21}$$

　　因为 H、S、T 都为系统的状态函数，故 $H - TS$ 必然也是系统的状态函数。为了纪念吉布斯对此理论的杰出贡献，用符号"G"表示这个状态函数，称为吉布斯自由能，也称吉布斯函数，单位为 J。

　　定义

$$G = H - TS \tag{5-22}$$

则式(5-21)可简化为

$$-(dG)_{T,p} \geqslant -\delta W_f \tag{5-23}$$

　　此式的物理意义为：在等温、等压下，一个封闭系统所做的最大非膨胀功等于其吉布斯自由能的减少。由于吉布斯自由能是状态函数，过程一定时其为定值；而非膨胀功 W_f 则随过程的不同有不同的数值，过程仅在可逆时，W_f 有一个极大值，而其他所有自发变化，系统所做的非膨胀功数值总是小于系统吉布斯自由能的减小值。它的重要特例是系统无非膨胀功时，式(5-23)变为

$$(dG)_{T,p} \leqslant 0 \tag{5-24}$$

据此，根据式(5-24)，过程方向性的判断依据为

　　$(dG)_{T,p} < 0$，自发变化；

　　$(dG)_{T,p} = 0$，可逆变化；

　　$(dG)_{T,p} > 0$，不能自发进行。

　　式(5-24)即为吉布斯自由能减小原理，可用如下文字进行表述：等温、等压下，对于不做非膨胀功的封闭系统，系统的吉布斯自由能在可逆过程中保持不变；在不可逆过程中总是减小，减小到 G 最小时系统达到平衡。吉布斯自由能减小原理是封闭系统在等温、等压且 $W_f = 0$ 的条件下，过程方向性及限度的判据，是熵增原理在所指宏观约束条件下的另一个变例。

　　吉布斯自由能是在特定过程中被引入的热力学量，在特定过程中该变量与系统做的非膨胀功具有等量关系，并非只有在等温、等压条件下才存在。对于等温、等压下的封闭系统，在判断过程的方向性和限度时，只需要考虑 G 本身的变化，而不需要考虑环境的变化。吉布斯

自由能极大地丰富了热力学理论的内容，并且在实际应用中起到了重大的作用。

5.4.2　标准态下反应摩尔吉布斯自由能的计算

如果能够知道参与反应的各种物质在标准态下的吉布斯自由能的绝对值，就可以很简便地算出任意反应的 $\Delta_r G_m^{\ominus}$。但根据吉布斯自由能的定义式可知，系统的吉布斯自由能的绝对值是无法求出的。热力学在实际应用中也采用了类似于处理反应焓与标准摩尔生成焓关系的方法，选取某种状态作为参考，规定了物质 B 在一定条件下的标准摩尔生成吉布斯自由能的相对数值。

标准压力 $p^{\ominus}$ 下，物质 B 的标准摩尔生成吉布斯自由能等于指定单质生成 1 mol 物质 B 时标准吉布斯自由能的变化值，用符号 $\Delta_f G_m^{\ominus}$(B, 相态, T) 表示。由于仅指定了压力为 $p^{\ominus}$ 而没有指定具体的温度，因此不同温度下的 $\Delta_f G_m^{\ominus}$ 是不同的，通常数据手册上给出的是 298.15 K 时各物质的数值。附录 2 中列出了一些物质在 298.15 K 时标准摩尔生成吉布斯自由能的数据。

根据定义可知，处于标准态下的各指定单质的标准摩尔生成吉布斯自由能都等于 0。对于任意反应 $0 = \sum v_B B$，反应的标准摩尔生成吉布斯自由能变化值可通过下式计算：

$$\Delta_r G_m^{\ominus}(T) = \sum_B v_B \Delta_f G_m^{\ominus}(B, T) \tag{5-25}$$

除了式(5-25)，$\Delta_r G_m^{\ominus}$ 的数值还可以通过定义式求算。等温、等压下，化学反应的 $\Delta_r G_m^{\ominus}$、$\Delta_r H_m^{\ominus}$ 和 $\Delta_r S_m^{\ominus}$ 三者具有以下关系：

$$\Delta_r G_m^{\ominus} = \Delta_r H_m^{\ominus} - T \Delta_r S_m^{\ominus} \tag{5-26}$$

也就是说，化学反应的 $\Delta_r H_m^{\ominus}$ 和 $\Delta_r S_m^{\ominus}$ 共同决定了过程的方向性。对化学反应来说，化学反应总是向获得最低能量状态($\Delta_r H_m < 0$)和最大混乱度($\Delta_r S_m > 0$)的方向进行，换句话说，凡是放热越多、熵变 $\Delta_r S_m$ 越大的反应，越容易自发进行。在过去一段时间，人们一直有一种见解：所有自发反应都是放热的，因此把放热作为判断自发反应的标准。很明显，这种见解是不全面的，放热反应并不是判断反应方向的充分依据，此时还取决于熵变项。在一定的温度范围内，有时可以忽略温度变化对 $\Delta_r H_m^{\ominus}$ 和 $\Delta_r S_m^{\ominus}$ 的影响，可近似采用 298.15 K 时的数值。当温度较低时，$T \Delta_r S_m^{\ominus}$ 数值较小，$\Delta_r G_m^{\ominus}$ 的符号主要由 $\Delta_r H_m^{\ominus}$ 决定；而当温度较高时，$T \Delta_r S_m^{\ominus}$ 数值较大，$\Delta_r S_m^{\ominus}$ 值影响较大。若反应的 $\Delta_r H_m^{\ominus}$ 不是很大时，升高温度甚至可以改变 $\Delta_r G_m^{\ominus}$ 的符号，使反应的方向发生逆转。具体来说，对于式(5-26)，$\Delta_r G_m^{\ominus}$ 综合了 $\Delta_r H_m^{\ominus}$ 和 $\Delta_r S_m^{\ominus}$ 对反应方向的影响：

当 $\Delta_r H_m^{\ominus} < 0$，$\Delta_r S_m^{\ominus} > 0$ 时，$\Delta_r G_m^{\ominus} < 0$，反应在所有温度下都能自发进行；

当 $\Delta_r H_m^{\ominus} > 0$，$\Delta_r S_m^{\ominus} < 0$ 时，$\Delta_r G_m^{\ominus} > 0$，反应在所有温度下都不能自发进行；

当 $\Delta_r H_m^{\ominus} > 0$，$\Delta_r S_m^{\ominus} > 0$ 时，只有 T 值较大时才能使 $\Delta_r G_m^{\ominus} < 0$，反应在较高温度下自发进行；

当 $\Delta_r H_m^{\ominus} < 0$，$\Delta_r S_m^{\ominus} < 0$ 时，只有 T 值较小时才能使 $\Delta_r G_m^{\ominus} < 0$，反应在较低温度下自发进行。

【例 5-1】 由甲醇通过脱氢反应制备甲醛，反应式为 $CH_3OH(g) \Longrightarrow HCHO(g) + H_2(g)$，讨论温度变化对反应方向的影响。

解 首先从附录 2 查出相关物质在 298.15 K 时的热力学数据：

热力学数据	CH₃OH(g)	HCHO(g)	H₂(g)
$\Delta_f G_m^{\ominus}/(\text{kJ}\cdot\text{mol}^{-1})$	−162.0	−102.5	0
$\Delta_f H_m^{\ominus}/(\text{kJ}\cdot\text{mol}^{-1})$	−200.7	−108.6	0
$S_m^{\ominus}/(\text{J}\cdot\text{mol}^{-1}\cdot\text{K}^{-1})$	239.8	218.8	130.7

$$\Delta_r G_m^{\ominus}(298.15\,\text{K}) = \Delta_f G_m^{\ominus}(\text{HCHO, g}) + \Delta_f G_m^{\ominus}(\text{H}_2, \text{g}) - \Delta_f G_m^{\ominus}(\text{CH}_3\text{OH, g})$$

$$= -102.5\,\text{kJ}\cdot\text{mol}^{-1} + 0\,\text{kJ}\cdot\text{mol}^{-1} - (-162.0\,\text{kJ}\cdot\text{mol}^{-1})$$

$$= 59.5\,\text{kJ}\cdot\text{mol}^{-1}$$

由于 $\Delta_r G_m^{\ominus}(298.15\,\text{K}) > 0$ ，故反应在常温下不能自发进行。

同理，可以求出 298.15 K 下反应的 $\Delta_r H_m^{\ominus}$ 和 $\Delta_r S_m^{\ominus}$ 。

$$\Delta_r H_m^{\ominus}(298.15\,\text{K}) = \Delta_f H_m^{\ominus}(\text{HCHO, g}) + \Delta_f H_m^{\ominus}(\text{H}_2, \text{g}) - \Delta_f H_m^{\ominus}(\text{CH}_3\text{OH, g})$$

$$= -108.6\,\text{kJ}\cdot\text{mol}^{-1} + 0\,\text{kJ}\cdot\text{mol}^{-1} - (-200.7\,\text{kJ}\cdot\text{mol}^{-1})$$

$$= 92.1\,\text{kJ}\cdot\text{mol}^{-1}$$

$$\Delta_r S_m^{\ominus}(298.15\,\text{K}) = S_m^{\ominus}(\text{HCHO, g}) + S_m^{\ominus}(\text{H}_2, \text{g}) - S_m^{\ominus}(\text{CH}_3\text{OH, g})$$

$$= 218.8\,\text{J}\cdot\text{mol}^{-1}\cdot\text{K}^{-1} + 130.7\,\text{J}\cdot\text{mol}^{-1}\cdot\text{K}^{-1} - 239.8\,\text{J}\cdot\text{mol}^{-1}\cdot\text{K}^{-1}$$

$$= 109.7\,\text{J}\cdot\text{mol}^{-1}\cdot\text{K}^{-1}$$

近似认为温度变化对 $\Delta_r H_m^{\ominus}$ 和 $\Delta_r S_m^{\ominus}$ 数值的影响可忽略。当温度升高时，$T\Delta_r S_m^{\ominus}$ 对反应的影响逐渐增大，当温度达到某数值时，$T\Delta_r S_m^{\ominus}$ 和 $\Delta_r H_m^{\ominus}$ 的绝对值相等，此时的温度为转变温度，即

$$\Delta_r G_m^{\ominus} = \Delta_r H_m^{\ominus} - T\Delta_r S_m^{\ominus} = 0$$

$$T = \frac{\Delta_r H_m^{\ominus}}{\Delta_r S_m^{\ominus}} = \frac{92100\,\text{J}\cdot\text{mol}^{-1}}{109.7\,\text{J}\cdot\text{mol}^{-1}\cdot\text{K}^{-1}} = 839.6\,\text{K}$$

结果表明，当 $T > 839.6\,\text{K}$ 时，$\Delta_r G_m^{\ominus} < 0$ ，此时反应可以自发进行，反应方向发生逆转。

习　题

5-1 1 mol 甲苯(l)在沸点 111℃时蒸发为气体，蒸发焓为 33.3 kJ·mol⁻¹，计算此过程的 W、Q、ΔU、ΔH。

5-2 25℃时，2 mol 理想气体从 15 L 膨胀到 40 L，求下列各过程中所做的体积功：

(1) 等温可逆膨胀；(2) 外压恒为 $p^{\ominus}$ 时的等温膨胀。

5-3 若反应 Ag(s) + 0.5Cl₂(g) ══ AgCl(s) 在 $p^{\ominus}$、$T = 25℃$ 时进行，放出 126 kJ 的热量。若在相同压力和温度下，此反应在原电池中进行，且做电功 109.7 kJ。假定氯气是理想气体，且银和氯化银的体积可以忽略。试证明：在以上两种途径中，热力学能的变化相同，而过程的热量不同。

5-4 100 mol 理想气体，在 27℃时自 $p^{\ominus}$ 等温缓慢压缩到 10 $p^{\ominus}$，求过程的 W、Q、ΔU。

5-5 $p^{\ominus}$ 下，酸与金属作用时放出 3.5 L 氢气，该过程的体积功为多少？

5-6 1 mol 理想气体 He 由 2$p^{\ominus}$、0℃变为 $p^{\ominus}$、50℃，分别经由两个途径达到终态：(1)先等压，再等温可逆膨胀；(2)先等温可逆膨胀，再等压加热。计算两个途径的 W，并分析以上结果说明了什么。

5-7　状态函数和非状态函数的根本区别是什么？试根据这种区别说明功和热不是状态函数。

5-8　焓是状态函数，热不是状态函数，怎样理解 $\Delta H = Q_p$？

5-9　体系由 A 态变到 B 态，沿途径 I 放热 100 J，得到 50 J 的功。计算：

(1) 由 A 态沿途径 II 到 B 态做功 80 J，热量 Q 值应为多少？

(2) 由 B 态沿途径 III 回 A 态得到 50 J 的功，体系吸热还是放热？Q 值为多少？

5-10　求 $H_2S(g)$ 的 $\Delta_c H_m^{\ominus}$。已知：$\Delta_f H_m^{\ominus}(H_2S, g) = -18.10 \ \text{kJ} \cdot \text{mol}^{-1}$，$\Delta_f H_m^{\ominus}(H_2O, l) = -286.0 \ \text{kJ} \cdot \text{mol}^{-1}$，$\Delta_f H_m^{\ominus}(SO_2, g) = -290.4 \ \text{kJ} \cdot \text{mol}^{-1}$。

5-11　在 25℃、$p^{\ominus}$、等容条件下，0.532 g 液体苯在过量 O_2 中燃烧：$C_6H_6(l) + 7.5O_2(g) = 6CO_2(g) + 3H_2O(l)$，过程放热为 22.26 kJ，求上述反应的 $\Delta_r H_m^{\ominus}$。

5-12　在 25℃时，$p^{\ominus}$ 下，反应 $Al_2Cl_6(s) + 6Na(s) = 2Al(s) + 6NaCl(s)$ 的标准摩尔焓变为 $-1072 \ \text{kJ} \cdot \text{mol}^{-1}$。已知 $NaCl(s)$ 的 $\Delta_f H_m^{\ominus} = -411.3 \ \text{kJ} \cdot \text{mol}^{-1}$，计算 Al_2Cl_6 的 $\Delta_f H_m^{\ominus}$。

5-13　将 1 mol HCl(g) 在 25℃时溶入大量水中，在水溶液中形成 $H^+(aq)$ 和 $Cl^-(aq)$，溶解过程中放热 75.14 kJ，已知 HCl(g) 的标准摩尔生成焓 $\Delta_f H_m^{\ominus} = -92.30 \ \text{kJ} \cdot \text{mol}^{-1}$，计算 25℃时 Cl^- 在无限稀释溶液中的标准摩尔离子生成焓。

5-14　溶液中含有 1 mol 浓度很低的 Ca^{2+}，通入 CO_2 气体后，有 $CaCO_3$ 沉淀生成，求此沉淀过程的热效应。所需相关数据请查阅本书附录。

5-15　由键焓数据估算乙烷气体分解为乙烯气体和氢气的反应热。

5-16　下列叙述是否正确？说明原因。

(1) 在一个可逆过程中，熵值不变。

(2) 在一个等温过程中，熵变为 Q/T。

5-17　1 mol 甲苯在其沸点 111℃蒸发为气体，求该过程的熵变。已知甲苯的汽化焓为 33.3 $\text{kJ} \cdot \text{mol}^{-1}$。

5-18　110℃和 $p^{\ominus}$ 下，过热水变为同温度的水汽所吸收的热 $Q_p = \Delta H$。由于 ΔH 只取决于始、终态而与等压过程可逆与否无关，因而可用该相变过程的相变热 Q_p 计算体系的熵变，即 $\Delta S = Q_p / T$（$T = 383$ K）。这种说法是否正确？为什么？

5-19　计算 25℃、$p^{\ominus}$ 下葡萄糖氧化反应 $C_6H_{12}O_6(s) + 6O_2(g) = 6CO_2(g) + 6H_2O(l)$ 的 $\Delta_r H_m^{\ominus}$、$\Delta_r S_m^{\ominus}$、$\Delta_r G_m^{\ominus}$，并判断反应的自发性。各物质的热力学数据如下表所示。

物质	$C_6H_{12}O_6(s)$	$O_2(g)$	$CO_2(g)$	$H_2O(l)$
$\Delta_f H_m^{\ominus} / (\text{kJ} \cdot \text{mol}^{-1})$	-1274.4	0	-393.5	-285.8
$S_m^{\ominus} / (\text{J} \cdot \text{mol}^{-1} \cdot \text{K}^{-1})$	212.1	205.1	213.7	69.9

5-20　判断 25℃、$p^{\ominus}$ 下，由氢气和氯气合成 HCl 气体的反应能否自发进行。

5-21　对于下列反应：$CuS(s) + H_2(g) = Cu(s) + H_2S(g)$，已知各物质的热力学数据如下表所示。

物质	CuS (s)	H_2 (g)	Cu (s)	H_2S (g)
$\Delta_f H_m^{\ominus} / (\text{kJ} \cdot \text{mol}^{-1})$	-53.1	0	0	-20.6
$S_m^{\ominus} / (\text{J} \cdot \text{mol}^{-1} \cdot \text{K}^{-1})$	66.5	130.57	33.15	205.7

计算上述反应可以发生的最低温度。

第6章 化学反应速率

利用化学热力学原理可判断化学反应发生的可能性，但实践经验表明某些热力学上的自发化学反应实际上却无法发生。因此，研究化学反应还需要关注动力学可行性的问题，本章将从化学动力学的角度探索化学反应速率，介绍化学动力学的基础知识。

例如，化学反应 $2H_2(g)+O_2(g)\longrightarrow 2H_2O(g)$ 的吉布斯自由能下降很大，热力学预见是可以发生的，但实际上却因反应速率太慢而难以发生。常温下将氢气和氧气混合在一起，几十年也看不到有水生成。金属钾和水在室温下能迅速且剧烈反应，可见化学反应速率有快慢之分。研究化学反应速率的现实意义是，控制化学反应按照人们期望的速率进行。化学动力学的基本任务是研究各种因素对反应速率的影响，认识化学反应的进程及反应机理。

6.1 反应速率的定义

不同类型化学反应进行的快慢程度差异较大，如酸碱中和反应在数秒内完成，一般高压反应釜中的合成反应需要数小时才能实现，牛奶的变质按天计算，钟乳石的生成则需上万年时间。化学反应速率是用于比较反应快慢的物理量，若化学反应在体积一定的密闭容器内进行，化学反应速率的定义为单位时间内反应物浓度的减少或者生成物浓度的增加。化学反应速率的计算结果均取正值，一般浓度的单位为 $mol \cdot L^{-1}$，时间的单位可用 s、min 或 h，则反应速率的单位是 $mol \cdot L^{-1} \cdot s^{-1}$、$mol \cdot L^{-1} \cdot min^{-1}$ 或 $mol \cdot L^{-1} \cdot h^{-1}$。在实际应用中，人们通常采用易于测量的物质的浓度变化进行研究。

6.1.1 平均速率

以合成氨反应 $3H_2 + N_2 \Longrightarrow 2NH_3$ 为例研究其化学反应速率，反应物与生成物在 t_1、t_2、t_3 各时刻的浓度如下：

	$3H_2$	$+$	N_2	$\Longrightarrow$	$2NH_3$
t_1	$c(H_2)_1$		$c(N_2)_1$		$c(NH_3)_1$
t_2	$c(H_2)_2$		$c(N_2)_2$		$c(NH_3)_2$
t_3	$c(H_2)_3$		$c(N_2)_3$		$c(NH_3)_3$

根据反应速率的定义，在不同的时间段以产物 NH_3 的浓度变化表示其反应速率：

时间间隔为 $t_1 \sim t_2$，平均速率为

$$\bar{r}(NH_3)_1 = \frac{c(NH_3)_2 - c(NH_3)_1}{t_2 - t_1} = \frac{\Delta c(NH_3)_{21}}{\Delta t_{21}} \tag{6-1}$$

时间间隔为 $t_2 \sim t_3$，平均速率为

$$\bar{r}(NH_3)_2 = \frac{c(NH_3)_3 - c(NH_3)_2}{t_3 - t_2} = \frac{\Delta c(NH_3)_{32}}{\Delta t_{32}} \tag{6-2}$$

　　以上两个时间段计算的平均速率并不相等。通常化学反应随着时间的推移，反应物浓度不断降低，生成物浓度不断增加，相同时间间隔内的平均反应速率也动态变化。同一个反应，也可以用反应物 N_2 和 H_2 的浓度变化描述其反应的速率。反应过程中反应物 N_2 和 H_2 的浓度变化是负值，故下列表达式中的负号是为了保证所计算的化学反应速率均为正值：

$$\bar{r}(H_2) = -\frac{\Delta c(H_2)}{\Delta t} \qquad \bar{r}(N_2) = -\frac{\Delta c(N_2)}{\Delta t}$$

　　同一个反应在相同时间间隔内，根据实验收集的数据计算其平均速率为

$$\bar{r}(H_2) = 3 \times 10^{-3} \ mol \cdot L^{-1} \cdot s^{-1}$$

$$\bar{r}(N_2) = 1 \times 10^{-3} \ mol \cdot L^{-1} \cdot s^{-1}$$

$$\bar{r}(NH_3) = 2 \times 10^{-3} \ mol \cdot L^{-1} \cdot s^{-1}$$

　　值得注意的是，同一个反应，不同物质的浓度变化与化学计量数有关，因此选取 H_2、N_2 和 NH_3 计算出的化学反应速率并不相同。尽管反映同一反应的反应速率，但不同物质表示的数值有差异也会引起混淆，解决的方案是将每种物质的 $\frac{\Delta c_A}{\Delta t}$ 除以反应方程式中对应的化学计量数，则同一个反应无论用哪种物质表示都只有一个化学反应速率值。

　　以溶液中进行的化学反应 $aA + bB \Longrightarrow yY + zZ$ 为例，其化学反应速率的通式为

$$-\frac{1}{a}\frac{\Delta c_A}{\Delta t} = -\frac{1}{b}\frac{\Delta c_B}{\Delta t} = \frac{1}{y}\frac{\Delta c_Y}{\Delta t} = \frac{1}{z}\frac{\Delta c_Z}{\Delta t} \tag{6-3}$$

6.1.2　瞬时速率

　　绝大多数化学反应随着反应的进行，反应速率越来越慢。如式(6-2)表示的平均速率，测定一系列相同时间间隔内氨浓度随时间变化的数据求平均速率。生成物氨的浓度随反应的进行而发生变化，不同阶段的平均化学反应速率是随反应时间而变化的"变量"，若要明确反应速率随时间的变化，则需明确某一时刻的反应速率。根据平均速率的定义，当反应时间间隔无限缩小，该时间间隔的平均速率将无限接近于某一时刻的瞬时速率，此时平均速率的极限值即可代表该时刻化学反应的瞬时速率。

　　若将测定时间的间隔越缩小至无限小，则两点间的平均速率越接近。当时间间隔趋于 0 时，则

$$r(NH_3) = \lim_{\Delta t \to 0} \frac{\Delta c(NH_3)}{\Delta t}$$

　　两个时间点连线(割线)的极限是中间某一时间点的切线，即在 t 时切线的斜率即为 t 时的瞬时速率 r_t。

　　显然无法通过实验直接测得某一时刻的瞬时速率，但是可以测定反应过程中的反应物或生成物的浓度 c，画出浓度 c 随时间 t 变化的曲线，通过作图法得某一点的切线，即某一时刻的瞬时速率，具体过程主要包括三步：

　　(1) 画出反应物或生成物的浓度随时间变化的曲线图；

　　(2) 在某一时间点对应的曲线位置处作切线；

　　(3) 计算该切线的斜率。

在整个反应过程计算的任一时刻的瞬时速率中,反应开始($t=0$)时的速率即初始速率最重要,因为起始浓度是最容易获得且较准确的实验数据,在反应开始阶段,反应物浓度受中间产物和最终产物的影响最小,因此在研究反应速率与浓度的关系时,建议使用反应的初始速率。

6.2 基元反应与复杂反应

平均速率、瞬时速率都是从宏观上描述化学反应的物理量,而化学动力学的另一个基本任务是研究反应机理(反应历程)。化学反应机理是指从微观角度出发,研究反应物是按照哪种途径、经过哪些步骤最终转化为产物。反应机理的研究有可能使反应按照人们期望的方式进行。

6.2.1 基元反应与复杂反应的定义

反应机理是指一个计量反应在所经历的真实过程中通过哪几步反应完成的,其中的每一步反应称为一个基元反应。基元反应的特点是反应不存在任何中间产物,反应物分子直接一步生成产物。例如,

$$O_3(g) + NO(g) \Longrightarrow NO_2(g) + O_2(g)$$

反应物 O_3 分子和 NO 分子经过一次碰撞就直接转变成产物 NO_2 分子和 O_2 分子,在一次化学行为中就完成反应,因此该反应属于基元反应。基元反应也称为元反应,是动力学研究中最简单的反应。

大部分化学方程式并不能代表反应的具体历程,仅代表反应的总结果,实际的反应在微观上并不是一步完成的,是由两个或多个步骤组成,即多个基元反应的组合,这种反应称为复杂反应。例如,实验测定过二硫酸铵和碘化钾在水溶液中的反应为复杂反应:

$$S_2O_8^{2-} + 3I^- \longrightarrow 2SO_4^{2-} + I_3^-$$

现在公认的反应机理包含如下三步基元反应:

$$S_2O_8^{2-} + I^- \longrightarrow S_2O_8I^{3-} \qquad (慢)$$

$$S_2O_8I^{3-} + I^- \longrightarrow 2SO_4^{2-} + I_2 \qquad (快)$$

$$I_2 + I^- \longrightarrow I_3^- \qquad (快)$$

在基元反应中,人们把参与反应的物种(原子、分子、离子或自由基)数称为反应分子数。反应分子数仅对微观的基元反应或复杂反应中的某一基元反应而言,非基元反应不存在反应分子数。反应分子数是一个微观概念,参与基元反应的分子数为1、2和3。其中,三分子参与的基元反应为数不多(因为三个质点同时相碰的概率比较小),四分子及更多分子的基元反应至今尚未发现。根据反应分子数的数目不同,基元反应分为以下几种:

当反应分子数为一个分子,其参与的基元反应为单分子反应(如分解反应和异构化反应),如

$$Cl_2 \longrightarrow 2Cl$$

当反应分子数为两个分子,其参与的基元反应为双分子反应,绝大部分基元反应属于此类反应,如

$$H + H \longrightarrow H_2$$

当反应分子数为三个分子，其参与的基元反应为三分子反应，如

$$H_2 + 2I \longrightarrow 2HI$$

综上，基元反应比较简单，人们经过大量工作探索反应速率与浓度之间的定量关系。19 世纪后半叶，挪威化学家古德贝格和瓦格经过长期的实践，得到以下结论：在一定温度下，对于基元反应，化学反应速率正比于各反应物浓度的乘积(含对应的指数，指数的数值为反应方程式中各反应物的化学计量数)，该定量关系就是著名的质量作用定律。

例如，对于某基元反应：

$$aA + bB \Longrightarrow yY + zZ$$

反应速率方程为

$$r = kc(A)^a c(B)^b$$

或

$$-\frac{dc}{dt} = kc(A)^a c(B)^b$$

需要强调的是质量作用定律的适用条件仅为基元反应，根据基元反应的反应方程式即可写出其速率方程；对于未经过实验验证的化学计量方程式，不能根据其计量方程式得到速率方程，该类型反应的速率方程需根据实验结果推导。

6.2.2　反应机理

基元反应中反应分子的种类和数量已经在反应方程式中展示出来，但是对大多数化学反应来说，其动力学过程往往是一个复杂的过程，必须通过现代化的实验手段检测中间产物证实反应的具体过程由多个步骤组成。因此，速率方程中的反应速率与反应物浓度之间是一个复杂的函数关系。人们通过设计各种实验手段监测反应历程、研究反应机理和明确反应速率与浓度的函数关系，对正确认识反应至关重要。

例如，反应：

$$2NO + O_2 \Longrightarrow 2NO_2$$

实验证实，此反应不属于基元反应，人们推测的反应机理为

(1)　$2NO \Longrightarrow N_2O_2$　　　　　(快)

(2)　$N_2O_2 \Longrightarrow 2NO$　　　　　(快)

(3)　$N_2O_2 + O_2 \Longrightarrow 2NO_2$　　(慢)

反应机理中的每一步反应都是基元反应，其中步骤(3)对应的基元反应为一个慢反应，反应机理中最慢的基元反应控制着总反应的速率，这一步反应称为反应速率的控制步骤。该反应机理中步骤(3)为慢反应，对应的速率决定了总反应的速率，根据基元反应的质量作用定律，写出控制步骤(3)的反应速率方程：

$$r = k_3 c(N_2O_2)c(O_2) \tag{6-4}$$

式中，N_2O_2 属于反应的中间产物，总的速率方程必须全部用反应物浓度表示，不能出现中间产物浓度。故对应的 N_2O_2 浓度要用反应物浓度替换。由给出的反应机理可得，步骤(1)反应的

生成物 N_2O_2 为步骤(2)和步骤(3)对应的基元反应的反应物。因此，采用平衡态假设的方法处理，由于步骤(3)为慢反应，促使步骤(1)和步骤(2)的两个可逆快反应达到正、逆反应速率相等的平衡状态，则步骤(1)和步骤(2)的两个可逆反应始终保持以下关系：

$$r_1 = r_2$$

根据质量作用定律，两个基元反应的速率方程为

$$k_1 c(NO)^2 = k_2 c(N_2O_2)$$

整理关系式：

$$c(N_2O_2) = \frac{k_1}{k_2} c(NO)^2 \tag{6-5}$$

则 N_2O_2 的浓度用反应物 NO 的浓度替换，代入速控步骤的速率方程式(6-4)中，有

$$r = \frac{k_1 k_3}{k_2} c(NO)^2 c(O_2)$$

其中，设常数 k 满足 $k = k_3 k_1 / k_2$，得到反应的速率方程为

$$r = k c(NO)^2 c(O_2)$$

该速率方程与实验测得的速率方程完全一致。需要指出的是，尽管实验测得的速率方程有可能与通过反应机理推导的速率方程一致，但不能认为该机理一定是正确的，同时该速率方程与将反应视为基元反应由质量作用定律写出的速率方程一致，也不能说明该反应一定是基元反应。

6.3 浓度对反应速率的影响

了解反应速率及与各种影响因素的关系是化学动力学的基本任务之一，首先反应速率与选择的化学反应本身(反应物的分子结构、反应的类型)有关，其次反应温度、反应物浓度、压力、反应介质、催化剂等都会影响反应速率。本节讨论反应物浓度对反应速率的影响。

6.3.1 速率方程

反应速率方程表示反应速率与浓度等参数之间的关系。以任意反应 $aA + bB \Longrightarrow yY + zZ$ 为例，给出任意时刻的瞬时速率 r 与反应物浓度 c 的关系

$$r = k c(A)^\alpha c(B)^\beta \tag{6-6}$$

式中，r 为反应速率；k 为反应速率常数；$c(A)$、$c(B)$分别为反应物 A、B 的浓度；α、β 分别为反应物 A、B 的浓度的指数，k、α、β 均由实验测得。

6.3.2 反应级数

对任意化学反应 $aA + bB \Longrightarrow yY + zZ$，当速率方程的形式为 $r = kc(A)^\alpha c(B)^\beta$。将浓度的指数项 α、β 定义为反应级数，对于反应物 A 是 α 级反应，对于反应物 B 是 β 级反应，反应级数为速率方程中物质浓度的幂指数之和，即 $n = \alpha + \beta$。要注意的是，通常反应级数并不等于化学反应方程式中的化学计量数，反映的是反应速率与反应物浓度的多少次方成正比。

反应级数可以为正整数、零、分数甚至负数。例如，反应

$$H_2 + Cl_2 == 2HCl$$

实验测得速率方程为

$$r = kc(H_2)c(Cl_2)^{1/2}$$

该反应对 H_2 是一级反应，对 Cl_2 是 1/2 级反应，整个反应是 1.5 级反应，或者说该反应的反应级数为 1.5。

又如，反应 $2Na(s) + 2H_2O(l) == 2NaOH(aq) + H_2(g)$，其速率方程为 $r = k$。这是一个典型的零级反应。零级反应的反应速率与反应物浓度无关，反应速率方程中不出现反应物浓度。

有的反应实验测得反应速率极其复杂，无法用 $r = kc(A)^\alpha c(B)^\beta$ 的形式表示，则反应级数不能用简单的数字表示，这类反应不存在反应级数。例如，反应

$$H_2 + Br_2 == 2HBr$$

速率方程为

$$r = \frac{kc(H_2)c(Br_2)^{1/2}}{1 + k'c(HBr)/c(Br_2)^{1/2}}$$

6.3.3　速率常数

在反应速率方程中，反应速率与反应物浓度的幂次方成正比，比值 k 即为该反应的速率常数。在一定温度下，速率常数 k 的数值相当于各种反应物浓度都是单位浓度($1\,mol \cdot L^{-1}$)时的反应速率。速率常数是一个与浓度无关的量，速率常数与反应物、反应介质、催化剂、反应容器等有关。当以上条件确定时，速率常数只受温度的影响。速率常数 k 是化学动力学中一个重要的物理量，k 的数值大小直接反映了速率的快慢，是确定反应机理的主要依据。

反应速率方程中，反应速率的单位为 $mol \cdot L^{-1} \cdot s^{-1}$，则等号右边的表达式中包含速率常数与所含反应物浓度幂方次的乘积，单位也应为 $mol \cdot L^{-1} \cdot s^{-1}$。因此，不同反应级数对应的反应速率常数单位也有差别，零级反应的速率常数单位为 $mol \cdot L^{-1} \cdot s^{-1}$，即[浓度] · [时间]$^{-1}$；一级反应的速率常数单位为 s^{-1}，即[时间]$^{-1}$；二级反应的速率常数单位为 $mol^{-1} \cdot L \cdot s^{-1}$，即[浓度]$^{-1}$ · [时间]$^{-1}$；三级反应的速率常数单位为 $mol^{-2} \cdot L^2 \cdot s^{-1}$，即[浓度]$^{-2}$ · [时间]$^{-1}$；n 级反应，速率常数单位为 $mol^{1-n} \cdot L^{n-1} \cdot s^{-1}$，即[浓度]$^{1-n}$ · [时间]$^{-1}$。综上可根据反应速率常数的单位，判断该反应的级数。

【例 6-1】　根据实验数据，写出下列反应的速率方程，并确定反应级数。

$$aA + bB == yY + zZ$$

实验编号	$[A]_0/(mol \cdot L^{-1})$	$[B]_0/(mol \cdot L^{-1})$	$r_Y/(mol \cdot L^{-1} \cdot s^{-1})$
1	0.006	0.002	3.2×10^{-6}
2	0.006	0.004	1.3×10^{-5}
3	0.003	0.004	6.4×10^{-6}

解　由实验 1 和实验 2 得　　　　$r_Y \propto c(B)^2$

由实验 2 和实验 3 得　　　　$r_Y \propto c(A)$

可得反应速率方程为

$$r_Y = k_Y c(A)c(B)^2$$

将实验 1 的数据代入速率方程可得

$$k_Y = \frac{r_Y}{c(A)c(B)^2} = 1.3\times10^2(\text{L}^2\cdot\text{mol}^{-2}\cdot\text{s}^{-1})$$

故反应的速率方程为 $r_Y = 1.3\times10^2\times c(A)c(B)^2$，反应级数为 3。

一般多取几组数据求 k 的平均值作为速率方程中的速率常数。

6.4　反应物浓度与时间的关系

在实际生产中，人们期望能够动态监测和控制化学反应，因此确定反应物的浓度与反应时间之间的定量关系尤为重要。该关系式的成功建立明确了反应物浓度达到特定值需要的时间，或反映了给定时间反应物的浓度。不同反应级数的化学反应速率方程不相同，为了获得浓度与时间的关系，需要针对各种简单级数化学反应分别进行讨论。

6.4.1　零级反应

反应速率与反应物浓度无关的反应称为零级反应。目前已知的零级反应并不多，大多数零级反应为某些在固体表面上进行的催化反应，如氨在金属钨上的分解反应。如果用反应方程式 A ══ Y 代表零级反应，则其速率方程的微分表达式为

$$-\frac{dc(A)}{dt} = k$$

由于零级反应的反应速率与反应物浓度无关，上式中反应速率数值等于反应速率常数。在其他反应条件一定的情况下，反应速率常数仅与温度有关，当温度为某个确定值时，零级反应是匀速的化学反应。对其微分方程式作定积分得

$$c(A) = c(A)_0 - kt \tag{6-7}$$

式(6-7)即为零级反应速率方程的积分表达式。式中，k 为零级反应的速率常数；$c(A)_0$ 为反应物初始浓度；t 为反应时间；$c(A)$ 为 t 时刻对应的反应物浓度。以式(6-7)中任意时刻 t 的反应物浓度 $c(A)$ 对时间 t 作图，得一条直线。直线的截距为反应物的初始浓度 $c(A)_0$，直线的斜率即为零级反应的速率常数 k 的负值。如果定义反应物消耗一半所需的时间为反应的半衰期，用 $t_{1/2}$ 表示。当 $c(A) = \frac{1}{2}c(A)_0$ 时，

$$t_{1/2} = \frac{c(A)_0}{2k} \tag{6-8}$$

这就是零级反应的半衰期公式，半衰期 $t_{1/2}$ 反比于速率常数 k，正比于反应物的初始浓度 $c(A)_0$。

由以上结论得知，零级反应的三个重要特征是：反应速率常数 k 的单位为 $\text{mol}\cdot\text{L}^{-1}\cdot\text{s}^{-1}$；在任意时刻反应物浓度对时间作图可以得到一条直线，直线的斜率即为反应速率常数的负值；反应的半衰期正比于反应物的初始浓度，反比于反应速率常数。

6.4.2　一级反应

参照上述过程，对于简单级数如一级反应、二级反应和三级反应，根据反应速率与反应物浓度的微分方程，采用积分的方法便可求出反应物浓度与时间的关系式。以一级反应 A $\Longrightarrow$ Y + Z 为例进行讨论，其速率方程的微分表达式为

$$-\frac{dc_A}{dt} = kc$$

对该式两边进行定积分运算，得

$$\ln \frac{c_0}{c} = kt \tag{6-9}$$

或

$$\lg c = \lg c_0 - \frac{k}{2.303}t \tag{6-10}$$

式(6-9)和式(6-10)是一级反应速率方程的积分式，它给出了任意时刻反应物浓度的对数即 $\ln c$ 与反应时间 t 之间的关系，以任意时刻反应物浓度的对数 $\ln c$ 对时间 t 作图，可以得到一条直线，直线的斜率即为该一级反应的速率常数的负值，直线的截距为反应物的初始浓度的对数 $\ln c_0$。

根据式(6-9)，当反应物浓度减少到原来的一半所需要的时间为

$$t_{1/2} = \frac{\ln 2}{k} = \frac{0.693}{k}$$

可见，对给定的一级反应，反应的半衰期与反应物的起始浓度无关，与反应速率常数成反比关系，当温度恒定时，半衰期为常数。

【例 6-2】　已知某一级反应 A $\Longrightarrow$ Y + Z，初始反应速率 $r = 0.01$ mol·L^{-1}·s^{-1}，$c(A)_0 = 1$ mol·L^{-1}，计算：①该反应的反应速率常数 k；②反应物消耗掉 90%，所需的时间 t；③$t_{1/2}$。

解　①$k = \frac{r}{c} = \frac{0.01}{1} = 0.01(s^{-1})$

②$\lg \frac{0.1}{1} = -\frac{0.01t}{2.303}$　　$t = 230.3(s)$

③$t_{1/2} = \frac{0.693}{k} = 69.3(s)$

由上述讨论可知，一级反应的三个重要特征为：反应速率常数 k 的单位为[时间]$^{-1}$；以任意时刻反应物浓度的对数 $\ln c$ 对时间 t 作图，可以得到一条直线，直线的斜率即为该一级反应的速率常数的负值；一级反应的半衰期与反应物起始浓度无关，与反应速率常数成反比。

6.4.3　二级反应

反应速率与两种物质浓度的乘积成正比，称为二级反应。二级反应是最常见的一种反应。二级反应的通式可写为

$$A + B \longrightarrow C + \cdots$$

$$2A \longrightarrow C + \cdots$$

若反应物 A 和 B 的初始浓度用 c_{A0}、c_{B0} 表示，反应进行至 t 时刻，A 和 B 同时反应了等量 x，此时 A 和 B 的浓度分别为 c_A 和 c_B，即

$$-\frac{dc_A}{dt} = -\frac{dc_B}{dt} = kc_A c_B$$

或

$$\frac{dc}{dt} = -kc_A c_B$$

如果反应物 A 和反应物 B 的初始浓度相等，即 $c_{A0} = c_{B0}$，则上式为 $\frac{dc}{dt} = -kc^2$，定积分得

$$\frac{1}{c} - \frac{1}{c_0} = kt \tag{6-11}$$

若以 $1/c$ 对时间 t 作图，得一直线，直线的斜率为反应的速率常数 k，直线的截距与反应物的初始浓度 c_0 有关。反应物浓度减少一半所需的时间，即半衰期的一般表达式为式(6-12)，反应的半衰期与反应物的初始浓度、反应速率常数均成反比。

$$t_{1/2} = \frac{1}{kc_0} \tag{6-12}$$

因此，二级反应的三个重要特征为：反应速率常数 k 的单位为 $mol^{-1}\cdot L\cdot s^{-1}$；在任意时刻反应物浓度的倒数($1/c$)对时间 t 作图为一直线，直线的斜率为反应的速率常数 k；反应的半衰期与反应物的初始浓度、反应速率常数成反比。

6.4.4 三级反应

反应速率与三个浓度项的乘积成正比，称为三级反应，有下列几种形式：

$$3A \longrightarrow 生成物$$

$$2A + B \longrightarrow 生成物$$

$$A + B + C \longrightarrow 生成物$$

如果三种反应物的起始浓度相同，即 $c_{A0} = c_{B0} = c_{C0}$，则三级反应的速率表达式为

$$\frac{dc}{dt} = -kc^3$$

积分可得反应物浓度与时间的关系为

$$\frac{1}{c^2} - \frac{1}{c_0^2} = 2kt \tag{6-13}$$

当反应物的浓度为初始浓度的一半时，其半衰期的表达式为

$$t_{1/2} = \frac{3}{2kc_0^2} \tag{6-14}$$

由式(6-13)和式(6-14)可得三级反应的三个重要特征为：反应速率常数 k 的单位为 $mol^{-2}\cdot L^2\cdot s^{-1}$；任意时刻反应物浓度平方的倒数($1/c^2$)对时间 t 作图，可以得到一直线，直线的斜率为反应的速率常数 k 的 2 倍；反应的半衰期与初始浓度的平方、反应速率常数均成反比。

总之，浓度对反应速率的影响既包括浓度的变化，也包括由压力和体积的改变而引起的浓度变化。

6.5　温度对化学反应速率的影响

　　根据上述讨论,反应物浓度对化学反应速率的影响显而易见,在生活中人们更多感受到的是温度对反应速率的影响。以常见的生活现象为例,室温下大米泡在水中得不到熟米饭,当加热水和大米至沸腾时生米会煮成熟饭,用高压锅加热时需要的时间更短。显然温度会影响反应速率,而温度又是怎样影响化学反应速率的?由反应速率方程可知,当浓度一定时,反应速率与反应速率常数 k 成正比。反应速率常数 k 与温度有关,当温度升高时,k 一般增加。当反应物浓度一定时,研究温度对反应速率的影响,即寻找反应速率常数随温度变化的函数关系。

　　1884 年,荷兰科学家范托夫(van't Hoff)曾根据实验事实总结出一个表示反应速率常数与温度的经验规律,温度每升高 10 K,反应速率一般增加到原来的 2～4 倍。在缺乏实验数据时,可根据该规则估算升高温度后的反应速率,但该规则仅为一个近似规则。

　　1889 年,瑞典化学家阿伦尼乌斯(Arrhenius)总结前人大量的实验事实,给出了反应速率常数 k 与温度 T 的定量关系:

$$k = Ae^{-\frac{E_a}{RT}} \tag{6-15}$$

式中,k 为反应速率常数;A 为指前因子,又称频率因子,单位与 k 相同;E_a 为反应的活化能,是一个大于零的正数,单位为 $J \cdot mol^{-1}$ 或 $kJ \cdot mol^{-1}$;e 为自然对数的底;R 为摩尔气体常量,$8.314 \ J \cdot K^{-1} \cdot mol^{-1}$;$T$ 为反应温度,单位为 K。在一定的温度区间,A 和 E_a 是两个经验常数。

　　式(6-15)两边取自然对数,得

$$\ln k = -\frac{E_a}{RT} + \ln A \tag{6-16}$$

　　式(6-15)两边取常用对数,得

$$\lg k = -\frac{E_a}{2.303RT} + \lg A \tag{6-17}$$

　　式(6-15)～式(6-17)均称为阿伦尼乌斯公式。由阿伦尼乌斯公式的指数形式[式(6-15)]可得,温度与反应速率常数之间呈指数关系,温度的微小变化,对 k 值的影响相当大。对大多数反应来说,用阿伦尼乌斯公式讨论速率与温度的关系时,近似认为 A 和 E_a 两个经验常数不随温度而改变。由式(6-16),用 $\ln k$ 对 $1/T$ 作图可得一直线,直线的斜率为 $-E_a/R$,截距为 $\ln A$。可利用多组实验数据求反应的活化能 E_a 和指前因子 A。

　　设计实验测定不同反应温度对应的反应速率常数。将温度 T_1 和 T_2 分别对应的速率常数 k_1 和 k_2 代入式(6-17)得

$$\lg k_1 = -\frac{E_a}{2.303RT_1} + \lg A$$

$$\lg k_2 = -\frac{E_a}{2.303RT_2} + \lg A$$

两式相减,整理得

$$\lg \frac{k_2}{k_1} = \frac{E_a}{2.303R}\left(\frac{T_2 - T_1}{T_2 T_1}\right) \tag{6-18}$$

$$E_a = \frac{2.303RT_2T_1}{T_2 - T_1}\lg \frac{k_2}{k_1} \tag{6-19}$$

根据式(6-19)，当已知两组温度和对应的反应速率常数，可计算出反应的活化能 E_a；对同一反应，若已知反应活化能、某一温度及对应的反应速率常数，可利用此式求任一温度的反应速率常数。

进一步分析阿伦尼乌斯公式的微分式和积分式，总结反应活化能 E_a 和温度 T 对反应速率常数 k 的影响，规律性结论如下：

(1) 温度一定时，由式(6-15)，反应活化能处于指数项中，对反应速率常数的影响非常显著。当反应不同时，活化能 E_a 大的反应，反应速率常数小，反应速率 r 小；反之，活化能 E_a 小的反应，反应速率 r 大。室温时，活化能 E_a 每增加 4 kJ·mol^{-1}，则反应速率常数 k 降低约80%。

(2) 由式(6-15)，某一反应活化能 E_a 一定，温度与反应速率常数正相关。温度越高，速率常数 k 越大，则反应速率 r 越大；反之，温度越低，反应速率 r 越小。一般反应温度每升高 10 K，k 值将增大 2～4 倍。

(3) 由式(6-18)，对不同的反应，升高相同温度时，活化能 E_a 大的反应，速率常数 k 增加的倍数大；活化能 E_a 小的反应，速率常数 k 增加的倍数小。也就是说，活化能大的反应对温度更敏感。

(4) 由式(6-18)，同一反应，升高同样温度($T_2 - T_1$ 一定)，在高温区(T_2、T_1 大)升温，速率常数 k 增加的幅度小；在低温区(T_2、T_1 小)升温，速率常数 k 增加的倍数大。因此，同一反应，在低温区时升高温度可大幅提高反应速率。

因此，从反应速率方程和阿伦尼乌斯公式可得温度对反应速率的影响比浓度的影响更显著。在实际生产中，大多数情况下可尝试改变温度控制反应速率。

6.6　反应速率理论简介

化学反应速率的影响因素有反应物本身、反应物浓度、反应温度及催化剂，而它们怎样在反应过程中影响化学反应？是否可以从理论上计算化学反应速率？这部分内容属于反应速率理论的研究范畴，从 19 世纪末开始人们就尝试通过微观角度解释表观动力学并建立速率方程，后来发展出两种理论——碰撞理论和过渡态理论，作为分子动力学理论的模型，本节只讨论基元反应。

6.6.1　碰撞理论

1918 年，路易斯运用分子运动论的成果并接受阿伦尼乌斯活化分子和活化能的概念，提出适用于气相双分子反应的碰撞理论，反应分子以硬球碰撞为模型，提出了以下三个主要论点。

碰撞理论的第一个论点：任何反应要进行，其必要条件是反应物分子间必须产生相互碰撞。在一定温度下，反应物分子碰撞的频率与反应物浓度成正比，碰撞的频率越高，反应速率越大。碰撞频率 Z 与反应物分子的大小、摩尔质量和反应物浓度有关。假如每次碰撞都能发

生反应，则通过理论计算的反应速率应当与实验测定值差异不大。但是以下面的反应为例，

$$2HI(g) \Longrightarrow H_2(g) + I_2(g)$$

当反应温度为 556 K，反应物 HI 的浓度为 1×10^{-3} mol·L^{-1}，若反应物碰撞则发生反应，反应速率应为 1.2×10^5 mol·L^{-1}·s^{-1}，而实际测得反应速率仅为 3.5×10^{-13} mol·L^{-1}·s^{-1}。

由此可得，并非每次碰撞都能实现反应，大多数碰撞为无效碰撞，极少数能发生化学反应的碰撞称为有效碰撞。除碰撞外反应速率还应考虑能量因素和方位因素的影响。

碰撞理论的第二个论点：只有当反应物分子的能量足够克服旧键断裂时原子间的吸引作用，同时克服形成新键时原子间价电子的排斥作用时，才能使分子中的原子发生重排完成化学反应。因此，需要克服化学反应中吸引和排斥作用的能垒，即发生反应的分子对必须具有高于某一最低值的能量，才有可能导致反应的发生。能够发生有效碰撞的分子称为活化分子，用 f 表示达到能量要求的碰撞次数与总碰撞次数之比，f 称为能量因子，符合麦克斯韦-玻尔兹曼分布，则有

$$f = e^{-\frac{E_a}{RT}} \tag{6-20}$$

式中，e 为自然对数的底；R 为摩尔气体常量；T 为温度；E_a 为发生有效碰撞的活化分子需要具备的最低能量，单位为 kJ·mol^{-1}，取值范围为几十到几百千焦每摩尔。指数项中的 E_a 即阿伦尼乌斯方程中的活化能，活化能与反应的种类有关，其值大小对各反应的反应速率有重要的影响。

由式(6-20)可知，在温度一定的条件下，能量最低值 E_a 与能量因子 f 为反比关系，当 E_a 越大时，能量因子 f 越小，即满足能量要求的活化分子在总分子数中所占比例越小，有效碰撞次数与总碰撞次数之比也就越小，故反应速率就越小。

若用能量因子修正反应 $2HI(g) \Longrightarrow H_2(g) + I_2(g)$ 的反应速率常数，556 K 的反应速率常数 k 已接近实验测试数据，但数值仍然高于实验值。

碰撞理论的第三个论点：反应物分子有一定的几何构型，具有足够能量的分子相互碰撞时，只有选取合适的碰撞取向才有可能发生反应。例如，以下反应

$$NO_2 + CO \Longrightarrow CO_2 + NO$$

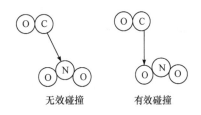

如图 6-1 所示，当 CO 中的 C 原子与 NO$_2$ 中的 O 原子碰撞在一起时为有效碰撞，能发生反应；而 CO 中的 O 原子与 NO$_2$ 中的 O 原子、CO 中的 C 原子与 NO$_2$ 中的 N 原子、CO 中的 O 原子与 NO$_2$ 中的 N 原子之间的碰撞均为无效碰撞，不会发生氧原子的转移。

P 与反应物分子碰撞的取向有关，称为取向因子，当反应系统的条件一定时，只有在几何方位适宜的位置碰撞，反应才能发生。反应的类型不同，取向因子 P 数值不同，其取值范围为 $10^{-9} \sim 1$。

无效碰撞　　有效碰撞

图 6-1　碰撞的示意图

因此，只有能量足够、方位适宜的分子才能产生真正的有效碰撞，则反应速率 r 等于总碰撞次数 Z 乘以能量因子 f，再乘以取向因子 P。

$$r = ZfP = ZPe^{-\frac{E_a}{RT}} \tag{6-21}$$

可见，式(6-21)与阿伦尼乌斯公式相似，能量因子中的 E_a 近似等于活化能。总之，碰撞理论非常直观，从理论上验证了阿伦尼乌斯公式。该理论可成功解释简单的气相双分子反应，若反应物为相对分子质量大、结构复杂的有机化合物，则理论计算的反应速率常数与实验测定的结果不吻合。不吻合的根本原因是碰撞理论的假设中忽视了分子的内部结构和运动规律。

6.6.2 过渡态理论

随着人们对原子分子内部结构的深入认识，1935 年后由艾林(Eyring)和波拉尼(Polanyi)在碰撞理论的基础上结合统计力学和量子力学提出了过渡态理论，又称为活化络合物理论。过渡态理论用量子力学的方法对简单反应进行运算，区别于碰撞理论认为的反应物之间简单碰撞便转化为产物，该理论认为，化学反应要经历一个由反应物分子以特定构型存在的过渡状态，该状态的形成要考虑分子的内部结构及内部运动。反应物分子在接触过程中一直存在相互作用，这种作用使反应系统的势能不断动态变化，反应的势能需要把所有反应物分子看作一个整体。反应过程中存在一个高能量的过渡态，处于过渡态的分子称为活化络合物，活化络合物中旧的化学键还未完全断开，同时新的化学键没有完全生成。由反应物原子组合形成的活化络合物能量很高，非常不稳定，它将很快转化为低能量、稳定的生成物或者又分解为反应物。

过渡态理论是以量子力学的方法对反应"分子对"相互作用过程中的势能变化进行推算。在 NO_2 与 CO 的反应中，具有足够能量的 NO_2 与 CO 分子彼此以适当的取向相互靠近到一定程度时，电子云将发生改变，形成一种不稳定的活化络合物，此时体系的能量最高。

$$NO_2 + CO \Longrightarrow CO_2 + NO$$

在活化络合物中，原有的 N…O 键被削弱拉长，新的 C…O 键部分形成。此时，反应物分子的动能转化为活化络合物的势能，活化络合物很不稳定，既可以完成旧键破裂、新键生成得到生成物，也可以分解为反应物。

如图 6-2 所示，用反应历程-势能图表示反应过程中体系势能的变化情况。图中 E_{I} 表示反应物 CO 和 NO_2 分子的平均势能；E_{ac} 表示活化络合物的平均势能；E_{II} 表示生成物 NO 和 CO_2 分子的平均势能。

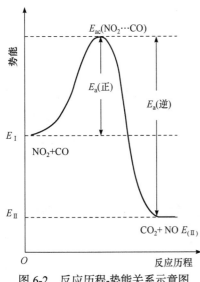

图 6-2　反应历程-势能关系示意图

正反应的活化能 $E_a(正)$ 为活化络合物的平均势能 E_{ac} 与反应物分子的平均势能 E_{I} 之差；同理，活化络合物的平均势能 E_{ac} 与生成物分子的平均势能 E_{II} 之差为逆反应的活化能 $E_a(逆)$。按照过渡态理论，反应的活化能体现的是能量差。

$$E_a(正) = E_{ac} - E_{\mathrm{I}} \qquad E_a(逆) = E_{ac} - E_{(\mathrm{II})}$$

在反应历程中，反应物分子 CO 和 NO_2 必须具备足够能量，才能越过能垒经由活化络合物生成产物 NO 和 CO_2。

过渡态理论描述的能量变化也体现了反应动力学和热力学之间的联系。化学反应的热效应等于正反应的活化能与逆反应的活化能之差。

$$\Delta_r H_m = E_{\mathrm{II}} - E_{\mathrm{I}} = E_a(正) - E_a(逆)$$

当 $E_a(正) > E_a(逆)$ 时，$\Delta_r H_m > 0$，反应为吸热反应；

当 $E_a(正) < E_a(逆)$ 时，$\Delta_r H_m < 0$，反应为放热反应。

根据过渡态理论，若正反应是吸热反应，其逆反应必定是放热反应。正、逆反应必然满足微观可逆性原理，该理论具体的内容为：如果正反应是经过一步完成的基元反应，则逆反应也是经过一步完成的基元反应，重点是正、逆两个反应所经历的中间体为同一个活化络合物。

6.7　催化剂对反应速率的影响

升温可以加快化学反应速率，但无限度地增加温度并不见得对反应都是有利的，尤其是升高温度将面临反应对设备要求高或引发副产物等。基于以上现象，在实际生产中人们通常采用加入催化剂来控制反应速率。催化剂最大的优势是只要少量存在就能显著改变反应速率。据统计，在现代化学研究和化工生产中 80%～90% 的反应都需要加入催化剂。例如，目前汽车尾气的处理是在汽车的排气管内装上以金属铂为主要组分的固体催化剂。

根据反应速率理论，加入催化剂的反应都是复杂反应，反应机理中的某一个基元反应消耗催化剂，在后续的基元反应中催化剂又被合成出来，因此在反应结束后，催化剂自身的质量、组成和化学性质基本不变。催化剂的加入只改变反应速率的大小，不改变反应的热力学趋向和限度，由于催化剂不能改变反应的始态和终态，催化剂只能作用于热力学上可能发生的反应。根据催化剂与反应物分子发生反应时状态的差异，常见的催化剂分为均相催化剂和多相催化剂两大类。

在反应时，催化剂和反应物同处于均匀一相中称为均相催化反应。液相催化反应是最常见的均相催化反应，如氢离子可催化蔗糖和酯的水解。多相催化指催化剂和反应物处于不同的物相中，通常这类催化剂为固相，反应物为气相或液相，如合成氨反应中的铁属于多相催化剂。多相催化在有机化工、无机化工等各生产部门中都有广泛的应用。

过渡态理论认为，催化剂参与的反应改变了原来的反应历程，使反应的活化能降低，实现反应的加速进行，可用图 6-3 形象地描述。

从图 6-3 中看出，与原反应相比，加入催化剂后，反应的活化能 E_a 明显降低。在相同温度下，发生反应需要翻越的能垒降低，活化分子组在参与反应的总分子中所占比例大幅增加，使反应更容易进行。

加入催化剂能同等程度地减小正、逆反应的活化能，即同时等倍数地加快正反应和逆反应的速率，并不改变反应物和产物的平均势能，所以不能改变与热力学相关的反应热效应及标准平衡常数。

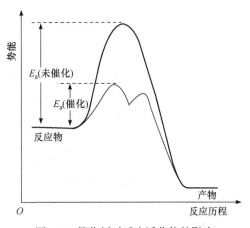

图 6-3　催化剂对反应活化能的影响

综上所述，催化剂有如下特点：

(1) 加入催化剂不能改变反应的方向和限度，不能使热力学上不能进行的反应进行。

(2) 催化反应中，催化剂与反应物生成活化络合物的中间体，只能缩短达到平衡的时间，但不改变化学平衡。

(3) 催化剂有特殊的选择性，不同类型的化学反应需要加入合适的催化剂，若一个化学反应有几个平行反应同时进行，选择不同类型的催化剂可得到不同的主产物。

(4) 催化剂的使用有特定条件，若反应体系中有少量杂质可能会损坏甚至破坏催化剂的活性，导致催化剂失活或中毒。

习　题

6-1 区别以下概念：

　　(1) 反应速率常数与反应速率　　　　　　(2) 平均速率与瞬时速率

　　(3) 基元反应与复杂反应　　　　　　　　(4) 反应级数与反应分子数

6-2 如何导出零级、一级和二级反应速率方程的积分式，零级、一级和二级反应的速率方程有什么特征？

6-3 分别用反应物和生成物浓度的变化表示下列反应的平均速率和瞬时速率，找出各速率间的相互关系。

　　(1) $2SO_2(g) + O_2(g) === 2SO_3(g)$　　　　(2) $aA + bB === yY + zZ$

6-4 根据实验数据，某温度下 $2A(g) + B_2(g) === 2C(g)$ 为基元反应，

　　(1) 写出反应的速率方程，反应的级数为多少？

　　(2) 其他反应条件不变，将容积减小为原来的 1/2，反应速率变化了多少？

6-5 反应 $2A(g) + B(g) === 2C(g)$，已知表中的实验数据：

实验编号	$c(A)_0/(mol \cdot L^{-1})$	$c(B)_0/(mol \cdot L^{-1})$	$r_0/(mol \cdot L^{-1} \cdot s^{-1})$
(1)	0.01	0.01	2.5×10^{-3}
(2)	0.01	0.02	5×10^{-3}
(3)	0.03	0.02	4.5×10^{-2}

　　(1) 试推导出反应对反应物 A 和反应物 B 的级数。该反应的级数为多少？

　　(2) 写出反应的速率方程。

　　(3) 求反应速率常数。

6-6 已知某分解反应，在 300 K 时，反应速率常数为 $2.5 \times 10^{-3} \ min^{-1}$。

　　(1) 该反应为几级反应？

　　(2) 反应物分解一半对应的半衰期是多少？

　　(3) 若反应物初始浓度为 $0.04 \ mol \cdot L^{-1}$，反应进行 8 h 后，反应物浓度为多少？

6-7 在 1 L 溶液中，等物质量的 A 和 B 反应了 3600 s，剩余的 A 为初始浓度的 25%，当反应至 7260 s 时，若该反应对物质 A 为(1) 零级反应；(2) 二级反应。还剩多少 A 没有反应？

6-8 已知某抗生素注射到人体内在血液中的反应为一级反应，0.5 g 抗生素注入体内后，测定不同时间抗生素在血液中的浓度，得以下数据：

时间/h	4	8	12	16
血液中含量/(mg · 100 cm^{-3})	0.48	0.31	0.24	0.15

　　(1) 求反应速率常数；

　　(2) 计算半衰期；

(3) 若血液中抗生素的含量不低于 0.37 mg·100 cm^{-3}，多长时间后需注射第二针？

6-9 已知某反应，温度 273 K 时反应速率常数 $k = 8.2 \times 10^{-4}$ dm^3·mol^{-1}·s^{-1}，温度 293 K 时反应速率常数 $k = 4.1 \times 10^{-3}$ dm^3·mol^{-1}·s^{-1}。计算此反应的活化能，求温度为 303 K 时的反应速率常数。

6-10 某一级反应，在 340 K 反应完成 20%需 3.2 min，在 300 K 时反应完成 20%需 12.61 min，估算反应的活化能。

6-11 碰撞理论的基本论点有哪些？给出阿伦尼乌斯公式中活化能和碰撞理论活化能的物理意义。

6-12 过渡态理论的要点是什么？

6-13 催化剂具有哪些特点？什么是均相催化？催化剂对反应平衡常数和反应速率常数是否有影响？

6-14 有人提出反应 2NO(g) + Cl$_2$(g) === 2NOCl(g)的反应历程如下：

(1) NO + Cl$_2$ === NOCl$_2$ (快)

(2) NOCl$_2$ + NO === 2NOCl(g)   (慢)

试用平衡态假设法推导生成 NOCl 的速率方程表达式。

6-15 已知三个基元反应的活化能如下表：

序号	A	B	C
正反应的活化能/(kJ·mol^{-1})	30	70	16
逆反应的活化能/(kJ·mol^{-1})	55	20	35

在相同温度时：

(1) 正反应为吸热反应的是哪个反应？正反应为放热反应的是哪个反应？

(2) 反应 B 的反应焓变为多少？

(3) 正反应的速率常数 k 随温度变化最大的是哪个反应？

6-16 某反应在温度为 503 K 下发生，未加入催化剂时，反应的活化能为 184.1 kJ·mol^{-1}；加入催化剂后，反应速率常数为未加入催化剂反应速率常数的 1.8 倍，指前因子 A(未催化)为指前因子 A(催化)的 1×10^8 倍，试计算加入催化剂后的反应活化能。

6-17 人体的正常体温为 37℃，某酶催化反应的活化能为 51 kJ·mol^{-1}，当患者发烧至 39.5℃时，酶催化反应速率增加的百分数为多少？

6-18 下列说法正确的是：

(1) 化学反应速率常数 k 越大，反应速率越大。

(2) 化学反应速率会随时间的改变而改变。

(3) 反应 aA(aq) + bB(aq) $\longrightarrow$ yY(aq)，实验测得速率方程为 $r = kc(A)^a c(B)^b$，则该反应一定为基元反应。

(4) 某反应速率常数的单位是 mol^{-1}·L·s^{-1}，则反应的级数为 2。

(5) 对不同反应，升高相同温度时，E_a 大的反应 k 增大的倍数多。

(6) 过渡理论中，基元反应的正反应和逆反应有相同的活化络合物。

第7章　化　学　平　衡

研究化学反应，必须要研究以下四个问题：①反应的方向性；②反应的热效应；③反应物转化为产物的反应限度，即化学平衡问题；④反应速率问题。大多数化学反应，反应物生成产物的同时，产物也将生成反应物，即化学反应可以按化学反应计量方程式从左向右进行，也可以从右向左进行。化学反应中反应物转变为产物的限度不完全相同，有的化学反应进行得很彻底，如酸碱的中和反应，反应物能完全转变为产物。而大多数化学反应中反应物不能完全转变为产物。例如，SO_2 转化为 SO_3 的反应，当压力为 101.3 kPa，温度为 773 K 时，SO_2 转化为 SO_3 的最大转化率为 90%，这是因为 SO_2 与 O_2 生成 SO_3 的同时，部分 SO_3 在相同条件下又分解为 SO_2 与 O_2。

化学平衡研究在指定的条件下，反应物可以转变成产物的最大限度，也就是化学反应进行的程度，它属于化学热力学的研究范畴，本章将学习化学平衡的特征及平衡的移动，同时还将得出反应物质处于非标准态时反应自发进行的判据。

7.1　化学反应的可逆性与平衡态

在一定条件下，化学反应一般既可按反应方程式从左向右进行，也可以从右向左进行，这就是化学反应的可逆性，但是不同的化学反应其可逆性的程度不同。随着可逆反应的进行，最终会进行到极限，达到化学平衡状态。

化学平衡状态是指在可逆反应中，正反应和逆反应的速率相等（$r_{正} = r_{逆}$），反应物和生成物的浓度不再随时间而改变的状态，如图 7-1 所示。

由热力学判据可知，平衡状态是反应在给定条件下所能达到的最大限度；对于不同的化学反应，或是在不同条件下的同一反应，反应所能达到的最大限度是不同的。平衡态具有以下特点，如图 7-2 所示，可逆反应

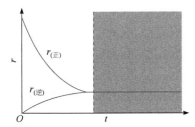

图 7-1　可逆反应的时间-反应速率图

$$H_2(g) + I_2(g) \rightleftharpoons 2HI(g)$$

(1) 该反应达到平衡时，化学反应的 $\Delta G = 0$，反应达到了该条件下的极限，$H_2(g)$、$I_2(g)$、$HI(g)$ 的组成不再随时间变化；

(2) 正、逆反应速率相等，体系处于正、逆反应的动态平衡；

(3) 平衡时各物质的组成与达到平衡的途径无关；

(4) 平衡是动态的、相对的，当维持平衡的条件发生变化，平衡组成也会发生变化，原来的平衡被破坏，直至建立新的平衡。

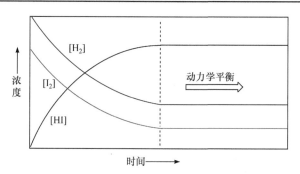

图 7-2 $H_2(g) + I_2(g) \rightleftharpoons 2HI(g)$ 反应平衡示意图

7.2 平 衡 常 数

7.2.1 经验平衡常数

无论从正反应开始，还是从逆反应开始，或者从混合物开始，尽管平衡时各物质浓度不同，但是 $\dfrac{产物浓度以化学计量数为乘幂的乘积}{反应物浓度以化学计量数为乘幂的乘积}$ = 常量，这个常量称为经验平衡常数。

由实验测定平衡体系的组成计算得到的平衡常数为经验平衡常数，因组成可用不同的浓度量纲表示，因此也有不同的经验平衡常数。

对于稀溶液中溶质间的反应，以 $aA + bB \rightleftharpoons dD + eE$ 为例，在一定温度下，达平衡时，体系中各物质的浓度满足如下关系式：

$$K_c = \frac{[D]^d \cdot [E]^e}{[A]^a \cdot [B]^b} \tag{7-1}$$

式中，K_c 为浓度平衡常数。从上式可以看出，经验平衡常数 K 一般是有量纲的，只有当反应物的计量数之和与生成物的计量数之和相等时，K 才是无量纲的。

对于低压下的气相反应，达到平衡时各物质的分压保持不变，其平衡常数可以用浓度表示为 K_c，也可以用平衡时各物质的分压表示

$$K_p = \frac{p_D^d \cdot p_E^e}{p_A^a \cdot p_B^b} \tag{7-2}$$

式中，K_p 称为压力平衡常数。同一个反应的 K_c 和 K_p 一般是不相等的，但两者表示的是同一个平衡状态，因此存在数值关系。

而对于复相间的反应，其经验平衡常数既不是 K_c，也不是 K_p，一般直接用 K 表示。例如，

$$Ag_2CO_3(s) \rightleftharpoons Ag_2O(s) + CO_2(g) \qquad K = p_{CO_2}$$

书写平衡常数时要注意以下事项：

(1) 平衡常数的表达式中各物质的浓度或分压，都是指平衡时的浓度或分压；

(2) 平衡常数与平衡反应方程式的书写有关：

$$2N_2O_5(g) \rightleftharpoons 4NO_2 + O_2(g) \qquad K_1 = \frac{(p_{NO_2})^4 p_{O_2}}{(p_{N_2O_5})^2}$$

$$N_2O_5(g) \Longrightarrow 2NO_2(g) + \frac{1}{2}O_2(g) \qquad K_2 = \frac{(p_{NO_2})^2(p_{O_2})^{1/2}}{p_{N_2O_5}}$$

$$K_1 = (K_2)^2$$

(3) 纯液体、纯固体参与反应时，其浓度或分压可认为是常数，均不写进平衡常数表达式中。

$$MnO_2(s) + 2Cl^-(aq) + 4H^+(aq) \Longrightarrow Mn^{2+}(aq) + Cl_2(g) + 2H_2O(l)$$

$$K = \frac{[Mn^{2+}]p_{Cl_2}}{[Cl^-]^2[H^+]^4}$$

7.2.2 标准平衡常数

平衡常数除用实验方法测定外，还可通过热力学方法计算，所得平衡常数称为标准平衡常数。

对于溶液中的反应：
$$K^\ominus = \frac{\left(\dfrac{[D]}{c^\ominus}\right)^d\left(\dfrac{[E]}{c^\ominus}\right)^e}{\left(\dfrac{[A]}{c^\ominus}\right)^a\left(\dfrac{[B]}{c^\ominus}\right)^b}$$

这里的 $c^\ominus$ 为标准态浓度，平衡浓度除以标准态浓度的值称为平衡时的相对浓度。

对于气相反应：
$$K^\ominus = \frac{\left(\dfrac{p_D}{p^\ominus}\right)^d\left(\dfrac{p_E}{p^\ominus}\right)^e}{\left(\dfrac{p_A}{p^\ominus}\right)^a\left(\dfrac{p_B}{p^\ominus}\right)^b}$$

对于复相反应：如 $Zn(s) + 2H^+(aq) \Longrightarrow Zn^{2+}(aq) + H_2(g)$，$K^\ominus = \dfrac{([Zn^{2+}]/c^\ominus)(p_{H_2}/p^\ominus)}{([H^+]/c^\ominus)^2}$

应该注意的是，无论是溶液中的反应、气相反应还是复相反应，其标准平衡常数均为无量纲的量，因为其分子和分母中的各因式均为无量纲的量。液相反应的 K_c 和 $K^\ominus$ 在数值上相等，而气相反应的 K_p 一般不与其 $K^\ominus$ 的数值相等。

平衡常数与温度有关，与浓度或分压无关，与反应是从正向开始还是从逆向开始进行也无关。平衡常数的数值反映了化学反应进行的程度，平衡常数越大，化学反应进行得越完全。

经验平衡常数和标准平衡常数都代表了化学反应所能达到的最大程度。但是，在现实生活中，人们常用更直观的物理量——平衡转化率表述一个化学反应进行的程度。

平衡转化率是指实现化学平衡时，已转化为生成物的反应物占该反应物起始总量的百分数，即

$$\alpha(B) \stackrel{def}{=\!=} \frac{n_0(B) - n_{eq}(B)}{n_0(B)} \tag{7-3}$$

式中，$\alpha(B)$ 为反应物 B 的平衡转化率；$n_0(B)$ 为反应物 B 的初始浓度；$n_{eq}(B)$ 为反应物 B 的平衡浓度。

平衡转化率和平衡常数虽然都代表了化学反应进行的程度，但是二者显著不同。平衡转化

率不仅与反应温度有关, 而且与反应物的起始浓度有关; 平衡常数只与温度有关, 与反应起始时各物质的浓度没有任何关系。

7.2.3 标准平衡常数与吉布斯自由能的关系

对于任意反应 $aA + bB \rightleftharpoons cC + dD$, 定义某时刻的反应商 Q 为

$$Q = \frac{([C]'/c^{\ominus})^c ([D]'/c^{\ominus})^d}{([A]'/c^{\ominus})^a ([B]'/c^{\ominus})^b}$$

Q 的书写方法与标准平衡常数完全相同, 但是浓度或分压项不是平衡状态, 而是任意时刻的浓度或分压。反应达到平衡时的反应商 Q 和标准平衡常数 $K^{\ominus}$ 相等。

若反应不是在标准态下进行, 如气体的压力不是 $p^{\ominus}$, 溶液中溶质的浓度不是标准浓度, 不能使用 $\Delta_r G_m^{\ominus}$ 作为反应自发进行方向和限度的判据, 而应使用实际反应条件下的 $\Delta_r G_m$ 作为判据。

由热力学可以导出反应的摩尔吉布斯自由能的改变值 $\Delta_r G_m$ 与 $\Delta_r G_m^{\ominus}$ 的关系为

$$\Delta_r G_m = \Delta_r G_m^{\ominus} + RT \ln Q \tag{7-4}$$

式(7-4)称为化学反应等温式。利用式(7-4)可以在已知某反应的 $\Delta_r G_m^{\ominus}$ 的基础上, 求出反应体系中各物质的浓度为任何值时反应的 $\Delta_r G_m$。

当体系处于平衡状态时, $\Delta_r G_m = 0$, 同时 $Q = K^{\ominus}$, 此时式(7-4)变成

$$0 = \Delta_r G_m^{\ominus} + RT \ln K^{\ominus}$$

即

$$\Delta_r G_m^{\ominus} = -RT \ln K^{\ominus} \tag{7-5}$$

式(7-5)称为化学反应等温式, 表示的是化学反应的标准摩尔吉布斯自由能变化 $\Delta_r G_m^{\ominus}$ 与标准平衡常数 $K^{\ominus}$ 间的数值关系, 而不是状态间的关系。

将式(7-5)代入式(7-4), 得

$$\Delta_r G_m = -RT \ln K^{\ominus} + RT \ln Q$$

或

$$\Delta_r G_m = -RT \ln \frac{K^{\ominus}}{Q} \tag{7-6}$$

由 $K^{\ominus}$ 与 Q 大小的比较, 可判定指定条件下反应自发进行的方向和限度:

若 $K^{\ominus} > Q$, 则 $\Delta_r G_m < 0$, 反应正向自发进行;

$K^{\ominus} = Q$, 则 $\Delta_r G_m = 0$, 反应达到平衡;

$K^{\ominus} < Q$, 则 $\Delta_r G_m > 0$, 反应逆向自发进行。

式(7-6)也称为化学反应等温式。

7.2.4 有关平衡常数的计算

1. 由实验数据计算

由实验测定平衡体系的组成或平衡转化率等, 可以计算出各个经验平衡常数。若已知平衡常数, 也可由平衡常数的关系式计算出体系的平衡组成。

【例 7-1】 在 1 dm³ 的容器中放入 2.695 g PCl₅(g)，523 K 下分解达平衡后，容器内的压力为 $p^{\ominus}$，求 PCl₅(g)分解为 PCl₃(g)和 Cl₂(g)反应的 $K^{\ominus}$、K_p 和 K_c。

解 起始时 PCl₅ 的物质的量 $n_0 = \dfrac{2.695\,\text{g}}{208.5\,\text{g}\cdot\text{mol}^{-1}} = 0.0129\,\text{mol}$，设平衡转化率为 α：

$$PCl_5(g) \rightleftharpoons PCl_3(g) + Cl_2(g)$$

起始 n_B^0/mol	n_0	0	0
平衡时 n_B/mol	$n_0(1-\alpha)$	$n_0\alpha$	$n_0\alpha$ $n_{\text{总}}=n_0(1+\alpha)$
平衡时 x_B	$\dfrac{1-\alpha}{1+\alpha}$	$\dfrac{\alpha}{1+\alpha}$	$\dfrac{\alpha}{1+\alpha}$

由混合气体的状态方程 $p_{\text{总}}V = n_{\text{总}}RT$，代入数据

$$101325\,\text{Pa}\times1\times10^{-3}\,\text{m}^3 = 0.0129(1+\alpha)\,\text{mol}\times8.314\,\text{J}\cdot\text{mol}^{-1}\cdot\text{K}^{-1}\times523\,\text{K}$$

得 $\qquad\qquad\qquad\qquad\qquad \alpha = 0.806$

$$K^{\ominus} = \frac{(p_{PCl_3}/p^{\ominus})(p_{Cl_2}/p^{\ominus})}{(p_{PCl_5}/p^{\ominus})} = \frac{x_{PCl_3}\cdot x_{Cl_2}}{x_{PCl_5}}\cdot\frac{p_{\text{总}}}{p^{\ominus}} = \frac{\left(\dfrac{\alpha}{1+\alpha}\right)^2}{\dfrac{1-\alpha}{1+\alpha}} = \frac{\alpha^2}{1-\alpha^2} = \frac{0.806^2}{1-0.806^2} = 1.854$$

$$K_p = K^{\ominus}\cdot p^{\ominus} = 1.854\times101325\,\text{Pa} = 1.88\times10^5\,\text{Pa}$$

$$K_c = K^{\ominus}\left(\frac{p^{\ominus}}{RT}\right) = 1.854\times\frac{101325\,\text{Pa}}{8.314\,\text{J}\cdot\text{mol}^{-1}\cdot\text{K}^{-1}\times523\,\text{K}} = 43.2\,\text{mol}\cdot\text{m}^{-3}$$

2. 由热力学方法计算

由热力学数据先计算出反应的 $\Delta_r G_m^{\ominus}$，再由 $\Delta_r G_m^{\ominus} = -RT\ln K^{\ominus}$ 求 $K^{\ominus}$。

3. 多重平衡规则

在一个平衡体系中，有若干个平衡同时存在时，一种物质可同时参与几个平衡，这种现象称为多重平衡。多重平衡体系中，某一组分只有一个平衡分压(或浓度)，它同时满足该组分所参与反应的所有平衡常数表达式。

① $C(s) + ZnO(s) =\!=\!= Zn(g) + CO(g)$ $K_1^{\ominus} = p_{Zn}\cdot p_{CO}\cdot p^{\ominus-2}$

② $CO(g) + ZnO(s) =\!=\!= Zn(g) + CO_2(g)$ $K_2^{\ominus} = \dfrac{p_{Zn}\cdot p_{CO_2}}{p_{CO}}p^{\ominus-1}$

③ $C(s) + CO_2(g) =\!=\!= 2CO(g)$ $K_3^{\ominus} = \dfrac{p_{CO}^2}{p_{CO_2}}p^{\ominus-1}$

且反应③=反应①-反应②，$\Delta_r G_m^{\ominus}(3) = \Delta_r G_m^{\ominus}(1) - \Delta_r G_m^{\ominus}(2)$

代入 $\Delta_r G_m^{\ominus}$ 与 $K^{\ominus}$ 的关系式，或由 $K^{\ominus}$ 与各组分平衡分压的关系均可得

$$K_3^{\ominus} = K_1^{\ominus} / K_2^{\ominus} \text{ 或 } K_{p,3} = K_{p,1} / K_{p,2}$$

若干反应方程式相加(减)所得到的反应的平衡常数为这些反应的平衡常数之积(商)。这样就可由已知反应的平衡常数，求未知反应的平衡常数。

【例 7-2】 常压 $p^{\ominus}$ 下乙苯脱氢制苯乙烯的反应：$C_6H_5C_2H_5(g) \Longleftrightarrow C_6H_5C_2H_3(g) + H_2(g)$ ，已知 298.15 K 下的数据：

物质	$C_6H_5C_2H_5(g)$	$C_6H_5C_2H_3(g)$	$H_2(g)$
$\Delta_f H_m^{\ominus} / (kJ \cdot mol^{-1})$	29.79	147.4	0
$S_m^{\ominus} / (J \cdot mol^{-1} \cdot K^{-1})$	360.45	345.0	130.6

(1) 求 298.15 K 下反应的 $K^{\ominus}$ 及平衡转化率 α_1 ；

(2) 设 $\Delta_r H_m^{\ominus}$ 、$\Delta_r S_m^{\ominus}$ 与温度无关，求 873 K 时反应的 $K^{\ominus}$ 及 $p^{\ominus}$ 下的转化率 α_2 ；

(3) 保持温度为 873 K，若压力降低到 $0.1 p^{\ominus}$ ，求转化率 α_3 ；

(4) 保持温度为 873 K，压力为 $p^{\ominus}$ ，通入水蒸气，控制乙苯：水蒸气=1：9，求此条件下的转化率 α_4 。

解 (1) 298.15 K 下，反应的 $\Delta_r H_m^{\ominus} = (147.4 - 29.79) kJ \cdot mol^{-1} = 117.61 kJ \cdot mol^{-1}$

$$\Delta_r S_m^{\ominus} = (345.0 + 130.6 - 360.45) J \cdot mol^{-1} \cdot K^{-1} = 115.15 J \cdot mol^{-1} \cdot K^{-1}$$

$$\Delta_r G_m^{\ominus} = (117.61 - 298.15 \times 115.15 \times 10^{-3}) kJ \cdot mol^{-1} = 83.28 kJ \cdot mol^{-1}$$

$$K^{\ominus} = \exp(-\frac{83280}{8.314 \times 298.15}) = 2.57 \times 10^{-15}$$

$$C_6H_5C_2H_5(g) \Longleftrightarrow C_6H_5C_2H_3(g) + H_2(g)$$

起始 n_B/mol	1	0	0
平衡 $n_{B,eq}$/mol	$1-\alpha_1$	α_1	α_1

$$K^{\ominus} = \frac{\left(\dfrac{\alpha_1}{1+\alpha_1} p\right)^2}{\dfrac{1-\alpha_1}{1+\alpha_1} p} (p^{\ominus})^{-1} = \frac{\alpha_1^2}{1-\alpha_1^2} p / p^{\ominus}$$

代入 $K^{\ominus}$ ，$p = p^{\ominus}$ ，解出 $\alpha_1 = 5.10 \times 10^{-6}\% \approx 0$ 。可见，在此条件下基本无产物 $n_{\text{总}} = (1+\alpha_1) mol$ 生成。

(2) 873 K 下反应，

$$\Delta_r G_m^{\ominus} (873 K) = (117.61 - 873 \times 10^{-3} \times 115.15) kJ \cdot mol^{-1} = 16.78 kJ \cdot mol^{-1}$$

$$K^{\ominus} (873 K) = \exp\left(-\frac{16780}{8.314 \times 873}\right) = 0.095$$

将 $K^{\ominus}(873 K)$ 和 $p = p^{\ominus}$ 代入(1)中所得 $K^{\ominus}$ 与 α_1 的关系式中，解出 $\alpha_2 = 29.5\%$ 。可见，吸热反应，温度升高，$K^{\ominus}$ 增大，转化率大大提高。

(3) 将 $K^{\ominus}(873 K) = 0.095$ ，$p = 0.1 p^{\ominus}$ 代入(1)中 $K^{\ominus}$ 与 α_1 的关系式中，解出 $\alpha_3 = 69.8\%$ 。

可见，对气体组分计量系数增加的反应，减压有利于产物的生成。

(4) $C_6H_5C_2H_5(g) \Longrightarrow C_6H_5C_2H_3(g) + H_2(g)$, $H_2O(g)$

起始 n_B/mol   1   0   0   9

平衡 $n_{B,eq}$/mol $1-\alpha_4$ α_4 α_4 9 $n_总 = (10+\alpha_4)\,mol$

$$K^\ominus = \frac{\left(\dfrac{\alpha_4}{10+\alpha_4}\right)^2 p^2}{\dfrac{1-\alpha_4}{10+\alpha_4}p}(p^\ominus)^{-1} = \frac{\alpha_4^2}{(10+\alpha_4)(1-\alpha_4)} \times \frac{p}{p^\ominus}$$

代入 $K^\ominus(873\ K)$ 和 $p = p^\ominus$，解出 $\alpha_4 = 0.620$。可见等温、等压下，通入惰性气体的作用与减压相同，但更安全、实用，这也是工业上生产苯乙烯所采用的操作工艺。

7.3 外界因素对化学平衡的影响

在一定条件下，可逆反应的正反应和逆反应速率相等时，反应处于化学平衡。当外界条件变化时，平衡状态被破坏，在新的条件下，反应重新建立平衡。在新建立的平衡状态下，反应体系中的各物质浓度不再发生变化。当平衡的条件发生变化，就会从一种平衡状态转变到另一种平衡状态，这种变化过程称为化学平衡的移动。

7.3.1 浓度对化学平衡的影响

温度不变，则 $K^\ominus$ 不变。此时增大反应物浓度或减小生成物浓度，会使 Q 的数值减小，于是 $K^\ominus > Q$，此时平衡被破坏，反应向正反应方向进行，重新达到平衡；相反，减小反应物浓度或增大生成物浓度，平衡向逆反应方向移动。

7.3.2 压力对化学平衡的影响

对于有气体参与且反应前后气体的物质的量有变化的反应，压力的变化会对化学平衡产生影响，当 $Q \neq K^\ominus$ 时，化学平衡会发生移动。改变压力的方式有以下几种，下面分别进行讨论：

1. 定温下改变体系体积

对于有气体参与且反应前后气体的物质的量有变化的反应，改变反应体系的体积可能会改变 Q，从而使化学平衡移动。

对于一个化学反应：

$$aA(g) + bB(g) \Longrightarrow cC(g) + dD(g)$$

某时刻的反应商 Q 为

$$Q = \frac{\left(\dfrac{p_C}{p^\ominus}\right)^c \left(\dfrac{p_D}{p^\ominus}\right)^d}{\left(\dfrac{p_A}{p^\ominus}\right)^a \left(\dfrac{p_B}{p^\ominus}\right)^b}$$

当反应达到平衡时，$Q=K^{\ominus}$，在定温条件下改变反应体系的体积，如将体系压缩 x 倍，那么此时各个组分的压力变成原来的 x 倍，则

$$Q = \frac{\left(\dfrac{xp_C}{p^{\ominus}}\right)^c \left(\dfrac{xp_D}{p^{\ominus}}\right)^d}{\left(\dfrac{xp_A}{p^{\ominus}}\right)^a \left(\dfrac{xp_B}{p^{\ominus}}\right)^b} = x^{(c+d-a-b)} K^{\ominus} \tag{7-7}$$

压力对化学平衡的影响见表 7-1。

表 7-1 压力对化学平衡的影响

压力变化	气体分子数变化	
	$c+d-a-b>0$ (气体分子总数增加的反应)	$c+d-a-b<0$ (气体分子总数减少的反应)
增加体系总压力	$Q>K^{\ominus}$ 平衡向逆反应方向移动	$Q<K^{\ominus}$ 平衡向正反应方向移动
	均向气体分子数减少的方向移动	
降低体系总压力	$Q<K^{\ominus}$ 平衡向正反应方向移动	$Q>K^{\ominus}$ 平衡向逆反应方向移动
	均向气体分子数增加的方向移动	

对于反应前后气体分子数不变的反应，即 $c+d-a-b=0$，此时 $Q=K^{\ominus}$，平衡不移动。

2. 定温定容下改变压力

定温定容条件下改变体系中某一种物质的分压时，当增加反应物分压或减小产物分压，$Q<K^{\ominus}$，平衡向正反应方向移动；相反，减小反应物分压或增加产物分压时，$Q>K^{\ominus}$，平衡向逆反应方向移动。

3. 加入不参与化学反应的气态物质

(1) 定温定容下加入不参与化学反应的气态物质，虽然会使体系的总压增大，但并不改变各物质的分压，因此 $Q=K^{\ominus}$，平衡不移动。

(2) 定温定压下加入不参与化学反应的气态物质，体系的体积会增大，各物质的分压会相应降低，平衡向气体分子数增加的方向移动。

上面的讨论说明了压力变化只对反应前后气体分子数目有变化的反应的化学平衡有影响：在定温下，增大压力，平衡向气体分子数目减少的方向移动；减小压力，平衡向气体分子数目增加的方向移动。

7.3.3 温度对化学平衡的影响

浓度变化、压力变化，这些外界条件对化学平衡的影响都是改变 Q，而平衡常数保持不变。温度对平衡的影响却是直接改变平衡常数，使平衡发生移动。

$$\Delta_r G_m^{\ominus} = -RT \ln K^{\ominus}$$

$$\Delta_r G_m^{\ominus} = \Delta_r H_m^{\ominus} - T\Delta_r S_m^{\ominus}$$

$$-RT \ln K^{\ominus} = \Delta_r H_m^{\ominus} - T\Delta_r S_m^{\ominus}$$

在通常的温度条件下，$\Delta_r H_m^{\ominus}$ 和 $\Delta_r S_m^{\ominus}$ 近似与温度无关，设 $K_1^{\ominus}$、$K_2^{\ominus}$ 分别为温度 T_1 和 T_2 时的平衡常数，代入上式中经整理可得

$$\ln \frac{K_2^{\ominus}}{K_1^{\ominus}} = \frac{\Delta_r H_m^{\ominus}}{R}\left(\frac{1}{T_1} - \frac{1}{T_2}\right) \tag{7-8}$$

由式(7-8)可以看出：

(1) 对于吸热反应，$\Delta_r H_m^{\ominus} > 0$，当温度升高时，平衡向正反应方向移动，有利于产物的生成；

(2) 对于放热反应，$\Delta_r H_m^{\ominus} < 0$，当温度升高时，平衡向逆反应方向移动，不利于产物的生成；

(3) $\Delta_r H_m^{\ominus}$ 绝对值越大，改变温度对平衡的影响越大。

某种作用(如温度、压力或浓度的变化等)施加于已达平衡的体系，平衡将发生变化，向减小这种作用的方向移动，这就是勒夏特列(Le Chatelier)原理。由勒夏特列原理可以判定平衡移动的方向，同时由平衡常数的热力学关系式，还可对这些作用的影响进行定量的讨论和计算。

需要注意以下问题：

(1) 催化剂不能使化学平衡发生移动。催化剂使正、逆反应的活化能减小相同的量，同时增大正反应和逆反应的速率，但不能改变标准平衡常数。催化剂只能缩短反应达到平衡的时间，不能改变平衡组成。

(2) 化学反应速率与化学平衡的综合应用。以合成氨为例，$N_2(g, p) + 3H_2(g, p) \rightleftharpoons 2NH_3(g, p)$，$\Delta_r H_m^{\ominus} < 0$，从平衡的角度，低温、加压有利于平衡正向移动，但低温反应速率小，因此在实际生产中，温度控制在 460～550℃，压力为 32 MPa，同时使用铁系催化剂。

习　题

7-1 什么是化学反应的经验平衡常数、标准平衡常数？两者有什么不同？K_p、K_c 的意义各是什么？对于气相反应两者之间怎样进行换算？

7-2 反应物浓度和外界压力怎样影响化学平衡？怎样将体积对化学平衡的影响归结为浓度和压力的影响？

7-3 什么是化学反应等温式？如何由化学反应等温式推导出公式 $\Delta_r G_m^{\ominus} = -RT \ln K^{\ominus}$ 和 $\Delta_r G_m = RT \ln \dfrac{Q}{K^{\ominus}}$。

7-4 写出下列反应的标准平衡常数的表达式：

(1) $ZnS(s) + 2H^+(aq) \rightleftharpoons Zn^{2+}(aq) + H_2S(g)$

(2) $C(s) + H_2O(g) \rightleftharpoons CO(g) + H_2(g)$

(3) $2MnO_4^-(aq) + 5H_2O_2(aq) + 6H^+(aq) \rightleftharpoons 2Mn^{2+}(aq) + 5O_2(g) + 8H_2O(l)$

(4) $VO_4^{3-}(aq) + H_2O(l) \rightleftharpoons [VO_3(OH)]^{2-}(aq) + OH^-(aq)$

7-5 25℃反应 $C + H_2O \rightleftharpoons CO(g) + H_2(g)$ 的 $\Delta_r H_m^{\ominus} = 131.31 \text{ kJ·mol}^{-1}$，改变以下反应条件，平衡将怎样变化？

(1) 增加碳的量；　　　　　(2) 增大容器体积；　　　　　(3) 提高 $H_2O(g)$ 分压；

(4) 提高体系总压；　　　　(5) 等温等压下加入 N_2；　　(6) 升高反应温度；

(7) 加催化剂。

7-6　如果保存不当，$p^{\ominus}$ 下白锡可以转变为脆性的灰锡：

$$Sn(白) \rightleftharpoons Sn(灰)$$

由 298.15 K 的数据估算反应的转化温度。

物质	$\Delta_f H_m^{\ominus} / (kJ \cdot mol^{-1})$	$S_m^{\ominus} / (J \cdot mol^{-1} \cdot K^{-1})$
Sn(白)	0	51.55
Sn(灰)	−2.100	44.14

7-7　反应 $PCl_5(g) \rightleftharpoons PCl_3(g) + Cl_2(g)$ 在 760 K 时的标准平衡常数为 33.3。若将 100.0 g PCl_5 注入容积为 6.00 L 的密闭容器中，求 760 K 下反应达到平衡时 PCl_5 的解离度和容器中的压力。

7-8　27℃时，反应 $2NO_2(g) \rightleftharpoons N_2O_4(g)$ 达到平衡时，反应物和产物的分压分别为 p_1 和 p_2。试写出 $K^{\ominus}$、K_p 和 K_c 的表达式，并求出 $\dfrac{K_c}{K^{\ominus}}$ 的值(以 $p^{\ominus}=100$ kPa 计算)。

7-9　已知反应 $N_2(g) + 3H_2(g) \rightleftharpoons 2NH_3(g)$ 在某温度下的 $K_c = 0.87$ $mol^{-2} \cdot L^2$，根据计算结果说明 $c_{H_2} = 0.35$ $mol \cdot L^{-1}$，$c_{N_2} = 0.62$ $mol \cdot L^{-1}$，$c_{NH_3} = 0.18$ $mol \cdot L^{-1}$ 时反应进行的方向。

7-10　已知 298.15 K 时下列反应的标准平衡常数：

$$CaCl_2 \cdot 6H_2O(s) \rightleftharpoons CaCl_2(s) + 6H_2O(g) \qquad K_1^{\ominus} = 5.09 \times 10^{-44}$$

$$Na_2SO_4 \cdot 10H_2O(s) \rightleftharpoons Na_2SO_4(s) + 10H_2O(g) \qquad K_2^{\ominus} = 9.99 \times 10^{-17}$$

计算这两个平衡中水蒸气的压力，并说明哪种物质作为干燥剂更有效？

7-11　523 K 时反应：$PCl_5(g) \rightleftharpoons PCl_3(g) + Cl_2(g)$ 的 $K_c = 0.04$ $mol \cdot L^{-1}$，

(1) 求 523 K 时反应的 $K^{\ominus}$ 和 K_p；

(2) $PCl_5(g)$ 的初始浓度为 0.1 $mol \cdot L^{-1}$，求平衡时各组分浓度；

(3) PCl_5 在 523 K、$2p^{\ominus}$ 下达平衡，平衡混合气中 V_{Cl_2} 为总体积的 40.7%，求 PCl_5 的初始压力、各组分的平衡分压及 PCl_5 的转化率；

(4) 若(3)中气体混合物等温膨胀到压力为 0.2 $p^{\ominus}$，求平衡混合物组成及 PCl_5 的转化率。

7-12　已知 298.15 K，

反应① $Na_2SO_4(s) + 10H_2O(l) \rightleftharpoons Na_2SO_4 \cdot 10H_2O(s)$ 的 $\Delta_r G_m^{\ominus}(1) = -4.56$ $kJ \cdot mol^{-1}$；

反应② $H_2O(l) \rightleftharpoons H_2O(g)$ 的 $\Delta_r G_m^{\ominus}(2) = 8.588$ $kJ \cdot mol^{-1}$。

(1) 求反应③ $Na_2SO_4(s) + 10H_2O(g) \rightleftharpoons Na_2SO_4 \cdot 10H_2O(s)$ 的 $K^{\ominus}(3)$ 及水蒸气的平衡分压；

(2) 通过计算说明，将 $Na_2SO_4(s)$ 放在相对湿度为 50%的空气中，能否稳定存在。

7-13　高温下 HgO 的分解反应：$2HgO(s) \rightleftharpoons 2Hg(g) + O_2(g)$，在 420℃时，两种气体的总压力为 51.6 kPa；在 450℃时，分解总压力为 108 kPa。

(1) 计算在 420℃和 450℃时的标准平衡常数 $K^{\ominus}$，以及在 420℃和 450℃时 $p(O_2)$、$p(Hg)$ 各为多少。由此推断该反应是吸热反应还是放热反应。

(2) 如果将 12.0 g HgO 放在 1.00 L 的容器中，温度升高至 420℃，有多少克 HgO 剩余？

7-14　根据下列热力学数据计算 Br_2 的沸点。

	Br$_2$(l)	Br$_2$(g)
$\Delta_f H_m^\ominus/(\text{kJ}\cdot\text{mol}^{-1})$	0	30.907
$S_m^\ominus/(\text{J}\cdot\text{mol}^{-1}\cdot\text{K}^{-1})$	152.23	245.354

7-15 在一定温度和压力下，PCl$_5$(g)的解离度为 50%时，反应 PCl$_5$(g)$\rightleftharpoons$PCl$_3$(g)$+$Cl$_2$(g) 达到平衡，总体积为 1 dm^3。试判断下列条件下 PCl$_5$(g)的解离度是增大、减小还是不变。

(1) 减压使 PCl$_5$ 的体积变为 2 dm^3；

(2) 保持压力不变，加入氯气使体积变为 2 dm^3；

(3) 保持体积不变，加入氯气使压力增加 1 倍；

(4) 保持压力不变，加入氮气使体积增至 2 dm^3；

(5) 保持体积不变，加入氮气使压力增加 1 倍。

7-16 反应 2NaHCO$_3$(s)$\rightleftharpoons$Na$_2$CO$_3$(s)$+$CO$_2$(g)$+$H$_2$O(g) 的标准摩尔反应热为 1.29×10^2 kJ$\cdot$mol^{-1}。若 303 K 时 $K_1^\ominus=1.66\times10^{-5}$，试计算 393 K 反应的 $K_2^\ominus$。

7-17 固体氨的摩尔熔化焓变 $\Delta H_m^\ominus=5.65$ kJ$\cdot$mol^{-1}，摩尔熔化熵变 $\Delta S_m^\ominus=28.9$ J$\cdot$mol$^{-1}\cdot$K^{-1}。

(1) 计算在 150 K 下氨熔化的标准摩尔吉布斯自由能；

(2) 在 150 K 标准状态下，氨熔化是自发的吗？

(3) 在标准压力下，固体氨与液体氨达到平衡时的温度是多少？

7-18 (1) 计算 298 K 下反应：C$_2$H$_6$(g,$p^\ominus$)$\rightleftharpoons$C$_2$H$_4$(g,$p^\ominus$)$+$H$_2$(g,$p^\ominus$) 的 $\Delta_r G_m^\ominus$，并判断在标准状态下反应向哪个方向进行。

(2) 计算 298 K 下反应：C$_2$H$_6$(g,70 kPa)$\rightleftharpoons$C$_2$H$_4$(g,4.0 kPa)$+$H$_2$(g,4.0 kPa) 的 $\Delta_r G_m$，并判断反应方向。

7-19 反应 $\dfrac{1}{2}$Cl$_2$(g)$+\dfrac{1}{2}$F$_2$(g)$\rightleftharpoons$ClF(g)，在 298 K 和 398 K 下，测得其标准平衡常数分别为 9.3×10^9 和 3.3×10^7。

(1) 计算 $\Delta_r G_m^\ominus$(398 K)；

(2) 假定 298~398 K，$\Delta_r H_m^\ominus$ 和 $\Delta_r S_m^\ominus$ 基本不变，计算反应的 $\Delta_r H_m^\ominus$ 和 $\Delta_r S_m^\ominus$。

第8章 溶 液

溶液是一种物质(溶质)均匀分散在另一种物质(溶剂)中的一类物质分散体系。其中，溶质相当于分散质，溶剂相当于分散剂。液体溶液包括两种，即能够导电的电解质溶液和不能导电的非电解质溶液。所谓胶体溶液，更确切的名称应该是溶胶。本章主要讨论非电解质溶液和溶胶。

8.1 溶液的浓度

溶质以分子、原子或离子的形式存在于溶液中，浓度是表征溶质均匀分散在一定体积的溶液中的量，有不同的表示方法。

8.1.1 物质的量浓度

常用 1 L(或 1 dm³)溶液中溶解的溶质的物质的量来表示，称为物质的量浓度，符号为 c，常用单位为 mol·L^{-1} 或 mol·dm^{-3}。计算公式为

$$c_B = n_B / V \tag{8-1}$$

式中，n_B 为溶液中溶质 B 的物质的量，mol；V 为溶液的体积，L。

例如，1 L 溶液中含 0.2 mol NaOH，其浓度表示为 $c_{NaOH} = 0.2$ mol·L^{-1}，或者以 $c(NaOH) = 0.2$ mol·L^{-1} 表示。又如，$c(Na_2CO_3) = 0.1$ mol·L^{-1}，即 1 L 溶液中含 Na_2CO_3 物质的量为 0.1 mol。

8.1.2 质量分数

溶质 B 的质量与溶液的质量之比称为溶质 B 的质量分数，量纲为一，以符号 w_B 表示，定义式为

$$w_B = \frac{溶质的质量}{溶液的质量} = \frac{溶质的质量}{溶液的密度 \times 溶液的体积} = \frac{溶质的质量}{溶质的质量 + 溶剂的质量} \tag{8-2}$$

若溶质 B 的质量以 $m_{(B)}$ 表示，溶液的质量以 $m_{(S)}$ 表示，其计算公式为

$$w_{(B)} = \frac{m_{(B)}}{m_{(S)}} \tag{8-2a}$$

应当注意的是，$m_{(B)}$ 与 $m_{(S)}$ 的单位应一致。在实际工作中常使用的百分比符号 "%" 是质量分数的另一种表示方法，可理解为 "10^{-2}"。例如，大理石中碳酸钙的质量分数 $w = 0.8643$ 时，也可表示为 $w = 86.43\%$。

当溶质质量分数很小时，可采用 μg·g^{-1}(或 10^{-6})、ng·g^{-1}(或 10^{-9})和 pg·g^{-1}(或 10^{-12})表示。

8.1.3 质量摩尔浓度

1 kg 溶剂中溶解的溶质的物质的量称为该溶液的质量摩尔浓度，符号为 b，单位为

$mol \cdot kg^{-1}$。此种浓度常用在溶液的物理化学测量中，其特点是相同质量摩尔浓度的溶液都具有相同的摩尔分数(另一种浓度表示法)。例如，1 kg 水溶解了 98.08 g 硫酸(1 mol H_2SO_4)，此溶液的质量摩尔浓度为 $1 mol \cdot kg^{-1}$，其中各组分的摩尔分数为

1 kg 水的物质的量 = 1000 g/18.015 g $\cdot mol^{-1}$ = 55.51 mol

溶剂和溶质总物质的量 = (55.51+1) mol = 56.51 mol

溶质的摩尔分数 = 1/56.51 = 0.0177

溶剂的摩尔分数 = 55.51/56.51 = 0.9823

对极低浓度的水溶液来说，某物质的质量摩尔浓度与其物质的量浓度大致相等，因为 1 kg 水占的体积近似为 1 L。

8.1.4　溶液浓度计算及定量反应的滴定分析

在通常情况下，常用量器如量筒或移液管量取溶液的体积，较少用天平称溶液的质量。为计算样品溶液中所含溶质的物质的量，需要已知溶液的浓度与溶液体积，即

物质的量浓度 c(mol $\cdot L^{-1}$) × 溶液体积 V(L) = 溶质的物质的量 n(mol)

1. 稀释与浓缩

如果将溶液稀释或浓缩，溶液体积改变，浓度也将变化，但无论浓度和体积如何改变，其中所含溶质的物质的量是不变的，将保持恒定，故可得

$$c_1V_1 = c_2V_2 \tag{8-3}$$

式中，c_1 和 V_1 为稀释或浓缩前的溶液的物质的量浓度和相应体积；c_2 和 V_2 为稀释或浓缩后溶液的物质的量浓度和相应体积。掌握这个规律，就能较好地配制不同浓度的溶液。

2. 滴定分析中的计算

用已知浓度的溶液(标准溶液)与已知体积的待测物溶液进行反应，利用指示剂指示完全反应的终点，确定消耗标准溶液的体积，再根据待测物与标准溶液发生化学反应的计量关系，可以计算出待测物的含量(质量)。

【例 8-1】　准确称取基准物质 $K_2Cr_2O_7$ 1.4710 g，溶解后定量转移至 250.0 mL 容量瓶中。计算此 $K_2Cr_2O_7$ 溶液的浓度。

解　已知 $M_{K_2Cr_2O_7}$ = 294.2 g $\cdot mol^{-1}$，按式(8-1)计算：

$$c(K_2Cr_2O_7) = \frac{1.4710\,g\,/\,294.2\,g\cdot mol^{-1}}{0.2500\,L} = 0.02000\,mol\cdot L^{-1}$$

由于恰好准确称取 1.4710 g 基准物质不容易，常采取准确称量大致量的试样，然后溶解并定容于 250.0 mL 容量瓶中，再计算出 $K_2Cr_2O_7$ 溶液的实际准确浓度。

【例 8-2】　有 0.1035 mol $\cdot L^{-1}$ NaOH 标准溶液 500.0 mL，欲使其浓度恰好为 0.1000 mol $\cdot L^{-1}$，需加水多少毫升？

解　设应加水的体积为 V，根据溶液稀释前后溶质的物质的量相等的原则可得

$$0.1035 \text{ mol} \cdot \text{L}^{-1} \times 500.0 \text{ mL} = (500.0 \text{ mL} + V) \times 0.1000 \text{ mol} \cdot \text{L}^{-1}$$

$$V = \frac{(0.1035 \text{ mol} \cdot \text{L}^{-1} - 0.1000 \text{ mol} \cdot \text{L}^{-1}) \times 500.0 \text{ mL}}{0.1000 \text{ mol} \cdot \text{L}^{-1}} = 17.50 \text{ mL}$$

【例 8-3】 为标定 HCl 溶液, 称取硼砂($Na_2B_4O_7 \cdot 10H_2O$)0.4710 g, 用 HCl 溶液滴定至终点时消耗 24.20 mL。计算 HCl 溶液的浓度。

解 滴定反应为

$$5H_2O + Na_2B_4O_7 + 2HCl \Longrightarrow 4H_3BO_3 + 2NaCl$$

故

$$n_{\text{HCl}} = 2n_{\text{Na}_2\text{B}_4\text{O}_7 \cdot 10\text{H}_2\text{O}}$$

$$c_{\text{HCl}}V_{\text{HCl}} = \frac{2m_{\text{Na}_2\text{B}_4\text{O}_7 \cdot 10\text{H}_2\text{O}}}{M_{\text{Na}_2\text{B}_4\text{O}_7 \cdot 10\text{H}_2\text{O}}}$$

$$c_{\text{HCl}} = \frac{2 \times 0.4710 \text{ g}}{381.37 \text{ g} \cdot \text{mol}^{-1} \times 24.20 \times 10^{-3} \text{ L}} = 0.1021 \text{ mol} \cdot \text{L}^{-1}$$

【例 8-4】 称取铁矿石试样 0.5006 g, 将其溶解, 使全部铁还原为亚铁离子, 用 0.01500 mol · L^{-1} $K_2Cr_2O_7$ 标准溶液滴定至终点时, 用去 $K_2Cr_2O_7$ 标准溶液 33.45 mL。求试样中 Fe 和 Fe_2O_3 的质量分数。

解 此滴定反应为

$$6Fe^{2+} + Cr_2O_7^{2-} + 14H^+ \Longrightarrow 6Fe^{3+} + 2Cr^{3+} + 7H_2O$$

根据反应计量关系, 由式(8-2)可得

$$w_{\text{Fe}} = \frac{n_{\text{Fe}^{2+}} \times M_{\text{Fe}}}{m_{(\text{S})}} = \frac{6n_{\text{K}_2\text{Cr}_2\text{O}_7} \times M_{\text{Fe}}}{m_{(\text{S})}} = \frac{6c_{\text{K}_2\text{Cr}_2\text{O}_7} \times V_{\text{K}_2\text{Cr}_2\text{O}_7} \times M_{\text{Fe}}}{m_{(\text{S})}}$$

$$= \frac{6 \times 0.01500 \text{ mol} \cdot \text{L}^{-1} \times 33.45 \times 10^{-3} \text{ L} \times 55.85 \text{ g} \cdot \text{mol}^{-1}}{0.5006 \text{ g}}$$

$$= 0.3359$$

若以 Fe_2O_3 形式计算质量分数, 由于每个 Fe_2O_3 分子中有两个 Fe 原子, 对同一试样存在如下关系式:

$$n_{\text{Fe}_2\text{O}_3} = \frac{1}{2}n_{\text{Fe}}$$

则

$$w_{\text{Fe}_2\text{O}_3} = \frac{n_{\text{Fe}_2\text{O}_3} \times M_{\text{Fe}_2\text{O}_3}}{m_{(\text{S})}} = \frac{3n_{\text{K}_2\text{Cr}_2\text{O}_7} \times M_{\text{Fe}_2\text{O}_3}}{m_{(\text{S})}}$$

$$= \frac{3 \times 0.01500 \text{ mol} \cdot \text{L}^{-1} \times 33.45 \times 10^{-3} \text{ L} \times 159.7 \text{ g} \cdot \text{mol}^{-1}}{0.5006 \text{ g}}$$

$$= 0.4802$$

8.2　非电解质稀溶液的依数性

溶液的一类性质与溶质的本性有关，如颜色、密度、酸碱性、导电性等，但溶液的另一类性质，如蒸气压、沸点、凝固点和渗透压等，只与溶液中溶质粒子数目的多少有关，而与溶质的本性无关。这类仅与溶液中溶质的粒子数有关，而与溶质本性无关的性质称为溶液的依数性。由于这类性质只适用于稀溶液，故称为稀溶液的依数性。

8.2.1　蒸气压下降

1. 水和冰的蒸气压

利用表 8-1、表 8-2 提供的数据，可得到水和冰的蒸气压曲线(图 8-1)。任何一种有挥发性的固体都有蒸气压，固体蒸气压的大小与固体晶格粒子间吸引力的强度成反比，因此离子型固体的蒸气压很小，而分子型固体的蒸气压较大。

表 8-1　水的蒸气压

温度 t/℃	蒸气压		温度 t/℃	蒸气压	
	kPa	mmHg		kPa	mmHg
0	0.613	4.6	60	19.913	149.4
10	1.226	9.3	70	31.152	233.7
20	2.332	17.5	80	47.335	355.1
30	4.239	31.8	90	70.089	525.8
40	7.371	55.3	100	101.3	760.0
50	12.334	92.5	110	142.9	1074.6

表 8-2　冰的蒸气压

温度 t/℃	蒸气压	
	kPa	mmHg
0	0.613	4.6
−5	0.40	3.0
−10	0.260	1.95
−20	0.103	0.776
−30	0.038	0.29

由表中数据可知，在 0℃时，水和冰的蒸气压都是 0.613 kPa，表明在 0℃时，水、冰、水蒸气三态达到平衡。

由水和冰的蒸气压数据得到的水-冰蒸气压曲线图如图 8-1 所示。两条曲线在水的凝固点0.00℃相交。

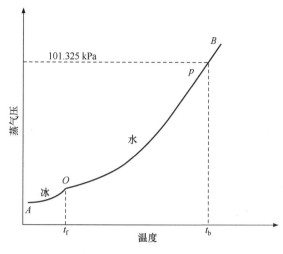

图 8-1 水-冰蒸气压曲线图

AO 为冰的蒸气压曲线；*BO* 为水的蒸气压曲线

2. 溶液的蒸气压

这里只讨论难挥发非电解质(如蔗糖)的水溶液。实验证明，在某确定温度下，含有难挥发性溶质的溶液其蒸气压总是低于相同温度下纯溶剂的蒸气压。由于溶质具有难挥发性，因此溶液的蒸气压是指溶液中溶剂的蒸气压。由于溶剂中溶有难挥发性溶质，单位时间逸出液面的溶剂分子数相应地要比纯溶剂少，达到平衡时，溶液的蒸气压低于纯溶剂的蒸气压，这种现象称为溶液的蒸气压下降，用Δp 表示。此稀溶液的蒸气压比纯水的蒸气压低，而且降低的数值Δp 与溶液的质量摩尔浓度近似成正比，即

$$\Delta p = p(\text{纯水}) - p(\text{溶液}) = Kb \tag{8-4}$$

式中，K 为蒸气压降低常数，是一个特征常数(与溶剂有关)；b 为溶液的质量摩尔浓度。

8.2.2 溶液的沸点升高和凝固点降低

水中溶解了难挥发性的溶质，其蒸气压降低，因此图 8-2 溶液中溶剂的蒸气压曲线(*AB'*)低于纯水的蒸气压曲线(*AOB*)，在 373.15 K 时溶液的蒸气压低于 101.325 kPa。要使溶液的蒸气压与外界压力相等，以达到其沸点，就必须把溶液的温度升到 373.15 K 以上。由图 8-2 可见，溶液的沸点比水的沸点高ΔT_b(沸点上升度数)。

由图 8-2 可知，在 273.15 K 时，冰的蒸气压力曲线和水的蒸气压力曲线相交于一点，即此时冰的蒸气压和水的蒸气压相等，均为 611 Pa。溶质的加入使所形成溶液的溶剂蒸气压下降。必须指出：溶质是溶于水中而不是溶于冰中，因此只影响水(液相)的蒸气压，对冰(固相)的蒸气压则没有影响。这样在 273.15 K 时，溶液的蒸气压必定低于冰的蒸气压，冰与溶液不能共存，冰要转化为水，所以溶液在 273.15 K 时不能结冰。如果此时溶液中放入冰，冰就会融化，在融化过程中要从系统中吸收热量，因此系统的温度就会降低。在 273.15 K 以下某一温度时，冰的蒸气压曲线与溶液中溶剂蒸气压曲线可以相交于一点，这个温度就是溶液的凝固点，它比纯水的凝固点要低ΔT_f(凝固点下降度数)。

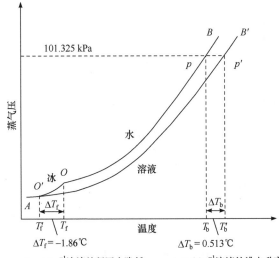

图 8-2 难挥发非电解质溶液蒸气压降低与溶液沸点和凝固点的关系图

溶液的溶剂蒸气压下降与溶液的浓度有关，溶剂的蒸气压下降又是溶液沸点上升和凝固点下降的根本原因。因此，溶液的沸点升高和凝固点降低也必然与溶液的浓度有关。

难挥发非电解质稀溶液的沸点升高和凝固点降低与溶液的质量摩尔浓度成正比，可用下列数学式表示：

$$\Delta T_b = K_b b \qquad \Delta T_f = K_f b$$

式中，K_b 与 K_f 分别为溶液的沸点升高常数和溶液的凝固点降低常数，其数值取决于溶剂的性质，对于水 $K_b = 0.52\,℃ \cdot kg \cdot mol^{-1}$，$K_f = -1.86\,℃ \cdot kg \cdot mol^{-1}$。表 8-3 中列出了常见溶剂的沸点升高常数、凝固点降低常数。

表 8-3　常见溶剂的沸点升高常数和凝固点降低常数

溶剂	沸点/℃	$K_b/(℃ \cdot kg \cdot mol^{-1})$	凝固点/℃	$K_f/(℃ \cdot kg \cdot mol^{-1})$
水	100.0	0.52	0	1.86
苯	80.2	2.57	5.5	5.12
环己烷	80.8	2.79	6.5	20.2
乙酸	118.5	3.07	16.69	3.90
四氯化碳	78.5	4.88	-22.9	32.0
乙醇	78.2	1.19	-117.3	1.99
乙醚	35.6	2.16	-116.2	1.8
萘	217.8	5.80	80.1	6.90

8.2.3 渗透压

在溶解过程中，溶质能在纯溶剂或在其稀溶液中扩散，形成均匀的高度分散的稳定体系。假如在浓蔗糖溶液的液面上，小心地加上一层清水，则蔗糖分子从下层向上层扩散，水分子则从上层向下层扩散，直到均匀混合为止。

如果将蔗糖溶液装在长颈漏斗中，倒立在盛有纯水的烧杯中，蔗糖液面与水之间用半透膜(可以允许水等较小分子的物质透过、不允许蔗糖等较大分子的物质透过的多孔性薄膜)隔开。由于半透膜内外水的浓度不同，因此单位时间内纯水透过半透膜进入蔗糖溶液的水分子数比从蔗糖水溶液透过半透膜而进入纯水的分子数多，若仅从扩散的表观结果看，只是水透过半透膜而进入蔗糖溶液，于是玻璃管内的液面升高(图 8-3)。这种溶剂(水)透过半透膜而进入溶液的现象称为渗透。

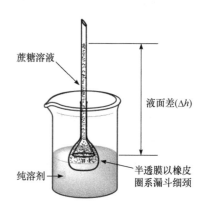

图 8-3 溶液渗透装置

由于渗透作用，漏斗内蔗糖溶液的液面上升，因而静水压随之增加，这样单位时间内水分子从纯水进入溶液的个数将减小。当细管内外的液面差达到某一高度时，水分子向两个方向渗透的速率相等，渗透作用达到平衡，玻璃管内的液面停止上升。此时细管内液面高度所产生的压力称为该溶液的渗透压。如果管外不是纯溶剂，而是浓度比管内溶液浓度较小的溶液，同样也能发生渗透现象。应当指出，无论渗透压的大小如何，只有在半透膜存在时才能表现出来。

稀溶液的渗透压与浓度、温度的关系可以用范特霍夫(van't Hoff)方程式表示如下

$$\Pi V = nRT \tag{8-5}$$

式中，Π 为溶液的渗透压；V 为溶液的体积；n 为溶液中所含溶质的物质的量；R 为摩尔气体常量；T 为热力学温度。

从式(8-5)可以看出，稀溶液的渗透压在一定体积和一定温度下，与溶液中所含溶质的物质的量成正比，而与溶质的本性无关。

8.2.4 依数性的应用

根据沸点升高、凝固点降低与浓度的关系可以测定溶质的摩尔质量。由于凝固点降低常数比沸点升高常数大，实验误差相应较小，而且在达到凝固点时，溶液中有晶体析出，现象明显，容易观察，因此操作比较方便的实验是凝固点降低法。将一定质量的待测摩尔质量的物质溶解在已知 K_f 的特定溶剂中，测定溶液的凝固点，求出 ΔT_f，然后计算出溶液的质量摩尔浓度。已知溶质的质量，就可以较容易地计算摩尔质量。拉乌尔定律表明，非电解质稀溶液的蒸气压降低 Δp、沸点升高 ΔT_b 和凝固点降低 ΔT_f 取决于在单位质量溶剂中所溶溶质的粒子数(mol)，与溶质的本性无关，因此利用凝固点下降可测定摩尔质量。

此外，溶液的凝固点降低在生产、科研方面也有广泛的应用。例如，在严寒的冬天，汽车散热水箱中加入甘油或乙二醇等物质，可防止水结冰；食盐和冰的混合物作冷冻剂，可获得–22.4℃的低温。

渗透在动植物中有非常重要的作用。细胞膜是一种很容易透水而几乎不能透过溶解于细胞液中的物质的半透膜。动植物都要通过细胞膜产生渗透作用，以吸收水分和养料等。

人体的体液、血液、组织液等都具有一定的渗透压。对人体进行静脉注射时，必须使用与人体体液渗透压相等的等渗溶液，如临床常用的 0.9% 的生理盐水和 5% 的葡萄糖溶液。否则将引起血球膨胀(水向细胞内渗透)或萎缩(水向细胞外渗透)而产生严重后果。同样，土壤溶液的渗透压高于植物细胞液的渗透压，将导致植物枯死，因此不能施过浓的肥料。

在化学上可以利用渗透作用分离溶液中的杂质。近年来，电渗析法和反渗透法的新技术引起了人们的关注，该技术普遍应用于海水、咸水的淡化。

8.3 溶 胶

溶胶粒子的平均直径为 $10^{-7}\sim10^{-5}$ cm，比分子或离子大得多，每个颗粒是由许多分子聚集而成的。

8.3.1 溶胶的制备和净化

1. 溶胶的制备

为了形成分散程度大小不等的胶体多相体系，原则上可以采取两类相反的方法，即大块物质的粉碎和小分子或离子的聚集。前者称为分散法(dispersion method)，后者称为凝聚法(coacervation method)。

1) 分散法

(1) 研磨法。此法一般适用于脆而易碎的物质，其分散能力因研磨机的构造和转速的不同而异，也受被分散物质的塑性黏度的影响。它是利用刚性材料与待分散物质的相互摩擦作用将物质磨细。球磨机的粉碎能力较差，一般用来预先制备分散度不太高的物系，接着可以再用胶体磨细磨。图 8-4 为盘式胶体磨的示意图，该磨有两块靠得很近但留有狭小细缝的磨盘，它们由坚硬、耐磨的合金钢或碳化硅制成。当两块磨盘以高速(10000～20000 r/min)彼此反向转动时，粗颗粒物质就可在其间被磨得很细小。

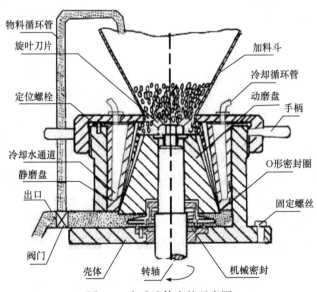

图 8-4 盘式胶体磨的示意图

由于这些粒子一方面受到机械力的作用，另一方面有粒子间相互吸引力的作用，粒子有重新结合成较大粒子的倾向。因此，经过较长一段时间的研磨后，粒子大小的分布会达到一个平衡，而无法制得胶体分散度太小的物系。为此，在研磨过程中同时加入惰性稀释剂，以减小粒子彼此遇见而互相碰撞的机会，也可在表面活性物质溶液的存在下，进行湿法研磨。

例如，硫水溶胶可用如下方法制得：硫磺与葡萄糖一起研磨，同时加入水，然后用渗析法(见下文)从硫水溶胶中除去溶解的葡萄糖。这样制得的胶体粒子大小可达 10^{-6} m 左右。

胶体磨在工业上应用很广泛。例如，某些矿物颜料用此法粉碎至分散状态，可以大大地增强颜料的覆盖能力；也可以增加医药用硫磺的分散度，使其容易透过皮肤，因而增强疗效；也可以用来制取胶态石墨，加入锅炉用水中可以防止形成锅垢等。

(2) 超声波法。实验室中常用超声波所产生的能量使固体分散或制备乳状液。超声波频率为 16000 Hz 左右。将高频高压电加在电极上后，石英片即发生相同频率(大约 10^5 Hz)的机械振荡。高频机械波经变压器油传入试管内，即产生相同频率的疏密交替的振动，对被分散物质产生很大的粉碎力，从而得到均匀分散的分散相。

(3) 胶溶法。离子型固体沉淀在含少量共离子电解质的存在下，有自动分散成胶体粒子的倾向，此过程称为胶溶作用(peptization)。此法实际上并不是使粗粒子粉碎成胶体粒子，而只是使暂时聚集起来的分散相又重新分散开。许多新鲜沉淀经反复洗涤，除去过量电解质后再加入稳定剂(这里又称胶溶剂，根据胶粒表面所吸附的离子来决定选用的品种)，则又可以制成溶胶。

例如，新生成的 $Fe(OH)_3$ 沉淀，滴加适量 $FeCl_3$ 溶液，可制得棕红色 $Fe(OH)_3$ 溶胶。又如，在 $AlCl_3$ 和 $MgCl_2$ 的溶液中，加入稀氨水，形成混合金属氢氧化物沉淀，再用水洗涤沉淀，放置一定时间，沉淀即可变为溶胶。

这里必须指出：形成溶胶必须控制反应条件，否则会有沉淀析出。

2) 凝聚法

凝聚法在原则上是要形成分子分散的过饱和溶液，然后从此溶液中得到胶体。按照过饱和溶液的形成过程，凝聚法又可分为化学法和物理法两大类，这里主要介绍化学法。

化学法是指利用化学反应造成物质的过饱和状态而生成溶胶。

(1) 水解反应。水解反应可用来制备铁、铝、钛、铬、铜、钒等金属水合氧化物溶胶，如氢氧化铁[$Fe(OH)_3$]。具体做法：向 25 mL 沸水中倾入 2 mL 3%三氯化铁($FeCl_3$)溶液，搅动，有下列反应发生，形成红色的氢氧化铁溶胶。

$$FeCl_3 + 3H_2O = 3HCl + Fe(OH)_3$$

(2) 氧化反应。混合 H_2S 和 SO_2 可以生成硫溶胶。

$$2H_2S + SO_2 = 2H_2O + 3S$$

在化学定性分析中，当用 H_2S 沉淀金属硫化物时，如果有氧化剂存在，则可以生成胶态硫。这种胶态硫即使使用离心方法，也很难除去。

(3) 还原反应。离子还原成原子时即凝聚成胶体粒子，此法可用来制备金水溶胶。

$$2HAuCl_4 + 3HCHO + 11KOH \xrightarrow{加热} 2Au + 3HCOOK + 8KCl + 8H_2O$$

$$2HAuCl_4 + 3HCHO + 6K_2CO_3 \xrightarrow{加热} 2Au + 5CO_2 + 8KCl + 2H_2O + 3HCOOK + KHCO_3$$

用化学凝聚法制备溶胶时不必外加稳定剂，是因为胶粒表面选择吸附了具有溶剂化层的离子而带上电荷，因而变得稳定。但是溶液中离子的浓度对溶胶的稳定性有直接影响，如果离子浓度太大，则会引起溶胶聚沉。例如，将 H_2S 气体通入 $CdCl_2$ 溶液中，CdS 形成沉淀而析出，并不形成溶胶，这是因为反应中有 HCl 生成，破坏了 CdS 溶胶的稳定性。所以在制备溶胶时，需要注意控制溶液的酸度和试剂的浓度。

2. 溶胶的净化

在制得的溶胶中常含有一些电解质，通常除了形成胶团所需要的电解质以外，过多的电解质存在反而会破坏溶胶的稳定性，因此必须将溶胶净化。常用方法有以下几种：

1) 渗析法

由于溶胶粒子不能通过半透膜，而分子、离子能通过，故可以把制备的溶胶放在装有半透膜的容器内(常见的半透膜如羊皮纸、动物膀胱膜、硝酸纤维、醋酸纤维等)，膜外放溶剂。由于膜内外杂质的浓度有差别，膜内的离子或其他能透过的水分子向半透膜外迁移。若不断更换膜外溶剂，则可逐渐降低溶胶中的电解质或杂质的浓度而达到净化的目的，这种方法称为渗析。渗析在工业生产中有着广泛的应用，如制备照相底片或印相纸用的无灰明胶、提纯净化鞣质和某些染料等都要用到渗析法。为了提高渗析速率，可以增加半透膜的面积或使膜两边的液体有很高的浓度梯度，或者在较高温度下渗析(由于高温会破坏溶胶的稳定性，因此升高温度应有一定限制)。在外加电场下进行渗析可以增加离子迁移的速率，统称为电渗析法。此法特别适用于除去用普通渗析法难以除去的少量电解质。使用时所用的电流密度不宜太高，以免发生因受热使溶胶变质的现象。图 8-5 是这种装置的示意图，图中 E 为电极，M 为半透膜，C 处盛溶胶。

2) 超过滤法

用孔径细小的半透膜($10^{-8} \sim 3 \times 10^{-7}$ m)在加压或吸滤的情况下使胶粒与介质分开，这种方法称为超过滤法。可溶性杂质能透过滤板而被除去。有时可再将胶粒加到纯分散介质中，再加压过滤。如此反复进行，也可以达到净化的目的。最后所得胶粒应立即分散在新的分散介质中，以免聚结成块。如果超过滤时在半透膜的两边放置电极，施加一定电压，则称为电超过滤法，即电渗析和超过滤两种方法结合使用。这样可以降低超过滤的压力，而且可以较快地除去溶胶中的多余电解质。图 8-6 是一种电超过滤装置的示意图。

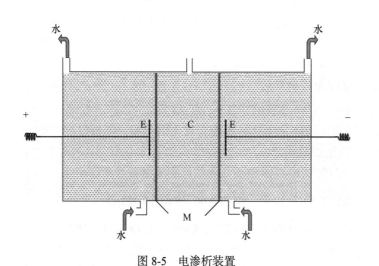

图 8-5　电渗析装置

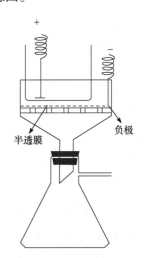

图 8-6　电超过滤装置

8.3.2　溶胶的光学性质

溶胶的光学性质是其高度分散性和不均匀性引起的。通过光学性质的研究，不仅可以解释溶胶体系的一些光学现象，而且还可通过观察胶体粒子的运动，研究它们的大小和形状。

1869 年，丁铎尔(Tyndall)发现用一束会聚的光通过溶胶，则从侧面(即与光束垂直的方向)可以看到一个发光的圆锥体，这就是丁铎尔效应。其他分散体系也会产生这种现象，但是远不如溶胶明显，因此丁铎尔效应实际上是判别溶胶与真溶液的最简便的方法。

当光线射入分散体系时可能发生两种情况：①若分散相的粒子大于入射光的波长，则发生光的反射或折射现象，分散体系属于这种情况；②若分散相的粒子小于入射光的波长，则发生光的散射，此时光波绕过粒子而向各个方向散射出去(波长不发生变化)，散射出来的光称为乳光或散射光。溶胶中粒子通常不超过 10^{-7} m，小于可见光的波长，因此发生光散射作用而出现丁铎尔效应。

瑞利(Rayleigh)研究散射作用时得出，对于单位体积的被研究体系，它所散射出的光能总量为

$$I = \frac{24\pi^2 A^2 v V^2}{\lambda^4}\left(\frac{n_1^2 - n_2^2}{n_1^2 + 2n_2^2}\right)^2 \tag{8-6}$$

式中，A 为入射光的振幅；λ 为入射光的波长；v 为单位体积中的粒子数；V 为每个粒子的体积；n_1 和 n_2 分别为分散相和分散介质的折射率。这个公式称为瑞利公式，它适用于粒子不导电并且半径$<4.7\times10^{-8}$ m 的体系，对于分散程度更高的体系，该式的应用不受限制。从式(8-6)可以得到如下几点结论：

(1) 散射光的总能量与入射光波长的四次方成反比。因此，入射光的波长越短，散射越多。若入射光为白光，则其中的蓝色与紫色部分的散射作用最强。这可以解释为什么当用白光照射有适当分散程度的溶胶时，从侧面看到的散射光呈蓝紫色，而透过光则呈橙红色，这种情况在硫或乳香的溶胶中部可以清楚地看到。由此可以预计，若要观察散射光，光源的波长以短者为宜；而观察透过光时，则以较长的波长为宜。例如，在测定多糖、蛋白质之类物质的旋光度时多采用钠黄光，其原因之一就是由于黄光的散射作用较弱。

(2) 分散介质与分散相之间折射率相差越显著，散射作用越显著。由此可知粒子大小相近的蛋白质溶液与 $BaSO_4$ 或 S 的溶胶相比较，后者的散射作用显著。应该指出，纯液体或气体由于密度的涨落，折射率也会有某些改变，所以也会产生散射作用。

(3) 当其他条件均相同时，式(8-6)可以写成

$$I = K \cdot \frac{cV}{\lambda^4 \rho} = \frac{Kc}{\lambda^4 \rho} \cdot \frac{4}{3}\pi r^3 = K'cr^3 \tag{8-7}$$

式中，$K' = 24\pi^2 A^2\left(\dfrac{n_1^2 - n_2^2}{n_1^2 + 2n_2^2}\right)^2 \cdot \dfrac{4\pi}{3\lambda^4 \rho}$，即在瑞利公式适用的范围内($r<4.7\times10^{-8}$ m)，散射光的强度与 r 及粒子的浓度 c 成正比。因此，比较两份相同物质所形成溶胶的散射光强度就可以得知其粒子的大小或浓度的相对比值。如果已知其中一份溶胶的粒子大小或浓度，则可以求出另一份溶胶的粒子大小或浓度，用于进行这类测定的仪器称为乳光计，其原理与光度计相似，不同之处在于乳光计中光源从侧面照射溶胶，因此观察到的是散射光的强度。

8.3.3　溶胶的电学性质

胶体粒子通常带有一定符号和数量的电荷，这使热力学上本不稳定的一些胶体具有一定的稳定性，一般认为胶体粒子表面电荷来自以下几条途径：①粒子表面某些基团解离；②粒

子表面吸附某些离子带电；③在非水介质中粒子热运动引起粒子与介质之间摩擦而带电。其中最主要的是基团解离和吸附，胶粒表面带电是胶体的重要特征，电泳和电渗是胶体粒子电学性质的最主要特征。

1. 电泳

1803年，俄国科学家列依斯(Peŭce)将两根玻璃管插到潮湿的黏土中，在玻璃管中加入水使之达到同一高度，并在管中插上电极，通电一段时间后，可以看出在阳极的管中，黏土微粒透过砂层，由下向上移动，使水浑浊，但管中的水面却降低了；而在阴极的管中没有浑浊，但是液面升高了，见图 8-7。

后来的实验观察发现，不仅黏土如此，其他粒子也有这种在外电场作用下胶粒做定向运动的现象。这种在外加电场作用下，带电的分散相粒子在分散介质中向相反符号电极移动的现象称为电泳(electro phoresis)。电泳现象说明了胶粒是带电的，以及所带电荷的符号，常见胶粒带电情况见表 8-4。影响电泳的因素有：带电粒子的大小、形状，粒子表面的电荷数目，溶剂中电解质的种类，离子强度，以及 pH、温度和所加的电压等。一般地，电势梯度越大，粒子带电越多，粒子的体积越小，则电泳速度越大；介质的黏度越大，则电泳速度越小。

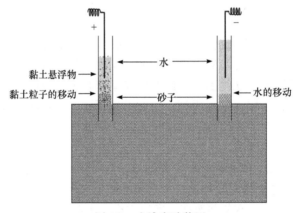

图 8-7　电泳实验装置

表 8-4　常见胶粒带电情况

带正电的溶胶	带负电的溶胶
氢氧化铁、氢氧化铝、氢氧化铬、氢氧化铈；氧化钛、氧化锆	金属(金、银、铂、铜)；硫、硒、碳；As_2S_3、Sb_2S_3、PbS、CuS；硅酸、硒酸、淀粉、黏土、玻璃粉

2. 电渗

在外加电场作用下，分散介质(由过剩反离子携带)通过多孔膜或极细的毛细管移动(此时带电的固相不动)，这种现象称为电渗(electroosmosis)，见图 8-8。若设法将固相黏土(或矿粉)固定，则可观察到在外电场的作用下液体向负极移动。与电泳一样，外加电解质对电渗也有显著影响。分散介质流动的方向及流速的大小与多孔塞的材料及流体的性质有关。溶胶中外加电解质也影响电渗速度，甚至改变液体的流动方向。

电泳和电渗是两个相对的现象。在电泳中运动的是固相，而在电渗中运动的是液相。电泳和电渗都反映了带电的粒子在外加电场作用下运动的性质，统称为电动现象。电泳和电渗在工业上有很多应用。例如，利用带电的橡胶颗粒的电泳使橡胶镀在金属、布匹上，电泳涂漆，含水的天然石油乳状液中油水分离等都利用了电泳的原理；而泥土和泥炭的脱水则利用了电渗原理。

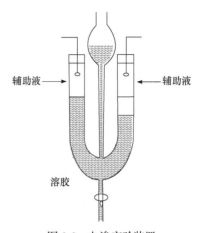

图 8-8 电渗实验装置

8.3.4 溶胶的动力学性质

动力学性质主要指溶胶中粒子的不规则运动及由此而产生的扩散、渗透压，以及在重力场下浓度随高度的分布平衡等性质。溶胶与稀溶液在形式上有较多的相似之处，因此可以用处理稀溶液中类似问题的方法来讨论溶胶的动力学性质。

1827 年，植物学家布朗(Brown)用显微镜观察到悬浮在液面上的花粉粉末不停地做不规则的运动，后来又发现许多物质如煤、化石、金属等的粉末也都有类似的现象。在很长一段时间这种现象的本质没有得到很好的阐明。

1903 年，用超显微镜可以观察到溶胶粒子不断地做不规则"之"字形的连续运动，见图 8-9。由于能够清楚地看出粒子走过的路径，因此能够测出在一定时间内粒子的平均位移。超显微镜为研究布朗运动提供了物质条件，齐格蒙第(Zsigmondy)观察了一系列溶胶，得出结论，认为粒子越小，布朗运动越激烈，其运动的激烈程度不随时间改变，但随温度的升高而增加。

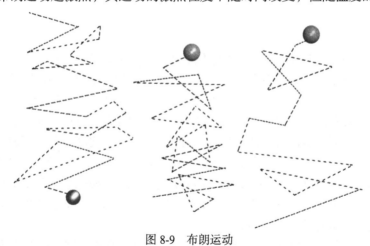

图 8-9 布朗运动

1905 年和 1906 年，爱因斯坦(Einstein)和斯莫鲁霍夫斯基(Smoluchowchi)分别提出了布朗运动的理论，其基本假定是认为布朗运动和分子运动完全类似，溶胶中每个粒子的平均动能和液体(分散介质)分子一样，都等于 $3/2kT$，布朗运动是不断热运动的液体分子对微粒冲击的结果。对本身很小但又远远大于液体介质分子的微粒来说，由于不断受到不同方向、不同速度的液体分子的冲击，受到的力很不平衡，因此总是以不同的方向、不同的速度做不规则的运动。

图 8-9 是每隔相同的时间间隔所观察得到的粒子位置的变化在平面上的投影图。粒子真实的运动状况远比该图复杂得多，并且实际上也不能直接观察出来(因为胶粒的振动周期为 10^{-8} s，

而肉眼分辨的振动周期不能小于 0.1 s)。尽管布朗运动看起来复杂而无规则，但在一定条件下，在一定时间内粒子所移动的平均位移却具有一定的数值。爱因斯坦利用分子运动论的一些基本概念和公式，得到布朗运动的公式为

$$\bar{x} = \sqrt{\frac{RT}{N_A} \cdot \frac{t}{3\pi\eta r}} \tag{8-8}$$

式中，$\bar{x}$ 为在观察时间 t 内粒子沿 x 轴方向所移动的平均位移；r 为微粒的半径；η 为介质的黏度；N_A 为阿伏伽德罗常数。

这个公式把粒子(胶粒)的位移与粒子的大小，介质的黏度、温度及观察的时间等联系起来。许多实验都证实了爱因斯坦公式的正确性。特别是皮兰(Perrin)和斯韦德贝格(Svedberg)等用大小不同的粒子、黏度不同的介质，采取不同的观察时间间隔测定了 $\bar{x}$，然后与按式(8-8)所求的计算值比较，或代入式(8-8)计算 N_A，所得结果都验证了式(8-8)是正确的。用分子运动论成功地解释了布朗运动，布朗运动的本质就是质点的热运动，因此溶胶和稀溶液相比较，除了溶胶的粒子远大于真溶液中的分子或离子，浓度又远低于常见的稀溶液外，并没有其他本质上的不同。所以，稀溶液中的一些性质在溶胶中也有所体现，如扩散与渗透压、沉降与沉降平衡，只是在程度上有所不同而已。皮兰等工作的重要性还在于它为分子运动论提供了有力的实验依据，由于在当时分子的运动还没有被人亲眼看见，因此有人认为分子运动只是想象或假说。通过对布朗运动的直接观察及一些公式的计算值与实验值的吻合，分子运动论得到直接的实验证明。此后分子运动论就成为被普遍接受的理论，这在科学发展史上具有重大意义。

8.3.5　溶胶的稳定性和聚沉

1. 溶胶的稳定性

溶胶因质点很小，强烈的布朗运动使它不能很快沉降，故具有一定的动力学稳定性；另外，溶胶是高度分散的多相体系，相界面很大，质点之间有强烈的聚集倾向，因此又是热力学不稳定体系。一旦质点聚集变大，动力学稳定性也随之消失。因此，聚集是溶胶稳定与否的关键。

由于任何一种溶胶的胶粒均带有相同的电荷，电荷的存在使胶粒之间发生静电排斥作用，它阻碍了胶粒彼此碰撞，防止胶粒合并聚集。同时，溶胶粒子之间又存在范德华作用力，因此溶胶的稳定性取决于胶粒之间吸引作用与排斥作用的相对大小。1941 年，由德查金(Deijaguin)和朗道(Landau)以及 1948 年费尔韦(Verwey)和奥弗比克(Overbeek)提出溶胶稳定性的 DLVO 理论。该理论以溶胶胶粒间存在相互吸引力和相互排斥力为基础，认为这两种相反的作用力决定了溶胶的稳定性。该理论的要点有：

(1) 胶粒既存在斥力位能(E_R)，也存在引力位能(E_A)。前者是带电胶粒靠拢聚集时产生的静电排斥力；后者是长程范德华力所产生的引力位能，与距离的一次方或二次方成反比，或是更复杂的关系。

(2) 胶粒间存在的斥力位能和引力位能的相对大小决定了体系的总位能，也决定了胶体的稳定性。当斥力位能>引力位能，并足以阻止胶粒因布朗运动碰撞而聚集，胶体能保持稳定，而当引力位能>斥力位能时，胶粒靠拢而聚沉。

(3) 斥力位能、引力位能及总位能随胶粒间距离而改变。由于 E_R 和 E_A 与距离的关系不同，会出现在一定距离范围内引力占优势而在另一范围内斥力占优势的现象。

(4) 理论推导的斥力位能和引力位能公式表明，加入电解质对引力位能影响不大，但对斥

力位能有很大影响。加入电解质会导致体系总位能的变化，适当调整可得到相对稳定的胶体。

除胶粒带电是溶胶稳定的主要因素外，溶剂化作用也是使溶胶稳定的重要原因。若水为分散介质，构成胶团双电层结构的全部离子都应当是水化的，在分散相离子的周围形成一个具有一定弹性的水化外壳。因布朗运动使一对胶团彼此靠近时，水化外壳因受挤压而变形，但每个胶团都力图恢复其原来的形状而又被弹开，由此可见，水化外壳的存在势必增加了溶胶聚集的机械阻力，从而有利于溶胶的稳定性。

2. 溶胶的聚沉

当颗粒间引力位能＞斥力位能时，形成稳定的缔合体，如果大量生成，产生聚沉，溶胶即被破坏。由于粒子的结合而使粒子的颗粒变大，分散相变为沉淀而析出的这个过程称为聚沉(coagulation)作用。为了使溶胶聚沉，可采用加热、加入电解质或适量的高分子化合物等方法。影响溶胶聚沉的因素较多，现仅讨论几个主要因素的影响。

1) 电解质的作用

少量电解质的存在对溶胶起稳定作用，过量电解质的存在对溶胶起破坏作用(聚沉)。溶胶受电解质的影响非常敏感，通常用聚沉值来表示电解质的聚沉能力。聚沉值是使一定量的溶胶在一定时间内完全聚沉所需电解质的最小浓度。某电解质的聚沉值越小，表明其聚沉能力越强。因此，将聚沉值的倒数定义为聚沉能力。电解质对溶胶的聚沉作用与所加电解质的性质、浓度有关，还与溶胶本身所吸附物质的电性有关。

2) 混合电解质对胶体聚沉的影响

电解质的混合物对胶体的聚沉作用是十分复杂的。在某些情况下，混合物中的各种电解质可能发挥它的聚沉本领，而且它们的作用是可以加和的。但是，在其他情况下，也会发生下列两种特殊现象。

(1) 离子对抗现象。即混合电解质的聚沉作用相互削弱。例如，用 LiCl 和 $MgCl_2$ 聚沉 As_2S_3 溶胶，假定单用 LiCl 时，聚沉值为 c_1，单用 $MgCl_2$ 时，聚沉值为 c_2。如果用 $1/4\ c_1$ 的 LiCl 和 $3/4\ c_2$ 的 $MgCl_2$ 进行实验，则并无聚沉现象发生，$1/4\ c_1$ 的 LiCl 必须和 $2c_2$ 的 $MgCl_2$ 配合才能使 As_2S_3 溶胶发生聚沉，即两种离子的聚沉能力相互减弱了。

(2) 敏化作用。混合电解质的聚沉作用除有加和性与对抗性之外，有时也有相互加强的情况。这就是说，混合电解质所表现的聚沉本领比使用个别电解质所表现的聚沉能力要大，在这样的情形中，一种离子敏化了另一种离子对胶粒的聚沉作用，这种现象称为敏化作用。例如，向硅酸溶胶中加入少量的 KOH，可使聚沉硅酸所需的氯化钠的用量大大降低。

3) 有机化合物的聚沉作用

有机化合物的离子都具有很强的聚沉能力，这可能与其具有很强的吸附能力有关。表 8-5 列出不同的一价阳离子所形成的氯化物对带负电的 As_2S_3 溶胶的聚沉值。

表 8-5 有机化合物的聚沉作用

电解质	聚沉值/(mol · m^{-3})	电解质	聚沉值/(mol · m^{-3})
KCl	49.5	$C_2H_5NH_3^+Cl^-$	18.20
氯化苯胺	2.5	$(C_2H_5)_2NH_2^+Cl^-$	9.96
氯化吗啡	0.4	$(C_2H_5)_3NH^+Cl^-$	2.79
		$(C_2H_5)_4N^+Cl^-$	0.89

综上所述，混合电解质所引起的聚沉较为复杂，很多现象目前还无法解释。其复杂的原因可能是由下面一系列的相互作用组合而成的：①电解质离子和胶体粒子间的相互作用；②离子间的相互作用；③胶体粒子之间的相互作用。

3. 溶胶相互聚沉

将两种电性相反的溶胶混合，能发生相互聚沉的作用。溶胶相互聚沉与电解质促使溶胶聚沉的不同之处在于其要求的浓度条件比较严格。只有其中一种溶胶的总电荷量恰能中和另一种溶胶的总电荷量时才能发生完全聚沉，否则只能发生部分聚沉，甚至不聚沉。相互聚沉在现代污水处理与净化中有广泛的应用，我国自古以来有用明矾净水的实例。此外，光的作用、强烈振荡、加热等也能使胶体溶液发生聚沉。

习　题

8-1 解释下列现象：

(1) 明矾能净水；

(2) 井水洗衣服时，肥皂的去污能力减弱；

(3) 施用化肥过量时，农作物会发生"烧苗"现象。

8-2 如何区分子分散体系和胶态分散体系？

8-3 溶胶的制备方法有哪些？

8-4 胶体粒子表面所带电荷的主要来源是什么？

8-5 简述溶胶稳定性的 DLVO 理论。

8-6 化学试剂浓硫酸的质量分数为 0.98，密度为 1.84 g·mL^{-1}，计算：

(1) H_2SO_4 的物质的量浓度；

(2) H_2SO_4 的质量摩尔浓度。

8-7 已知浓硝酸 HNO_3 的质量分数约为 0.70，相对密度为 1.42，求其浓度。现配制 1 L 0.52 mol·L^{-1} HNO_3 溶液，应取这种浓硝酸多少毫升？

8-8 欲配制浓度为 0.2100 mol·L^{-1} 的草酸标准溶液 250.0 mL，应称取 $H_2C_2O_4 \cdot 2H_2O$ 多少克？

8-9 移液管取 25.00 mL NaCl 饱和溶液，称得其质量为 24.010 g，将该溶液蒸干后得纯净的 6.350 g NaCl。已知 NaCl 的摩尔质量为 58.44 g·mol^{-1}，计算该溶液的质量摩尔浓度。

8-10 已知 10.0 g 葡萄糖溶于 400 g 的乙醇中，乙醇的沸点升高了 0.171℃；而将某有机物 8.00 g 溶于同样质量的乙醇时，乙醇的沸点只升高了 0.149℃。计算该有机物的摩尔质量。

8-11 为了使溶液的凝固点下降 2.00℃，需向 1000 g 水中加入多少克尿素？已知水的 K_f = −1.86℃·kg·mol^{-1}，尿素的摩尔质量为 60.10 g·mol^{-1}。

8-12 将 0.101 g 胰岛素溶于 10.0 mL 水中，测得该溶液在 25℃时的渗透压为 4.34 kPa。已知 25℃时水的饱和蒸气压为 3.17 kPa。计算：

(1) 胰岛素的摩尔质量；

(2) 该溶液的蒸气压。

第 9 章　电解质溶液

　　水是最常用的溶剂，各种各样的无机化合物因其组成和结构不同，与水的作用也各不相同，有的完全溶解，有的微溶，有的难溶。溶在水中的部分，有的完全解离，有的部分解离；物质不同，解离出的离子在水中表现出不同的性质。该如何描述它们的这些基本性质？它们遵循什么规律？基于上述问题，本章重点介绍强电解质溶液理论，弱酸弱碱的电离平衡，缓冲溶液，弱酸强碱盐、弱碱强酸盐、弱酸弱碱盐的水解平衡，以及酸碱理论。

9.1　强电解质溶液理论

　　阿伦尼乌斯认为电解质在水溶液中是解离的，但这种解离是不完全的，存在解离平衡。他的依据是，若 KCl 完全解离，其溶液中的微粒数将变成 2 倍，其凝固点下降值 ΔT_f 应为相同浓度葡萄糖溶液的 ΔT_f 的 2 倍，但实验结果显示这个倍数小于 2。

　　现代结构理论和测试手段都能证明，像 KCl 这样的盐类，不仅溶于水中不以分子状态存在，即使在晶体中也不以分子状态存在，也就是说 KCl 这类电解质在水中是完全电离的。

　　实验现象与阿伦尼乌斯理论的矛盾促使电解质溶液的理论得到新的发展。

　　1923 年，德拜(Debye)和休克尔(Hückel)提出了强电解质溶液的离子相互作用理论，又称为德拜-休克尔强电解质溶液理论(Debye-Hückel theory of strong electrolyte solution)，初步解释了前面提到的矛盾现象。

9.1.1　离子氛和离子强度

　　德拜和休克尔认为，在强电解质稀溶液中，电解质完全电离为离子。溶液中阴、阳离子浓度较大，离子之间的静电作用较强。根据库仑定律，同性离子相斥，异性离子相吸。因此，在任何一个阳离子附近，出现阴离子的机会总比出现阳离子的机会多；在任何一个阴离子周围，出现阳离子的机会也总比出现阴离子的机会多。离子在静电引力作用下，趋向于如同离子晶体那样规则的排列，而离子的热运动则力图使它们均匀地分散在溶液中。这两种作用的最终结果，使在一定的时间间隔内，溶液中某一阳离子(称为中心离子)的周围总是有较多的阴离子包围着，而且越靠近中心离子，负电荷的密度越大；越远离中心离子，负电荷的密度越小。可以认为在阳离子周围存在一球形对称且带负电荷的离子云，这就是离子氛(ion atmosphere)；同样，在阴离子的周围也有带正电荷的球形离子氛存在。离子氛是一种动态结构，随时形成又随时拆开，每个离子既可能作为中心离子，也可能是离子氛中的一员。因离子氛所带的电荷数值上等于中心离子的电荷，但符号相反，故整个体系仍然是电中性的。图 9-1 给出某一瞬间中心离子周围离子氛的示意图。电解质溶液中，正、

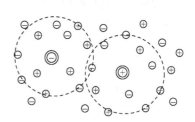

图 9-1　离子氛模型示意图

负离子间的相互作用可用中心离子与离子氛间的相互作用描述。

　　由于离子氛的存在,强电解质溶液中离子的行为不同于自由离子,其热运动受到限制。在测量电解质溶液的依数性时,离子之间的上述相互作用使离子不能发挥一个独立微粒的作用。而当电解质溶液通电时,也由于离子之间的相互作用,离子不能百分之百地发挥输送电荷的作用。其结果导致实验测得的离子数目少于电解质全部解离时应有的离子数目。

　　离子自身浓度越大,或所带电荷数目越多,离子之间的相互作用越强。为表征强电解质溶液中离子间的相互作用强弱,路易斯(Lewis)提出了离子强度(ionic strength)的概念,其定义为

$$I = \frac{1}{2}\sum_{B} b_B z_B^2 \qquad (9\text{-}1)$$

式中,z_B、b_B 分别为溶液中任一离子 B 的电荷和质量摩尔浓度;$\sum_{B}$ 代表对溶液中所有离子求和;I 为离子强度,单位为 $mol \cdot kg^{-1}$。由定义式可知,离子强度同时考虑了影响离子间相互作用大小的两个因素——离子浓度和离子电荷。

9.1.2　活度和活度系数

　　在电解质溶液中,由于离子之间存在相互作用,离子不能完全发挥出其作用。将离子实际发挥作用的浓度称为有效浓度,或称为活度,显然活度的数值通常比其对应的浓度数值要小。浓度与活度的关系为

$$a = \gamma c \qquad (9\text{-}2)$$

式中,a 为活度;c 为浓度;γ 为活度系数,是一个真分数,γ 的数值越小表示浓度与活度之间的偏差越大。

　　当溶液的浓度较大,离子强度较大时,浓度与活度之间的偏差较大。这时若用浓度进行计算,所得结果将偏离实际情况较远,故此时有必要用活度计算和讨论问题。但是在通常接触的计算中,溶液的浓度一般很小,离子强度也较小,近似认为活度系数 $\gamma = 1.0$,即利用浓度代替活度进行计算是合理的。

9.2　弱酸、弱碱的电离平衡

9.2.1　一元弱酸、弱碱的电离平衡

　　根据近代的电解质理论,电解质一般可以分为强电解质和弱电解质。在水中完全电离的电解质称为强电解质,在水中部分电离的电解质称为弱电解质。

　　弱酸、弱碱是弱电解质,它们大部分以分子的形式存在于水溶液中,只有少部分分子发生电离,存在未解离的分子与已解离的离子之间的平衡。

　　1. 一元弱酸的标准电离平衡常数

　　以乙酸(HAc)在水溶液中的解离平衡为例:

$$HAc + H_2O \rightleftharpoons H_3O^+ + Ac^-$$

常简写为

$$HAc \rightleftharpoons H^+ + Ac^- \qquad (9\text{-}3)$$

当溶液浓度不大时，离子强度的影响可忽略。因此，式(9-3)达到平衡时，其平衡常数表达式可写为

$$K_a^\ominus = \frac{[H^+][Ac^-]}{[HAc]} \qquad (9\text{-}4)$$

式中，$K_a^\ominus$ 为弱酸的解离平衡常数，其值的大小表明了弱酸的相对强弱。$K_a^\ominus$ 越大，表明弱酸的解离程度越大，酸性越强。例如，298.15 K 时，HAc 的 $K_a^\ominus = 1.74 \times 10^{-5}$，HCN 的 $K_a^\ominus = 6.17 \times 10^{-10}$，说明 HAc 的酸性比 HCN 强。

乙酸溶液达到解离平衡时，乙酸部分解离，生成等物质的量的 H^+ 和 Ac^-。用 c_0 表示乙酸溶液的起始浓度，用 $[H^+]$、$[Ac^-]$ 和 $[HAc]$ 分别表示 H^+、Ac^- 和 HAc 的平衡浓度，则有 $[H^+] = [Ac^-]$，$[HAc] = c_0 - [H^+]$，将各平衡浓度代入式(9-4)，得

$$K_a^\ominus = \frac{[H^+]^2}{c_0 - [H^+]} \qquad (9\text{-}5)$$

根据式(9-5)，可以在已知弱酸的起始浓度和解离平衡常数的前提下，求出溶液的 $[H^+]$。

在前面化学平衡的学习中曾提到，平衡常数的大小可以说明反应进行的程度。当弱酸解离平衡常数 $K_a^\ominus$ 很小时，酸的解离程度较小，同时若酸的起始浓度 c_0 较大时，则有 $c_0 \gg [H^+]$，于是式(9-5)可简化成

$$K_a^\ominus = \frac{[H^+]^2}{c_0} \qquad (9\text{-}6)$$

这时溶液中的 $[H^+]$ 为

$$[H^+] = \sqrt{K_a^\ominus c_0} \qquad (9\text{-}7)$$

一般来说，当 $c_0 > 400 K_a^\ominus$ 时，即可用式(9-7)求得一元弱酸的 $[H^+]$。

2. 一元弱碱的标准电离平衡常数

对于一元弱碱，在水溶液中存在如下解离平衡：

$$MOH + H_2O \rightleftharpoons MH_2O^+ + OH^-$$

可简写为

$$MOH \rightleftharpoons M^+(aq) + OH^-(aq)$$

达到平衡时，其平衡常数表达式可写成

$$K_b^\ominus = \frac{[M^+][OH^-]}{[MOH]} \qquad (9\text{-}8)$$

式中，$K_b^\ominus$ 为弱碱的解离平衡常数，其值的大小表明了弱碱的相对强弱。

与一元弱酸的情形相同，当一元弱碱的起始浓度 $c_0 > 400 K_b^\ominus$ 时，对于一元弱碱也近似有

$$[OH^-] = \sqrt{K_b^\ominus c_0} \qquad (9-9)$$

$K_a^\ominus$ 和 $K_b^\ominus$ 都是平衡常数，是表征弱酸、弱碱解离限度大小的特征常数。K 值越大表示解离的趋势越大。一般把 $K_a^\ominus(K_b^\ominus) < 10^{-4}$ 的称为弱电解质，$K_a^\ominus(K_b^\ominus) = 10^{-3} \sim 10^{-2}$ 的称为中强电解质。常见一元弱酸、一元弱碱的解离平衡常数见表 9-1。$K_a^\ominus$ 和 $K_b^\ominus$ 具有一般平衡常数的特性，与浓度无关，与温度有关。但是，因为弱电解质解离过程的热效应不大，所以温度对 $K_a^\ominus$ 和 $K_b^\ominus$ 的影响不显著。因此，室温下研究弱酸、弱碱的解离平衡时，一般可以不考虑温度对 $K_a^\ominus$ 和 $K_b^\ominus$ 的影响。

表 9-1　某些一元弱酸、弱碱的解离平衡常数(298.15 K)

一元弱酸	$K_a^\ominus$	一元弱碱	$K_b^\ominus$
HCN	6.2×10^{-10}	NH_3	1.8×10^{-5}
HClO	2.9×10^{-8}	CH_3NH_2	4.2×10^{-4}
HF	6.2×10^{-4}	$(CH_3)_2NH$	5.9×10^{-4}
HNO_2	7.2×10^{-4}	$CH_3CH_2NH_2$	4.3×10^{-4}
HCOOH	1.8×10^{-4}	$C_6H_5NH_2$	4.0×10^{-10}
CH_3COOH	1.8×10^{-5}	C_5H_5N	1.5×10^{-9}

9.2.2　解离度

对于弱酸、弱碱等弱电解质，在水中的解离程度还可以用解离度表示。解离度一般用 α 表示，是指某电解质在水中达到解离平衡时，已解离的电解质浓度与该电解质的初始浓度之比，即

$$解离度(\alpha) = \frac{已解离的弱电解质的浓度}{弱电解质的初始浓度} \times 100\% \qquad (9-10)$$

在水中，温度、浓度相同的条件下，解离度越大的酸(或碱)的酸性(或碱性)越强。

以一元弱酸 HAc 为例，设 HAc 的初始浓度为 c_0，解离度为 α，则平衡时 HAc 的浓度为 $c_0 - c_0\alpha$，

$$HAc \rightleftharpoons H^+ \ + \ Ac^-$$

初始浓度/(mol · L^{-1})　　　　c_0　　　　0　　　　0

平衡浓度/(mol · L^{-1})　　$c_0 - c_0\alpha$　　$c_0\alpha$　　$c_0\alpha$

$$K_a^\ominus = \frac{[H^+][Ac^-]}{[HAc]} = \frac{c_0\alpha \cdot c_0\alpha}{c_0 - c_0\alpha} = \frac{c_0\alpha^2}{1-\alpha}$$

对于弱酸，α 一般很小，$1-\alpha \approx 1$，则 $K_a^\ominus = c_0\alpha^2$，所以

$$\alpha = \frac{[H^+]}{c_0} = \sqrt{\frac{K_a^\ominus}{c_0}} \qquad (9-11)$$

解离度 α 通常用百分数表示。同样可得一元弱碱的解离度为

$$\alpha = \sqrt{\frac{K_b^\ominus}{c_0}} \qquad (9-12)$$

平衡常数 $K_a^\ominus$ 和 $K_b^\ominus$ 不随浓度变化，但作为转化百分数的解离度 α 却随起始浓度的变化而变化。从式(9-11)和式(9-12)看出，对于弱电解质，起始浓度 c_0 越小，解离度 α 值越大。

【例 9-1】 (1) 计算 $0.10\ \text{mol} \cdot \text{L}^{-1}$ HAc 溶液的[H⁺]和解离度；(2) 计算 $0.010\ \text{mol} \cdot \text{L}^{-1}$ HAc 溶液的解离度，并将结果与(1)比较。已知 HAc 的 $K_a^\ominus =1.74\times10^{-5}$。

解　(1) 设平衡时溶液中 H⁺浓度为 $x\ \text{mol} \cdot \text{L}^{-1}$，则

$$\text{HAc} \rightleftharpoons \text{H}^+ + \text{Ac}^-$$

初始浓度/(mol·L⁻¹)　　　　0.10　　　0　　　0

平衡浓度/(mol·L⁻¹)　　　　0.10−x　　x　　　x

平衡常数 $K_a^\ominus$ 的表达式为　　　$K_a^\ominus = \dfrac{x^2}{0.10-x}$

$$c_0/K_a^\ominus = \frac{0.10}{1.74\times10^{-5}} = 5.75\times10^3 > 400$$

即 $c_0 > 400 K_a^\ominus$，有 $0.10-x \approx 0.10$，则

$$x = \sqrt{0.10\times K_a^\ominus} = \sqrt{0.10\times1.74\times10^{-5}} = 1.32\times10^{-3}$$

故　　　　　　　　　$[\text{H}^+] = 1.32\times10^{-3}\ \text{mol} \cdot \text{L}^{-1}$

解离度：　　　$\alpha = \dfrac{[\text{H}^+]}{c_0} = \dfrac{1.32\times10^{-3}}{0.10} = 1.32\%$

(2)　　　　$\alpha = \sqrt{\dfrac{K_a^\ominus}{c_0}} = \sqrt{\dfrac{1.74\times10^{-5}}{0.010}} = 4.17\%$

计算结果表明，溶液稀释后，其解离度反而增大。

【例 9-2】 已知 25℃时，$0.200\ \text{mol} \cdot \text{L}^{-1}$ 氨水的解离度为 0.95%，求[OH⁻]、pH 和氨的解离平衡常数。

解　由题意可知：

$$\text{NH}_3(\text{aq}) + \text{H}_2\text{O}(\text{l}) \rightleftharpoons \text{NH}_4^+(\text{aq}) + \text{OH}^-(\text{aq})$$

初始浓度/(mol·L⁻¹)　　　0.200　　　　　　　0　　　　　0

平衡浓度/(mol·L⁻¹)　0.200×(1−0.95%)　　0.200×0.95%　0.200×0.95%

$$[\text{OH}^-] = 0.200\times0.95\%\ \text{mol} \cdot \text{L}^{-1} = 1.9\times10^{-3}\ \text{mol} \cdot \text{L}^{-1}$$

$$\text{pH} = 14 - \text{pOH} = 14 - [-\lg(1.9\times10^{-3})] = 11.28$$

$$K_b^\ominus(\text{NH}_3) = \frac{[\text{NH}_4^+][\text{OH}^-]}{[\text{NH}_3]} = \frac{(1.9\times10^{-3})^2}{0.200-1.9\times10^{-3}} = 1.8\times10^{-5}$$

9.2.3 同离子效应和盐效应

1. 同离子效应

在弱酸 HAc 水溶液中，加入 NaAc 固体，因为 NaAc 在水中完全电离，使溶液中 Ac^- 的浓度增大，HAc 的解离平衡 $HAc \rightleftharpoons H^+ + Ac^-$ 向左移动，从而降低了 HAc 的解离度。同理，在氨水中加入少量固体 NH_4Cl，也会使平衡 $NH_3 \cdot H_2O \rightleftharpoons NH_4^+ + OH^-$ 向左移动，结果导致 $NH_3 \cdot H_2O$ 的解离度降低。

这种在弱电解质溶液中，加入含有相同离子的易溶强电解质，使弱电解质解离平衡向左移动，导致其解离度降低的现象，称为同离子效应(common ion effect)。

同离子效应的实质是浓度对化学平衡移动的影响：增加产物浓度，化学平衡向逆反应方向移动。

【例 9-3】 比较在 $0.10 \text{ mol} \cdot L^{-1}$ HAc 和在 $0.10 \text{ mol} \cdot L^{-1}$ HAc 中加入 NaAc 晶体，NaAc 浓度为 $0.10 \text{ mol} \cdot L^{-1}$ 时的[H^+]、α，并做出结论(忽略体积变化)。

解 (1) 从【例 9-1】可知：$0.10 \text{ mol} \cdot L^{-1}$ HAc 的

$$[H^+] = 1.32 \times 10^{-3} \text{ mol} \cdot L^{-1}, \quad \alpha = 1.32\%$$

(2) 在 $0.10 \text{ mol} \cdot L^{-1}$ HAc 中加入 NaAc 晶体后，设平衡时溶液中 H^+ 浓度为 $x \text{ mol} \cdot L^{-1}$，则

$$HAc \rightleftharpoons H^+ + Ac^-$$

起始浓度/(mol·L^{-1})　　　　　0.10　　　　0　　　　0.10
平衡浓度/(mol·L^{-1})　　　　0.10$-x$　　　x　　　0.10$+x$

$$K_a^{\ominus}(HAc) = \frac{[H^+][Ac^-]}{[HAc]} = \frac{x(0.10+x)}{0.10-x} = 1.74 \times 10^{-5}$$

由于 HAc 的 α 很小，加入 NaAc 后由于同离子效应使 α 变得更小，则 $0.10 \pm x \approx 0.10$，所以

$$x = K_a^{\ominus} = 1.74 \times 10^{-5}$$

$$\alpha = \frac{[H^+]}{c(HAc)} \times 100\% = \frac{1.74 \times 10^{-5}}{0.10} \times 100\% = 0.017\%$$

从计算结果可以看出，加入 NaAc 晶体后，H^+ 浓度降低，HAc 的解离度变小。

2. 盐效应

在弱电解质如 HAc 溶液中加入不含相同离子的易溶强电解质(如 NaCl、KNO_3 等)，由于溶液中离子强度增大，使离子间相互作用增强，H^+ 和 Ac^- 结合成 HAc 分子的机会减少，平衡向解离的方向移动，HAc 的解离度增大，这种现象称为盐效应(salt effect)。

在发生同离子效应的同时，也伴随盐效应的发生。例如，在 HAc 溶液中加入 NaAc，NaAc 电离出 Ac^-，产生同离子效应使 HAc 的电离度减小，同时 Na^+ 和 Ac^- 对 HAc 的电离平衡又起盐效应的作用，使 HAc 的电离度略有增大。相比之下，同离子效应的影响远远大于盐效应的影响。因此，有同离子效应发生的情况下，一般不考虑盐效应。

9.3　水的解离平衡和溶液的酸碱性

9.3.1　水的离子积常数

水是重要的也是常用的溶剂。实验证明，纯水能微弱导电，说明水是极弱的电解质，水中存在极少量的 H_3O^+ 和 OH^-。也就是说，水能发生如下的自身电离平衡：

$$H_2O + H_2O \rightleftharpoons H_3O^+ + OH^-$$

简写为

$$H_2O \rightleftharpoons H^+ + OH^- \tag{9-13}$$

平衡常数表达式 $K^\ominus = [H^+][OH^-]$，是离子浓度的乘积形式，称为水的离子积常数，经常用 $K_w^\ominus$ 表示。常温下 $K_w^\ominus = 1.0 \times 10^{-14}$。

因为水的解离是吸热反应，根据平衡移动原理，$K_w^\ominus$ 随温度的升高将明显地增大。

9.3.2　溶液的酸碱性

溶液的酸碱性是由该溶液中 H^+ 和 OH^- 的浓度的相对大小来衡量的：

$$[H^+] > [OH^-] 时，溶液显酸性$$

$$[H^+] < [OH^-] 时，溶液显碱性$$

$$[H^+] = [OH^-] 时，溶液显中性$$

溶液的酸碱性大小用溶液的酸度来衡量。严格来说，酸度是指溶液中 H_3O^+ 的活度，常用 pH 表示：

$$pH = -\lg a_{H_3O^+} \tag{9-14}$$

在稀溶液中可以简写为

$$pH = -\lg[H^+] \tag{9-15}$$

注意：p 代表一种运算，表示对一种相对浓度或标准平衡常数的负对数。$pK_w^\ominus$ 是 $K_w^\ominus$ 的负对数，即

$$pK_w^\ominus = -\lg K_w^\ominus$$

同理

$$pOH = -\lg[OH^-]$$

因 $K_w^\ominus = [H^+][OH^-]$，故有

$$pK_w^\ominus = pH + pOH$$

常温下 $K_w^\ominus = 1.0 \times 10^{-14}$，故有 $pH + pOH = 14$。

这时的中性溶液 pH = pOH = 7。但不能把 $[H^+] = 10^{-7}$ mol · L^{-1} 认为是溶液中性不变的标志，因为非常温时，中性溶液中 $[H^+] = [OH^-]$，但都不等于 1.0×10^{-7} mol · L^{-1}。一般情况下，提到 pH = 7 时，总是认为溶液是中性的，这是因为在一般情况下认为 $K_w^\ominus = 1.0 \times 10^{-14}$。

pH 和 pOH 一般使用范围为 0～14。在这个范围内，可用 pH 或 pOH 的大小表示溶液的酸

(碱)度。对于此范围之外的强酸性或强碱性溶液，其酸度和碱度还可用物质的量浓度表示，如溶液的酸度为 1 mol · L⁻¹ H₂SO₄等。

9.3.3　酸碱指示剂

在一定 pH 范围内能够利用本身的颜色改变来指示溶液 pH 变化的物质称为酸碱指示剂(acid-base indicator)，如酚酞、甲基橙等。

酸碱指示剂一般是弱的有机酸或弱的有机碱，它的酸式及其共轭碱式(定义见 9.7 节)具有不同的颜色。当溶液的 pH 改变时，指示剂失去 H⁺由酸式变成碱式，或得到 H⁺由碱式变成酸式，由于结构发生变化，从而引起颜色的变化。若以 HIn 表示一种弱酸型指示剂，在水溶液中存在下列平衡：

$$HIn(aq) \rightleftharpoons H^+(aq) + In^-(aq) \tag{9-16}$$
$$\text{酸式} \qquad\qquad\qquad \text{碱式}$$

其相应的平衡常数为

$$K_a^{\ominus}(HIn) = \frac{[H^+][In^-]}{[HIn]} \tag{9-17}$$

或

$$\frac{[In^-]}{[HIn]} = \frac{K_a^{\ominus}(HIn)}{[H^+]} \tag{9-18}$$

式中，[In⁻]为碱式色的浓度；[HIn]为酸式色的浓度。

由式(9-18)可见，只要酸碱指示剂一定，$K_a^{\ominus}(HIn)$ 在一定条件下为一常数，$\dfrac{[In^-]}{[HIn]}$ 就只取决于溶液中[H⁺]浓度的大小，所以酸碱指示剂能指示溶液酸度。

对一般指示剂来说，当 $\dfrac{[In^-]}{[HIn]} \geqslant 10$ 时，才能明显地看到 In⁻的颜色；而当 $\dfrac{[In^-]}{[HIn]} \leqslant 0.1$ 时，才能明显地看到 HIn 的颜色。如果 $0.1 < \dfrac{[In^-]}{[HIn]} < 10$ 时，看到的是它们的混合色；$\dfrac{[In^-]}{[HIn]} = 1$ 时，pH = $pK_a^{\ominus}(HIn)$，称为指示剂的理论变色点。

因此，当溶液的 pH 由($pK_a^{\ominus} - 1$)变化到($pK_a^{\ominus} + 1$)，就能明显地看到指示剂颜色由酸式色变为碱式色，即

$$pH = pK_a^{\ominus}(HIn) \pm 1 \tag{9-19}$$

因此，常把这一 pH 范围称为指示剂的变色范围。酸碱指示剂的理论变色范围相差两个 pH 单位。由式(9-19)可知，不同的酸碱指示剂，$pK_a^{\ominus}$ 值不同，它们的变色范围就不同，因此不同的酸碱指示剂就能指示不同的酸度变化。表 9-2 列出了常见酸碱指示剂的变色范围及颜色。

表 9-2　几种酸碱指示剂

指示剂	变色范围 pH	酸式色	碱式色
甲基橙	3.1～4.4	红色	黄色
溴酚蓝	3.0～4.6	黄色	蓝色
溴百里酚蓝	6.0～7.6	黄色	蓝色

指示剂	变色范围 pH	酸式色	碱式色
中性红	6.8~8.0	红色	亮黄色
酚酞	8.2~10.0	无色	红色
达旦黄	12.0~13.0	黄色	红色

实际过程中,指示剂随溶液 pH 的变化而呈现的颜色变化范围与上述理论变色范围有所差异,其主要原因有:

(1) 酸碱指示剂的变色范围是依靠人眼观察的,人眼对不同颜色的敏感程度不同,不同的人对同一种颜色的敏感程度不同,加上酸碱指示剂酸式色和碱式色之间的相互掩盖,会导致实际变色范围与理论有所差异。实际观察到的指示剂变色范围大多相差 1.6~1.8 个 pH 单位。例如,甲基橙的实际变色范围为 3.1~4.4,而不是 2.4~4.4,这就是由于人眼对红色比黄色敏感,使酸式一边的变色范围相对较窄。

(2) 温度、溶剂及一些强电解质的存在会影响指示剂的解离常数 $K_a^{\ominus}$(HIn) 的大小,从而导致指示剂的变色范围发生改变。例如,甲基橙在常温下的变色范围为 3.1~4.4,而在 100℃时为 2.5~3.7。

用酸碱指示剂指示溶液的 pH,在化学实验中有广泛的应用。实验室中常用的 pH 试纸是将多种酸碱指示剂按一定比例混合浸渍而成,使其在不同的 pH 显不同的颜色,从而较准确地确定溶液的酸度。

9.4　多元弱酸、弱碱的电离平衡

分子中含有两个或两个以上的可电离的 H^+ 的弱酸称为多元弱酸。根据弱酸中所含的可电离氢离子的数目,可以将其分为一元弱酸(如 CH_3COOH)、二元弱酸(如 H_2CO_3、H_2S)、三元弱酸(如 H_3PO_4)等。

一元弱酸、弱碱的解离过程是一步完成的,多元弱酸、弱碱在水溶液中的电离是分步进行的。现以 H_2CO_3 为例讨论多元弱酸的解离平衡。H_2CO_3 在水溶液中能发生如下的两步电离,溶液中同时存在两个电离平衡:

$$H_2CO_3(aq) \rightleftharpoons H^+(aq) + HCO_3^-(aq) \tag{9-20}$$

$$HCO_3^-(aq) \rightleftharpoons H^+(aq) + CO_3^{2-}(aq) \tag{9-21}$$

式(9-20)的标准解离平衡常数用 $K_{a1}^{\ominus}$ 表示,简称为第一级解离常数。它与各组分的平衡浓度的关系式为

$$K_{a1}^{\ominus}(H_2CO_3) = \frac{[H^+][HCO_3^-]}{[H_2CO_3]} = 4.2 \times 10^{-7}$$

同理,式(9-21)的解离平衡常数 $K_{a2}^{\ominus}$ 可表示为

$$K_{a2}^{\ominus}(H_2CO_3) = \frac{[H^+][CO_3^{2-}]}{[HCO_3^-]} = 4.7 \times 10^{-11}$$

第二步解离的平衡常数明显小于第一步解离的平衡常数，这是多步解离的一个基本规律。从离子之间的静电引力考虑，要从带负电荷的 HCO_3^- 中再解离出一个正离子 H^+，要比从中性分子 H_2CO_3 中解离出一个正离子 H^+ 难得多。从平衡角度考虑，第一步解离出的 H^+ 对第二步解离产生同离子效应，所以第二步解离出的 H^+ 远小于第一步的，故二元弱酸的 $[H^+]$ 可以近似由第一步解离求得。

【例 9-4】 计算 25℃ 时，$0.010\,mol \cdot L^{-1}$ H_2CO_3 溶液中 H^+、H_2CO_3、HCO_3^-、CO_3^{2-} 和 OH^- 的浓度及溶液的 pH。已知 $K_{a1}^{\ominus} = 4.2 \times 10^{-7}$，$K_{a2}^{\ominus} = 4.7 \times 10^{-11}$。

解　设 H_2CO_3 一级解离所产生的 H^+ 浓度为 $x\,mol \cdot L^{-1}$，二级解离所产生的 CO_3^{2-} 浓度为 $y\,mol \cdot L^{-1}$，水解离所产生的 OH^- 浓度为 $z\,mol \cdot L^{-1}$，则有

$$H_2CO_3(aq) \rightleftharpoons H^+(aq) + HCO_3^-(aq)$$

起始浓度/(mol · L⁻¹)	0.010	0	0
平衡浓度/(mol · L⁻¹)	$0.010 - x$	$x + y + z$	$x - y$

$$HCO_3^-(aq) \rightleftharpoons H^+(aq) + CO_3^{2-}(aq)$$

平衡浓度/(mol · L⁻¹)	$x - y$	$x + y + z$	y

$$H_2O(l) \rightleftharpoons H^+(aq) + OH^-(aq)$$

平衡浓度/(mol · L⁻¹)	$x + y + z$	z

由于 $K_{a1}^{\ominus} \gg K_{a2}^{\ominus} \gg K_w^{\ominus}$，再加上第一级解离对第二级解离的抑制作用，因此溶液中的 H^+ 主要来自于 H_2CO_3 的第一步解离，即 $x + y + z \approx x$，$x \pm y \approx x$，即 $[H^+] \approx x$，$[HCO_3^-] \approx x$，所以 HCO_3^- 的平衡浓度可以直接根据 H_2CO_3 的一级解离求得

$$K_{a1}^{\ominus} = \frac{[H^+][HCO_3^-]}{[H_2CO_3]} = \frac{x^2}{0.010 - x} = 4.2 \times 10^{-7}$$

$$0.010 - x \approx 0.010$$

解得　　　　　　　　　　　　　$x = 6.5 \times 10^{-5}$

即　　　　　　　　　$[H^+] \approx [HCO_3^-] = 6.5 \times 10^{-5}\,mol \cdot L^{-1}$

溶液中 CO_3^{2-} 的浓度可以通过二级解离求出：

$$K_{a2}^{\ominus} = \frac{[H^+][CO_3^{2-}]}{[HCO_3^-]} = \frac{(x + y + z)y}{x - y} \approx y = 4.7 \times 10^{-11}$$

即　　　　　　　　　　$[CO_3^{2-}] \approx 4.7 \times 10^{-11}\,mol \cdot L^{-1}$

OH^- 来自 H_2O 的解离：$[H^+][OH^-] = 6.5 \times 10^{-5}z = 1.0 \times 10^{-14}$

$$z = [OH^-] = 1.5 \times 10^{-10}$$

$$pH = -\lg[H^+] = 4.19$$

通过【例 9-4】不难发现，对于多元弱酸，如果 $K_{a1}^{\ominus} \gg K_{a2}^{\ominus} \gg K_{a3}^{\ominus} \cdots$ 溶液中的 H^+ 主要来自

于弱酸的第一步解离，计算[H⁺]或 pH 时可只考虑第一步解离。另外，对二元弱酸 H_2A 来说，如果 $K_{a1}^\ominus \gg K_{a2}^\ominus$，则$[A^{2-}] \approx K_{a2}^\ominus$，而与弱酸的初始浓度无关，这个规律适用于一般的二元弱酸和二元中强酸，但不适合于二元酸与其他物质的混合溶液。

在多元弱酸溶液中，实际上存在多个解离平衡，除了酸自身的多步解离平衡外，还有溶剂水的解离平衡，它们能同时很快达到平衡。这些平衡中有相同的物种 H^+，平衡时[H⁺]保持恒定。此时，[H⁺]满足各平衡的标准平衡常数表达式的数量关系，即在一种溶液中各离子间的平衡是同时建立的，涉及多种平衡的离子，其浓度必须同时满足该溶液中的所有平衡，这是求解多重平衡共存问题的一条重要原则。

一些常见的二元酸、三元酸的各级解离平衡常数见表 9-3。

表 9-3　某些多元酸的各级解离平衡常数(298.15 K)

一元弱酸	$K_{a1}^\ominus$	$K_{a2}^\ominus$	$K_{a3}^\ominus$
$H_2C_2O_4$	5.9×10^{-2}	6.4×10^{-5}	
H_3PO_3	3.7×10^{-2}	2.1×10^{-7}	
H_2SO_3	1.7×10^{-2}	6.2×10^{-8}	
H_3PO_4	7.6×10^{-3}	6.3×10^{-8}	3.0×10^{-12}
H_3AsO_4	6.0×10^{-3}	1.7×10^{-7}	
H_2CO_3	4.2×10^{-7}	4.7×10^{-11}	
H_2S	1.3×10^{-7}	7.1×10^{-15}	

【**例 9-5**】　计算 $0.10\ mol \cdot L^{-1}$ H_2S 与 $0.20\ mol \cdot L^{-1}$ HCl 的混合水溶液中，HS^- 和 S^{2-} 的浓度。已知 $K_{a1}^\ominus(H_2S) = 1.3 \times 10^{-7}$，$K_{a2}^\ominus(H_2S) = 7.1 \times 10^{-15}$。

解　盐酸为强电解质，在体系中完全解离，[H⁺] $= 0.20\ mol \cdot L^{-1}$，在这样的酸度下，已解离的[H₂S]及 H₂S 解离出的[H⁺]均可以忽略不计。设平衡时 HS^- 的浓度为 $x\ mol \cdot L^{-1}$，则

$$H_2S + H_2O \rightleftharpoons H_3O^+ + HS^-$$

平衡浓度/ $(mol \cdot L^{-1})$ 　　　　 0.10　　　　　　　 0.20　　　 x

根据

$$K_{a1}^\ominus = \frac{[H^+][HS^-]}{[H_2S]} = \frac{0.20x}{0.10} = 1.3 \times 10^{-7}$$

解得

$$x = [HS^-] = 6.5 \times 10^{-8}\ mol \cdot L^{-1}$$

设平衡时 S^{2-} 的浓度为 $y\ mol \cdot L^{-1}$，则

$$H_2S \rightleftharpoons 2H^+ + S^{2-}$$

平衡浓度/ $(mol \cdot L^{-1})$ 　　　　　 0.10　　　 0.20　　 y

$$K^\ominus = K_{a1}^\ominus K_{a2}^\ominus = \frac{[H^+]^2[S^{2-}]}{[H_2S]} = \frac{(0.20)^2 y}{0.10} = 9.2 \times 10^{-22}$$

解得

$$y = 2.3 \times 10^{-21}\ mol \cdot L^{-1}$$

即

$$[S^{2-}] = 2.3 \times 10^{-21}\ mol \cdot L^{-1}$$

与二元弱酸相似，三元弱酸也是分步解离的，由于 $K_{a1}^{\ominus}$、$K_{a2}^{\ominus}$、$K_{a3}^{\ominus}$ 相差很大，三元弱酸的[H⁺]也认为是由第一步解离决定的；负一价酸根离子的浓度等于体系中的[H⁺]；负二价酸根离子的浓度等于第二级解离平衡常数 $K_{a2}^{\ominus}$。在知道三元弱酸体系的[H⁺]和三元弱酸的起始浓度 c_0 的基础上，可以用各级解离平衡常数、[H⁺]和 c_0 表示出各种酸根离子及酸分子的浓度。下面以磷酸为例讨论三元弱酸解离平衡的计算。

【例 9-6】 已知 H_3PO_4 的各级解离平衡常数 $K_{a1}^{\ominus}=7.6\times10^{-3}$，$K_{a2}^{\ominus}=6.3\times10^{-8}$，$K_{a3}^{\ominus}=4.4\times10^{-13}$。求 $0.10\ mol\cdot L^{-1}\ H_3PO_4$ 溶液中的 $[H_3PO_4]$、$[PO_4^{3-}]$、$[H_2PO_4^-]$、$[HPO_4^{2-}]$、$[H^+]$ 及 $[OH^-]$。

解　因为 $K_{a1}^{\ominus}\gg K_{a2}^{\ominus}\gg K_{a3}^{\ominus}$，体系中的[H⁺]由 H_3PO_4 的第一步解离决定。设平衡时[H⁺]为 $x\ mol\cdot L^{-1}$，则有

$$H_3PO_4(aq)\rightleftharpoons H^+(aq)+H_2PO_4^-(aq)$$

起始浓度/$(mol\cdot L^{-1})$　　　0.10　　　　　　0　　　　　　0

平衡浓度/$(mol\cdot L^{-1})$　　0.10−x　　　　　x　　　　　　x

$$K_{a1}^{\ominus}=\frac{[H^+][H_2PO_4^-]}{[H_3PO_4]}=7.6\times10^{-3}$$

$$x^2/(0.10-x)=7.6\times10^{-3}$$

因为 $c_0/K_{a1}^{\ominus}=0.10/7.6\times10^{-3}=13<400$，所以不能做近似处理，解一元二次方程：

$$x=[H^+]=[H_2PO_4^-]=2.4\times10^{-2}\ mol\cdot L^{-1}$$

$$[H_3PO_4]=0.10-x=0.10-2.4\times10^{-2}=0.076(mol\cdot L^{-1})$$

$$[OH^-]=\frac{K_w^{\ominus}}{[H^+]}=\frac{1.0\times10^{-14}}{2.4\times10^{-2}}=4.2\times10^{-13}(mol\cdot L^{-1})$$

按第二步解离求 $[HPO_4^{2-}]$，设平衡时 $[HPO_4^{2-}]$ 为 $y\ mol\cdot L^{-1}$，则有

$$H_2PO_4^-(aq)\rightleftharpoons H^+(aq)+HPO_4^{2-}(aq)$$

平衡浓度/$(mol\cdot L^{-1})$　　2.4×10^{-2}　　　2.4×10^{-2}　　　y

$$K_{a2}^{\ominus}=\frac{[H^+][HPO_4^{2-}]}{[H_2PO_4^-]}=y=6.3\times10^{-8}$$

即　　　　　　　　　　$[HPO_4^{2-}]=6.3\times10^{-8}\ mol\cdot L^{-1}$

计算结果表明：第二步解离出的[H⁺]即 $[HPO_4^{2-}]$ 远远小于溶液中的[H⁺]，因此[H⁺]由第一步解离决定是完全正确的。

按第三步解离求 $[PO_4^{3-}]$，设平衡时 $[PO_4^{3-}]$ 为 $z\ mol\cdot L^{-1}$，

$$HPO_4^{2-}(aq)\rightleftharpoons H^+(aq)+PO_4^{3-}(aq)$$

平衡浓度/$(mol\cdot L^{-1})$　　6.3×10^{-8}　　　2.4×10^{-2}　　　z

$$K_{a3}^{\ominus} = \frac{[H^+][PO_4^{3-}]}{[HPO_4^{2-}]} = \frac{2.4 \times 10^{-2} \times z}{6.3 \times 10^{-8}} = 4.4 \times 10^{-13}$$

$$z = [PO_4^{3-}] = 1.2 \times 10^{-18} \text{ mol} \cdot L^{-1}$$

计算结果表明：第三步解离出的$[H^+]$更小，完全可以忽略不计。

9.5　缓　冲　溶　液

　　一般的水溶液，若受到酸、碱或水的作用，其 pH 易发生明显变化，但许多化学反应和生产过程常要求在一定的 pH 范围内才能进行或进行得比较彻底。我们将能抵抗少量强酸、强碱或适当稀释而保持本身 pH 基本不变的溶液，称为缓冲溶液(buffer solution)。

　　缓冲溶液的作用原理与前面讲过的同离子效应有密切的关系。缓冲溶液一般由弱酸及其盐，或者弱碱及其盐组成。例如，HAc + NaAc、$NH_3 \cdot H_2O$ + NH_4Cl、NaH_2PO_4 + Na_2HPO_4 等配制成不同 pH 的缓冲溶液。

　　下面以 HAc + NaAc 为例进行详细说明：

　　设 HAc 的初始浓度为 $c_{酸}$，NaAc 的初始浓度为 $c_{盐}$，平衡时 H^+ 浓度为 x mol $\cdot$ L^{-1}，

$$HAc \rightleftharpoons H^+ + Ac^-$$

起始浓度/(mol $\cdot$ L^{-1})　　　　　　$c_{酸}$　　　　　　0　　　　　$c_{盐}$

平衡浓度/(mol $\cdot$ L^{-1})　　　　$c_{酸} - x$　　　　x　　　$c_{盐} + x$

　　由于同离子效应，近似有 $c_{酸} - x \approx c_{酸}$，$c_{盐} + x \approx c_{盐}$，

$$K_a^{\ominus} = \frac{[H^+][Ac^-]}{[HAc]} = \frac{x \cdot c_{盐}}{c_{酸}}$$

故有

$$[H^+] = x = \frac{c_{酸}}{c_{盐}} \cdot K_a^{\ominus}$$

$$pH = -\lg[H^+] = -\lg K_a^{\ominus} - \lg \frac{c_{酸}}{c_{盐}}$$

$$pH = pK_a^{\ominus} - \lg \frac{c_{酸}}{c_{盐}} \tag{9-22}$$

同理，若用弱碱和弱碱盐配成缓冲溶液，其公式可写成

$$pOH = pK_b^{\ominus} - \lg \frac{c_{碱}}{c_{盐}} \tag{9-23}$$

　　式(9-22)和式(9-23)说明，上述混合溶液的 pH 首先取决于弱酸(碱)的 $pK_a^{\ominus}$($pK_b^{\ominus}$)，其次取决于弱酸(碱)和弱酸(碱)盐的浓度之比。下面通过实例说明缓冲溶液是怎样抵御外来少量酸、碱及水的稀释而保持 pH 基本不变的。

【例 9-7】　缓冲溶液的组成是 1.00 mol $\cdot$ L^{-1} 的 $NH_3 \cdot H_2O$ 和 1.00 mol $\cdot$ L^{-1} 的 NH_4Cl，试计算：

　　(1) 缓冲溶液的 pH；

(2) 将 1.0 mL 1.00 mol·L^{-1} 的 NaOH 溶液加入 50.0 mL 该缓冲溶液中引起的 pH 变化；

(3) 将同量 NaOH 溶液加入 50.0 mL 纯水中引起的 pH 变化。

解 (1) 根据式(9-23)，$\quad\quad pOH = pK_b^{\ominus} - \lg\dfrac{c_{碱}}{c_{盐}} = -\lg(1.8\times10^{-5}) - \lg\dfrac{1.00}{1.00} = 4.74$

$$pH = 14.00 - pOH = 9.26$$

(2) 在 50.0 mL 缓冲溶液中，含 NH$_3$·H$_2$O 和 NH$_4$Cl 各是 0.050 mol，加入 0.001 mol NaOH 后，它将消耗 0.001 mol 的 NH$_4$Cl 并生成 0.001 mol NH$_3$·H$_2$O，故有

$$NH_4^+ + OH^- \Longleftrightarrow NH_3 \cdot H_2O$$

平衡浓度/(mol·L^{-1}) $\quad\quad\quad \dfrac{0.050 - 0.001}{0.051} \quad\quad\quad\quad \dfrac{0.050 + 0.001}{0.051}$

根据式(9-23)得

$$pOH = pK_b^{\ominus} - \lg\dfrac{c_{碱}}{c_{盐}} = -\lg(1.8\times10^{-5}) - \lg\dfrac{\dfrac{0.050 + 0.001}{0.051}}{\dfrac{0.050 - 0.001}{0.051}} = 4.73$$

$$pH = 14.00 - pOH = 9.27$$

(3) 由题意知 $\quad\quad\quad\quad [OH^-] = \dfrac{0.001}{0.051} mol\cdot L^{-1} = 0.020\ mol\cdot L^{-1}$

$$pOH = 1.7 \quad\quad\quad pH = 12.3$$

可见，加入这些 NaOH 溶液后，缓冲溶液的 pH 几乎没有变化，而同样的 NaOH 加入同体积的纯水中，pH 从 7 变成 12.3，增加了 5.3 个 pH 单位。

任何缓冲溶液的缓冲能力都是有限的。若向系统中加入过多的酸或碱，或过分稀释，都有可能使缓冲溶液失去缓冲作用。缓冲溶液缓冲能力的大小用缓冲容量衡量。缓冲容量是指单位体积的缓冲溶液改变极小值所需的酸或碱的物质的量。

缓冲溶液中发挥作用的弱酸和弱酸盐或弱碱和弱碱盐称为缓冲对。缓冲容量的大小与缓冲溶液的总浓度及缓冲对的浓度比有关。当缓冲溶液的总浓度一定时，缓冲对浓度比越接近 1，缓冲容量越大；缓冲对浓度比等于 1 时，缓冲容量最大，缓冲能力最强。通常，将缓冲对浓度比控制在 0.1～10 较合适，超出此范围则认为失去缓冲作用。因此，缓冲溶液的缓冲能力一般为 $(pK_a^{\ominus} - 1) < pH < (pK_a^{\ominus} + 1)$，这就是缓冲溶液的缓冲范围。不同的缓冲体系，由于 $pK_a^{\ominus}$ 不同，其缓冲范围也不同。

配制缓冲溶液时，主要考虑以下三点：

(1) 所选择的缓冲对不能对正常的化学反应造成干扰，除维持酸度外，不能发生副反应。

(2) 应有较强的缓冲能力。为了达到这一要求，所选择的缓冲对浓度比应尽量接近 1，浓度要大一些。

(3) 所需控制的 pH 应在缓冲溶液的缓冲范围内。若缓冲溶液由弱酸及其盐组成，则 $pK_a^{\ominus}$ 应尽量与所需控制的 pH 一致。

【**例 9-8**】　计算如何配制 1 L pH = 5.0，弱酸浓度为 0.10 mol·L⁻¹ 的缓冲溶液。

　　解　因为 HAc 的 $pK_a^\ominus$ = 4.76，接近 5.0，故选用 HAc-NaAc 缓冲溶液。

根据式(9-22)，
$$pH = pK_a^\ominus(HAc) - \lg \frac{c_{HAc}}{c_{NaAc}}$$

$$5.0 = 4.76 - \lg \frac{c_{HAc}}{c_{NaAc}}$$

故
$$\frac{c_{HAc}}{c_{NaAc}} = 0.58$$

所以
$$c_{NaAc} = \frac{c_{HAc}}{0.58} = \frac{0.10}{0.58} \text{ mol·L}^{-1} = 0.17 \text{ mol·L}^{-1}$$

故配制缓冲溶液时，取 0.10 mol·L⁻¹ HAc 溶液 1 L，并向其加入如下质量的 NaAc 固体：

$$m_{NaAc} = c_{NaAc}V_{NaAc}M_{NaAc} = 0.17 \times 1 \times 82 = 13.9(\text{g})$$

9.6　盐 的 水 解

　　盐是酸碱中和的产物，按生成盐的酸和碱的强弱可以将盐分为以下几类：由强酸和强碱作用生成的盐，称为强酸强碱盐，如 NaCl；由强酸和弱碱作用生成的盐，称为强酸弱碱盐，如 NH₄Cl；由弱酸和强碱作用生成的盐，称为弱酸强碱盐，如 NaAc、Na₂CO₃ 等；由弱酸和弱碱作用生成的盐，称为弱酸弱碱盐，如 NH₄Ac、NH₄CN 等。这些盐的水溶液可能是中性的，也可能是酸性或碱性的，这是由于盐中的一种(或两种)离子与水电离出的 H⁺或 OH⁻(或两者)相结合而使水的电离平衡发生移动的结果。盐在水溶液中与水作用，使水的电离平衡发生移动从而可能改变溶液的酸度，这种作用称为盐的水解。

9.6.1　各种盐的水解

1. 强酸强碱盐

　　强酸强碱盐在水中不发生水解，因为它们的离子与 H⁺、OH⁻不能结合成弱电解质分子，故不影响水的电离平衡，其水溶液显中性。

2. 弱酸强碱盐

　　以 NaAc 为例讨论弱酸强碱盐的水解情况。

　　NaAc 在水中完全电离，Ac⁻与 H₂O 电离出的 H⁺结合成弱电解质 HAc 分子，其总反应方程式为

$$Ac^- + H_2O \rightleftharpoons HAc + OH^- \tag{9-24}$$

　　式(9-24)为 NaAc 的水解平衡，水解的结果使溶液中[OH⁻]>[H⁺]，于是 NaAc 溶液显碱性。

　　式(9-24)的平衡常数表达式为

$$K_h^{\ominus} = \frac{[HAc][OH^-]}{[Ac^-]}$$

式中，$K_h^{\ominus}$ 称为水解反应的平衡常数，简称水解平衡常数。在上式的分子分母中各乘以平衡体系中的[H$^+$]，上式变为

$$K_h^{\ominus} = \frac{[HAc][OH^-][H^+]}{[Ac^-][H^+]} = \frac{K_w^{\ominus}}{K_a^{\ominus}}$$

即　　　　　　　　　　　　$$K_h^{\ominus} = \frac{K_w^{\ominus}}{K_a^{\ominus}} \qquad\qquad (9\text{-}25)$$

由式(9-25)可知，弱酸强碱盐的水解平衡常数 $K_h^{\ominus}$ 等于水的离子积常数与弱酸的解离平衡常数的比值。例如，NaAc 的水解平衡常数为

$$K_h^{\ominus} = \frac{K_w^{\ominus}}{K_a^{\ominus}} = \frac{1.0 \times 10^{-14}}{1.74 \times 10^{-5}} = 5.7 \times 10^{-10}$$

各种水解反应的平衡常数 $K_h^{\ominus}$ 没有现成数据可查，需要通过计算求得。$K_h^{\ominus}$ 值越大，表示相应盐的水解程度越大。

由于盐的水解平衡常数很小，故可采用近似的方法处理，直接通过下式求得溶液的[OH$^-$]：

$$[OH^-] = \sqrt{K_h^{\ominus} c_0} = \sqrt{\frac{K_w^{\ominus} \cdot c_0}{K_a^{\ominus}}} \qquad\qquad (9\text{-}26)$$

盐类的水解程度还可以用水解度(h)衡量：

$$h = \frac{\text{盐已水解的物质的量(或浓度)}}{\text{盐的初始物质的量(或浓度)}} \times 100\%$$

弱酸强碱盐的水解度为

$$h = \frac{[OH^-]}{c_0} = \sqrt{\frac{K_h^{\ominus}}{c_0}} = \sqrt{\frac{K_w^{\ominus}}{K_a^{\ominus} c_0}} \qquad\qquad (9\text{-}27)$$

3. 强酸弱碱盐

以 NH$_4$Cl 为例讨论强酸弱碱盐的水解，其水解方程式为

$$NH_4^+ + H_2O \Longleftrightarrow NH_3 \cdot H_2O + H^+$$

NH$_4^+$ 和 OH$^-$结合生成弱电解质，使 H$_2$O 的解离平衡发生移动，结果溶液中[H$^+$]>[OH$^-$]，溶液显酸性。

同理可以推出强酸弱碱盐水解平衡常数 $K_h^{\ominus}$ 与弱碱的 $K_b^{\ominus}$ 之间的关系为

$$K_h^{\ominus} = \frac{K_w^{\ominus}}{K_b^{\ominus}} \qquad\qquad (9\text{-}28)$$

同样，当水解程度很小时，可用式(9-29)求得溶液的[H$^+$]：

$$[H^+] = \sqrt{K_h^\ominus \cdot c_0} \tag{9-29}$$

水解度 h 可用式(9-30)求得：

$$h = \frac{[H^+]}{c_0} = \sqrt{\frac{K_h^\ominus}{c_0}} = \sqrt{\frac{K_w^\ominus}{K_b^\ominus c_0}} \tag{9-30}$$

【例 9-9】 计算 298.15 K 时 0.10 mol · L^{-1} NH$_4$Cl 溶液的 pH 和水解度 h。已知 $K_b^\ominus$(NH$_3$ · H$_2$O) = 1.8×10^{-5}。

解

$$K_h^\ominus = \frac{K_w^\ominus}{K_b^\ominus} = \frac{1.0 \times 10^{-14}}{1.8 \times 10^{-5}} = 5.6 \times 10^{-10}$$

因为 $K_h^\ominus \gg K_w^\ominus$，所以可以忽略 H$_2$O 解离出的 H$^+$。

设平衡时 [H$^+$] 为 x mol · L^{-1}，则有

$$NH_4^+ + H_2O \Longrightarrow NH_3 \cdot H_2O(aq) + H^+$$

平衡浓度/(mol · L^{-1})　　　 $0.10 - x$ 　　　　　　 x 　　　　 x

$$K_h^\ominus = \frac{x^2}{0.10 - x} = 5.6 \times 10^{-10}$$

因为 $c_0/K_h^\ominus = 0.10/5.6 \times 10^{-10} > 400$，可做近似处理， $0.10 - x \approx 0.10$，故

$$x = [H^+] = \sqrt{K_h^\ominus \cdot c_0} = \sqrt{5.6 \times 10^{-10} \times 0.10} = 7.5 \times 10^{-6} \, mol \cdot L^{-1}$$

所以　　　　　　　　　　　　　　pH = 5.12

水解度　　　　　 $h = \dfrac{[H^+]}{c_0} = \sqrt{\dfrac{K_h^\ominus}{c_0}} = \sqrt{\dfrac{5.6 \times 10^{-10}}{0.10}} = 0.0075\%$

4. 弱酸弱碱盐

1) 水解平衡常数

弱酸弱碱盐的阳离子和阴离子在水中会同时发生水解，即双水解。以 NH$_4$Ac 为例，

$$NH_4^+ + Ac^- + H_2O \Longrightarrow NH_3 \cdot H_2O + HAc$$

其平衡常数的表达式为

$$K_h^\ominus = \frac{[HAc][NH_3 \cdot H_2O]}{[NH_4^+][Ac^-]} = \frac{[HAc][NH_3 \cdot H_2O][H^+][OH^-]}{[NH_4^+][Ac^-][H^+][OH^-]}$$

$$= \frac{[H^+][OH^-]}{\dfrac{[NH_4^+][OH^-]}{[NH_3 \cdot H_2O]} \cdot \dfrac{[Ac^-][H^+]}{[HAc]}} = \frac{K_w^\ominus}{K_a^\ominus \cdot K_b^\ominus} \tag{9-31}$$

式(9-31)表明了弱酸弱碱盐的水解平衡常数与弱酸、弱碱的解离平衡常数的关系。NH$_4$Ac 的水解平衡常数 $K_h^\ominus$ 可由式(9-31)求得

$$K_h^\ominus = \frac{K_w^\ominus}{K_a^\ominus \cdot K_b^\ominus} = \frac{1.0\times10^{-14}}{1.74\times10^{-5}\times1.8\times10^{-5}} = 3.2\times10^{-5}$$

NH$_4$Ac 的水解平衡常数虽然不算很大，但与 NaAc 的 $K_h^\ominus$ 和 NH$_4$Cl 的 $K_h^\ominus$ 相比，扩大了 10^{-5} 倍。显然 NH$_4$Ac 的双水解趋势要比 NaAc 或 NH$_4$Cl 的水解趋势大得多。

2) 弱酸弱碱盐溶液的[H$^+$]

以一元弱酸 HA 和一元弱碱 MOH 生成的弱酸弱碱盐 MA 为例，探讨弱酸弱碱盐溶液的 [H$^+$]。已知弱酸和弱碱的解离平衡常数分别为 $K_a^\ominus$ 和 $K_b^\ominus$。

将 MA 溶于水中，阳离子 M$^+$ 和酸根阴离子 A$^-$ 的起始浓度均为 c_0。

两个水解反应同时达到平衡：

$$M^+ + H_2O \rightleftharpoons MOH + H^+$$

$$A^- + H_2O \rightleftharpoons OH^- + HA$$

生成 1 个 MOH，则产生 1 个 H$^+$；而有 1 个 HA 生成，则有 1 个 OH$^-$ 去中和一个 H$^+$，故

$$[H^+] = [MOH] - [HA] \tag{9-32}$$

M$^+$ 的水解平衡常数表达式为

$$K_h^\ominus(M^+) = \frac{K_w^\ominus}{K_b^\ominus} = \frac{[H^+][MOH]}{[M^+]}$$

由此可得出

$$[MOH] = \frac{K_w^\ominus[M^+]}{K_b^\ominus[H^+]} \tag{9-33}$$

A$^-$ 的水解平衡常数表达式为

$$K_h^\ominus(A^-) = \frac{K_w^\ominus}{K_a^\ominus} = \frac{[OH^-][HA]}{[A^-]}$$

由此可得出

$$[HA] = \frac{K_w^\ominus[A^-]}{K_a^\ominus[OH^-]} = \frac{[H^+][A^-]}{K_a^\ominus} \tag{9-34}$$

将式(9-33)和式(9-34)代入式(9-32)中，

$$[H^+] = \frac{K_w^\ominus[M^+]}{K_b^\ominus[H^+]} - \frac{[A^-][H^+]}{K_a^\ominus}$$

将上式两边分别乘以 $K_a^\ominus K_b^\ominus [H^+]$，得

$$K_a^\ominus K_b^\ominus [H^+]^2 = K_a^\ominus K_w^\ominus [M^+] - K_b^\ominus [A^-][H^+]^2$$

整理得

$$K_b^\ominus [H^+]^2 (K_a^\ominus + [A^-]) = K_a^\ominus K_w^\ominus [M^+]$$

故

$$[H^+] = \sqrt{\frac{K_w^{\ominus} K_a^{\ominus}[M^+]}{K_b^{\ominus}(K_a^{\ominus} + [A^-])}} \tag{9-35}$$

当 $K_h^{\ominus}$ 与 c_0 相比很小时，$[M^+]$ 和 $[A^-]$ 的水解程度极小，近似有

$$[M^+] \approx [A^-] \approx c_0$$

此时式(9-35)变为

$$[H^+] = \sqrt{\frac{K_w^{\ominus} K_a^{\ominus} c_0}{K_b^{\ominus}(K_a^{\ominus} + c_0)}} \tag{9-36}$$

当 $c_0 \gg K_a^{\ominus}$ 时，近似有 $K_a^{\ominus} + c_0 \approx c_0$，此时式(9-36)变为

$$[H^+] = \sqrt{\frac{K_w^{\ominus} \cdot K_a^{\ominus}}{K_b^{\ominus}}} \tag{9-37}$$

可见，在一定条件下，弱酸弱碱盐水溶液的$[H^+]$与盐溶液的浓度无直接关系。但式(9-37)的成立是以 $K_h^{\ominus}$ 与 c_0 相比很小且 $c_0 \gg K_a^{\ominus}$ 为基础的，因此盐的起始浓度 c_0 不能过小。

【例 9-10】　求 $0.10\ \text{mol} \cdot \text{L}^{-1} \text{NH}_4\text{Ac}$ 溶液的 pH。已知 $K_a^{\ominus}(\text{HAc}) = 1.74 \times 10^{-5}$，$K_b^{\ominus}(\text{NH}_3 \cdot \text{H}_2\text{O}) = 1.8 \times 10^{-5}$。

解　题中所给条件完全符合使用式(9-37)的条件，故

$$[H^+] = \sqrt{\frac{K_w^{\ominus} \cdot K_a^{\ominus}}{K_b^{\ominus}}} = \sqrt{\frac{1.0 \times 10^{-14} \times 1.74 \times 10^{-5}}{1.8 \times 10^{-5}}} = 9.8 \times 10^{-8}\ (\text{mol} \cdot \text{L}^{-1})$$

$$pH = 7.01$$

因为 $K_a^{\ominus} \approx K_b^{\ominus}$，所以溶液显中性。但是若 $K_a^{\ominus} \neq K_b^{\ominus}$，$[H^+]$ 则不等于 $1.0 \times 10^{-7}\ \text{mol} \cdot \text{L}^{-1}$，溶液不显中性。

5. 弱酸的酸式盐

多元弱酸的酸式盐如 NaHCO_3、NaH_2PO_4 等在水中的情况比较复杂，溶于水后酸式盐的阴离子如 HCO_3^-、H_2PO_4^- 等既能电离出 H^+，又能结合 H^+，存在电离和水解两个平衡，其水溶液有碱性的，也有酸性的。现以 NaHCO_3 为例讨论弱酸的酸式盐溶液的$[H^+]$：

$$\text{HCO}_3^- \rightleftharpoons \text{CO}_3^{2-} + \text{H}^+$$

$$\text{HCO}_3^- + \text{H}_2\text{O} \rightleftharpoons \text{H}_2\text{CO}_3 + \text{OH}^-$$

$[\text{H}_2\text{CO}_3]$可以代表 OH^-的生成浓度，被 H^+中和掉的 OH^-的浓度可用$[\text{CO}_3^{2-}]$代表，故体系中的 OH^-浓度可表示为

$$[\text{OH}^-] = [\text{H}_2\text{CO}_3] - [\text{CO}_3^{2-}] \tag{9-38}$$

根据水的离子积常数有

$$\frac{K_w^\ominus}{[H^+]} = [H_2CO_3] - [CO_3^{2-}] \tag{9-39}$$

由 HCO_3^- 电离的平衡常数表达式 $K_{a2}^\ominus = \dfrac{[H^+][CO_3^{2-}]}{[HCO_3^-]}$ 得

$$[CO_3^{2-}] = \frac{K_{a2}^\ominus[HCO_3^-]}{[H^+]} \tag{9-40}$$

由 H_2CO_3 的第一步电离平衡常数表达式 $K_{a1}^\ominus = \dfrac{[H^+][HCO_3^-]}{[H_2CO_3]}$ 得

$$[H_2CO_3] = \frac{[H^+][HCO_3^-]}{K_{a1}^\ominus} \tag{9-41}$$

将式(9-40)和式(9-41)代入式(9-39)得

$$\frac{K_w^\ominus}{[H^+]} = \frac{[H^+][HCO_3^-]}{K_{a1}^\ominus} - \frac{K_{a2}^\ominus[HCO_3^-]}{[H^+]}$$

整理得

$$[H^+] = \sqrt{\frac{K_{a1}^\ominus(K_w^\ominus + K_{a2}^\ominus[HCO_3^-])}{[HCO_3^-]}} \tag{9-42}$$

由于 $K_{a2}^\ominus(H_2CO_3)$ 和 $K_h^\ominus(HCO_3^-)$ 都很小，即 HCO_3^- 的解离和水解程度都很小，故可认为 $[HCO_3^-] \approx c_0$ (弱酸的酸式盐浓度)，这样式(9-42)变成

$$[H^+] = \sqrt{\frac{K_{a1}^\ominus(K_w^\ominus + K_{a2}^\ominus c_0)}{c_0}} \tag{9-43}$$

当 $K_{a2}^\ominus c_0 \gg K_w^\ominus$ 时，有 $K_{a2}^\ominus c_0 + K_w^\ominus \approx K_{a2}^\ominus c_0$，于是式(9-43)可化简为

$$[H^+] = \sqrt{K_{a1}^\ominus K_{a2}^\ominus} \tag{9-44}$$

只要符合上述有关近似条件，就可以根据式(9-44)计算酸式盐的 pH。这种粗略计算得出的酸式盐 pH 与酸式盐的初始浓度 c_0 无直接关系。

【例 9-11】 求 $0.10\ mol \cdot L^{-1}NaH_2PO_4$ 溶液的 pH。已知 $K_{a1}^\ominus(H_3PO_4) = 6.7 \times 10^{-3}$，$K_{a2}^\ominus(H_3PO_4) = 6.2 \times 10^{-8}$。

解　因为 $K_{a2}^\ominus c_0 = 6.2 \times 10^{-8} \times 0.10 = 6.2 \times 10^{-9} \gg K_w^\ominus$，则可用式(9-44)计算溶液中的$[H^+]$:

$$[H^+] = \sqrt{K_{a1}^\ominus(H_3PO_4)K_{a2}^\ominus(H_3PO_4)} = \sqrt{6.7 \times 10^{-3} \times 6.2 \times 10^{-8}}\ mol \cdot L^{-1} = 2.0 \times 10^{-5}\ mol \cdot L^{-1}$$

$$pH = 4.69$$

9.6.2　影响水解的因素

盐类水解程度的大小主要取决于水解离子的本性。由前面的讨论可知，当水解生成的弱酸

(弱碱)的酸(碱)性越弱，即 $K_a^\ominus$ 或 $K_b^\ominus$ 越小，则 $K_h^\ominus$ 或 h 越大。例如，同样是弱酸强碱盐的 NaAc 和 NaF，由于 HAc 的 $K_a^\ominus$ 小于 HF 的 $K_a^\ominus$，故当 NaAc 溶液和 NaF 溶液的浓度相同时，NaAc 的水解度要大于 NaF 的水解度。

另外，水解产物的难溶性和挥发性也是增大水解度的重要因素之一。如果水解产物是很弱的电解质或溶解度很小的难溶性物质或挥发性气体，则水解度很大，甚至可以完全水解。例如，Al_2S_3 的水解：

$$Al_2S_3 + 6H_2O \longrightarrow 2Al(OH)_3\downarrow + 3H_2S\uparrow$$

根据平衡移动原理可知，盐溶液的浓度、温度和酸度也是影响盐类水解的重要因素。一般来说，盐溶液的浓度越小，温度越高，盐的水解度越大；降低(或升高)溶液的 pH，可增大阴离子(或阳离子)的水解度。

在化工生产和实验室中，水解现象是经常遇到的。有时配制某些盐溶液时，常由于这些盐的水解而不能得到澄清的溶液，如

$$SnCl_2 + H_2O \rightleftharpoons Sn(OH)Cl\downarrow + HCl$$

$$SbCl_3 + H_2O \rightleftharpoons SbOCl\downarrow + 2HCl$$

$$Hg(NO_3)_2 + H_2O \rightleftharpoons Hg(OH)NO_3\downarrow + HNO_3$$

$$Bi(NO_3)_3 + H_2O \rightleftharpoons BiO(NO_3)\downarrow + 2HNO_3$$

因此，在配制 $SnCl_2$、$SbCl_3$、$Hg(NO_3)_2$、$Bi(NO_3)_3$ 等溶液时，为防止水解生成沉淀，必须用一定浓度的相应酸溶液来溶解这些固体，然后再用水稀释成所需浓度。

9.7　酸碱理论的发展

酸与碱的概念在化学中处于十分重要的地位。在化学的发展过程中，出现过多种酸碱理论，其中影响比较大的有阿伦尼乌斯(Arrhenius)的酸碱电离理论、布朗斯特(Brønsted)和劳里(Lowry)的酸碱质子理论、路易斯(Lewis)的酸碱电子理论，不同的酸碱理论有其各自的特点、适用范围及局限性。

9.7.1　酸碱电离理论

1887 年，瑞典化学家阿伦尼乌斯提出的酸碱电离理论认为：凡在水溶液中电离出的阳离子全部是 H^+ 的化合物是酸；电离出的阴离子全部是 OH^- 的化合物是碱。酸碱反应的实质是 H^+ 与 OH^- 作用生成 H_2O。酸碱电离理论第一次赋予了酸碱科学的定义，是人类对酸碱认识从现象到本质的一次飞跃。酸碱电离理论对化学学科的发展起到了很大的推动作用，直到现在仍然被普遍地应用。然而实际上并不是只有含 OH^- 的物质才具有碱性，如 Na_2CO_3、Na_3PO_4 等盐类水溶液也显碱性，但它们的化学式中并不含有 OH^-。此外，许多物质在非水溶液中不能解离出 H^+ 和 OH^-，却也表现出酸和碱的性质。酸碱电离理论无法解释这些现象。

9.7.2 酸碱质子理论

1923 年，丹麦化学家布朗斯特和英国化学家劳里分别提出了酸碱质子理论，也称为 Brønsted-Lowry 质子理论。该理论大大地扩大了酸碱的物种范围，使酸碱理论的适用范围扩展到非水体系乃至无溶剂体系。

酸碱质子理论认为，凡是能给出质子(H^+)的物质就是酸，凡是能接受质子(H^+)的物质就是碱，它们的关系可以用下式表示：

$$酸 \rightleftharpoons H^+ + 碱$$

$$HCl \longrightarrow H^+ + Cl^-$$

$$HAc \rightleftharpoons H^+ + Ac^-$$

$$HSO_4^- \rightleftharpoons H^+ + SO_4^{2-}$$

$$NH_4^+ \rightleftharpoons H^+ + NH_3$$

$$[Al(H_2O)_6]^{3+} \rightleftharpoons H^+ + [Al(OH)(H_2O)_5]^{2+}$$

上述反应式中左边的物质 HCl、HAc、HSO_4^-、NH_4^+ 和 $[Al(H_2O)_6]^{3+}$ 都能给出质子，都是酸；右边的物质 Cl^-、Ac^-、SO_4^{2-}、NH_3 和 $[Al(OH)(H_2O)_5]^{2+}$ 都能接受质子，都是碱。酸 HA 与碱 A⁻ 这样因一个质子的得失而互相转变的每一对酸碱(HA-A⁻)，称为共轭酸碱对。HA 是 A⁻ 的共轭酸，A⁻ 是 HA 的共轭碱。酸及其共轭碱(或碱及其共轭酸)相互转变的反应称为酸碱半反应。

根据酸碱的定义和上面的例子可以看出，酸或碱可以是分子，也可以是阴离子或阳离子。

有些物质既能给出质子作为酸，也能接受质子作为碱，或者说它们既是酸又是碱，这种物质称为两性物质。例如，$H_2PO_4^-$ 就是一种两性物质：

$$H_2PO_4^- \rightleftharpoons H^+ + HPO_4^{2-}$$

$$H_2PO_4^- + H^+ \rightleftharpoons H_3PO_4$$

在应用酸碱质子理论时，需要注意以下两点：

(1) 酸、碱是相对的。有些物质在不同的共轭酸碱对中分别呈现酸或碱的性质。例如，HCO_3^- 在酸碱半反应 $HCO_3^- \rightleftharpoons H^+ + CO_3^{2-}$ 中表现为酸，而在酸碱半反应 $H_2CO_3 \rightleftharpoons H^+ + HCO_3^-$ 中表现为碱。

(2) 共轭酸碱对的半反应是不能单独存在的。由于质子半径特别小，电荷密度很大，它在水溶液中只能瞬间存在。因而当溶液中某一种酸给出质子后，必须有一种碱来接受。也就是说，溶液中必须同时存在两个共轭酸碱对半反应，才能形成一个完整的酸碱反应。例如，HAc 在水溶液中解离时，溶剂 H_2O 就是接受质子的碱，相关反应为

$$HAc(aq) + H_2O(l) \rightleftharpoons H_3O^+(aq) + Ac^-(aq) \qquad H_2O(l) + H^+(aq) \rightleftharpoons H_3O^+(aq) \qquad (9\text{-}45)$$

简写为 $$HAc \rightleftharpoons H^+ + Ac^- \qquad (9\text{-}46)$$

酸碱质子理论认为：两个共轭酸碱对半反应才能形成一个酸碱反应。酸碱反应的实质是质子的传递。因此，水溶液中的酸碱电离、盐类水解、酸碱中和实际上都是质子转移反应。例如，

$$NH_3 + H_2O \rightleftharpoons NH_4^+ + OH^- \tag{9-47}$$
碱(1)　　　酸(1)　　　　酸(1)　碱(2)

$$Ac^- + H_2O \rightleftharpoons HAc + OH^- \tag{9-48}$$
碱(1)　　　酸(2)　　　　酸(1)　碱(2)

综上所述，酸碱质子理论的酸碱反应包括了电离理论中的电离、水解及中和反应，扩大了酸碱反应的范围，从而使水溶液中酸碱平衡的处理变得更加简便。

9.7.3　酸碱的强弱

酸碱的强弱首先取决于酸碱本身释放质子和接受质子的能力，其次与溶剂接受和释放质子能力的相对大小有关。

(1) 水溶液中不同酸碱的强弱。在同一溶剂中，酸碱的强弱取决于各酸碱的本性。水是常用的溶剂，水接受和释放质子的能力都很小，故水是最弱的酸，也是最弱的碱。$HClO_4$、HCl、H_2SO_4 和 HNO_3 等酸在水中几乎不能以分子形式存在，几乎 100%电离，释放质子的能力很强，故它们是强酸。而 O^{2-}(如 Na_2O)、H^-(如 NaH)等，在水中不能独立稳定存在，100%质子化，接受质子的能力很强，因此是强碱。

弱酸、弱碱在水溶液中只有部分电离，因此它们的酸碱性强弱由弱酸、弱碱的标准电离平衡常数决定。弱酸的标准电离平衡常数用 $K_a^\ominus$ 表示，其共轭碱的标准电离平衡常数用 $K_b^\ominus$ 表示。标准电离平衡常数无量纲，只是温度的函数。当温度相同时，标准电离平衡常数较大者，相应的酸性或碱性较强。例如，HAc 的 $K_a^\ominus = 1.8 \times 10^{-5}$，$H_3BO_3$ 的 $K_a^\ominus = 5.8 \times 10^{-10}$，因此 H_3BO_3 是比 HAc 更弱的酸。酸性越强的酸，其共轭碱越弱，反之亦然。

(2) 同一酸碱在不同溶剂中的相对强弱。同一酸碱在不同溶剂中的相对强弱与溶剂的性质有关。例如，HAc 在水中是一弱酸，而在液氨和液态 HF 两种不同溶剂中，就分别是较强酸和弱碱，其解离平衡反应分别为

$$HAc + NH_3 \rightleftharpoons NH_4^+ + Ac^- \tag{9-49}$$

$$HAc + HF \rightleftharpoons H_2Ac^+ + F^- \tag{9-50}$$

式(9-49)中，因为液氨接受质子的能力(碱性)比水强，使 HAc 给出质子的能力增大，故 HAc 显较强酸性。由式(9-50)可知，液态 HF 给出质子(酸性)的能力比 HAc 更强，故在液态 HF 中，HAc 不仅不能给出质子，反而变成接受质子的弱碱。可见，酸碱的相对强弱与溶剂的酸碱性密切相关。

拉平效应：溶剂将酸或碱的强度拉平的作用，称为溶剂的拉平效应。区分效应：用一种溶剂能把酸或碱的相对强弱区分开来，称为溶剂的区分效应。前面提到的 $HClO_4$ 和 HCl 在水中都完全解离，酸的强度是等同的，此处水展现的就是拉平效应。同样在水中，HAc 和 HCl 表

现出不同的酸性强弱,此时水展现的就是区分效应。

综上所述,酸碱质子理论成功解释了水溶液中酸碱反应的本质,同时它也适合非水溶液中酸碱平衡的研究。但是,该理论不适用于不含质子的物质,因为人们研究发现,许多不含质子的物质仍然是酸,没有接受质子的物质仍然是碱。显然,该理论仍存在不足之处。

9.7.4　酸碱电子理论

在酸碱质子理论提出的同年(1923 年),美国物理化学家路易斯提出酸碱电子理论:凡是能给出电子对的分子、离子或原子团都称为碱,凡是能接受电子对的分子、离子或原子团都称为酸。因此,酸是电子对的接受体,碱是电子对的给予体。酸碱反应的实质是电子转移形成配位键生成配合物的过程。这种酸碱的定义涉及物质的微观结构,使酸碱理论与物质结构产生了联系,如

$$
H^+Cl^- + H-\overset{..}{\underset{..}{O}}-H \longrightarrow \left[H-\overset{\overset{H}{\uparrow}}{\underset{..}{O}}-H \right]^+ + Cl^-
$$

$$
H^+Cl^- + H-\overset{..}{\underset{\underset{H}{|}}{N}}-H \rightleftharpoons \left[H-\overset{\overset{H}{\uparrow}}{\underset{\underset{H}{|}}{N}}-N \right]^+ + Cl^-
$$

$$
Cu^{2+} + 4(:NH_3) \rightleftharpoons \left[H_3N \rightarrow \overset{\overset{NH_3}{\uparrow}}{\underset{NH_3}{Cu}} \leftarrow NH_3 \right]^{2+}
$$

$$
\overset{\overset{F}{|}}{\underset{\underset{F}{|}}{F-B}} + :NH_3 \rightleftharpoons \left[\overset{\overset{F}{|}}{\underset{\underset{F}{|}}{F-B}} \leftarrow NH_3 \right]
$$

由上述反应可知,H_2O 中的 O 原子和 NH_3 中的 N 原子都能提供孤电子对,故它们称为路易斯碱,而能接受电子对的是质子 H^+、金属离子 Cu^{2+} 及缺电子的分子 BF_3,则称为路易斯酸。

在酸碱电子理论中,一种物质究竟是属于酸,还是属于碱,应该在具体的反应中确定。在反应中接受电子的是酸,给出电子的是碱,而不能脱离环境去辨认物质的归属。

根据酸碱电子理论,几乎所有的正离子都能起酸的作用,负离子都能起碱的作用,绝大多数的物质都能归为酸、碱或酸碱的加合物。而且大多数反应都可以归为酸碱之间的反应。路易斯酸碱电子理论的适应面极广泛,但也不是完美无瑕的,至少它还不能用来比较酸碱的相对强弱。目前,还没有一种在所有场合下都完全适用的酸碱理论。

习　题

9-1 电离平衡常数和电离度有什么区别与联系?水解平衡常数和水解度有什么区别与联系?电离平衡常数

和水解平衡常数有什么区别与联系?

9-2　在氨水中加入下列物质,氨水的解离度和溶液的 pH 将怎样变化?

(1) NH_4Cl　　　　(2) $NaOH$　　　　(3) HCl　　　　(4) 加水稀释

9-3　以下说法是否正确?

(1) 将氨水的浓度稀释一倍,溶液中的 OH^- 浓度就减小到原来的 1/2;

(2) $0.1\ mol \cdot L^{-1}$ HAc 溶液中 HAc 的电离平衡常数为 1.8×10^{-5},则 $0.2\ mol \cdot L^{-1}$ HAc 溶液中 HAc 的电离平衡常数将为 $2 \times 1.8 \times 10^{-5}$;

(3) 将 NaOH 溶液的浓度稀释一倍,溶液中的 OH^- 浓度就减小到原来的 1/2;

(4) 若 HCl 溶液的浓度为 HAc 溶液的 2 倍,则 HCl 溶液中的氢离子浓度也为 HAc 溶液中氢离子浓度的 2 倍。

9-4　在 298 K 时,已知浓度为 $0.10\ mol \cdot L^{-1}$ 的某一元弱酸水溶液的 pH 为 3.00,试计算:

(1) 该弱酸的解离平衡常数;

(2) 该弱酸的解离度 α;

(3) 将该弱酸溶液稀释一倍后的 α 及 pH。

9-5　已知 H_2S 的 $K_{a1}^{\ominus} = 1.3 \times 10^{-7}$, $K_{a2}^{\ominus} = 7.1 \times 10^{-15}$,试求 $0.10\ mol \cdot L^{-1}$ K_2S 溶液中的 $[K^+]$、$[S^{2-}]$、$[HS^-]$、$[OH^-]$、$[H_2S]$ 和 $[H^+]$。

9-6　麻黄素 $(C_{10}H_{15}ON)$ 是一种碱,被用于鼻喷雾剂,以减轻充血,$K_b^{\ominus}(C_{10}H_{15}ON) = 1.4 \times 10^{-4}$。

(1) 写出麻黄素与水反应的离子方程式。

(2) 写出麻黄素的共轭酸,并计算 $K_a^{\ominus}$。

9-7　计算下列溶液的 pH:

(1) $0.010\ mol \cdot L^{-1}$ NH_4Cl 溶液　　　　　　　(2) $0.10\ mol \cdot L^{-1}$ $NaCN$ 溶液

(3) $0.010\ mol \cdot L^{-1}$ Na_2CO_3 溶液　　　　　　(4) $0.10\ mol \cdot L^{-1}$ Na_2HPO_4 溶液

(5) $0.10\ mol \cdot L^{-1}$ NH_4Cl + $0.20\ mol \cdot L^{-1}$ $NH_3 \cdot H_2O$ 溶液

(6) $0.20\ mol \cdot L^{-1}$ HAc + $0.30\ mol \cdot L^{-1}$ NaAc 溶液

9-8　若 pH = 5 的 HCl 溶液用水稀释 1000 倍,HCl 浓度为 $10^{-8}\ mol \cdot L^{-1}$,此时水溶液中的 H^+ 浓度也是 $10^{-8}\ mol \cdot L^{-1}$,且 pH = 8。这种说法是否正确? 为什么?

9-9　根据酸碱质子理论,下列分子或离子,哪些是酸? 哪些是碱? 哪些是两性物质?

HS^-　　CO_3^{2-}　　$H_2PO_4^-$　　NH_3　　H_2S　　NO_2^-　　HCl　　CH_3COO^-　　OH^-　　H_2O

9-10　写出下列各种盐水解反应的离子方程式,并判断这些盐溶液的 pH 是大于 7、等于 7 还是小于 7。

(1) $NaCN$　　(2) $NaNO_2$　　(3) $SnCl_2$　　(4) $Bi(NO_3)_3$　　(5) NH_4HCO_3

9-11　某弱酸 HA,浓度为 $0.015\ mol \cdot L^{-1}$ 时电离度为 0.80%,计算浓度为 $0.10\ mol \cdot L^{-1}$ 时的电离度。

9-12　浓度为 $0.20\ mol \cdot L^{-1}$ 的氨水 pH 是多少? 若向 100 mL 浓度为 $0.20\ mol \cdot L^{-1}$ 的氨水中加入 7.0 g 固体 NH_4Cl(设溶液体积不变),溶液的 pH 变为多少?

9-13　298 K 时,测得 $0.10\ mol \cdot L^{-1}$ HF 溶液中 $[H^+]$ 为 $7.63 \times 10^{-3}\ mol \cdot L^{-1}$。试求反应 $HF(aq) \rightleftharpoons H^+(aq) + F^-(aq)$ 的 $\Delta_r G_m^{\ominus}$。

9-14　将 $0.20\ mol \cdot L^{-1}$ HAc 和 $0.20\ mol \cdot L^{-1}$ HCN 等体积混合,试计算此溶液中的 $[H^+]$、$[Ac^-]$ 和 $[CN^-]$。已知 $K_a^{\ominus}(HAc) = 1.74 \times 10^{-5}$, $K_a^{\ominus}(HCN) = 6.2 \times 10^{-10}$。

9-15　将 2.16 g 丙酸(CH_3CH_2COOH,相对分子质量 74)与 0.56 g NaOH(相对分子质量 40)混合溶于足量水后,在容量瓶中准确稀释至 100 mL,计算该溶液的 pH。(丙酸的 $pK_a^{\ominus} = 4.89$)

9-16　欲配制 250 mL pH 为 5.00 的缓冲溶液,问在 125 mL $1.0\ mol \cdot L^{-1}$ NaAc 溶液中应加入多少毫升 $6.0\ mol \cdot L^{-1}$ HAc 溶液?

9-17　水杨酸(邻羟基苯甲酸) $C_7H_4O_3H_2$ 是二元弱酸。25℃时，$K_{a1}^{\ominus}=1.06\times10^{-3}$，$K_{a2}^{\ominus}=3.6\times10^{-14}$。有时可用它作为止痛药代替阿司匹林，但它有较强的酸性，会引起胃出血。计算 0.065 mol·L^{-1} $C_7H_4O_3H_2$ 溶液中，达到平衡时各物种的浓度和 pH。

9-18　硼砂($Na_2B_4O_7\cdot10H_2O$)在水中溶解，并发生如下反应：

$$Na_2B_4O_7\cdot10H_2O(s)\longrightarrow2Na^+(aq)+2B(OH)_3(aq)+2B(OH)_4^-(aq)+3H_2O(l)$$

硼酸与水的反应为

$$B(OH)_3(aq)+2H_2O(l)\rightleftharpoons H_3O^+(aq)+B(OH)_4^-(aq)$$

(1) 25℃时，将 28.6 g 硼砂溶解在水中，配制成 1.0 L 溶液，计算该溶液的 pH；

(2) 在(1)的溶液中加入 100 mL 0.10 mol·L^{-1} 的 HCl 溶液，其 pH 是多少？

9-19　某一元弱酸与 36.12 mL 的 0.100 mol·L^{-1} NaOH 溶液恰好中和。然后再加入 18.06 mL 的 0.100 mol·L^{-1} HCl 溶液，测得溶液的 pH 为 4.92。计算该弱酸的电离平衡常数。

9-20　甲溶液为一元弱酸，其 $[H^+]=a$ mol·L^{-1}，乙溶液为该一元弱酸的钠盐溶液，其 $[H^+]=b$ mol·L^{-1}，当上述甲溶液与乙溶液等体积混合后，测得其 $[H^+]=c$ mol·L^{-1}，求该一元弱酸的电离平衡常数 $K_a^{\ominus}$。

第10章 难溶强电解质的沉淀溶解平衡

电解质在介质中都有一定的溶解度,根据溶解度的大小分为易溶和难溶两大类,人们习惯上把溶解度小于 0.01 g·100 g^{-1} H$_2$O 的物质称为难溶电解质,但不能认为难溶电解质就是不溶物。例如,等物质的量的 Ba^{2+} 与 SO$_4^{2-}$ 溶液混合后生成 BaSO$_4$ 沉淀,并不意味着溶液中就没有 Ba^{2+} 和 SO$_4^{2-}$,只是表示此时溶液中 Ba^{2+} 和 SO$_4^{2-}$ 的浓度很低。沉淀溶解平衡是一类常见的平衡,是难溶强电解质(固相)在水溶液中的电离平衡。本章重点讨论难溶强电解质在水溶液中的沉淀溶解平衡所遵循的基本规律。

10.1 溶度积和溶解度

10.1.1 溶度积常数

在一定温度下,将难溶强电解质晶体 MA 放入水中,就会发生溶解和沉淀两个过程。一方面,晶体中的 M$^+$ 和 A$^-$ 在水分子的作用下,不断离开晶体表面进入溶液,成为无规则运动的水合离子,这一过程称为溶解(dissolution);另一方面,溶液中 M$^+$ 及 A$^-$ 相互碰撞或受固体表面正、负离子的吸引,重新回到晶体 MA 表面,这一过程称为沉淀(precipitation)。任何难溶电解质的溶解和沉淀这两个过程都是相互可逆的。开始时,溶解速率较大,沉淀速率较小。在一定条件下,当溶解和沉淀速率相等形成饱和溶液时,就建立了一种动态的多相离子平衡,可表示为

$$MA(s) \underset{\text{沉淀}}{\overset{\text{溶解}}{\rightleftharpoons}} M^+(aq) + A^-(aq)$$

该沉淀溶解平衡的标准平衡常数表达式为

$$K_{sp}^{\ominus} = [M^+][A^-] \tag{10-1}$$

式中, $K_{sp}^{\ominus}$ 为沉淀溶解平衡的标准平衡常数,也称为难溶电解质的溶度积常数,简称溶度积。[M$^+$]、[A$^-$] 为饱和 MA 溶液中 M$^+$ 和 A$^-$ 的浓度。

对于一般的反应

$$A_mB_n(s) \rightleftharpoons mA^{n+}(aq) + nB^{m-}(aq)$$

其溶度积的表达式为

$$K_{sp}^{\ominus} = [A^{n+}]^m[B^{m-}]^n \tag{10-2}$$

式(10-1)和式(10-2)表示,在一定温度下,难溶电解质达到溶解平衡时,其饱和溶液中各离子浓度以化学计量数为幂的乘积是一个常数。它反映了难溶电解质在水中的溶解度;$K_{sp}^{\ominus}$ 越大,难溶电解质的溶解趋势越大;$K_{sp}^{\ominus}$ 越小,难溶电解质的溶解趋势越小。$K_{sp}^{\ominus}$ 与其他平衡常数一

样，是一个热力学常数，其值只与电解质的本性和温度有关。

一些难溶强电解质的 $K_{sp}^{\ominus}$ 值列于表 10-1 中。

表 10-1　一些难溶强电解质的溶度积(298.15 K)

化合物	$K_{sp}^{\ominus}$	化合物	$K_{sp}^{\ominus}$
AgBr	5.4×10^{-13}	$Fe(OH)_3$	4.0×10^{-38}
AgCl	1.8×10^{-10}	FeS	6.3×10^{-18}
AgI	8.5×10^{-17}	LiF	1.8×10^{-3}
Ag_2CrO_4	1.1×10^{-12}	$Mg(OH)_2$	1.8×10^{-11}
Ag_2S	6.3×10^{-50}	MnS	2.5×10^{-13}
$BaCO_3$	2.6×10^{-9}	$PbCO_3$	7.4×10^{-14}
$BaSO_4$	1.1×10^{-10}	$PbCrO_4$	2.8×10^{-13}
$BaCrO_4$	1.2×10^{-10}	$Pb(OH)_2$	1.4×10^{-15}
$CaCO_3$	2.8×10^{-9}	$PbSO_4$	2.5×10^{-8}
CaF_2	3.45×10^{-11}	PbS	8.0×10^{-28}
CdS	8.0×10^{-27}	$SrCrO_4$	2.2×10^{-5}
$Cr(OH)_3$	6.0×10^{-31}	SrF_2	4.3×10^{-9}
CuS	6.3×10^{-36}	$SrSO_4$	3.4×10^{-7}
CuI	1.3×10^{-12}	$ZnS(\beta)$	2.5×10^{-22}
$Fe(OH)_2$	8.0×10^{-18}	$Zn(OH)_2$	3.0×10^{-17}

10.1.2　溶度积规则

对于难溶电解质的多相离子平衡：

$$A_mB_n(s) \rightleftharpoons mA^{n+}(aq) + nB^{m-}(aq)$$

某时刻的反应商 Q 可以表示为

$$Q = c(A^{n+})^m \cdot c(B^{m-})^n \tag{10-3}$$

式中，$c(A^{n+})$ 和 $c(B^{m-})$ 分别为任意时刻离子的浓度。

依据平衡移动的原理，在一定的溶液中，反应商 Q 与溶度积 $K_{sp}^{\ominus}$ 之间有如下三种情况：

(1) $Q < K_{sp}^{\ominus}$，体系处于非平衡状态，溶液为不饱和溶液，无沉淀生成。若已有沉淀存在，则沉淀将溶解，直至达到新的平衡。

(2) $Q = K_{sp}^{\ominus}$，溶液恰好饱和，无沉淀生成，沉淀与溶解处于平衡状态。

(3) $Q > K_{sp}^{\ominus}$，体系处于非平衡状态，溶液为过饱和溶液。溶液中将有沉淀生成，直至达到新的平衡。

这就是沉淀溶解平衡的反应商判据，称为溶度积规则。利用这一规则可以判断化学反应过程中是否有沉淀生成(或溶解)或控制离子的浓度使其产生沉淀(或沉淀溶解)。

【例 10-1】　通过计算说明 4×10^{-5} mol·L^{-1} $AgNO_3$ 和同浓度的 K_2CrO_4 等体积混合时，有无

Ag_2CrO_4 沉淀析出？ $K_{sp}^{\ominus}(Ag_2CrO_4)=1.1\times10^{-12}$。

解　溶液等体积混合后，溶液的浓度减少一半，则

$$c(CrO_4^{2-})=2\times10^{-5}\ mol\cdot L^{-1},\quad c(Ag^+)=2\times10^{-5}\ mol\cdot L^{-1}$$

$$Q=c(Ag^+)^2c(CrO_4^{2-})=(2\times10^{-5})^2\times2\times10^{-5}=8\times10^{-15}$$

$$Q<K_{sp}^{\ominus}(Ag_2CrO_4)$$

故无沉淀析出。

10.1.3　溶度积与溶解度的关系

溶度积和溶解度都可以用来表示难溶电解质的溶解能力，两者之间可以相互转换。可以通过溶解度 S 求溶度积 $K_{sp}^{\ominus}$，也可以通过溶度积 $K_{sp}^{\ominus}$ 求溶解度 S，换算时浓度单位应统一，常采用 $mol\cdot L^{-1}$。

【例 10-2】　已知室温时，AgCl 的溶度积为 $1.92\times10^{-3}\ g\cdot L^{-1}$，求 AgCl 的 $K_{sp}^{\ominus}$。

解
$$S=\frac{m(AgCl)}{M(AgCl)}=\frac{1.92\times10^{-3}\ g\cdot L^{-1}}{143.3\ g\cdot mol^{-1}}=1.34\times10^{-5}\ mol\cdot L^{-1}$$

溶解达平衡时，
$$AgCl\rightleftharpoons Ag^++Cl^-$$
$$\qquad\qquad S\qquad S$$

$$K_{sp}^{\ominus}=[Ag^+][Cl^-]=S^2=(1.34\times10^{-5})^2=1.80\times10^{-10}$$

【例 10-3】　25℃时，Ag_2CrO_4 的溶度积为 1.1×10^{-12}，求 Ag_2CrO_4 在水中的溶解度($g\cdot L^{-1}$)。

解　设 Ag_2CrO_4 的溶解度为 $x\ mol\cdot L^{-1}$，则

$$Ag_2CrO_4\rightleftharpoons 2Ag^++CrO_4^{2-}$$
$$\qquad\qquad 2x\qquad x$$

$$K_{sp}^{\ominus}=[Ag^+]^2[CrO_4^{2-}]=(2x)^2\cdot x=4x^3=1.1\times10^{-12}$$

解得
$$x=6.5\times10^{-5}$$

$$M(Ag_2CrO_4)=331.8\ g\cdot mol^{-1}$$

Ag_2CrO_4 在水中的溶解度 S 为

$$S=(6.5\times10^{-5}\times331.8)\ g\cdot L^{-1}=2.2\times10^{-2}\ g\cdot L^{-1}$$

从上面两个例子可以看出，S 与 $K_{sp}^{\ominus}$ 之间具有明确的换算关系，同时也看到尽管两者均表示难溶强电解质的溶解性质，但 $K_{sp}^{\ominus}$ 大的其 S 不一定大。

需要注意的是：①虽然 $K_{sp}^{\ominus}$ 和 S 都能表示难溶电解质溶解的难易程度，但 $K_{sp}^{\ominus}$ 是一个热力学常数，反映难溶电解质溶解作用进行的倾向，与难溶电解质在溶液中的离子浓度无关，在温度一定时为一常数，而溶解度 S 除了与难溶电解质本性和溶液温度有关外，还与难溶电解质

的离子浓度有关。例如，AgCl 在水中的溶解度比在 NaCl 中的大。②上面两个例子中 $K_{sp}^{\ominus}$ 与 S 之间的换算是在忽略了难溶电解质离子在溶液中发生的水解、聚合、配位等副反应条件下进行的，因此计算出的溶解度 S 通常与实验结果存在一定的差异。

10.1.4 同离子效应对溶解度的影响

当沉淀溶解反应达到平衡后，在难溶电解质饱和溶液中加入含有相同离子的易溶强电解质时，沉淀溶解平衡向生成沉淀的方向移动，使沉淀的溶解度减小，这种现象称为沉淀溶解平衡中的同离子效应。

【例 10-4】 计算 25℃时，PbI_2 固体(1)在纯水中的溶解度；(2)在 $0.010\,mol \cdot L^{-1}$ KI 溶液中的溶解度，并比较溶解度的相对大小。已知 $K_{sp}^{\ominus}(PbI_2) = 8.7 \times 10^{-9}$。

解 (1) 设 PbI_2 在纯水中的溶解度为 $S\,mol \cdot L^{-1}$，则

$$PbI_2 \rightleftharpoons Pb^{2+} + 2I^-$$
$$\qquad\qquad S \qquad 2S$$

$$K_{sp}^{\ominus} = [Pb^{2+}][I^-]^2 = S \cdot (2S)^2 = 4S^3 = 8.7 \times 10^{-9}$$

$$S = \sqrt[3]{\frac{K_{sp}^{\ominus}}{4}} = \sqrt[3]{\frac{8.7 \times 10^{-9}}{4}} = 1.3 \times 10^{-3}$$

(2) 设 PbI_2 在 $0.010\,mol \cdot L^{-1}$ KI 中的溶解度为 $S'\,mol \cdot L^{-1}$，由于存在同离子 I^-，根据溶解平衡有 $[Pb^{2+}] = S'$，$[I^-] = 2S' + 0.010 \approx 0.010$，则

$$K_{sp}^{\ominus} = [Pb^{2+}][I^-]^2 = S' \cdot (0.010)^2 = 8.7 \times 10^{-9}$$

$$S' = \frac{8.7 \times 10^{-9}}{(0.010)^2} = 8.7 \times 10^{-5}$$

很明显，PbI_2 在 $0.010\,mol \cdot L^{-1}$ KI 溶液中的溶解度小于其在纯水中的溶解度，这就是同离子效应的结果。

10.1.5 盐效应对溶解度的影响

实验发现，将易溶强电解质加入难溶电解质溶液中，在有些情况下，难溶电解质的溶解度比在纯水中的溶解度大。例如，AgCl 在 KNO_3 溶液中的溶解度比其在纯水中的溶解度大。其可能的原因是加入易溶强电解质后，溶液中的各种离子总浓度增大，增强了离子间的静电作用，形成离子氛，使 Ag^+ 和 Cl^- 受到较强的牵制作用，有效浓度降低，此时溶解过程大于沉淀过程，平衡向溶解的方向移动，当建立起新的平衡时，难溶电解质的溶解度就增大了。

这种因加入易溶强电解质而使难溶电解质溶解度增大的效应，称为盐效应。不仅加入不具有相同离子的电解质能产生盐效应，加入具有相同离子的电解质，在产生同离子效应的同时也能产生盐效应。例如，$PbSO_4$ 在 Na_2SO_4 溶液中溶解度的变化(表 10-2)。当 Na_2SO_4 浓度从 0 增加到 $0.04\,mol \cdot L^{-1}$ 时，$PbSO_4$ 的溶解度逐渐变小，同离子效应起主导作用；当 Na_2SO_4 浓度大于 $0.04\,mol \cdot L^{-1}$ 时，$PbSO_4$ 的溶解度逐渐增大，盐效应起主导作用。

表 10-2　PbSO₄ 在 Na₂SO₄ 溶液中的溶解度

$c(Na_2SO_4)/(mol \cdot L^{-1})$	0	0.001	0.01	0.02	0.04	0.100	0.200
$S(PbSO_4)/(mol \cdot L^{-1})$	0.15	0.024	0.016	0.014	0.013	0.016	0.023

注：本表数据摘自《大学化学手册》，山东科技出版社，1985。

利用同离子效应降低沉淀溶解度时，应考虑盐效应的影响，即沉淀剂不能过量太多，否则会增大溶液中电解质总浓度，由于盐效应使沉淀的溶解度反而增大。特别是当沉淀本身溶解度较大时，更需要考虑盐效应的影响。

10.2　沉淀溶解平衡的移动

10.2.1　沉淀的生成

由溶度积规则可知，当溶液中 $Q > K_{sp}^{\ominus}$ 时，即有沉淀生成。利用这一规则，可以在溶液中加大某一构成难溶电解质的离子浓度(沉淀剂)，使沉淀溶解平衡向生成沉淀的方向移动，从而降低沉淀的溶解度。

【例 10-5】　等体积混合 0.002 mol · L⁻¹ 的 NaCl 溶液和 0.02 mol · L⁻¹ 的 AgNO₃ 溶液，是否有 AgCl 沉淀生成？若有沉淀，Cl⁻是否能沉淀完全？已知 $K_{sp}^{\ominus}(AgCl) = 1.8 \times 10^{-10}$。

解　溶液等体积混合后，溶液的浓度减小一半，则

$$c(Cl^-) = 0.001 \text{ mol} \cdot L^{-1}, \quad c(Ag^+) = 0.01 \text{ mol} \cdot L^{-1}$$

$$Q = c(Ag^+)c(Cl^-) = 0.001 \times 0.01 = 1.0 \times 10^{-5}$$

$Q > K_{sp}^{\ominus}$，所以有 AgCl 沉淀生成。

一般来说，一种离子与沉淀剂生成沉淀后在溶液中的残留量不超过 1.0×10^{-5} mol · L⁻¹ 时，则认为已沉淀完全。

析出 AgCl 沉淀后，达到新的沉淀溶解平衡，溶液中 Ag⁺的浓度为

$$c(Ag^+) = (0.01 - 0.001) \text{ mol} \cdot L^{-1} = 0.009 \text{ mol} \cdot L^{-1}$$

此时溶液中 Cl⁻的浓度为

$$[Cl^-] = \frac{K_{sp}^{\ominus}(AgCl)}{[Ag^+]} = \frac{1.8 \times 10^{-10}}{0.009} \text{ mol} \cdot L^{-1} = 2.0 \times 10^{-8} \text{ mol} \cdot L^{-1} < 1.0 \times 10^{-5} \text{ mol} \cdot L^{-1}$$

即此时 Cl⁻已经沉淀完全。

10.2.2　沉淀的溶解

沉淀与饱和溶液共存，如果能使 $Q < K_{sp}^{\ominus}$，则沉淀会发生溶解。使 Q 减小的方法有以下几种：通过氧化还原的方法和通过生成配合物的方法可以使有关离子浓度变小，从而达到使 $Q < K_{sp}^{\ominus}$ 的目的；也可以采取使有关离子生成弱电解质的方法使 $Q < K_{sp}^{\ominus}$。氧化还原和生成配合物的方法将在后面的有关章节中讨论，本节着重讨论酸碱电离平衡对沉淀溶解平衡的影响。

难溶电解质大多是由弱酸或弱碱组成的盐，其溶解度受溶液的 pH 影响很大。例如，FeS 沉淀可以溶于盐酸，S^{2-}与盐酸中的 H^+ 可以生成弱电解质 H_2S，于是使沉淀溶解平衡右移，引起 FeS 溶解。这个过程可以表示为

$$FeS \Longrightarrow Fe^{2+}+ S^{2-}$$
$$+$$
$$2HCl \longrightarrow 2Cl^- + 2H^+$$
$$\Updownarrow$$
$$H_2S$$

只要[H^+]足够大，总会使 FeS 溶解。

【例 10-6】 使 0.10 mol FeS 溶于 1.0 L 盐酸中，求所需盐酸的最低浓度。已知 $K_{sp}^{\ominus}(FeS) = 6.3 \times 10^{-18}$，$K_{a1}^{\ominus}(H_2S)=1.3\times10^{-7}$，$K_{a2}^{\ominus}(H_2S) = 7.1\times10^{-15}$。

解 FeS 溶于盐酸的反应式为

$$FeS(s) + 2H^+ \Longrightarrow Fe^{2+} + H_2S$$

当 0.10 mol FeS 全部溶于 1.0 L 盐酸时，有[Fe^{2+}] = 0.10 mol·L^{-1}，[H_2S] = 0.10 mol·L^{-1}，根据 $K_{sp}^{\ominus} = [Fe^{2+}][S^{2-}]$，有

$$[S^{2-}] = \frac{K_{sp}^{\ominus}(FeS)}{[Fe^{2+}]} = \frac{6.3\times10^{-18}}{0.10} = 6.3\times10^{-17}(mol\cdot L^{-1})$$

根据 H_2S 的电离平衡，由[S^{2-}]和[H_2S]可以求出与之平衡的[H^+]：

$$H_2S \Longrightarrow 2H^+ + S^{2-}$$

$$K_{a1}^{\ominus}K_{a2}^{\ominus} = \frac{[H^+]^2[S^{2-}]}{[H_2S]}$$

故　　　$$[H^+] = \sqrt{\frac{K_{a1}^{\ominus}K_{a2}^{\ominus}[H_2S]}{[S^{2-}]}} = \sqrt{\frac{1.3\times10^{-7}\times7.1\times10^{-15}\times0.10}{6.3\times10^{-17}}} = 0.0012(mol\cdot L^{-1})$$

这个浓度是溶液中平衡时的[H^+]，原来盐酸中的 H^+ 与 0.10 mol 的 S^{2-}结合时消耗了 0.20 mol。故所需的盐酸起始浓度为 (0.0012 + 0.20)mol·L^{-1} ≈ 0.201 mol·L^{-1}。

上述过程也可以通过总的反应方程式进行计算：

$$FeS(s) + 2H^+(aq) \Longrightarrow Fe^{2+}(aq) + H_2S(aq)$$

多重平衡常数为

$$K^{\ominus} = \frac{[Fe^{2+}][H_2S]}{[H^+]^2} = \frac{[Fe^{2+}][H_2S][S^{2-}]}{[H^+]^2[S^{2-}]}$$
$$= \frac{K_{sp}^{\ominus}(FeS)}{K_{a1}^{\ominus}(H_2S)K_{a2}^{\ominus}(H_2S)}$$
$$= \frac{6.3\times10^{-18}}{1.3\times10^{-7}\times7.1\times10^{-15}}$$
$$= 6.8\times10^3$$

当 0.10 mol FeS 完全溶于 1.0 L 盐酸时，$[Fe^{2+}] = 0.10\ mol \cdot L^{-1}$，$[H_2S] = 0.10\ mol \cdot L^{-1}$，根据多重平衡常数有

$$K^{\ominus} = \frac{[Fe^{2+}][H_2S]}{[H^+]^2} = 6.8 \times 10^3$$

$$[H^+] = \sqrt{\frac{[Fe^{2+}][H_2S]}{K^{\ominus}}} = \sqrt{\frac{0.10 \times 0.10}{6.8 \times 10^3}} = 0.0012\ (mol \cdot L^{-1})$$

故所需的盐酸起始浓度为 $(0.0012 + 0.20)mol \cdot L^{-1} \approx 0.201\ mol \cdot L^{-1}$。

用相似的方法讨论需多大浓度的盐酸才能溶解 CuS 时，结果是盐酸的浓度约为 $10^5\ mol \cdot L^{-1}$，这个结果只能说明盐酸不能溶解 CuS。CuS 可以溶于 HNO_3 中，是因为 HNO_3 可以将 S^{2-} 氧化成单质 S，从而使平衡向溶解的方向移动。这些问题在本节不再深入讨论。

10.2.3　分步沉淀

利用溶度积规则可以判断含有多种难溶电解质离子的溶液中生成沉淀的先后顺序。例如，在浓度均为 $0.010\ mol \cdot L^{-1}$ 的 CrO_4^{2-}、Cl^- 的溶液中逐滴加入 $AgNO_3$ 溶液，可以先看到白色的 AgCl 沉淀生成，随后才出现砖红色 Ag_2CrO_4 沉淀，这是由于 AgCl 的溶解度比 Ag_2CrO_4 的溶解度小。溶解度小的难溶电解质更容易达到 $Q > K_{sp}^{\ominus}$ 而先生成沉淀。

【例 10-7】　在浓度均为 $0.010\ mol \cdot L^{-1}$ 的 NaCl 和 KI 溶液中逐滴加入 $AgNO_3$ 溶液，哪种离子先沉淀？第二种离子开始沉淀时，第一种离子是否已经沉淀完全？

解　根据溶度积规则，AgCl 和 AgI 沉淀时所需要的 Ag^+ 浓度分别为

AgCl 开始沉淀时，$[Ag^+]_1 = \dfrac{K_{sp}^{\ominus}(AgCl)}{[Cl^-]} = \dfrac{1.8 \times 10^{-10}}{0.010} = 1.8 \times 10^{-8}\ (mol \cdot L^{-1})$

AgI 开始沉淀时，$[Ag^+]_2 = \dfrac{K_{sp}^{\ominus}(AgI)}{[I^-]} = \dfrac{8.5 \times 10^{-17}}{0.010} = 8.5 \times 10^{-15}\ (mol \cdot L^{-1})$

可见，I^- 开始沉淀时所需要的 Ag^+ 浓度远小于沉淀 Cl^- 所需要的 Ag^+ 浓度。显然，I^- 先沉淀。当 Cl^- 开始沉淀时，Ag^+ 浓度同时满足这两个沉淀溶解平衡，故

$$[Ag^+]_1[I^-] = K_{sp}^{\ominus}(AgI)$$

$$[I^-] = \frac{K_{sp}^{\ominus}(AgI)}{[Ag^+]_1} = \frac{8.5 \times 10^{-17}}{1.8 \times 10^{-8}} = 4.7 \times 10^{-9}(mol \cdot L^{-1}) \ll 1.0 \times 10^{-5}(mol \cdot L^{-1})$$

即当 Cl^- 开始沉淀时，I^- 浓度远小于 $10^{-5}\ mol \cdot L^{-1}$，早已沉淀完全。

分步沉淀的次序不仅与溶度积的大小有关，还与溶液中对应的各种金属离子的浓度有关。如果将【例 10-7】中的溶液换成海水（$[Cl^-] > 2.2 \times 10^6 [I^-]$)，这样开始析出 AgCl 沉淀所需的 Ag^+ 浓度比析出 AgI 沉淀所需要的 Ag^+ 浓度还小。当向海水中逐滴加入 $AgNO_3$ 溶液时，首先达到 AgCl 溶度积而析出 AgCl 沉淀。因此，适当改变被沉淀离子的浓度，可以使分步沉淀的顺序发生变化。

当溶液中同时存在多种离子时，离子积首先达到溶度积的离子将优先沉淀出来，利用这一性质就可以对同一溶液的多种离子进行沉淀分离。

利用分步沉淀原理，通过计算得到两种硫化物或两种氢氧化物分离的适宜 pH 范围。

【例 10-8】 在浓度均为 $0.10 \text{ mol} \cdot \text{L}^{-1}$ 的 Zn^{2+} 和 Mn^{2+} 混合液中，通入 H_2S 气体达饱和，哪种离子先沉淀? 溶液 pH 应控制在什么范围可使这两种离子完全分离?

解 通入 H_2S 气体后，将生成 MnS 和 ZnS 沉淀。

MnS 和 ZnS 是同类型沉淀，因为 $K_{sp}^{\ominus}(ZnS) = 2.5 \times 10^{-22} < K_{sp}^{\ominus}(MnS) = 2.5 \times 10^{-13}$ 且 $[Zn^{2+}] = [Mn^{2+}]$，所以 Zn^{2+} 先沉淀。

设 Zn^{2+} 沉淀完全时的浓度为 $1.0 \times 10^{-5} \text{ mol} \cdot \text{L}^{-1}$，此时溶液中 S^{2-} 浓度为

$$[S^{2-}]_1 = \frac{K_{sp}^{\ominus}(ZnS)}{[Zn^{2+}]} = \frac{2.5 \times 10^{-22}}{1.0 \times 10^{-5}} = 2.5 \times 10^{-17} (\text{mol} \cdot \text{L}^{-1})$$

因为溶液中 S^{2-} 的浓度与溶液的酸度有关，在饱和 H_2S 水溶液中，$[H_2S] = 0.10 \text{ mol} \cdot \text{L}^{-1}$。根据 H_2S 解离的总反应式:

$$H_2S \rightleftharpoons 2H^+ + S^{2-}$$

此时溶液的 H^+ 浓度，即 Zn^{2+} 沉淀完全时的酸度为

$$[H^+] = \sqrt{\frac{K_{a1}^{\ominus} K_{a2}^{\ominus} [H_2S]}{[S^{2-}]_1}} = \sqrt{\frac{1.3 \times 10^{-7} \times 7.1 \times 10^{-15} \times 0.10}{2.5 \times 10^{-17}}} = 1.9 \times 10^{-3} (\text{mol} \cdot \text{L}^{-1})$$

$$pH = 2.72$$

Mn^{2+} 开始沉淀的 S^{2-} 浓度为

$$[S^{2-}]_2 = \frac{K_{sp}^{\ominus}(MnS)}{[Mn^{2+}]} = \frac{2.5 \times 10^{-13}}{0.10} = 2.5 \times 10^{-12} (\text{mol} \cdot \text{L}^{-1})$$

所以 Mn^{2+} 开始沉淀的酸度为

$$[H^+] = \sqrt{\frac{K_{a1}^{\ominus} K_{a2}^{\ominus} [H_2S]}{[S^{2-}]_2}} = \sqrt{\frac{1.3 \times 10^{-7} \times 7.1 \times 10^{-15} \times 0.10}{2.5 \times 10^{-12}}} = 6.1 \times 10^{-6} (\text{mol} \cdot \text{L}^{-1})$$

$$pH = 5.21$$

因此，只要将溶液 pH 控制在 2.72～5.21 就能保证 ZnS 沉淀完全，而 MnS 又不致析出。

【例 10-9】 在 $1.0 \text{ mol} \cdot \text{L}^{-1} Co^{2+}$ 溶液中，含有少量 Fe^{3+} 杂质。应怎样控制 pH，才能达到除去 Fe^{3+} 杂质的目的?

解 (1) 除去 Fe^{3+} 可使 Fe^{3+} 定量完全转变成 $Fe(OH)_3$ 沉淀，此时

$$Fe(OH)_3 \rightleftharpoons Fe^{3+} + 3OH^- \qquad\qquad K_{sp}^{\ominus}[Fe(OH)_3] \leqslant [Fe^{3+}][OH^-]^3$$

$$[OH^-] \geqslant \sqrt[3]{\frac{K_{sp}^{\ominus}[Fe(OH)_3]}{[Fe^{3+}]}} = \sqrt[3]{\frac{4.0 \times 10^{-38}}{1.0 \times 10^{-5}}} = 1.6 \times 10^{-11} (\text{mol} \cdot \text{L}^{-1})$$

$$pH \geqslant 14 - [-lg(1.6 \times 10^{-11})] = 3.20$$

(2) 为了使 Co^{2+} 不生成 $Co(OH)_2$ 沉淀，此时有

$$Co(OH)_2 \rightleftharpoons Co^{2+} + 2OH^- \qquad\qquad [Co^{2+}][OH^-]^2 \leqslant K_{sp}^{\ominus}[Co(OH)_2]$$

$$[OH^-] \leqslant \sqrt{\frac{K_{sp}^{\ominus}[Co(OH)_2]}{[Co^{2+}]}} = \sqrt{\frac{1.09 \times 10^{-15}}{1.0}} = 3.3 \times 10^{-8}(mol \cdot L^{-1})$$

$$pH \leqslant 14 - [-lg(3.3 \times 10^{-8})] = 6.51$$

可见 $Co(OH)_2$ 开始沉淀时的 pH 为 6.51，而 $Fe(OH)_3$ 定量沉淀完全时(Fe^{3+} 浓度小于 10^{-5} mol $\cdot$ L^{-1})的 pH 为 3.20，所以控制溶液的 pH 在 3.20~6.51 可除去 Fe^{3+} 而不会引起 Co^{2+} 产生沉淀，这样就可以达到分离 Fe^{3+} 和 Co^{2+} 的目的。

利用氢氧化物溶度积的不同，通过控制溶液的 pH 对金属离子进行分离，是实际工作中经常使用的分离方法。利用上例的计算方法，计算出一些金属离子在不同浓度时生成氢氧化物沉淀所需的 pH 条件，见表 10-3。

表 10-3　一些金属离子在不同浓度时生成氢氧化物沉淀所需的 pH

离子	$c/(mol \cdot L^{-1})$					$K_{sp}^{\ominus}$
	10^{-1}	10^{-2}	10^{-3}	10^{-4}	10^{-5}(沉淀完全)	
Fe^{3+}	1.9	2.2	2.5	2.9	3.2	4.0×10^{-38}
Al^{3+}	3.4	3.7	4.0	4.4	4.7	1.3×10^{-33}
Cr^{3+}	4.3	4.6	4.9	5.3	5.6	6.0×10^{-31}
Cu^{2+}	4.7	5.2	5.7	6.2	6.7	2.2×10^{-20}
Fe^{2+}	7.0	7.5	8.0	8.5	9.0	8.0×10^{-18}
Ni^{2+}	7.2	7.7	8.2	8.7	9.2	2.0×10^{-15}
Mn^{2+}	8.1	8.6	9.1	9.6	10.1	1.9×10^{-13}
Mg^{2+}	9.1	9.6	10.1	10.6	11.1	1.8×10^{-11}

根据表 10-3 的数据，以金属离子的浓度为纵坐标，以 pH 为横坐标作图，得如图 10-1 所示的金属氢氧化物在不同浓度和 pH 下的沉淀-溶解图。图中直线上的点表示一种平衡状态。例如，在 Fe^{3+} 线上的点 A([Fe^{3+}] = 1.0×10^{-4} mol $\cdot$ L^{-1}，pH = 2.9)表示下面的平衡：

$$Fe(OH)_3 \rightleftharpoons Fe^{3+} + 3OH^-$$

由点 A 的坐标体现出的[Fe^{3+}]和[OH^-]，满足关系式 $K_{sp}^{\ominus} = [Fe^{3+}][OH^-]^3$。

每一条线右上方的点表示不平衡态，金属离子和 OH^- 将生成氢氧化物沉淀，这个区域称为沉淀区。

每一条线左下方是溶解区，表示氢氧化物不能稳定存在，它会溶解生成金属离子和 OH^-。

从图 10-1 中可以估计，是否可以通过控制 pH 利用分步沉淀的方法除去金属离子杂质。例如，在 0.10 mol $\cdot$ L^{-1} Cu^{2+} 溶液中有 0.01 mol $\cdot$ L^{-1} Fe^{3+} 杂质。若将溶液 pH 调到 3.2，此时[Fe^{3+}] = 10^{-5} mol $\cdot$ L^{-1}，即已沉淀完全。从图中可以看出，此时 0.10 mol $\cdot$ L^{-1} Cu^{2+} 尚未开始沉淀，故可以采取分步沉淀将杂质 Fe^{3+} 除去。又如 Fe^{2+} 和 Ni^{2+}，由于两条直线十分接近，不能利用控制

pH 的方法将 Fe^{2+} 和 Ni^{2+} 分步沉淀分离。

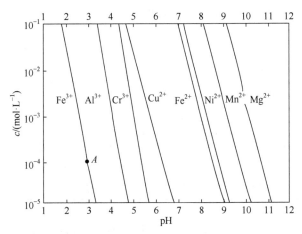

图 10-1　一些难溶金属氢氧化物在不同浓度和 pH 下的沉淀-溶解图

10.2.4　沉淀的转化

在沉淀的饱和溶液中,适当地加入试剂,可以使沉淀转化为溶解度更小的新沉淀,这一过程称为沉淀的转化。例如,在黄色的 $PbCrO_4$ 沉淀中加入 $(NH_4)_2S$ 溶液后,可以看到黄色沉淀逐渐转化成黑色的 PbS 沉淀,反应式为

$$PbCrO_4(s) \rightleftharpoons Pb^{2+}(aq) + CrO_4^{2-}(aq)$$
$$+$$
$$S^{2-}(aq) \rightleftharpoons PbS(s)$$

PbS 的 $K_{sp}^{\ominus} = 8.0 \times 10^{-28}$ mol · L^{-1},而 $PbCrO_4$ 的 $K_{sp}^{\ominus} = 2.8 \times 10^{-13}$ mol · L^{-1},PbS 的溶度积更小,说明其更难溶解。

在 $PbCrO_4$ 的饱和溶液中,Pb^{2+} 和 CrO_4^{2-} 以很低的浓度共存。由于 PbS 的溶度积更小,加入的沉淀剂 S^{2-} 与溶液中很低浓度的 Pb^{2+} 已经不能共存,两种离子结合成 PbS 沉淀析出。于是溶液中 $[Pb^{2+}]$ 降低,这时对 $PbCrO_4$ 来说溶液变成不饱和的,$PbCrO_4$ 发生溶解。但溶液对 PbS 来说却是饱和的,在 $PbCrO_4$ 不断溶解的同时,PbS 沉淀不断析出。只要加入的 $(NH_4)_2S$ 有足够的量,黄色沉淀就不断转化成黑色沉淀,直到黄色 $PbCrO_4$ 完全溶解为止。这一过程实质上是由于条件的改变,两个沉淀溶解平衡发生移动的结果。

由一种难溶物质转化为另一种更难溶的物质,过程是较容易进行的。下面讨论转化的条件,若上述两种沉淀溶解平衡同时存在,则有

$$K_{sp}^{\ominus}(PbS) = [Pb^{2+}][S^{2-}] = 8.0 \times 10^{-28}$$

$$K_{sp}^{\ominus}(PbCrO_4) = [Pb^{2+}][CrO_4^{2-}] = 2.8 \times 10^{-13}$$

两式相除得

$$\frac{[S^{2-}]}{[CrO_4^{2-}]} = \frac{1}{3.5 \times 10^{14}}$$

这说明在加入新的沉淀剂 S^{2-} 时,只要能保持 $[S^{2-}] = \dfrac{1}{3.5 \times 10^{14}}[CrO_4^{2-}]$,则 $PbCrO_4$ 就会转

变为 PbS。

反过来，由溶解度极小的 PbS 转换为溶解度较大的 PbCrO$_4$ 则非常困难。从上面的讨论中可以看出，只有保持[CrO$_4^{2-}$]大于[S^{2-}]的 $3.5×10^{14}$ 倍时，才能使 PbS 转化为 PbCrO$_4$。这样的转化条件说明这种转化是不可能的。实际上要完成 PbS 向 PbCrO$_4$ 的转化，可以通过氧化反应实现。

实际生产中，锅炉在使用过程中会产生锅垢，其主要成分为 CaSO$_4$，由于 CaSO$_4$ 既不溶于水又不溶于酸，用直接清洗法很难除去，此时可以先用 Na$_2$CO$_3$ 溶液处理，使 CaSO$_4$ 转化为溶解度更小的 CaCO$_3$，再用酸溶解 CaCO$_3$，从而达到清除锅垢的目的。

习　题

10-1 查表，将下列难溶强电解质按其 $K_{sp}^{\ominus}$ 值由大到小排列；再分别求出溶解度，并按溶解度由大到小排列。比较两种排列次序的异同，并说明原因。

AgCl，Zn(OH)$_2$，FeS，CuS，Pb(OH)$_2$，CuI，CaCO$_3$，CaF$_2$，PbSO$_4$，Mg(OH)$_2$

10-2 写出下列难溶化合物的沉淀溶解反应方程式及其标准平衡常数 $K_{sp}^{\ominus}$ 的表达式。

(1) Ag$_2$SO$_4$ 　　　　(2) Hg$_2$C$_2$O$_4$ 　　　　(3) Ag$_3$PO$_4$ 　　　　(4) Mn$_3$(PO$_4$)$_2$

10-3 根据下列各物质的 $K_{sp}^{\ominus}$ 数据，求溶解度 S(S 的单位用 mol·L^{-1} 表示；不考虑阴、阳离子的副反应)。

(1) BaCO$_3$，　$K_{sp}^{\ominus} = 2.6×10^{-9}$　　　　(2) PbF$_2$，　$K_{sp}^{\ominus} = 7.12×10^{-7}$

(3) Ag$_3$[Fe(CN)$_6$]，$K_{sp}^{\ominus} = 1.8×10^{-26}$(沉淀物电离生成 Ag$^+$ 和[Fe(CN)$_6$]$^{3-}$)

10-4 已知 Mg(OH)$_2$ 的 $K_{sp}^{\ominus} = 1.8×10^{-11}$，计算 25℃时：

(1) Mg(OH)$_2$ 在纯水中的溶解度(mol·L^{-1})；

(2) Mg(OH)$_2$ 饱和溶液中的[Mg^{2+}]、[OH$^-$]和 pH；

(3) 在 0.010 mol·L^{-1} NaOH 溶液中的溶解度(mol·L^{-1})；

(4) 在 0.010 mol·L^{-1} MgCl$_2$ 溶液中的溶解度(mol·L^{-1})。

10-5 在 pH 为 12.50 的溶液中，Mg(OH)$_2$ 的溶解度(mol·L^{-1})为多少？已知 Mg(OH)$_2$ 的 $K_{sp}^{\ominus} = 1.8×10^{-11}$。

10-6 计算 pH = 1.70 的盐酸溶液中 CaF$_2$ 的溶解度(mol·L^{-1})。已知 CaF$_2$ 的 $K_{sp}^{\ominus} = 3.45×10^{-11}$，HF 的 $K_a^{\ominus} = 6.2×10^{-4}$。

10-7 下列情况下有无沉淀生成？

(1) 0.001 mol·L^{-1} Ca(NO$_3$)$_2$ 溶液与 0.010 mol·L^{-1} NH$_4$HF$_2$ 溶液等体积混合；

(2) 0.010 mol·L^{-1} MgCl$_2$ 溶液与 0.1 mol·L^{-1} NH$_3$-1 mol·L^{-1} NH$_4$Cl 溶液等体积混合；

(3) 0.0150 mol·L^{-1} Pb(NO$_3$)$_2$ 溶液与 0.00350 mol·L^{-1} NaBr 溶液等体积混合。

10-8 25℃时，(1) 在 10.0 mL 0.015 mol·L^{-1} MnSO$_4$ 溶液中，加入 5.0 mL 0.15 mol·L^{-1} NH$_3$ 的水溶液，能否生成 Mn(OH)$_2$ 沉淀？(2) 若在上述 10.0 mL 0.015 mol·L^{-1} MnSO$_4$ 溶液中，先加入 0.495 g (NH$_4$)$_2$SO$_4$ 晶体，再加入 5.0 mL 0.15 mol·L^{-1} NH$_3$ 的水溶液，能否生成 Mn(OH)$_2$ 沉淀？已知 Mn(OH)$_2$ 的 $K_{sp}^{\ominus} = 4×10^{-14}$。

10-9 向 0.10 mol·L^{-1} FeCl$_2$ 溶液中通入 H$_2$S 气体至饱和，若要求不析出 FeS 沉淀，溶液的 pH 最高不超过多少？已知 FeS 的 $K_{sp}^{\ominus} = 6.3×10^{-18}$，H$_2$S 的 $K_{a1}^{\ominus} = 1.3×10^{-7}$，$K_{a2}^{\ominus} = 7.1×10^{-15}$。

10-10 在 pH = 1.00 的某溶液中含有 FeCl$_2$ 和 CuCl$_2$，两者的浓度均为 0.10 mol·L^{-1}，不断通入 H$_2$S 气体至饱和。试通过计算判断有哪些沉淀？已知 FeS 的 $K_{sp}^{\ominus} = 6.3×10^{-18}$，CuS 的 $K_{sp}^{\ominus} = 6.3×10^{-36}$，H$_2$S 的 $K_{a1}^{\ominus} = 1.3×10^{-7}$，$K_{a2}^{\ominus} = 7.1×10^{-15}$。

10-11 将足量 ZnS 置于 1 L 盐酸中，收集到 0.10 mol H$_2$S 气体。求溶液中的[H$^+$]和[Cl$^-$]。已知 ZnS 的 $K_{sp}^{\ominus} =$

2.5×10^{-22}，H$_2$S 的 $K_{a1}^{\ominus}$=1.3×10^{-7}，$K_{a2}^{\ominus}$ = 7.1×10^{-15}。

10-12 0.20 L 0.10 mol·L^{-1} Na$_2$CO$_3$ 溶液可以转化多少克 BaSO$_4$ 固体？已知 BaSO$_4$ 的 $K_{sp}^{\ominus}$ = 1.1×10^{-10}，BaCO$_3$ 的 $K_{sp}^{\ominus}$ = 2.6×10^{-9}。

10-13 在水中加入一些固体 Ag$_2$CrO$_4$，然后加入 KI 溶液，有什么现象发生？试通过计算解释。已知 Ag$_2$CrO$_4$ 的 $K_{sp}^{\ominus}$ = 1.1×10^{-12}，AgI 的 $K_{sp}^{\ominus}$ = 8.5×10^{-17}。

10-14 室温下，某溶液中含有 Pb^{2+} 和 Zn^{2+}，两者的浓度均为 0.10 mol·L^{-1}，向其不断通入 H$_2$S 气体至饱和，并加入 HCl 控制 S^{2-} 的浓度。为了使 PbS 沉淀出来，而使 Zn^{2+} 仍留在溶液中，则溶液的 H$^+$ 浓度最低应为多少？此时溶液中的 Pb^{2+} 是否沉淀完全？已知 PbS 的 $K_{sp}^{\ominus}$ = 8.0×10^{-28}，ZnS 的 $K_{sp}^{\ominus}$ = 2.5×10^{-22}，H$_2$S 的 $K_{a1}^{\ominus}$ = 1.3×10^{-7}，$K_{a2}^{\ominus}$ = 7.1×10^{-15}。

10-15 在某混合溶液中 Fe^{3+} 和 Zn^{2+} 浓度均为 0.010 mol·L^{-1}，室温下加碱调节 pH，使 Fe(OH)$_3$ 沉淀出来，而 Zn^{2+} 保留在溶液中，试通过计算确定分离 Fe^{3+} 和 Zn^{2+} 的 pH 范围。已知 Fe(OH)$_3$ 的 $K_{sp}^{\ominus}$ = 4.0×10^{-38}，Zn(OH)$_2$ 的 $K_{sp}^{\ominus}$ = 3.0×10^{-17}。

10-16 将 50.0 mL 含 0.9521 g MgCl$_2$ 的溶液与等体积的 1.80 mol·L^{-1} 氨水混合，在所得溶液中应加入多少克固体 NH$_4$Cl 才可防止 Mg(OH)$_2$ 沉淀生成？已知 $K_b^{\ominus}$ (NH$_3$) = 1.8×10^{-5}，Mg(OH)$_2$ 的 $K_{sp}^{\ominus}$ = 1.8×10^{-11}，NH$_4$Cl 的相对分子质量为 53.492，MgCl$_2$ 的相对分子质量为 95.21。

10-17 将 40.0 mL 0.20 mol·L^{-1} NH$_3$(aq) 与 20.0 mL 0.20 mol·L^{-1} HCl 溶液混合，求所得混合溶液的 pH。若向此溶液中加入 0.1344 g 固体 CuCl$_2$(忽略溶液体积变化)，问是否有 Cu(OH)$_2$ 沉淀生成？已知 $K_b^{\ominus}$ (NH$_3$) = 1.8×10^{-5}，$K_{sp}^{\ominus}$ [Cu(OH)$_2$] = 2.2×10^{-20}，Cu 的相对原子质量为 63.5，Cl 的相对原子质量为 35.45。

10-18 298.15 K 时，如果用 Ca(OH)$_2$ 溶液处理 MgCO$_3$ 沉淀，使之转化为 Mg(OH)$_2$ 沉淀，这一反应的标准平衡常数是多少？若在 1.0 L Ca(OH)$_2$ 溶液中溶解 0.0045 mol MgCO$_3$，则 Ca(OH)$_2$ 溶液的最初浓度至少应为多少？已知 Mg(OH)$_2$ 的 $K_{sp}^{\ominus}$ = 1.8×10^{-11}，MgCO$_3$ 的 $K_{sp}^{\ominus}$ = 6.8×10^{-6}，CaCO$_3$ 的 $K_{sp}^{\ominus}$ = 2.8×10^{-9}。

第 11 章　氧化还原反应

化学反应可分为氧化还原反应和非氧化还原反应两大类。非氧化还原反应(如酸碱中和反应、沉淀反应、取代反应和配合反应等)在反应过程中没有电子的转移或元素的氧化数没有发生变化;而氧化还原反应在反应过程中有电子的转移或元素的氧化数发生了变化。氧化还原反应可以在水相、气相或固相间发生,并可分为化学氧化还原反应、光化学氧化还原反应和生物氧化还原反应三类。本章主要讲述在水相中发生的化学氧化还原反应。

11.1　基 本 概 念

11.1.1　氧化数和氧化还原反应

氧化数的概念是美国化学家格拉斯顿(Glasstone)于 1948 年在价键理论和电负性的基础上提出的。1970 年, 国际纯粹与应用化学联合会(IUPAC)在《无机化学命名法》中, 进一步严格定义了氧化数的概念, 并规定了氧化数的求法。氧化数是指在单质或化合物中, 假设把每个化学键中的电子指定给所连接的两个原子中电负性较大的一个原子而求得的某元素一个原子的电荷数。因此, 氧化数是化合物中某元素在化合状态时人为规定的形式电荷数。例如, 在 H_2O 分子中, 两对成键的电子都归电负性大的氧原子所有, 则氢的氧化数为+1, 氧的氧化数为–2。

确定氧化数的规则是:

(1) 在单质中, 元素的氧化数为零。

(2) 在中性分子中, 各元素氧化数的代数和为零; 在离子中, 各元素氧化数的代数和等于离子所带的电荷数。

(3) 在共价化合物中, 电负性较大的元素氧化数为负, 电负性较小的元素氧化数为正。

(4) 氟在所有氟化物中的氧化数为–1。

(5) 碱金属和碱土金属在化合物中的氧化数分别为+1 和+2。

(6) 在大多数化合物中, 氢的氧化数为+1, 但在活泼金属的氢化物(如 NaH、CaH_2)中, 氢的氧化数为–1。

(7) 氧在一般氧化物中的氧化数为–2, 但在过氧化物(如 H_2O_2、Na_2O_2、BaO_2 等)中为–1, 在超氧化物(如 KO_2)中为 $-\dfrac{1}{2}$, 而在 OF_2 和 O_2F_2 中分别为+2 和+1。

氧化数概念和中学化学中的化合价概念既有历史联系, 又有区别。化合价是 19 世纪中叶提出的概念, 用来表示原子能够化合或置换一价原子(H)或一价基团(OH^-)的数目, 也表示化合物某原子成键的数目。对于离子化合物, 化合价和氧化数在数值上是相同的。但对于共价化合物, 元素的氧化数与化合价是有区别的:①氧化数可为分数, 化合价的原意是某种元素的原子与其他元素的原子相化合时两种元素的原子数目之间一定的比例关系, 所以化合价不可能为分数;②同一物质中同种元素的氧化数和化合价的数值不一定相同, 如在 Fe_3O_4 中, Fe 实际上存在两种价态: +2 价和+3 价; 而 Fe 的氧化数是 $+\dfrac{8}{3}$。

在众多无机化合物的反应中,有一类反应具有如下特点: 在反应过程中一物种将电子转移给另一物种,从而使化学反应前后元素的氧化数发生了变化。这类反应称为氧化还原反应。它包括了两个同时进行的过程,即氧化数升高(给出电子)的过程和氧化数降低(得到电子)的过程。例如,在下面的氧化还原反应中

$$\overset{+7}{2KMnO_4} + \overset{-1}{5H_2O_2} + 3H_2SO_4 == \overset{+2}{2MnSO_4} + \overset{0}{5O_2} + K_2SO_4 + 8H_2O$$

　　　　氧化剂　　还原剂　　　　　　　还原产物　氧化产物

Mn 元素的氧化数从+7 降低到+2,这个过程称为还原,或者氧化数为+7 的锰被还原;氧元素的氧化数从−1 升高到 0,这个过程称为氧化,或者氧化数为−1 的氧被氧化。在反应中,$KMnO_4$ 是氧化剂,$MnSO_4$ 是还原产物;相应的,H_2O_2 是还原剂,O_2 是氧化产物。

另外,在某些氧化还原反应中,某一单质或化合物既是氧化剂又是还原剂,如

(1)
$$\overset{-3}{(NH_4)_2}\overset{+6}{Cr_2O_7} == \overset{0}{N_2} + \overset{+3}{Cr_2O_3} + 4H_2O$$

(2)
$$\overset{0}{Cl_2} + 2NaOH == \overset{+1}{NaClO} + \overset{-1}{NaCl} + H_2O$$

(3)
$$\overset{+5}{4KClO_3} == \overset{+7}{3KClO_4} + \overset{-1}{KCl}$$

(4)
$$\overset{0}{P_4(s)} + 3OH^- + 3H_2O == \overset{+1}{3H_2PO_2^-} + \overset{-3}{PH_3}$$

这类氧化还原反应称为自身氧化还原反应。特别是在反应(2)、(3)、(4)中,氧化数升高和降低的是同一元素。这是自身氧化还原反应的一种特殊类型,称为歧化反应。

总之,氧化还原反应在反应前后必定有氧化数的改变;氧化过程与还原过程同时发生,同时结束;反应体系中同时存在氧化剂和还原剂,在氧化还原反应中,氧化剂被还原,还原剂被氧化;还原剂的氧化数增加总数等于氧化剂的氧化数减少总数。

11.1.2　氧化还原电对

氧化还原反应可以看作是由两个同时发生的半反应(氧化半反应与还原半反应)构成。半反应可以明确表示出电子的失(氧化)和得(还原)。例如,反应:

$$Zn + Cu^{2+} == Zn^{2+} + Cu$$

可以看作由如下两个半反应构成:

氧化半反应　　　　　　　　$Zn \longrightarrow Zn^{2+} + 2e^-$

还原半反应　　　　　　　　$Cu^{2+} + 2e^- \longrightarrow Cu$

同一半反应中的某元素的氧化态物种和还原态物种构成一个共轭的氧化还原电对,如上述半反应中的 Zn^{2+} 和 Zn 构成一个氧化还原电对,Cu^{2+} 和 Cu 构成一个氧化还原电对。氧化还原电对可以用通式表示为

$$氧化型/还原型$$

例如，上述氧化还原电对可以分别表示为

$$Cu^{2+} \ / \ Cu \qquad\qquad Zn^{2+} \ / \ Zn$$

氧化型　还原型　　　　氧化型　还原型

氧化半反应通常也表示为还原半反应，如上述氧化半反应可改写为

$$Zn^{2+} + 2e^- \!=\!=\!= Zn$$

氧化还原反应是两个(或两个以上)氧化还原电对共同作用的结果，是电子从一个氧化还原电对(如 Zn^{2+}/Zn)转移到另一个氧化还原电对(如 Cu^{2+}/Cu)的反应。因此，氧化还原反应一般可写成

$$还原型(Ⅰ) + \ 氧化型(Ⅱ) =\!=\!= 氧化型(Ⅰ) + \ 还原型(Ⅱ)$$

Ⅰ和Ⅱ分别表示其所对应的两种物质构成的不同氧化还原电对。

11.1.3 离子-电子法配平氧化还原反应方程式

本法只适用于水溶液中进行的反应。配平时先写出离子反应式，即难溶物质(包括常见的难溶气体)和弱电解质都以分子式(或化学式)书写，其余则以离子式书写。然后根据元素氧化数的变化写出相应的氧化半反应和还原半反应并配平半反应。在配平时，除考虑反应物和产物外，还要考虑其他物种，如电子(e^-)、H^+、OH^-或 H_2O 等。最后根据氧化剂获得电子数等于还原剂失去电子数的原则，将上述两个半反应合并为一个配平的离子方程式。

【例 11-1】　重铬酸钾氧化 I^-。

(1) 先以离子形式写出反应物和产物：

$$Cr_2O_7^{2-} + I^- \longrightarrow Cr^{3+} + I_2$$

(2) 根据元素氧化数的变化写出这个反应的氧化半反应和还原半反应：

还原半反应 $\qquad\qquad Cr_2O_7^{2-} \longrightarrow Cr^{3+}$

氧化半反应 $\qquad\qquad I^- \longrightarrow I_2$

(3) 配平半反应。反应在酸性溶液中进行，因此利用 H^+ 和 H_2O 配平半反应两端的电荷：

还原半反应 $\qquad Cr_2O_7^{2-} + 14H^+ + 6e^- \longrightarrow 2Cr^{3+} + 7H_2O$

氧化半反应 $\qquad\qquad 2I^- - 2e^- \longrightarrow I_2$

(4) 上述两个半反应分别乘以最小公倍数后合并：

$$Cr_2O_7^{2-} + 6I^- + 14H^+ =\!=\!= 2Cr^{3+} + 3I_2 + 7H_2O$$

【例 11-2】　碱性条件下次氯酸钠氧化 CrO_2^-。

(1) 写出离子方程式：

$$ClO^- + CrO_2^- \longrightarrow CrO_4^{2-} + Cl^-$$

(2) 根据元素氧化数的变化写出这个反应的氧化半反应和还原半反应：

还原半反应 $\qquad ClO^- \longrightarrow Cl^-$

氧化半反应 $\qquad CrO_2^- \longrightarrow CrO_4^{2-}$

(3) 配平半反应。反应在碱性溶液中进行，因此利用 OH^- 和 H_2O 配平半反应两端的电荷：

还原半反应 $\qquad ClO^- + H_2O + 2e^- \longrightarrow Cl^- + 2OH^-$

氧化半反应 $\qquad CrO_2^- + 4OH^- - 3e^- \longrightarrow CrO_4^{2-} + 2H_2O$

(4) 上述两个半反应分别乘以最小公倍数后合并：

$$3ClO^- + 2CrO_2^- + 2OH^- = 2CrO_4^{2-} + 3Cl^- + H_2O$$

11.2 原电池与电极电势

11.2.1 原电池

1. 原电池的基本概念

氧化还原反应是电子从一个氧化还原电对转移到另一个氧化还原电对的反应。例如，在蓝色的 $CuSO_4$ 溶液中插入银白色的锌片，可以观察到红棕色的金属铜沉积在锌片表面，溶液的蓝色逐渐变淡，温度升高。这是由于发生了电子由锌转移到铜的氧化还原反应：

$$Zn + Cu^{2+} = Zn^{2+} + Cu$$

如果设计适当的装置，可以使这些电子沿一定方向流动而产生电流。如图 11-1 所示，在两个

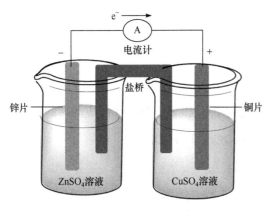

图 11-1 铜锌原电池示意图

烧杯中分别加入 $ZnSO_4$、$CuSO_4$ 溶液，锌片插入 $ZnSO_4$ 溶液，铜片插入 $CuSO_4$ 溶液。锌片和铜片用导线连接，并在其中串联一个电流计；再用"盐桥"(一个倒置的装满由饱和 KCl 溶液和琼胶制成的胶冻的 U 形管)把两个烧杯的溶液连接起来。这时可以发现电流计的指针向铜片一方偏转，即电子从锌电极流向铜电极。这种利用自发氧化还原反应产生电流，使化学能转变为电能的装置称为原电池。

在原电池中，电子流出的电极(Zn 电极)为负极，负极上发生氧化反应；电子流入的电极(Cu 电极)为正极，正极上发生还原反应：

负极 $\qquad Zn(s) \rightleftharpoons Zn^{2+}(aq) + 2e^- \qquad$ 氧化反应

正极 $\qquad Cu^{2+}(aq) + 2e^- \rightleftharpoons Cu(s) \qquad$ 还原反应

电池反应 $\qquad Zn(s) + Cu^{2+}(aq) \rightleftharpoons Cu(s) + Zn^{2+}(aq)$

因此，一个原电池由电极和盐桥两部分构成，电极包含共轭的氧化还原电对和导体。

2. 电极类型

原电池的电极有以下五种类型：

1) 金属-金属离子电极

它是由金属浸在含有该金属离子的溶液中构成的。金属既是电对的组成部分，又是起导电作用的导体。例如，将银丝插在 Ag^+ 溶液中，其电极反应为

$$Ag^+(aq) + e^- \rightleftharpoons Ag(s)$$

表示该类电极的符号为

$$Ag(s) \mid Ag^+(aq)$$

"|"表示固、液两相的界面。再如，$Cu(s)|Cu^{2+}(aq)$、$Zn(s)|Zn^{2+}(aq)$ 也属于这种类型。

2) 气体-离子电极

这类电极由气体与其离子及惰性导电材料组成。气体与其离子是电对的组成部分，惰性导电材料(如铂、石墨等)不参与电极反应，只起吸附气体和传递电子的作用，并能催化气体电极反应的进行。例如，氢电极：

电极反应 $\qquad\qquad 2H^+(aq) + 2e^- \rightleftharpoons H_2(g)$

电极符号 $\qquad\qquad Pt(s) \mid H_2(g) \mid H^+(aq)$

再如，氯电极：

电极反应 $\qquad\qquad Cl_2(g) + 2e^- \rightleftharpoons 2Cl^-(aq)$

电极符号 $\qquad\qquad Pt(s) \mid Cl_2(g) \mid Cl^-(aq)$

3) 金属-金属难溶盐电极

这类电极是由金属表面覆盖一薄层该金属的难溶盐，然后浸入含有该难溶盐的负离子的溶液中构成。金属既是电对的组成部分，又是导体。例如，在实验室中常用的参比电极银-氯化银电极、甘汞电极等。

甘汞电极是在金属 Hg 的表面覆盖一层 Hg_2Cl_2，然后浸入氯化钾溶液构成(图 11-2)。它的电极反应是

$$Hg_2Cl_2(s) + 2e^- \rightleftharpoons 2Hg(l) + 2Cl^-(aq)$$

电极符号为 $\qquad\qquad Hg(l) \mid Hg_2Cl_2(s) \mid Cl^-(aq)$

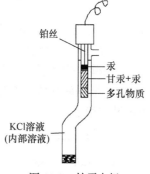

铂丝
汞
甘汞+汞
多孔物质

KCl溶液
(内部溶液)

图 11-2 甘汞电极

银-氯化银电极是由表面涂有 AgCl 的银丝插在 HCl 溶液中构成，电极反应为

$$AgCl(s) + e^- \rightleftharpoons Ag(s) + Cl^-(aq)$$

电极符号为 $\qquad\qquad Ag \mid AgCl(s) \mid Cl^-(aq)$

4) 金属-金属氧化物电极

这类电极由金属表面覆盖一层该金属的氧化物，然后浸在含有 H^+ 或 OH^- 的溶液中构成。金属既是电对的组成部分，又是导体。例如，$Ag\text{-}Ag_2O$ 电极，它的电极反应是

$$Ag_2O(s) + H_2O + 2e^- \rightleftharpoons 2Ag(s) + 2OH^-(aq)$$

电极符号为 $Ag(s) \mid Ag_2O(s) \mid OH^-(aq)$

5）"氧化-还原"电极

这类电极是将惰性导电材料(如铂、石墨等)插入含有某种元素的不同氧化态的离子溶液中构成。惰性导电材料只起导电作用，氧化还原反应在溶液中进行。例如，Pt 插在含有 Fe^{3+}、Fe^{2+}的溶液中，其电极反应为

$$Fe^{3+}(aq) + e^- \rightleftharpoons Fe^{2+}(aq)$$

电极符号为 $Pt \mid Fe^{3+}(aq), Fe^{2+}(aq)$

3. 原电池的表示方法

原电池由正、负电极(包括导体和氧化/还原电对)和盐桥等部分构成，也可以用如上表示电极的符号来表示。但是，书写电池符号时，习惯上将负极写在左边，正极写在右边；不同物相的界面用单垂线"|"表示；盐桥用双垂线"‖"表示。必要时要注明物质的状态、气体压力、溶质的活度等。例如，铜锌原电池可表示为

$$(-)\ Zn \mid ZnSO_4\ (c_1) \parallel CuSO_4\ (c_2) \mid Cu\ (+)$$

又如，铜电极与标准氢电极组成的原电池可表示为

$$(-)\ Pt \mid H_2\ (1.013\times10^5\ Pa) \mid H^+\ (c_1) \parallel Cu^{2+}\ (c_2) \mid Cu\ (+)$$

从原则上讲，任何一个自发进行的氧化还原反应都能组成一个原电池。那么，如何将一个氧化还原反应设计成原电池并用电池符号表示呢？例如，如何将反应

$$6Fe^{2+} + Cr_2O_7^{2-} + 14H^+ \longrightarrow 6Fe^{3+} + 2Cr^{3+} + 7H_2O$$

设计成原电池，并写出电池符号？

一般来讲，由氧化还原反应设计出原电池的步骤如下：

(1) 确定化学反应中氧化数发生变化的元素；

(2) 根据氧化数的变化，将化学反应拆分成相应的氧化半反应和还原半反应，并确定正、负极及其组成：

正极 $Cr_2O_7^{2-} + 6e^- + 14H^+ \longrightarrow 2Cr^{3+} + 7H_2O$ 电极符号 $Pt \mid Cr_2O_7^{2-},\ Cr^{3+},\ H^+$

负极 $6Fe^{3+} + 6e^- \longrightarrow 6Fe^{2+}$ 电极符号 $Pt \mid Fe^{3+},\ Fe^{2+}$

(3) 写出由该反应设计成的原电池符号：

$$(-)Pt \mid Fe^{3+},\ Fe^{2+} \parallel Cr_2O_7^{2-},\ Cr^{3+},\ H^+ \mid Pt(+)$$

不但可以将氧化还原反应设计出相应的原电池，甚至可以根据弱酸(碱)的电离平衡反应或难溶强电解质的沉淀溶解平衡反应设计出相应的原电池。例如，对于一元弱酸 HA，其电离平衡反应如下：

$$HA \rightleftharpoons H^+ + A^-$$

可以设计如下原电池：

$$(-)\, Pt\,|\,H_2\,|\,H^+\,\|\,HA\,|\,H_2\,|\,Pt\,(+)$$

使其电池反应为该一元弱酸 HA 的电离平衡反应。

再如，对于难溶强电解质 AgCl，其沉淀溶解平衡反应为

$$AgCl(s) \Longleftrightarrow Ag^+ + Cl^-$$

可以设计如下原电池：

$$(-)Ag\,|\,AgCl\,|\,Cl^-\,\|\,Ag^+\,|\,Ag(+)$$

使其电池反应为 AgCl 的沉淀溶解平衡反应。

11.2.2　电极电势

当原电池的两个相对独立的半电池(正、负电极)连通后有电流产生，说明两个电极之间存在电势差，也说明不同的电极具有不同的电势(也称电位)。正极和负极之间的电势差就是原电池的电动势，即

$$E_{\text{电池}} = E_{\text{正}} - E_{\text{负}} \tag{11-1}$$

那么，单个电极的电势是如何产生的？先以金属/金属离子电极为例说明。当金属插入它的盐溶液中时，会同时出现金属溶解为金属离子和金属离子沉积到金属表面两个相反的趋势。当溶解与沉积的速率相等时，达到如下动态平衡：

$$M \Longleftrightarrow M^{n+}(aq) + ne^-$$

这两个趋势与金属的活泼性和金属离子在溶液中的浓度有关。金属越活泼，金属溶解进入溶液的趋势越大；溶液浓度越大，金属离子沉积的趋势越大。在某一给定浓度的溶液中，如果溶解趋势大于沉积趋势，金属表面因自由电子过剩而带负电荷，由于负电荷的吸引使靠近金属附近的溶液带正电荷，而负离子则被金属所排斥。反之，如果金属离子沉积到金属电极上的趋势大于金属以离子从电极进入溶液的趋势，最后达到动态平衡时金属电极带正电荷，金属电极附近的溶液带负电荷。这样在界面处，金属与溶液之间形成一个双电层，从而产生电势差(图 11-3)。这种电势差就是金属电极的电极电势。显然，金属电极电势的大小和符号取决于金属的本性和原来溶液中金属离子浓度的大小。

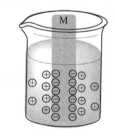

图 11-3　金属/金属离子
电极电势产生示意图

其他类型的电极，由于发生如下电极反应：

$$\text{氧化型} + ne^- \longrightarrow \text{还原型}$$

也使电极与溶液间形成扩散双电层，产生电势差，即电极的电极电势。例如，$Pt\,|\,Fe^{2+},\,Fe^{3+}$ 电极，Fe^{3+} 从金属铂极上取得电子而转变为 Fe^{2+}，从而使铂带正电荷，溶液中 Fe^{3+} 减少，Fe^{2+} 增加，则有过剩的负电荷(如 Cl^-、SO_4^{2-} 等)与铂极上的正电荷形成扩散双电层。

11.2.3　标准电极电势

1. 标准氢电极

至今人们还不能直接测定单个电极的电极电势，而只能测得电池的两个电极间的电势差。

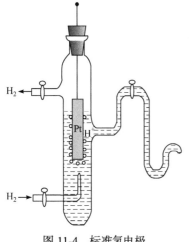

图 11-4　标准氢电极

但在实际应用中,只要选定一种电极作为标准,并规定其电极电势为零,将其他电极与此标准电极构成电池进行比较,便可根据电势差确定出其他电极的电极电势的相对值。知道了电极的电极电势的相对值,也可以求出由任意两个电极所组成的原电池的电动势。

IUPAC 规定标准氢电极(standard hydrogen electrode, SHE)为这样的标准电极,其电极电势为 0.000 V。标准氢电极的结构如图 11-4 所示,将镀有一层多孔铂黑的铂片浸入含有氢离子浓度(严格讲应为活度)为 1 mol·L⁻¹ 的稀硫酸溶液中,在 298.15 K 时不断通入标准压力的纯氢气,使铂黑吸附氢气达到饱和。被铂黑吸附的氢气与溶液中的氢离子建立了如下的动态平衡:

$$2H^+ (aq, 1\ mol \cdot L^{-1}) + 2e^- \rightleftharpoons H_2(g, p_{H_2})$$

这时该电极产生的电势称为氢的标准电极电势,即 $E^\ominus_{H^+/H_2} = 0.000\ V$。

2. 电极的标准电极电势

将任一待测电极与标准氢电极组合为原电池,根据所测得的电势差值和氢的标准电极电势就可以得出该电极的电极电势值。若待测电极的各参与电极反应的物质都处于标准态,则所得的电极电势就是该电极的标准电极电势,符号记为 $E^\ominus_{电对}$。例如,将纯净的 Ag 片插入 1 mol·L⁻¹ 的 Ag⁺ 溶液中,并把它和标准氢电极用盐桥连接起来,组成一个如图 11-5 所示的原电池,并测得其电动势为 0.799 V。由于 Ag⁺/Ag 电极在该电池中为正极,因此 Ag⁺/Ag 电对的标准电极电势为

$$E^\ominus_{Ag^+/Ag} = +0.799\ V$$

用类似的方法可测得 Zn²⁺/Zn 电对的标准电极电势为

$$E^\ominus_{Zn^{2+}/Zn} = -0.763\ V$$

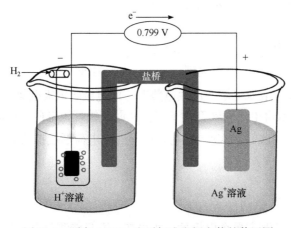

图 11-5　测定 Ag⁺/Ag 电对标准电极电势的装置图

对于某些不能直接测定的电极(如 Na^+/Na、F_2/F^- 等)，可以通过热力学数据用间接法计算其标准电极电势。

使用标准电极电势数据时，应注意：

(1) 标准电极电势的数值与半反应的方向无关。例如，电对 Zn^{2+}/Zn 无论半反应写作

$$Zn^{2+}(aq) + 2e^- \rightleftharpoons Zn$$

还是写作

$$Zn \rightleftharpoons Zn^{2+}(aq) + 2e^-$$

其标准电极电势都是−0.763 V，不会因反应方向相反而改变数据的正负号，因为电极电势的正负号是该半反应相对于标准氢电极取得的。

(2) 标准电极电势的数值与半反应的计量系数无关。例如，

$$Cl_2(g) + 2e^- \longrightarrow 2Cl^-(aq) \quad E^\ominus = +1.358 \text{ V}$$

也可写作

$$\frac{1}{2}Cl_2(g) + e^- \longrightarrow Cl^-(aq) \quad E^\ominus = +1.358 \text{ V}$$

(3) 标准电极电势是热力学数据，与反应速率无关。例如，钙的电极电势比钠小，但是钠与水反应却比钙与水反应激烈，后者是动力学的反应活性，不是热力学性质。

(4) 本书附录给出的标准电极电势数据是在 298.15 K、水溶液体系中测定的，因而只适用于水溶液体系，高温反应、非水溶剂(如液氨)反应均不能用这些数据。

11.2.4　电池电动势和化学反应吉布斯自由能的关系

由热力学可知，在等温、等压条件下，体系吉布斯自由能的减少(ΔG)等于对外所做的最大有用功(非体积功)，即

$$(\Delta_r G)_{T,p} = -W_{f,max}$$

对于电池，最大有用功就是电池做的电功，等于电池电动势 E 与所通过电量 Q 的乘积，即

$$W_{f,max} = QE = nFE$$

所以

$$\Delta_r G = -nFE \tag{11-2}$$

若电池中所有物质都处于标准态，则有

$$\Delta_r G^\ominus = -nFE^\ominus$$

式中，n 为电子转移数量，mol；F 为法拉第常量，表示 1 mol 电子的电量，即 $9.65 \times 10^4 \text{ C} \cdot \text{mol}^{-1}$。

对于半电池(即电极)，则有

$$\Delta_r G^\ominus_{半反应} = -nFE^\ominus_{电对}$$

据此，若已知电池的电动势 $E^\ominus$，就可以求出电池反应的标准吉布斯自由能变化($\Delta G^\ominus$)；反之，已知某一氧化还原反应的标准吉布斯自由能变化($\Delta G^\ominus$)的数据，就可以求得该反应所构成原电池的电动势 $E^\ominus$；此外，也能以 E 值代替 ΔG 预言氧化还原反应进行的方向。

【**例 11-3**】　铜锌原电池在 298.15 K，Cu^{2+} 和 Zn^{2+} 浓度均为 $1\ mol \cdot L^{-1}$ 时的电动势为 1.103 V，

(1) 写出该电池的电池符号及电池反应方程式；

(2) 计算该电池反应的 $\Delta G^{\ominus}$。

解　(1) 铜锌原电池符号为

$$(-)Zn \mid ZnSO_4\ (1\ mol \cdot L^{-1}) \parallel CuSO_4(1\ mol \cdot L^{-1}) \mid Cu(+)$$

电池反应方程式为

$$Zn + Cu^{2+} = Zn^{2+} + Cu$$

(2) 由于参与电极反应的物质都处于标准态，因此所测得的电动势就是标准电动势。

$$E^{\ominus}_{电池} = 1.103\ V$$

$$\Delta_r G^{\ominus} = -nFE^{\ominus}$$

$$= -2 \times 1.103 \times 9.65 \times 10^4 \times 10^{-3}$$

$$= -212.9\ (kJ \cdot mol^{-1})$$

【**例 11-4**】　将反应 $Cr_2O_7^{2-} + 6Fe^{2+} + 14H^+ = 2Cr^{3+} + 6Fe^{3+} + 7H_2O$ 设计成原电池，写出电极反应，并计算电池反应的 $\Delta_r G^{\ominus}$。

解　首先将氧化还原反应拆成两个半反应并确定相应的正、负极，

正极反应　　　$Cr_2O_7^{2-} + 14H^+ + 6e^- \longrightarrow 2Cr^{3+} + 7H_2O$　$E^{\ominus}_{Cr_2O_7^{2-}/Cr^{3+}} = 1.232\ V$

负极反应　　　　　　　$Fe^{3+} + e^- \longrightarrow Fe^{2+}$　$E^{\ominus}_{Fe^{3+}/Fe^{2+}} = 0.771\ V$

电池符号为

$(-)Pt \mid Fe^{3+}\ (1\ mol \cdot L^{-1}),\ Fe^{2+}(1\ mol \cdot L^{-1}) \parallel Cr_2O_7^{2-}\ (1\ mol \cdot L^{-1}),\ Cr^{3+}\ (1\ mol \cdot L^{-1}),\ H^+$
$(1\ mol \cdot L^{-1}) \mid Pt(+)$

电池的电动势为

$$E^{\ominus}_{电池} = E^{\ominus}_{Cr_2O_7^{2-}/Cr^{3+}} - E^{\ominus}_{Fe^{3+}/Fe^{2+}}$$

$$= 1.232 - 0.771$$

$$= 0.461(V)$$

$$\Delta_r G^{\ominus} = -nFE^{\ominus}$$

$$= -6 \times 0.461 \times 9.65 \times 10^4 \times 10^{-3}$$

$$= -266.9(kJ \cdot mol^{-1})$$

【**例 11-5**】　利用热力学函数数据计算电对 Zn^{2+}/Zn 的标准电极电势 $E^{\ominus}_{Zn^{2+}/Zn}$。

解　先把电对与 H^+/H_2 电对组成原电池，其电池反应为

$$Zn + 2H^+ \longrightarrow Zn^{2+} + H_2$$

然后查热力学数据表，计算出该反应的 $\Delta_r G^{\ominus}_m$：

$$Zn + 2H^+ \longrightarrow Zn^{2+} + H_2$$

$$\Delta_f G_m^{\ominus}/(\text{kJ} \cdot \text{mol}^{-1}) \qquad\qquad 0 \quad\; 0 \quad\; -147 \quad\; 0$$

$$\Delta_r G_m^{\ominus} = -147 \;\; \text{kJ} \cdot \text{mol}^{-1}$$

由 $\Delta_r G^{\ominus} = -nFE^{\ominus}$ 计算出电池电动势:

$$E^{\ominus} = -\frac{\Delta_r G^{\ominus}}{nF} = -\frac{147 \times 1000}{2 \times 96500} = 0.762 \;(\text{V})$$

所以

$$E_{\text{Zn}^{2+}/\text{Zn}}^{\ominus} = -0.762 \;\text{V}$$

11.3　影响电极电势的因素

如前所述,电极电势是电极和溶液间双电层的电势差。这种电势差的产生是由于电极上存在如下电极反应:

$$a\,\text{氧化型}\, + n e^- \Longrightarrow b\,\text{还原型}$$

因此,从化学平衡的角度看,凡是影响上述平衡的因素(如电极的本质、溶液中离子的浓度、气体的压力和温度等)都将影响电极电势的大小。电极的本质是影响电极电势最根本的因素。对于化学组分相同的电极,离子的浓度对电极电势影响较大,而温度对电极电势的影响相对较小。

11.3.1　能斯特方程

对任一电极,其氧化型和还原型之间存在如下电极反应:

$$a\,\text{氧化型}\, + n e^- \Longrightarrow b\,\text{还原型}$$

根据化学反应等温式,有

$$\Delta_r G_m = \Delta_r G_m^{\ominus} + RT \ln \frac{[\text{还原型}]^b}{[\text{氧化型}]^a}$$

由电动势和化学反应吉布斯自由能的关系,则有

$$E_{\text{电对}} = E_{\text{电对}}^{\ominus} - \frac{RT}{nF} \ln \frac{[\text{还原型}]^b}{[\text{氧化型}]^a}$$

这个关系式称为电极电势的能斯特(Nernst)方程。式中,n 为电极反应的电子转移数;F 为法拉第常量;R 为摩尔气体常量;T 为温度;$[\text{氧化型}]^a$ 或 $[\text{还原型}]^b$ 为参与电极反应的各物质的浓度的化学计量系数次幂。应用这个能斯特方程时还要注意,对电极反应中的气体组分,用相对分压代替浓度,而电极反应中的纯固体、纯液体和稀溶液中的溶剂 H_2O 不列入方程式。例如,对于反应为

$$c\text{C(s)} + d\text{D(aq)} + n e^- \longrightarrow g\text{G(g)} + h\text{H(solvent)}$$

的电极,其能斯特方程为

$$E_{电对} = E_{电对}^{\ominus} - \frac{RT}{nF} \ln \frac{\left(\dfrac{p_G}{p^{\ominus}}\right)^g}{[D]^d}$$

下面举例说明上式的表示方法(表 11-1)。

表 11-1　几种电极反应的能斯特方程的表示方法

半反应	能斯特方程
$Fe^{3+} + e^- \longrightarrow Fe^{2+}$	$E_{Fe^{3+}/Fe^{2+}} = E_{Fe^{3+}/Fe^{2+}}^{\ominus} - \dfrac{RT}{F} \ln \dfrac{[Fe^{2+}]}{[Fe^{3+}]}$
$Cu^{2+} + 2e^- \longrightarrow Cu$	$E_{Cu^{2+}/Cu} = E_{Cu^{2+}/Cu}^{\ominus} - \dfrac{RT}{2F} \ln \dfrac{1}{[Cu^{2+}]}$
$Cl_2(g) + 2e^- \longrightarrow 2Cl^-$	$E_{Cl_2/Cl^-} = E_{Cl_2/Cl^-}^{\ominus} - \dfrac{RT}{2F} \ln \dfrac{[Cl^-]^2}{\dfrac{p_{Cl_2}}{p^{\ominus}}}$
$O_2 + 4H^+ + 4e^- \longrightarrow 2H_2O$	$E_{O_2/H_2O} = E_{O_2/H_2O}^{\ominus} - \dfrac{RT}{4F} \ln \dfrac{1}{\left(\dfrac{p_{O_2}}{p^{\ominus}}\right)[H^+]^4}$
$Cr_2O_7^{2-} + 14H^+ + 6e^- \longrightarrow 2Cr^{3+} + 7H_2O$	$E_{Cr_2O_7^{2-}/Cr^{3+}} = E_{Cr_2O_7^{2-}/Cr^{3+}}^{\ominus} - \dfrac{RT}{6F} \ln \dfrac{[Cr^{3+}]^2}{[Cr_2O_7^{2-}][H^+]^{14}}$

11.3.2　浓度、酸度、生成沉淀、生成配合物对电极电势的影响

从电极的能斯特方程可知，参与电极反应的任一物质的浓度(压力)发生变化时，都可以影响电极的电极电势。下面分别讨论参与电极反应的离子浓度、溶液的酸度、生成沉淀及生成配合物等对电极电势的影响。

1. 组成电对的离子浓度对电极电势的影响

【例 11-6】　已知 $E_{Ag^+/Ag}^{\ominus} = 0.799$ V，求 Ag^+ 浓度为 0.1 mol·L^{-1} 时银电极的电极电势。

解　银电极的电极反应为

$$Ag^+(aq) + e^- \Longrightarrow Ag(s)$$

$$\begin{aligned} E_{Ag^+/Ag} &= E_{Ag^+/Ag}^{\ominus} - \frac{RT}{F} \ln \frac{1}{[Ag^+]} \\ &= 0.799 - \frac{8.314 \times 298.15}{96500} \ln \frac{1}{0.1} \\ &= 0.74(V) \end{aligned}$$

从计算结果可以看出，当组成电对溶液中氧化型物质 Ag^+ 浓度降低时，电极的电极电势值变小，即电对中还原型物质银的还原性增强。

如果将这两个电对相同但浓度不同的电极用盐桥连接起来，则在两电极间存在一个电势差，这样也构成了一个电池，这种电池称为浓差电池。

2. 溶液的酸度对电极电势的影响

如果在电极反应中，除氧化型和还原型物质外，还有参与电极反应的其他物质，则其他物质的浓度变化也将影响该电极的电极电势。例如，凡是有 H^+ 或 OH^- 参与的电极反应，酸度的改变也将影响电极电势。

【例 11-7】　电极反应 $MnO_2 + 4H^+ + 2e^- \longrightarrow Mn^{2+} + 2H_2O$ 的标准电极电势为 1.23 V，计算在 298.15 K，Mn^{2+} 的浓度为 $1.0 \ mol \cdot L^{-1}$、pH = 3 时，电对 MnO_2/Mn^{2+} 的电极电势。

解　电极反应 $MnO_2 + 4H^+ + 2e^- \longrightarrow Mn^{2+} + 2H_2O$ 的能斯特方程为

$$E_{MnO_2/Mn^{2+}} = E^{\ominus}_{MnO_2/Mn^{2+}} - \frac{RT}{2F} \ln \frac{[Mn^{2+}]}{[H^+]^4}$$

pH = 3 时，$c(H^+) = 1.0 \times 10^{-3} \ mol \cdot L^{-1}$，所以

$$E_{MnO_2/Mn^{2+}} = 1.23 - \frac{8.314 \times 298.15}{2 \times 96500} \ln \frac{1.0}{(1 \times 10^{-3})^4}$$
$$= 0.875(V)$$

由上述计算可知，在标准状态下电对 MnO_2/Mn^{2+} 的电极电势为 1.23 V，电对中氧化型物质 MnO_2 是强氧化剂。但是，当氢离子浓度从标准状态时的 $1.0 \ mol \cdot L^{-1}$ 降低到 $1.0 \times 10^{-3} \ mol \cdot L^{-1}$ 时，电对 MnO_2/Mn^{2+} 的电极电势降低到 0.875 V，电对中氧化型物质 MnO_2 的氧化能力减弱。可见，虽然 H^+ 在电极反应中没有电子得失，但是由于参与了电极反应，其浓度同样影响电对的电极电势。

3. 生成沉淀对电极电势的影响

在氧化还原电对中，氧化型(还原型)物质与其他离子反应生成沉淀也将改变其浓度，从而引起电极电势发生变化。

【例 11-8】　已知 Ag^+/Ag 电对的标准电极电势为+0.799 V，若在组成电极的溶液中加入 NaCl，使其生成 AgCl 沉淀，如果保持溶液中 Cl^- 浓度为 $1.0 \ mol \cdot L^{-1}$，试计算该条件下 Ag^+/Ag 电对的电极电势。

解　该电对的电极反应为

$$Ag^+ + e^- \longrightarrow Ag$$

所以

$$E_{Ag^+/Ag} = E^{\ominus}_{Ag^+/Ag} - \frac{RT}{F} \ln \frac{1}{[Ag^+]}$$

而 Ag^+ 浓度受下面沉淀平衡影响

$$AgCl(s) \longrightarrow Ag^+ + Cl^-$$

$$c_{Ag^+} \cdot c_{Cl^-} = K^{\ominus}_{sp}(AgCl)$$

所以

$$E_{\text{Ag}^+/\text{Ag}} = 0.799 - \frac{8.314 \times 298.15}{96500} \ln \frac{1}{1.77 \times 10^{-10}}$$
$$= 0.222(\text{V})$$

显然，由于 AgCl 沉淀的生成，使组成电对的溶液中氧化型物质 Ag^+ 的浓度急剧降低，从而大大降低了电对的电极电势。在 Cl^- 浓度为 $1.0\ \text{mol} \cdot \text{L}^{-1}$ 的溶液中，平衡时 Ag^+ 浓度大大减小，使 Ag(s)更易失去电子生成 AgCl(s)，即 Ag(s)的还原性增大。

实际上，在 Ag^+/Ag 中加入 Cl^-，原来氧化还原电对 Ag^+/Ag 中的 Ag^+ 转化为 AgCl 沉淀，事实上形成了 AgCl/Ag 电极。

$$\text{AgCl(s)} + \text{e}^- \Longrightarrow \text{Ag (s)} + \text{Cl}^-\text{(aq)}$$

因此，在 Cl^- 浓度相同的情况下，Ag^+/Ag 电极和 AgCl/Ag 电极的电极电势是相等的，即

$$E = E^{\ominus}_{\text{Ag}^+/\text{Ag}} - \frac{RT}{F} \ln \frac{1}{[\text{Ag}^+]} = E^{\ominus}_{\text{AgCl/Ag}} - \frac{RT}{F} \ln[\text{Cl}^-]$$

当 Cl^- 浓度为 $1.0\ \text{mol} \cdot \text{L}^{-1}$ 时，AgCl/Ag 电极处于标准态，则此时 Ag^+/Ag 电极的电极电势就是 AgCl/Ag 电极的标准电极电势 $E^{\ominus}_{\text{AgCl/Ag}}$，即

$$E^{\ominus}_{\text{AgCl/Ag}} = E^{\ominus}_{\text{Ag}^+/\text{Ag}} - \frac{RT}{F} \ln \frac{1}{K^{\ominus}_{\text{sp}}(\text{AgCl})}$$

此外，通过计算还可知，Ag^+ 所形成的卤化物 AgX 沉淀的 $K^{\ominus}_{\text{sp}}(\text{AgX})$ 越小，则平衡时 Ag^+ 的浓度越小，从而使 $E^{\ominus}_{\text{AgX/Ag}}$ 也越小。比较下列情况，可以更清楚地显示出生成沉淀的 $K^{\ominus}_{\text{sp}}$ 的大小对 $E^{\ominus}_{\text{AgX/Ag}}$ 的影响。

电对	$E^{\ominus}$/V
$\text{AgI(s)} + \text{e}^- \Longrightarrow \text{Ag(s)} + \text{I}^-$	-0.152
$\text{AgBr(s)} + \text{e}^- \Longrightarrow \text{Ag(s)} + \text{Br}^-$	0.071
$\text{AgCl(s)} + \text{e}^- \Longrightarrow \text{Ag(s)} + \text{Cl}^-$	0.222
$\text{Ag}^+ + \text{e}^- \Longrightarrow \text{Ag(s)}$	0.799

减小 减小 减小

$E^{\ominus}$　$K^{\ominus}_{\text{sp}}$　$[\text{Ag}^+]$

4. 生成配合物对电极电势的影响

参与电极反应的离子形成配合物时也会导致某种离子浓度发生变化，从而影响相应电极的电极电势。例如，Cu^{2+}/Cu 电极：

$$\text{Cu}^{2+} + 2\text{e}^- \longrightarrow \text{Cu}$$

当向溶液中加入适量的氨水，由于 Cu^{2+} 与 NH_3 反应形成 $[\text{Cu(NH}_3)_4]^{2+}$ 而使溶液中 Cu^{2+} 浓度降低，使 Cu^{2+}/Cu 电极的电极电势降低。生成配合物对电极电势的影响将在配合物一章中详细讨论。

11.4 电极电势的应用

电极电势数值是电化学中很重要的数据。应用电极电势，可以：①计算原电池的电动势；②比较氧化剂(或还原剂)的氧化还原能力的相对强弱；③判断氧化还原反应进行的方向和限度；④选择合适的氧化剂和还原剂；⑤计算反应的平衡常数或难溶电解质的溶度积常数。

11.4.1 判断氧化剂(或还原剂)的相对强弱

电极电势的大小表明了物质得失电子的难易，也反映了氧化还原能力的相对强弱。若电极的电极电势越正，表明该电极反应中的氧化型物质越容易获得电子转变为相应的还原型，其氧化能力越强，而所对应的还原型物质的还原性越弱；反之，若电对的电极电势越小，该电极反应中的氧化型物质的氧化性越弱，相应的还原型物质的还原能力越强。表 11-2 列出一些电对的电极反应和电极电势。

表 11-2　一些电对的电极反应和电极电势

电对	电极反应	$E^{\ominus}/V$
F_2/F^-	$F_2 + 2e^- \longrightarrow 2F^-$	+2.87
MnO_4^-/Mn^{2+}	$MnO_4^- + 8H^+ + 5e^- \longrightarrow Mn^{2+} + 4H_2O$	+1.49
$Cr_2O_7^{2-}/Cr^{3+}$	$Cr_2O_7^{2-} + 14H^+ + 6e^- \longrightarrow 2Cr^{3+} + 7H_2O$	+1.33
Br_2/Br^-	$Br_2 + 2e^- \longrightarrow 2Br^-$	+1.066
Fe^{3+}/Fe^{2+}	$Fe^{3+} + e^- \longrightarrow Fe^{2+}$	+0.771
I_2/I^-	$I_2 + 2e^- \longrightarrow 2I^-$	+0.535

它们的电极电势依次减小，因此 F_2、MnO_4^-、$Cr_2O_7^{2-}$、Br_2、Fe^{3+}、I_2 的氧化能力依次减弱，而 F^-、Mn^{2+}、Cr^{3+}、Br^-、Fe^{2+}、I^-的还原能力依次增强。需要注意的是，用 $E^{\ominus}$ 的大小判断的是氧化型(或还原型)物质在标准态下的氧化还原能力的相对强弱，而在非标准态下的氧化型(或还原型)物质，则必须先利用能斯特方程进行计算，求出给定条件下的 E 后才能进行比较。

- -

【例 11-9】　比较 pH = 5.0 时，MnO_4^- 和 Br_2 的氧化能力强弱。

解　通过查表可知，在标准态下，MnO_4^-/Mn^{2+}的电极电势大于 Br_2/Br^-的电极电势，故 MnO_4^- 的氧化能力比 Br_2 强。但是，pH = 5.0 时，

$$MnO_4^- + 8H^+ + 5e^- \longrightarrow Mn^{2+} + 4H_2O$$

根据能斯特方程得

$$E_{MnO_4^-/Mn^{2+}} = E_{MnO_4^-/Mn^{2+}}^{\ominus} - \frac{RT}{5F} \ln \frac{[Mn^{2+}]}{[MnO_4^-][H^+]^8}$$

$$= 1.49 - \frac{8.314 \times 298.15}{5 \times 96500} \ln \frac{1}{(1 \times 10^{-5})^8}$$

$$= 1.02(V)$$

而电对 Br_2/Br^- 的电极电势不受 H^+ 浓度影响。此时，$E_{Br_2/Br^-}^{\ominus} > E_{MnO_4^-/Mn^{2+}}$，所以 pH = 5.0 时，$Br_2$ 的氧化能力比 MnO_4^- 强。

11.4.2　判断反应进行的方向

已知当反应的吉布斯自由能变化 $\Delta_r G_m < 0$ 时，反应可以自发进行。根据

$$\Delta_r G_m = -nFE$$

当氧化还原反应的 $E > 0$ 时，$\Delta_r G_m < 0$，反应可以自发进行。由于 $E = E_+ - E_-$，因此当 $E_+ > E_-$，即正极的电极电势大于负极的电极电势时，氧化还原反应能自发进行。

【例 11-10】　已知 $E_{Sn^{2+}/Sn}^{\ominus} = -0.1375\ V$，$E_{Pb^{2+}/Pb}^{\ominus} = -0.1262\ V$，判断反应

$$Pb^{2+} + Sn \Longrightarrow Pb + Sn^{2+}$$

(1) 在标准态下的反应方向；

(2) 在 $c_{Sn^{2+}} = 1\ mol \cdot L^{-1}$，$c_{Pb^{2+}} = 0.1\ mol \cdot L^{-1}$ 时的反应方向。

解　(1) 根据反应方程式，Pb^{2+}/Pb 是正极，Sn^{2+}/Sn 是负极，在标准态下，

$$E^{\ominus} = E_{Pb^{2+}/Pb}^{\ominus} - E_{Sn^{2+}/Sn}^{\ominus}$$

$$= -0.1262 - (-0.1375)$$

$$= 0.0113(V)$$

因为 $E^{\ominus} > 0$，所以在标准态下上述反应可以自发地向右进行。

(2) 当 $c_{Sn^{2+}} = 1\ mol \cdot L^{-1}$，$c_{Pb^{2+}} = 0.1\ mol \cdot L^{-1}$ 时，

$$E_{Pb^{2+}/Pb} = E_{Pb^{2+}/Pb}^{\ominus} - \frac{RT}{2F} \ln \frac{1}{[Pb^{2+}]}$$

$$= -0.1262 - \frac{8.314 \times 298.15}{2 \times 96500} \ln \frac{1}{0.1}$$

$$= -0.156(V)$$

$$E_{Sn^{2+}/Sn} = E_{Sn^{2+}/Sn}^{\ominus} - \frac{RT}{2F} \ln \frac{1}{[Sn^{2+}]}$$

$$= -0.1375 - \frac{8.314 \times 298.15}{2 \times 96500} \ln \frac{1}{1}$$

$$= -0.1375(V)$$

$$E = E_{Pb^{2+}/Pb} - E_{Sn^{2+}/Sn}$$
$$= -0.156 - (-0.1375)$$
$$= -0.0185(V)$$

因此，此时上述反应不能自发地向右进行，而其逆反应可以自发进行。

将不同电对的电极反应按电极电势由高到低的顺序排列，如

$$Sn^{2+} + 2e^- \Longrightarrow Sn \qquad E^{\ominus}_{Sn^{2+}/Sn} = -0.138 \text{ V}$$
$$Pb^{2+} + 2e^- \Longrightarrow Pb \qquad E^{\ominus}_{Pb^{2+}/Pb} = -0.126 \text{ V}$$

在电极电势值大的电对的氧化型与电极电势小的电对的还原型之间画一条直线。该直线两端所指的物质为反应物，其余为产物。因此，该氧化还原反应为

$$Pb + Sn^{2+} \Longrightarrow Pb^{2+} + Sn$$

此为判断氧化还原反应方向的对角线法则。

在氧化还原电对中，如果氧化剂的氧化能力越强，则其共轭还原剂的还原能力越弱；同理，如果还原剂的还原能力越强，其共轭氧化剂的氧化能力越弱。例如，$Cr_2O_7^{2-}/Cr^{3+}$电对在酸性溶液中，$Cr_2O_7^{2-}$的氧化能力强，其共轭还原剂 Cr^{3+} 的还原能力弱，是一个弱还原剂。在 I_2/I^- 电对中，I^- 是一个较强的还原剂，I_2 是一个较弱的氧化剂。氧化还原反应一般按较强的氧化剂和较强的还原剂相互作用生成较弱的氧化剂和较弱的还原剂的方向进行。

如前所述，只有当正极的电极电势大于负极的电极电势时，氧化还原反应才能自发进行。当将一种氧化剂加入含有多种还原剂的混合体系时，其反应次序为：氧化剂首先氧化还原能力最强的还原剂；反之，当一种还原剂同时还原几种氧化剂时，首先还原氧化能力最强的氧化剂，即正极的电极电势与负极的电极电势相差越大时越容易发生反应。

在实验室和化工生产中，有时需要对一个复杂体系中的某一组分进行选择性的氧化或还原，这就需要比较体系中各组分的有关电对的标准电极电势，然后才能找出一种合适的氧化剂或还原剂。例如，在含有 Cl^-、Br^-、I^- 的溶液中，如果只需要将 I^- 氧化，由于 $E^{\ominus}_{Cl_2/Cl^-} = 1.358 \text{ V}$，$E^{\ominus}_{Br_2/Br^-} = 1.08 \text{ V}$，$E^{\ominus}_{I_2/I^-} = 0.5355 \text{ V}$，因此可以选择电极电势在 $E^{\ominus}_{Br_2/Br^-}$、$E^{\ominus}_{I_2/I^-}$ 之间的 Fe^{3+} ($E^{\ominus}_{Fe^{3+}/Fe^{2+}} = 0.771 \text{ V}$)作为氧化剂。此外，氧化剂或还原剂的选择，还应注意尽量不引入有害杂质、环境条件(如酸度、温度)等。

11.4.3 计算平衡常数及溶度积

1. 计算平衡常数

氧化还原反应与其他非氧化还原反应一样，在一定条件下也能达到化学平衡。根据标准吉布斯自由能变化 $\Delta_r G^{\ominus}_m$ 与电池标准电动势、化学反应标准平衡常数的关系：

$$\Delta_r G^{\ominus}_m = -nFE^{\ominus}$$

$$\Delta_r G^{\ominus}_m = -RT \ln K^{\ominus}$$

可得标准平衡常数与电池标准电动势之间的关系：

$$K^{\ominus} = e^{\left(\frac{nFE^{\ominus}}{RT} \right)}$$

因此，通过 $E^{\ominus}$ 可以计算出氧化还原反应的标准平衡常数。

【例 11-11】 求下列氧化还原反应的标准平衡常数。

$$MnO_4^- + 5Fe^{2+} + 8H^+ \longrightarrow Mn^{2+} + 5Fe^{3+} + 4H_2O$$

解 查表可知：

$$E^{\ominus}_{MnO_4^-/Mn^{2+}} = +1.51 \text{ V} , \quad E^{\ominus}_{Fe^{3+}/Fe^{2+}} = +0.77 \text{ V}$$

因此

$$K^{\ominus} = e^{\left(\frac{nFE^{\ominus}}{RT} \right)}$$

$$= e^{\left[\frac{5 \times 96500 \times (1.51 - 0.77)}{8.314 \times 298.15} \right]}$$

$$= 3.87 \times 10^{62}$$

以上计算结果显示，该反应 $K^{\ominus}$ 值很大，说明在标准态下该反应进行得非常完全。

---

2. 计算电离平衡常数、溶度积

如前所述，根据弱酸(或弱碱)的电离平衡反应或难溶强电解质的沉淀溶解平衡反应可以设计出相应的原电池。因此，也可以将一个非氧化还原反应设计成原电池，通过原电池的电动势求该反应的平衡常数，如弱酸(或弱碱)的电离常数 $K^{\ominus}_a$ (或 $K^{\ominus}_b$)、水的离子积 $K^{\ominus}_w$ 、难溶强电解质的溶度积 $K^{\ominus}_{sp}$ 等。

例如，对于一元弱酸 HA，可以设计出如下原电池：

$$(-) \text{ Pt} \mid H_2(100 \text{ kPa}) \mid H^+ (1 \text{ mol} \cdot L^{-1}) \parallel HA (1 \text{ mol} \cdot L^{-1}) \mid H_2(100 \text{ kPa}) \mid \text{Pt} (+)$$

测定该电池的电动势 $E^{\ominus}$ ，计算出电池负极的电极电势 $E^{\ominus}_-$ ，再根据能斯特方程

$$E^{\ominus}_- = -\frac{RT}{2F} \ln \frac{1}{[H^+]^2}$$

可以计算出负极上的 H^+ 浓度，从而可以计算出该一元弱酸 HA 的电离常数 $K^{\ominus}_a$ 。

下面通过例题说明由电极电势求难溶强电解质的溶度积 $K^{\ominus}_{sp}$ 。

【例 11-12】 已知半反应 $Ag^+ + e^- \Longrightarrow Ag$ 和 $AgCl + e^- \Longrightarrow Ag + Cl^-$ 的标准电极电势分别为 0.799 V 和 0.222 V，求 AgCl 的溶度积 $K^{\ominus}_{sp}$ 。

解 根据电极电势将上述两个半反应组成原电池

$$(-)Ag \mid AgCl \mid Cl^- \parallel Ag^+ \mid Ag(+)$$

正极反应 $Ag^+ + e^- \Longrightarrow Ag$

负极反应 $AgCl + e^- \Longrightarrow Ag + Cl^-$

电池反应 $\qquad$ $Ag^+ + Cl^- \longrightarrow AgCl$

由此可见，通过该电池的标准电动势计算出电池反应的标准平衡常数，即 AgCl 的溶度积 $K_{sp}^{\ominus}$。

$$K_{sp}^{\ominus} = K^{\ominus} = e^{\left(\frac{nFE^{\ominus}}{RT}\right)}$$
$$= e^{\left[\frac{1\times96500\times(0.222-0.799)}{8.314\times298.15}\right]}$$
$$= 1.77\times10^{-10}$$

11.5　元素的电势图及其应用

11.5.1　电势图

1. 元素电势图

当元素具有多个氧化态时，不同氧化态物种之间都可以组成相应的电对，有相应的电极电势。拉提默(Latimer)于 1952 年提出，将同一元素不同氧化态的物种从左到右按氧化数由高到低的顺序排成一行，每两个物种之间用直线连接起来表示一个电对，并在直线上方标明此电对的标准电极电势值(图 11-6)。这种图称为元素电势图，或 Latimer 图。根据溶液的 pH 不同，该图又可以分为两大类：$E_A^{\ominus}$ [A 表示酸性溶液(acid solution)]表示溶液 H^+ 浓度为 1 mol·L^{-1} 或溶液的 pH = 0，$E_B^{\ominus}$ [B 表示碱性溶液(basic solution)]表示溶液的 pH = 14。

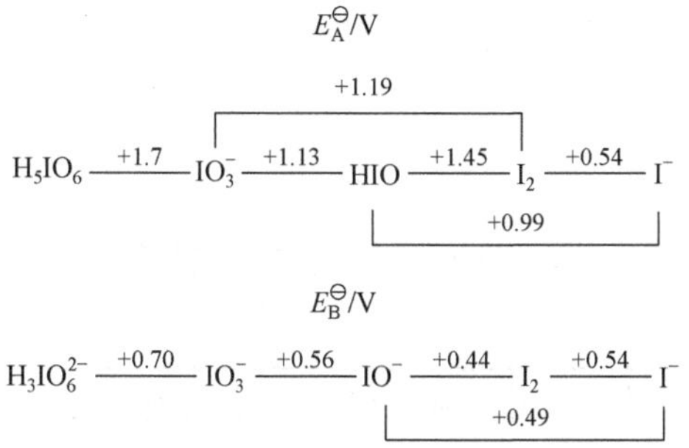

图 11-6　碘元素的电势图

$E_A^{\ominus}$ 表示 pH = 0 溶液中的电极电势；$E_B^{\ominus}$ 表示 pH = 14 溶液中的电极电势

从元素电势图，可以得到如下信息：

(1) 元素常见的氧化态；

(2) 元素所处氧化态的氧化还原能力的大小；

(3) 元素所处的氧化态能否发生歧化反应，歧化反应的产物是什么；

(4) 介质对氧化还原的影响，若电极电势在酸表和碱表中相同，则表示该电对氧化型和还原型物质的氧化还原能力不受溶液 pH 的影响；

(5) 通过计算还能得知歧化反应进行的程度，即计算歧化反应的平衡常数 $K^{\ominus}$ 值。

2. 元素电势图的应用

元素电势图简明、直观地表明了元素各电对的标准电极电势。因此，使用元素电势图，可以省略许多半电池反应，对讨论元素各氧化数物种的氧化还原能力和稳定性非常重要和方便，在元素化学中应用广泛。

1) 计算某些未知电对的标准电极电势

在一些元素电势图上，通常不是标出所有电对的标准电极电势，而是利用已知的两个或两个以上的相邻电对的标准电极电势，就可以计算出某些未知电对的标准电极电势。例如，某元素的电势图为

$$A \xrightarrow{\Delta_r G_1^\ominus,\ E_1^\ominus} B \xrightarrow{\Delta_r G_2^\ominus,\ E_2^\ominus} C$$
$$\underset{\Delta_r G_3^\ominus,\ E_3^\ominus}{\underline{\hspace{5cm}}}$$

根据标准吉布斯自由能变化 $\Delta_r G_m^\ominus$ 与电对的标准电极电势的关系：

$$\Delta_r G_1^\ominus = -n_1 F E_1^\ominus$$

$$\Delta_r G_2^\ominus = -n_2 F E_2^\ominus$$

$$\Delta_r G_3^\ominus = -n_3 F E_3^\ominus$$

式中，n_1、n_2、n_3 分别为相应电对的电子转移数，且 $n_3 = n_1 + n_2$，则

$$\Delta_r G_3^\ominus = -n_3 F E_3^\ominus = -(n_1 + n_2) F E_3^\ominus$$

按照赫斯定律，有

$$\Delta_r G_3^\ominus = \Delta_r G_1^\ominus + \Delta_r G_2^\ominus$$

可得

$$E_3^\ominus = \frac{n_1 E_1^\ominus + n_2 E_2^\ominus}{n_1 + n_2}$$

若有 i 个相邻电对，则

$$E^\ominus = \frac{n_1 E_1^\ominus + n_2 E_2^\ominus + \cdots + n_i E_i^\ominus}{n_1 + n_2 + \cdots + n_i}$$

【例 11-13】 已知 298.15 K 时，氯元素在碱性溶液中的电势图如下：

$$ClO_4^- \xrightarrow{0.36\ V} ClO_3^- \xrightarrow{0.33\ V} ClO_2^- \xrightarrow{0.66\ V} ClO^- \xrightarrow{?} Cl_2 \xrightarrow{1.36\ V} Cl^-$$

求 $E_{ClO_3^-/ClO^-}^\ominus$、$E_{ClO_4^-/Cl^-}^\ominus$、$E_{ClO^-/Cl_2}^\ominus$ 的值。

解

$$E_{ClO_3^-/ClO^-}^\ominus = \frac{0.33\ V \times 2 + 0.66\ V \times 2}{4} = 0.495\ V$$

$$E_{ClO_4^-/Cl^-}^\ominus = \frac{0.36\ V \times 2 + 0.495\ V \times 4 + 0.89\ V \times 2}{8} = 0.56\ V$$

$$E^{\ominus}_{\text{ClO}^-/\text{Cl}_2} = \frac{0.89\,\text{V}\times2-1.36\,\text{V}\times1}{1} = 0.42\,\text{V}$$

2) 判断歧化反应是否能够进行

前已述及，某元素中间氧化态的物种发生自身氧化还原反应，同时生成高氧化态物种和低氧化态物种，这样的反应称为歧化反应。在标准态下，歧化反应能否发生可用元素电势图来判断。

例如，某元素不同氧化态的三种物质按氧化态由高到低排列如下：

$$\text{A} \xrightarrow{E^{\ominus}_{\text{A/B}}} \text{B} \xrightarrow{E^{\ominus}_{\text{B/C}}} \text{C}$$

B 可以分别与相邻的物质组成电对，即电对 A/B 和电对 B/C。如果

$$E^{\ominus}_{\text{B/C}} > E^{\ominus}_{\text{A/B}}$$

当它们组成原电池时，电对 B/C 是正极，而电对 A/B 是负极，电池电动势：

$$E^{\ominus}_{\text{电池}} = E^{\ominus}_{\text{B/C}} - E^{\ominus}_{\text{A/B}} > 0$$

于是，在此情况下，B 发生歧化反应，生成相应的 A 和 C。

例如，酸性溶液中氧的元素电势图：

$$\text{O}_2 \xrightarrow{+0.70\,\text{V}} \text{H}_2\text{O}_2 \xrightarrow{+1.76\,\text{V}} \text{H}_2\text{O}$$

因为 $E^{\ominus}_{\text{H}_2\text{O}_2/\text{H}_2\text{O}} > E^{\ominus}_{\text{O}_2/\text{H}_2\text{O}_2}$，所以在酸性溶液中，$\text{H}_2\text{O}_2$ 不稳定，将发生下列歧化反应：

$$2\text{H}_2\text{O}_2 \longrightarrow \text{O}_2 + 2\text{H}_2\text{O}$$

又如，铁的元素电势图：

$$\text{Fe}^{3+} \xrightarrow{0.771\,\text{V}} \text{Fe}^{2+} \xrightarrow{-0.44\,\text{V}} \text{Fe}$$

因为 $E^{\ominus}_{\text{Fe}^{2+}/\text{Fe}} < E^{\ominus}_{\text{Fe}^{3+}/\text{Fe}^{2+}}$，所以 Fe^{2+} 不发生歧化反应。

11.5.2　自由能-氧化态图

吉布斯自由能-氧化态图是福洛斯特(Frost)在 1951 年首先提出的。后来埃布斯沃思(Ebsworth)考虑到 $nE^{\ominus}$ 和 $\Delta_r G_m^{\ominus}$ 有正比关系，于 1964 年提出以某种元素的各种半反应的吉布斯自由能变化 $\Delta_r G_m^{\ominus}$ 对氧化态作图，以定性表示同一元素的不同氧化态在水溶液中的相对稳定性和氧化还原能力。

在元素从单质转变成各种氧化态的电池半反应中：

$$\text{M}^{n+} + ne^- \longrightarrow \text{M} \qquad \Delta_r G_m^{\ominus} = -nFE^{\ominus}_{\text{M}^{n+}/\text{M}}$$

由单质转变成不同氧化态 M^{n+} 时反应的吉布斯自由能变化 $\Delta_r G_m^{\ominus}$ 是不同的。以该元素的氧化数为横坐标，以 $\Delta_r G_m^{\ominus}$ 或 $nE^{\ominus}$ 为纵坐标可得到元素各氧化态物种的位置点，将各点依次连接成线，即得 $\Delta_r G_m^{\ominus}$-氧化态图。通常是将标准态下的单质画在零点上。该图直观、简明地表示出了吉布斯自由能与氧化态之间的关系，利用它可以方便地说明氧化还原反应进行的方向和趋势，判断

氧化还原能力的相对强弱,元素的某种氧化态物种的稳定性、能否发生歧化等。下面以锰的氧化态图(图 11-7)为例说明其应用。

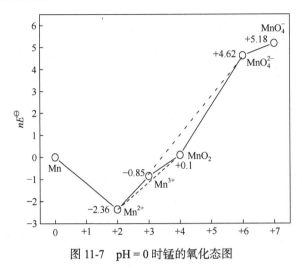

图 11-7　pH = 0 时锰的氧化态图

(1) 判断某元素的不同氧化态在水溶液中的相对稳定性。图中各点表示各氧化态的 $\Delta_r G_m^\ominus$ 值,因此由图中较高位置氧化态向较低位置氧化态的转变是自由能降低的变化,是能自发进行的,所以最稳定的氧化态必然处于图中的最低点。如图 11-7 中的最低点为 Mn^{2+},它表示相对于 Mn 和从 Mn^{3+} 到 Mn^{7+} 的所有氧化态而言,Mn^{2+} 是热力学稳定状态。

(2) 任何两个氧化态物种连线的直线的斜率代表由这两个物种所组成电对的电极电势。图 11-7 中,Mn-Mn^{2+} 连线的斜率为–1.18,即电对 Mn^{2+}/Mn 的标准电极电势;Mn^{2+}-Mn^{3+} 连线的斜率为 1.51,即电对 Mn^{3+}/Mn^{2+} 的标准电极电势。当斜率为正,从高氧化态物种(即电对中的氧化型)到低氧化态物种自由能降低,说明高氧化态物种易被还原;反之,若斜率为负,说明电对中的还原型易被氧化。

(3) 判断某氧化态物种是否易发生歧化。图中的某氧化态物质对应的点若位于其相邻氧化态连线的上方,则该氧化态物质易发生歧化反应;反之,若在下方,则相邻氧化态物质之间会发生反应生成该氧化态物质;若某几种氧化态物质所对应的点恰在同一直线上,则表明它们可以共存于同一体系中。如图 11-7 所示,Mn^{3+} 处于 Mn^{2+} 和 MnO_2 连线的上方,说明在酸性溶液中,Mn^{3+} 可歧化为 Mn^{2+} 和 MnO_2;而 MnO_2 处于 MnO_4^{2-} 和 Mn^{3+} 两点的连线之下,说明 MnO_4^{2-} 和 Mn^{3+} 会反应生成 MnO_2。

11.5.3　电势-pH 图及其应用

1. 电势-pH 图

电势-pH 图(也称稳定区图、普尔贝图)是比利时学者普尔贝(Pourbaix)于 1938 年提出的。它是以电对的电极电势为纵坐标,溶液的 pH 为横坐标描绘的等温、等浓度条件下电极电势(E)随 pH 的变化的关系图。用它可以预测在特定电位(氧还态)和 pH(酸度)的水溶液体系中,某种元素稳定存在的形态和条件。

下面以水为例说明电势-pH 图。

大多数氧化还原反应是在水溶液中进行的。水既可以被氧化,也可以被还原,而且其氧化还原性也受酸度的影响。因此，讨论氧化剂在水中的稳定性时，除了考虑它们自身的性质外，还要考虑与水可能发生的反应。水的氧化还原性可分别用以下两个电极反应表示：

(a) 水被还原　　　　　　$2H^+ + 2e^- \Longrightarrow H_2\,(g)$　　　　　　　　　$E^{\ominus}_{H^+/H_2} = 0.000\ V$

其能斯特方程式为

$$E_{H^+/H_2} = E^{\ominus}_{H^+/H_2} - \frac{RT}{2F}\ln\frac{\left(\dfrac{p_{H_2}}{p^{\ominus}}\right)}{[H^+]^2}$$

(b) 水被氧化　　　　　$O_2(g) + 4H^+ + 4e^- \Longrightarrow 2H_2O$　　　　　　$E^{\ominus}_{O_2/H_2O} = +1.23\ V$

其能斯特方程式为

$$E_{O_2/H_2O} = E^{\ominus}_{O_2/H_2O} - \frac{RT}{4F}\ln\frac{1}{[H^+]^4\left(\dfrac{p_{O_2}}{p^{\ominus}}\right)}$$

如果 p_{H_2} 和 p_{O_2} 均为 100 kPa，则上两式可分别改写为

$$E_{H^+/H_2} = -0.0591pH$$

$$E_{O_2/H_2O} = +1.23 - 0.0591pH$$

以 pH 为横坐标、电极电势 E(E_{H^+/H_2} 和 E_{O_2/H_2O})为纵坐标作图，得到如图 11-8 所示水的电势-pH 图。

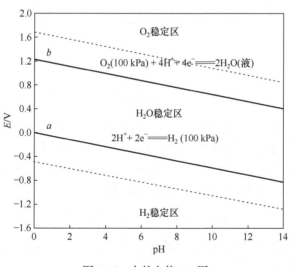

图 11-8　水的电势-pH 图

图 11-8 中直线 a 称为氢线，表示水被还原放出氢气时电极电势随 pH 的变化，线上任意一点都表示在该 pH 时 H_2O 和 H_2(100 kPa)处于平衡态；直线 b 称为氧线，表示水被氧化放出氧气时电极电势随 pH 的变化，线上任意一点都表示在该 pH 时 H_2O 和 O_2(100 kPa)处于平衡态。当反应体系的电极电势在 b 线上方时，平衡时的氧气分压应有 $p_{O_2} > p^{\ominus}$，这时水被氧化放出氧气，以维持所需的氧气分压。所以，b 线上方的区域中，H_2O 不稳定而 O_2 稳定，为 O_2 稳定区。反之，当反应体系的电极电势在 b 线下方时，平衡时的氧气分压应有 $p_{O_2} < p^{\ominus}$，这时多余的氧气被还原生成水，故 b 线以下的区域为 H_2O 稳定区。同理，当电极电势在 a 线下方时，应有 $p_{H_2} > p^{\ominus}$，故 a 线下方为氢稳定区；反之，a 线上方为水稳定区。由于动力学原

因，氢气和氧气的实际析出电势通常比理论计算值大 0.5 V 左右，因此氢和氧的稳定区都各自移出 0.5 V(图 11-8 中两条虚线)。

2. 电势-pH 图的应用

从元素的电势-pH 图可以推测出氧化剂或还原剂在水溶液中的稳定区域。因此，元素的电势-pH 图在元素的分离、湿法冶金、金属防腐等方面应用广泛。例如，为什么不能用水溶液电解制取 $F_2(g)$ 和 $Na(s)$？这可以用 F_2-水、Na-水体系的电势-pH 图说明。图 11-9 列出了 F_2-水、Na-水体系的电势-pH 图。

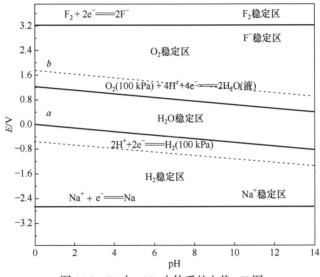

图 11-9　F_2-水、Na-水体系的电势-pH 图

电对 $F_2 + 2e^- \Longrightarrow 2F^-$ 和电对 $Na^+ + e^- \Longrightarrow Na$ 的电极反应均不涉及 H^+ 或 OH^-，因此这两个电极的电极电势都不随 pH 的不同而改变，故在图 11-9 中均是水平直线。F_2/F^- 线的下方是 F^- 的稳定区，F_2 的不稳定区。电对 F_2/F^- 的平衡线远在 O_2/H_2O 的平衡线上，因此 F_2(氧化型)必与处于 b 线上方不稳定的 H_2O(还原型)反应生成稳定的 O_2：

$$F_2 + H_2O \longrightarrow 2HF + \frac{1}{2}O_2 \uparrow$$

同理，电对 Na^+/Na 的平衡线远在 H^+/H_2 平衡线以下，位于 Na^+/Na 线上方不稳定的 Na(还原型)必与在 a 线下方不稳定的 H^+(氧化型)反应生成稳定的 H_2：

$$Na + H^+ \Longrightarrow Na^+ + \frac{1}{2}H_2 \uparrow$$

所以制备 $F_2(g)$ 和 $Na(s)$ 都要用熔盐电解。使用金属钠作还原剂时也只能在非水溶剂如液氨或无水醚中进行。

11.6　电　　解

11.6.1　原电池与电解池

原电池是将化学能转变为电能的装置。在原电池放电时，发生的氧化还原反应是自发的。

而自发反应的逆反应是非自发的。例如，反应 $2H_2 + O_2 \Longrightarrow 2H_2O$ 是可以自发进行的，而其逆反应 $2H_2O\ (l) \longrightarrow 2H_2 + O_2$ 是非自发进行的，因为该逆反应的 $\Delta_r G_m^{\ominus} = +\ 237\ kJ \cdot mol^{-1}$，$E^{\ominus} = -1.23\ V < 0$。但是，利用如图 11-10(a)所示的装置，在外加电压 $\geqslant 1.23\ V$ 时，在阴极上发生还原反应，生成 H_2；在阳极上发生氧化反应，生成氧气，表明此时该逆反应(水的分解)能发生。

阳极　　　　　　　　　　　　　　$2H_2O - 4e^- \Longrightarrow 4H^+ + O_2$

阴极　　　　　　　　　　　　　　$2H^+ + 2e^- \Longrightarrow H_2$

这种依靠外加电压，迫使一个自发的氧化还原反应朝着相反方向进行的反应，称为电解反应。这种利用电能发生氧化还原反应的装置称为电解池。在电解池中电能转变为化学能。原电池和电解池统称为电化学电池。表 11-3 列出了原电池和电解池的比较。

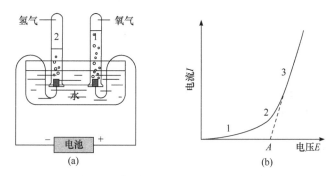

图 11-10　H_2O 电解装置(a)及分解电压(b)示意图

表 11-3　原电池和电解池的比较

原电池	电解池
负极：电子流出的电极，负极被氧化	阴极：获得电子的电极，阴极被还原
正极：获得电子的电极，正极被还原	阳极：电子流出的电极，阳极被氧化
原电池反应可以自发进行	电解反应必须加外电压
正离子向正极移动，负离子向负极移动	正离子向阴极移动，负离子向阳极移动

11.6.2　电解定律

1834 年，英国科学家法拉第(Faraday)归纳了多次实验结果，总结出电化学过程中的一条基本定律，即法拉第电解定律：在电化学电池中，在电极上反应了的物质的量与通过电池的电量成正比，而与其他因素无关。在实际电解过程中，电极上常发生副反应，不可能得到理论上相应量的电解产物。例如，在生产电解锌的过程中，在阴极上除了 Zn^{2+} 的还原反应外，还可能存在 H^+ 还原的副反应。通常把实际产量与理论产量之比称为电流效率，即

$$电流效率 = \frac{实际产量}{理论产量} \times 100\%$$

11.6.3　分解电压

理论上，只要向电解池施加相当于电解反应所对应的吉布斯自由能变的电压，反应即能发

生。例如，从理论上计算上述 H_2O 的电解需要 1.23 V 的外加电压，电解反应才开始发生。这种根据吉布斯自由能变化或电极电势从理论上求得的发生电解所需的最低外加电压，称为理论分解电压。但在实际电解过程中，电解质溶液能顺利发生电解反应所需的最小电压往往要高于理论分解电压。例如水的电解[图 11-10(b)]，当电压逐渐升高至 A 点(约 1.7 V)之前，电流增加极少；当电压升高到 A 点时，电流突然增大，同时可以观察到电极上有许多气泡产生。这种在实际电解过程中，电极反应以明显的速率进行时的最低电压称为实际分解电压。实际分解电压和理论分解电压之差称为超电压。超电压的大小与溶液中离子的扩散、浓差极化，以及电极材料的性质、表面状态、电解池温度、电流密度、其他吸附物质等有关。

在电解工业中，超电压是一个很重要的问题。例如，在电解水制氢等生产中，为了降低能耗，需要尽可能降低超电压。而有时超电压还会直接影响电解反应的产物。例如，在电解 $ZnSO_4$ 制金属锌工业中，从标准电极电势看，

$$Zn^{2+} + 2e^- \rule[0.5ex]{2em}{0.4pt} Zn \qquad E^{\ominus} = -0.763 \text{ V}$$

$$2H^+ + 2e^- \rule[0.5ex]{2em}{0.4pt} H_2 \qquad E^{\ominus} = 0.000 \text{ V}$$

在阴极 H^+更容易获得电子生成 H_2。但在实际生产中，一方面选用 H^+还原超电压较大的电极材料(如铝)，另一方面降低电解液的酸度(接近中性)，从而降低 E_{H^+/H_2}，使 Zn^{2+}在阴极获得电子而析出锌。

11.7 新型化学电池简介

11.7.1 燃料电池

燃料电池是一种能量转化装置。它是按电化学原理，即原电池工作原理，通过电极反应，将燃料(如氢气、丙烷、甲醇、肼等)和氧化剂(纯氧或空气)的化学能直接转换成电能，其实际过程是氧化还原反应。利用内燃机将矿物燃料的化学能转化为电能，由于热机效率的限制，能量利用率不超过 40%。但是，由于燃料电池是通过电化学反应把燃料的化学能转换成电能，不受卡诺循环效应的限制，因此能量利用率得以提高。另外，燃料电池噪声污染小、排放出的有害气体极少。从节约能源和保护生态环境的角度看，燃料电池是最有发展前途的发电技术。

燃料电池的基本结构与其他种类的电池相同，也包括阳极、阴极、电解质和外部电路四部分。燃料电池的电极一般用镍、银、钯、铂等金属粉末压制而成，其作用是作为电的导体和作为催化剂催化电极反应发生。电解质有水溶液、熔融盐等，还有可以传递质子的膜或固体电解质。与一般化学电池不同的是，燃料电池工作时需要连续向其供给反应物——燃料和氧化剂。例如，氢氧燃料电池(图 11-11)中氢气和氧气分别由燃料电池的阴极和阳极通入。氢气在多孔的阴极上被催化氧化，放出电子：

$$H_2(g) \rule[0.5ex]{2em}{0.4pt} 2H^+ + 2e^-$$

电子经外电路传导到阳极，并在电极材料催化作用下还原氧气：

$$O_2(g) + 2H_2O(l) + 4e^- \rule[0.5ex]{2em}{0.4pt} 4OH^-$$

H^+通过质子交换膜迁移到阳极上，与 OH^-反应生成水，并构成回路，产生电流。电池反应为

$$2H_2(g) + O_2(g) \rule[0.5ex]{2em}{0.4pt} 2H_2O$$

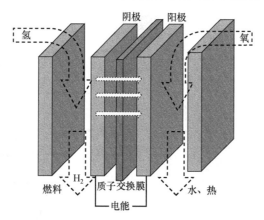

图 11-11　氢氧燃料电池的结构示意图

燃料电池从 19 世纪初发明至今，已发展了多种燃料电池。表 11-4 列出了燃料电池的主要品种。

表 11-4　燃料电池的主要品种

电池	氢氧碱电池	氢氧磷酸电池	质子交换膜氢氧电池	熔融碳酸盐电池	固体电解质电池
缩写	AFC	PAFC	PEMFC	MCFC	SOFC
工作温度/℃	60~120	180~210	80~100	600~700	900~1000
燃料	高纯 H_2	H_2	H_2	H_2-CO，CH_4	H_2-CO，CH_4
氧化剂	高纯 O_2	空气	空气	空气+CO_2	空气
电解质	KOH	H_3PO_4	质子交换膜	$(K, Li)_2CO_3$	Y_2O_3，ZrO_2
阴极氧化剂	Pt	Pt	Pt	Ni	Ni/Zr_2O_3
阳极氧化剂	Pt	Pt	Pt	NiO	La-Sr-MnO_3

11.7.2　锂离子电池

锂离子电池是一种二次电池(充电电池)，具有工作电压高、体积小、质量轻、能量高、无记忆效应、无污染、自放电小、循环寿命长等特点，在便携式电器如手提电脑、摄像机、移动通信中得到普遍应用。目前开发的大容量锂离子电池已在电动汽车中开始试用，预计将成为 21 世纪电动汽车的主要动力电源之一，并将在人造卫星、航空航天和储能方面得到应用。

锂离子电池由三个部分组成：正极、负极和电解质，其电池结构如图 11-12 所示。在充放电过程中，锂离子在正极和负极之间往返移动(嵌入和脱嵌)：充电时，Li^+ 从正极脱嵌，经过电解质嵌入负极，负极处于富锂状态；放电时则相反。

电极反应如下：

正极反应 $\qquad\qquad LiCoO_2 + Li^+ + e^- \underset{充电}{\overset{放电}{\rightleftharpoons}} Li_2CoO_2$

负极反应 $\qquad\qquad Li_xC \underset{充电}{\overset{放电}{\rightleftharpoons}} xLi^+ + C + xe^-$

电池总反应 $\qquad\qquad LiCoO_2 + C = Li_{1-x}CoO_2 + Li_xC$

电池电压 $= 3.6\ V$

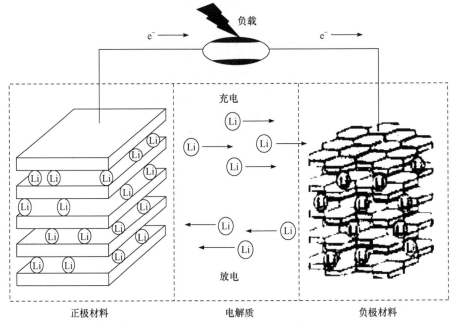

图 11-12　锂离子电池结构示意图

目前，商业应用的锂离子电池正极材料主要是 $LiCoO_2$、$LiFePO_4$ 等；负极材料为石墨夹层材料；电解质为高氯酸锂 $LiClO_4$、六氟磷酸锂 $LiPF_6$；溶剂采用有机溶剂，如乙烯碳酸酯、丙烯碳酸酯、二乙基碳酸酯等。

11.7.3　镍-氢电池

镍镉(Ni-Cd)电池中的镉有毒，废电池处理复杂，环境易受到污染，因此它将逐渐被用储氢合金做成的镍氢充电电池(Ni-MH)所替代。镍氢电池分为高压镍氢电池和低压镍氢电池。镍氢电池正极活性物质为 $Ni(OH)_2$(称 NiO 电极)，负极活性物质为金属氢化物，电解液为 $6\ mol \cdot L^{-1}$ 氢氧化钾溶液，其电池结构如图 11-13 所示。

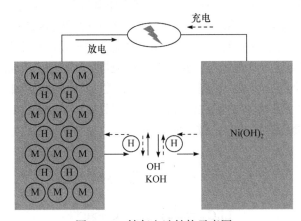

图 11-13　镍氢电池结构示意图

正极反应　　　　　　　　$NiO + OH^- \underset{放电}{\overset{充电}{\rightleftharpoons}} NiOOH + e^-$

负极反应　　　　　　$M(储氢合金) + H_2O + e^- \underset{放电}{\overset{充电}{\rightleftharpoons}} MH + OH^-$

电池总反应　　　　　$NiO + M + H_2O \underset{放电}{\overset{充电}{\rightleftharpoons}} NiOOH + MH$

$$电池电压 = 1.2 \text{ V}$$

镍氢电池是一种性能良好的蓄电池，作为氢能源应用的一个重要方向越来越被人们重视。相同大小的镍氢电池电量比镍镉电池高 1.5～2 倍，且无镉的污染，现已经广泛用于移动通信、笔记本电脑等各种小型便携式的电子设备。更大容量的镍氢电池已经开始用于汽油/电动混合动力汽车上，利用镍氢电池可快速充放电，当汽车高速行驶时，发电机所发的电可储存在车载的镍氢电池中，当车低速行驶时，通常会比高速行驶状态消耗大量的汽油，因此为了节省汽油，此时可以利用车载的镍氢电池驱动电动机代替内燃机工作，这样既保证了汽车正常行驶，又节省了大量的汽油。

11.7.4　全钒液流电池

全钒液流电池(又称为钒电池，vanadium redox battery，VRB)，是一种以溶解于一定浓度硫酸溶液中的不同价态的钒离子为正、负极电极反应活性物质的氧化还原电池。在酸性溶液中，钒的元素电势图为

$$VO_2^+ \xrightarrow{1.0 \text{ V}} VO^{2+} \xrightarrow{0.36 \text{ V}} V^{3+} \xrightarrow{-0.26 \text{ V}} V^{2+} \xrightarrow{-1.2 \text{ V}} V$$

其中，电对 VO_2^+ / VO^{2+} 和 V^{3+} / V^{2+} 之间的电势差约为 1.26 V。如图 11-14 所示，电池的正、负极电解液分别由含 VO_2^+-VO^{2+}、V^{3+}-V^{2+} 的溶液组成，正极和负极之间用离子交换膜隔开，电解液通过泵在储液罐和电极形成的半电池闭合回路中循环流动。电池充电后，正极物质为 VO_2^+ 溶液，负极为 V^{2+} 溶液；电池放电后，正、负极分别为 VO^{2+}、V^{3+} 溶液。电池的正、负极反应如下：

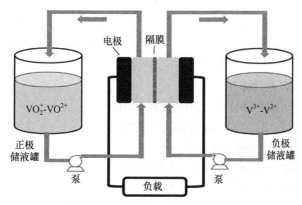

图 11-14　钒电池工作原理示意图

正极反应　　　　　　$VO_2^+ + 2H^+ + e^- \underset{充电}{\overset{放电}{\rightleftharpoons}} VO^{2+} + H_2O$

负极反应　　　　　　$V^{3+} + e^- \underset{充电}{\overset{放电}{\rightleftharpoons}} V^{2+}$

电池总反应　　　　　$VO_2^+ + V^{2+} + 2H^+ \underset{充电}{\overset{放电}{\rightleftharpoons}} VO^{2+} + H_2O + V^{3+}$

钒电池在风力发电、光伏发电、电网调峰、电动汽车电源、不间断电源和应急电源、供电系统等领域有广泛的应用前景。

习　题

11-1　下列说法是否正确？请简要说明理由。

(1) 被氧化的物质一定失去电子。

(2) 如果一个化学反应的反应物或生成物都没有氧化数的变化，则该反应一定不是氧化还原反应。

(3) 在氧化还原反应中，如果两电对的电极电势相差越大，则此氧化还原反应的反应速率就越大。

(4) 溶液的 pH 越大，电极电势越大。

(5) 电解反应所需分解电压等于相应原电池的电动势。

11-2　指出下列化合物中各元素的氧化数。

PbO_2　　$Na_2S_2O_3$　　Na_2O_2　　NCl_3　　NaH　　KO_2　　KO_3　　N_2O_4

11-3　用离子-电子法配平下列反应方程式。

(1) $MnO_4^{2-} + H_2O_2 \longrightarrow O_2 + Mn^{2+}$　　　　　　　　　　(酸性介质)

(2) $HgS + NO_3^- + Cl^- \longrightarrow HgCl_4^{2-} + NO_2 + S$　　　　　(酸性介质)

(3) $CrO_4^{2-} + HSnO_2^- \longrightarrow HSnO_3^- + CrO_2^-$　　　　　(碱性介质)

(4) $PbO_2 + Cl^- \longrightarrow Pb^{2+} + Cl_2$　　　　　　　　　　　(酸性介质)

(5) $CuS + CN^- + OH^- \longrightarrow [Cu(CN)_4]^{3-} + NCO^- + S^{2-}$　(碱性介质)

(6) $HClO + P_4 \longrightarrow Cl^- + H_3PO_4$　　　　　　　　　　(酸性介质)

(7) $I_2 + H_2AsO_3^- \longrightarrow AsO_4^{3-} + I^-$　　　　　　　　　(碱性介质)

(8) $Si + OH^- \longrightarrow SiO_3^{2-} + H_2$　　　　　　　　　　　(碱性介质)

11-4　将下列反应设计成原电池，用标准电极电势判断标准态下电池的正极和负极，写出电极反应、电极符号和电池符号。

(1) $Zn + 2Ag^+ \Longrightarrow Zn^{2+} + 2Ag$　　　　　　(2) $2Fe^{3+} + 2I^- \Longrightarrow 2Fe^{2+} + I_2$

(3) $2Cu^{2+} + 4I^- \Longrightarrow 2CuI + I_2$　　　　　　(4) $2H_2 + O_2 \Longrightarrow 2H_2O$

11-5　写出下列原电池的电极反应，并写出配平的电池反应。

(1) $(-) Ni(s) \mid Ni^{2+}(aq) \parallel Ag^+(aq) \mid Ag(s) (+)$

(2) $(-) C(graphite) \mid H_2(g) \mid H^+(aq) \parallel Cl^-(aq) \mid Cl_2(g) \mid Pt(s) (+)$

(3) $(-) Pt(s) \mid Sn^{4+}(aq), Sn^{2+}(aq) \parallel Cl^-(aq) \mid Hg_2Cl_2(s) \mid Hg(l) (+)$

(4) $(-) Cu(s) \mid Cu^{2+}(aq) \parallel Cu^+(aq) \mid Cu(s) (+)$

(5) $(-) Hg(l) \mid Hg_2^{2+}(aq) \parallel MnO_4^-(aq), Mn^{2+}(aq), H^+(aq) \mid Pt(s) (+)$

11-6　已知 $E^\ominus [Cd(OH)_2(s)/Cd(s)] = -0.76\ V$，$E^\ominus [NiO(OH)(s)/Ni(OH)_2(s)] = +0.49\ V$，

(1) 写出电极反应；

(2) 写出电池反应并计算该电池的电动势。

11-7　计算下列原电池的电动势，写出相应的电池反应。

(1) $Zn \mid Zn^{2+}(0.010\ mol \cdot L^{-1}) \parallel Fe^{2+}(0.0010\ mol \cdot L^{-1}) \mid Fe$

(2) $Pt \mid Fe^{3+}(0.10\ mol \cdot L^{-1}), Fe^{2+}(0.010\ mol \cdot L^{-1}) \parallel Cl^-(2.0\ mol \cdot L^{-1}) \mid Cl_2(p^\ominus) \mid Pt$

(3) $Cu(s) \mid Cu^{2+}(aq, 0.0010\ mol \cdot L^{-1}) \parallel Cu^{2+}(aq, 0.010\ mol \cdot L^{-1}) \mid Cu(s)$

(4) Pt(s) | H$_2$(g, 200 kPa) | H$^+$(aq, pH=3.5) ‖ Cl$^-$(aq, 0.75 mol · L^{-1}) | Hg$_2$Cl$_2$(s) | Hg(l)

(5) Ag(s) | AgI(s) | I$^-$(aq, 0.025 mol · L^{-1}) ‖ Cl$^-$(aq, 0.67 mol · L^{-1}) | AgCl | Ag(s)

11-8 根据标准电极电势，判断下列各组物质的氧化能力(或还原能力)的相对强弱。

(1) BrO$_3^-$ (aq)和 IO$_3^-$ (aq)   (2) H$_2$O$_2$(aq)和 O$_3$(g)

(3) Ca(s)和 Al(s)   (4) H$_2$SO$_3$(aq)和 H$_2$C$_2$O$_4$(aq)

11-9 根据标准电极电势，将下列物质按氧化能力由低到高排列。

(1) CrO$_4^{2-}$, H$_2$O$_2$, Cu^{2+}, Cl$_2$, O$_2$ (酸性溶液)

(2) Ce^{4+}, Br$_2$, H$_2$O$_2$, Zn   (酸性溶液)

(3) Br$_2$, BrO$_3^-$, Mn^{2+}, O$_2$, Sn^{4+} (酸性溶液)

11-10 根据标准电极电势，计算下列反应在 298.15 K 时的标准平衡常数。

(1) Fe(s) + Ni^{2+}(aq) $\longrightarrow$ Fe^{2+}(aq) + Ni(s)

(2) Br$^-$(aq) + MnO$_4^-$(aq) $\longrightarrow$ Mn^{2+}(aq) + Br$_2$(l)

(3) Ce^{4+}(aq) + Bi(s) $\longrightarrow$ Ce^{3+}(aq) + BiO$^+$(aq)

11-11 已知 $E^{\ominus}_{\text{MnO}_4^-/\text{Mn}^{2+}}$ = +1.51 V , $E^{\ominus}_{\text{Cl}_2/\text{Cl}^-}$ = +1.36 V , 若将两电对组成原电池:

(1) 写出该电池的电池符号;

(2) 写出正、负极的电极反应和电池反应，以及电池标准电动势;

(3) 计算电池反应在 298.15 K 时的 $\Delta_r G^{\ominus}_m$ 和 $K^{\ominus}$;

(4) 当[H$^+$] = 1.0×10^{-2} mol · L^{-1} , 而其他离子浓度均为 1.0 mol · L^{-1} , p_{Cl_2} = 100 kPa 时，计算电池的电动势。

(5) 计算在(4)的情况下的 $\Delta_r G_m$ 和 $K^{\ominus}$ 。

11-12 已知某原电池反应:

$$3\text{HClO}_2(\text{aq}) + 2\text{Cr}^{3+}(\text{aq}) + 4\text{H}_2\text{O} = 3\text{HClO} + \text{Cr}_2\text{O}_7^{2-} (\text{aq}) + 8\text{H}^+(\text{aq})$$

(1) 计算该原电池的电动势;

(2) 当 pH = 0.00, Cr$_2$O$_7^{2-}$、HClO$_2$、HClO 的浓度分别为 0.80 mol · L^{-1}、0.15 mol · L^{-1}、0.20 mol · L^{-1} 时，原电池的电动势为 0.15 V，计算此时 Cr^{3+}的浓度;

(3) 计算 25℃下电池反应的标准平衡常数;

(4) Cr$_2$O$_7^{2-}$ 是橙红色，Cr^{3+}(aq)是绿色，如果 20.0 L 的 1.00 mol · L^{-1} HClO$_2$ 溶液与 20.0 L 0.50 mol · L^{-1} Cr(NO$_3$)$_3$ 溶液混合，最终溶液(pH 为 0)为哪种颜色?

11-13 已知 $E^{\ominus}_{\text{Ag}^+/\text{Ag}}$ = +0.799 V , $K^{\ominus}_{\text{稳},[\text{Ag(S}_2\text{O}_3)_2]^{3-}}$ = 2.9×10^{13} , 计算[Ag(S$_2$O$_3$)$_2$]$^{3-}$ + e$^-$ $=$ Ag + 2S$_2$O$_3^{2-}$ 体系的标准电极电势值。

11-14 已知盐酸、氢溴酸、氢碘酸都是强酸，通过计算说明在 298.15 K 标准态下，Ag 能从哪种酸中置换出氢气。已知: $E^{\ominus}$(Ag$^+$/Ag) = 0.799 V，$K^{\ominus}_{\text{sp}}$ (AgCl) = 1.8×10^{-10}, $K^{\ominus}_{\text{sp}}$ (AgBr) = 5.0×10^{-13}, $K^{\ominus}_{\text{sp}}$ (AgI) = 8.9×10^{-17}。

11-15 某酸性溶液含有 Cl$^-$、Br$^-$、I$^-$，欲选择一种氧化剂能将其中的 I$^-$氧化而不氧化 Cl$^-$和 Br$^-$。试根据标准电极电势判断应选择 H$_2$O$_2$、Cr$_2$O$_7^{2-}$、Fe^{3+}中的哪一种。

11-16 已知: $E^{\ominus}$(Ni^{2+} / Ni) = −0.23 V $E^{\ominus}$(Ag$^+$ / Ag) = +0.80 V

              $E^{\ominus}$(Pb^{2+} / Pb) = −0.13 V $E^{\ominus}$(Cu^{2+} / Cu) = +0.34 V

写出下列电池的电池反应式，并求电动势 E，判断该电池反应能否自发进行，计算反应的平衡常数 $K^{\ominus}$。

(1) Ni | Ni^{2+}(0.20 mol · L^{-1}) ‖ Ag$^+$(0.050 mol · L^{-1}) | Ag

(2) Pb | Pb^{2+}(0.50 mol · L^{-1}) ‖ Cu^{2+}(0.30 mol · L^{-1}) | Cu

11-17 根据酸性条件下的下面两个元素电势图:

$$IO_3^- \underline{\qquad\qquad} HIO \xrightarrow{\ 1.45\ V\ } I_2 \xrightarrow{\ 0.53\ V\ } I^-$$

$$\underline{\qquad\qquad 1.20\ V \qquad\qquad}$$

$$O_2 \xrightarrow{\ 0.68\ V\ } H_2O_2 \xrightarrow{\ 1.77\ V\ } H_2O$$

(1) 计算 $E^\ominus(IO_3^-/I^-)$ 和 $E^\ominus(IO_3^-/HIO)$;

(2) 指出图中哪些物质能发生歧化反应,并写出反应方程式;

(3) 从电极电势考虑,在酸性介质中 HIO_3 与 H_2O_2 能否反应?

(4) 从电极电势考虑,在酸性介质中 I_2 与 H_2O_2 能否反应?

(5) 综合考虑(3)、(4),HIO_3 与 H_2O_2 反应最终结果是什么? 写出反应方程式说明。

11-18 已知 $E^\ominus(Ag^+/Ag) = +0.7996\ V$,$AgCl$ 的 $K_{sp}^\ominus = 1.77 \times 10^{-10}$,$E^\ominus([Ag(NH_3)_2]^+/Ag) = +0.3826\ V$。试问:

(1) 在 $Ag^+(0.100\ mol \cdot L^{-1}) \mid Ag$ 的电极溶液中加入等体积 $0.500\ mol \cdot L^{-1}\ NaCl$ 溶液后,电极电势为多少?

(2) $[Ag(NH_3)_2]^+$ 的稳定常数为多少?

11-19 为了测定 CuS 的溶度积,设计原电池如下:正极为铜片浸泡在 $0.1\ mol \cdot L^{-1}$ 的 $CuSO_4$ 溶液中,再通入 H_2S 气体使之达饱和;负极为标准锌电极。测得电池电动势为 $0.67\ V$。已知:$E^\ominus(Cu^{2+}/Cu) = 0.34$ V,$E^\ominus(Zn^{2+}/Zn) = -0.76\ V$,$H_2S$ 的电离常数为 $K_{a1}^\ominus = 1.3 \times 10^{-7}$,$K_{a2}^\ominus = 7.1 \times 10^{-15}$。求 CuS 的溶度积。

11-20 已知下列热力学数据:

	$CO_2\,(g)$	$H_2O\,(l)$	$C_2H_6\,(g)$
$\Delta_f G_m^\ominus$ (298.15 K)/(kJ $\cdot$ mol^{-1})	-393.51	-237.18	-32.89
$\Delta_f H_m^\ominus$ (298.15 K)/(kJ $\cdot$ mol^{-1})	-393.14	-285.83	-84.68

乙烷燃料电池反应为:$C_2H_6\,(g) + 7/2\ O_2\,(g) \longrightarrow 2\ CO_2\,(g) + 3\ H_2O\,(l)$

(1) 计算该燃料电池的标准电动势;

(2) 当电池消耗 $1\ mol\ C_2H_6\,(g)$ 时,理论上可得到多少电功?

11-21 有一原电池,其中一电极是将银片插入 $0.10\ mol \cdot L^{-1}\ AgNO_3$ 溶液中,另一电极是向镀有铂黑的铂片上不断地通入 $100\ kPa$ 的 $H_2(g)$,并将其插入 $0.10\ mol \cdot L^{-1}\ HA$ 溶液中(HA 为一元弱酸,$K_a^\ominus = 1.0 \times 10^{-5}$):

(1) 指出该电池的正、负极;

(2) 写出两极上的电极反应和电池反应;

(3) 写出该原电池的符号;

(4) 计算该原电池的电动势 E。

[已知:$E^\ominus(Ag^+/Ag) = 0.799\ V$,$E^\ominus(H^+/H_2) = 0.00\ V$]

11-22 某原电池的一个半电池是由金属银浸在 $1.0\ mol \cdot L^{-1}$ 的 Ag^+ 溶液中组成的,另一个半电池是由银片浸在 $[Br^-] = 1.0\ mol \cdot L^{-1}$ 的 $AgBr$ 饱和溶液中组成的。后者为负极,测得电池的电动势为 $0.728\ V$。试计算 $E^\ominus(AgBr/Ag)$ 和 $K_{sp}^\ominus(AgBr)$。[$E^\ominus(Ag^+/Ag) = 0.799\ V$]

11-23 298.15 K 时,向 $1\ mol \cdot L^{-1}\ Ag^+$ 溶液中滴加过量的液态汞,充分反应后测得溶液中 Hg_2^{2+} 浓度为 $0.311\ mol \cdot L^{-1}$,反应式为 $2Ag^+ + 2Hg \Longrightarrow 2Ag + Hg_2^{2+}$

(1) 已知 $E^\ominus(Ag^+/Ag) = 0.799\ V$,求 $E^\ominus(Hg_2^{2+}/Hg)$。

(2) 将反应剩余的 Ag^+ 和生成的 Ag 全部除去,再向溶液中加入 KCl 固体使 Hg_2^{2+} 生成 Hg_2Cl_2 沉淀,并使溶液中 Cl^- 浓度达到 $1\ mol \cdot L^{-1}$。将此溶液(正极)与标准氢电极(负极)组成原电池,测得电动势为 $0.280\ V$,试求 Hg_2Cl_2 的溶度积并写出该电池符号。

(3) 若在(2)的溶液中加入过量 KCl 达饱和,再与标准氢电极组成原电池,测得电池的电动势为 $0.241V$,求饱和溶液中 Cl^- 的浓度。

11-24 已知 $E^{\ominus}$ [Ag$_2$CrO$_4$(s)/Ag(s)] = +0.446 V，

(1) 写出该电极反应；

(2) 已知 $E^{\ominus}$(Ag$^+$/Ag) = +0.799 V，计算 Ag$_2$CrO$_4$(s)的溶度积。

11-25 已知某原电池的正极是氢电极，p(H$_2$) = 100 kPa，负极的电极电势恒定。当氢电极中 pH = 4 时，该电池的电动势是 0.412 V。如果氢电极中所用的溶液改为一未知 H$^+$浓度的缓冲溶液，又重新测得原电池的电动势为 0.427 V。计算该缓冲溶液的 H$^+$浓度和 pH。如果该缓冲溶液中[HA] = [A$^-$] = 1.0 mol·L^{-1}，试计算该弱酸 HA 的解离常数。

11-26 MnO$_2$ 可以催化分解 H$_2$O$_2$，试从相应的电极电势加以说明。

已知：

$$MnO_2 + 4H^+ + 2e^- \Longrightarrow Mn^{2+} + 2H_2O \qquad E_1^{\ominus} = 1.23 \text{ V}$$

$$H_2O_2 + 2H^+ + 2e^- \Longrightarrow 2H_2O \qquad E_2^{\ominus} = 1.77 \text{ V}$$

$$O_2(g) + 2H^+ + 2e^- \Longrightarrow H_2O_2 \qquad E_3^{\ominus} = 0.68 \text{ V}$$

11-27 根据溴的元素电势图说明，将 Cl$_2$ 通入 1 mol·L^{-1} KBr 溶液中，在标准酸溶液中 Br$^-$的氧化产物是什么?在标准碱溶液中 Br$^-$的氧化产物是什么?

$$E_A^{\ominus}/V \quad BrO_4^- \xrightarrow{+1.76} BrO_3^- \xrightarrow{+1.49} HBrO \xrightarrow{+1.59} Br_2 \xrightarrow{+1.07} Br^-$$

$$E_B^{\ominus}/V \quad BrO_4^- \xrightarrow{+0.93} BrO_3^- \xrightarrow{+0.54} BrO^- \xrightarrow{+0.45} Br_2 \xrightarrow{+1.07} Br^-$$

第 12 章 配 位 平 衡

12.1 配位化合物的稳定性

对于配合物的稳定性,主要从热力学稳定性和动力学反应活性两个方面考虑。热力学稳定性包括:配合物热稳定性和在溶液中的稳定性,即溶液中配合物是否易电离出它的组分(中心原子和配体)。本节讨论配合物的稳定性主要是指它的热力学稳定性,也就是配合物在水溶液中的解离情况。解离程度越低,表明中心离子和配位原子之间的结合越牢固,配合物的稳定性越大。

12.1.1 配位化合物的稳定常数

1. 标准稳定常数

在 $CuSO_4$ 溶液中加入过量的氨水,将形成 $[Cu(NH_3)_4]^{2+}$,溶液中既存在 Cu^{2+} 和 NH_3 的配合反应,又存在 $[Cu(NH_3)_4]^{2+}$ 的解离反应,配合反应和解离反应最终达到平衡,这种平衡称为配位平衡:

$$Cu^{2+} + 4NH_3 \rightleftharpoons [Cu(NH_3)_4]^{2+}$$

其标准平衡常数($K_稳^\ominus$)表达式为

$$K_稳^\ominus = \frac{[Cu(NH_3)_4^{2+}]}{[Cu^{2+}][NH_3]^4}$$

其中 $K_稳^\ominus$ 也常称为标准稳定常数,简写为 $K_稳$。标准稳定常数 $K_稳^\ominus$ 越大,说明生成配离子的趋势越大,解离的趋势越小,即配离子越稳定,因此标准稳定常数的大小直接表征了配合物稳定性的大小。例如,$[Ag(NH_3)_2]^+$ 和 $[Ag(CN)_2]^-$ 的 $K_稳^\ominus$ 分别为 1.1×10^7 和 1.2×10^{21},可见后者比前者稳定得多。

配合物(配离子)的稳定性除了用标准稳定常数表示以外,也可以用标准不稳定常数($K_{不稳}^\ominus$)表示。例如,$[Cu(NH_3)_4]^{2+}$ 的解离反应为 $[Cu(NH_3)_4]^{2+} \rightleftharpoons Cu^{2+} + 4NH_3$,

$$K_{不稳}^\ominus = \frac{[Cu^{2+}][NH_3]^4}{[Cu(NH_3)_4^{2+}]}$$

标准不稳定常数 $K_{不稳}^\ominus$ 越大,解离反应越彻底,配合物越不稳定。

应当指出,在用 $K_稳^\ominus$ 比较不同配离子的稳定性时,配离子类型必须相同。例如,$[CuY]^{2-}$ 和 $[Cu(en)_2]^{2+}$ 的 $K_稳^\ominus$ 分别为 6.2×10^{18} 和 1.0×10^{20},表面看来,后者比前者稳定,但事实恰好相反,这是因为它们虽然都是螯合物,但前者的配位比是 $1:1$,后者的配位比是 $1:2$。对于不同类型的配离子,不能直接用 $K_稳^\ominus$ 说明其稳定性的大小,只能通过计算比较。

2. 逐级稳定常数

金属离子 M 与单齿配体 L 形成 $1:n$ 的配合物 ML_n 时，是分步逐级进行的，其相应的平衡常数称为逐级稳定常数。以$[Cu(NH_3)_4]^{2+}$为例，

$$Cu^{2+} + NH_3 \rightleftharpoons [Cu(NH_3)]^{2+} \qquad K_1^{\ominus} = \frac{[Cu(NH_3)^{2+}]}{[Cu^{2+}][NH_3]} = 1.41 \times 10^4$$

$$[Cu(NH_3)]^{2+} + NH_3 \rightleftharpoons [Cu(NH_3)_2]^{2+} \qquad K_2^{\ominus} = \frac{[Cu(NH_3)_2^{2+}]}{[Cu(NH_3)^{2+}][NH_3]} = 3.17 \times 10^3$$

$$[Cu(NH_3)_2]^{2+} + NH_3 \rightleftharpoons [Cu(NH_3)_3]^{2+} \qquad K_3^{\ominus} = \frac{[Cu(NH_3)_3^{2+}]}{[Cu(NH_3)_2^{2+}][NH_3]} = 7.76 \times 10^2$$

$$[Cu(NH_3)_3]^{2+} + NH_3 \rightleftharpoons [Cu(NH_3)_4]^{2+} \qquad K_4^{\ominus} = \frac{[Cu(NH_3)_4^{2+}]}{[Cu(NH_3)_3^{2+}][NH_3]} = 1.39 \times 10^2$$

根据以上各式，可以得到：Cu^{2+} 和 NH_3 各级稳定常数的乘积就是生成$[Cu(NH_3)_4]^{2+}$配离子的总稳定常数，即

$$Cu^{2+} + 4NH_3 \rightleftharpoons [Cu(NH_3)_4]^{2+}$$

$$K_{稳}^{\ominus} = \frac{[Cu(NH_3)_4^{2+}]}{[Cu^{2+}][NH_3]^4} = K_1^{\ominus} \cdot K_2^{\ominus} \cdot K_3^{\ominus} \cdot K_4^{\ominus} = 4.82 \times 10^{12}$$

一般地，对于 ML_n 型配合物，有

$$K_{稳}^{\ominus} = K_1^{\ominus} \cdot K_2^{\ominus} \cdots K_{n-1}^{\ominus} \cdot K_n^{\ominus}$$

同样，配离子在水溶液中的解离也是分步的，生成一系列不同配位数的配离子，其解离程度用相应的各级解离常数表示。在溶液中解离常数越大，说明该配离子越容易解离而越不稳定，因此又称为不稳定常数，一般用 $K'^{\ominus}$ 表示。仍以$[Cu(NH_3)_4]^{2+}$配离子为例，

$$[Cu(NH_3)_4]^{2+} \rightleftharpoons [Cu(NH_3)_3]^{2+} + NH_3 \qquad K_1'^{\ominus} = \frac{[Cu(NH_3)_3^{2+}][NH_3]}{[Cu(NH_3)_4^{2+}]} = \frac{1}{K_4^{\ominus}}$$

$$[Cu(NH_3)_3]^{2+} \rightleftharpoons [Cu(NH_3)_2]^{2+} + NH_3 \qquad K_2'^{\ominus} = \frac{[Cu(NH_3)_2^{2+}][NH_3]}{[Cu(NH_3)_3^{2+}]} = \frac{1}{K_3^{\ominus}}$$

$$[Cu(NH_3)_2]^{2+} \rightleftharpoons [Cu(NH_3)]^{2+} + NH_3 \qquad K_3'^{\ominus} = \frac{[Cu(NH_3)^{2+}][NH_3]}{[Cu(NH_3)_2^{2+}]} = \frac{1}{K_2^{\ominus}}$$

$$[Cu(NH_3)]^{2+} \rightleftharpoons Cu^{2+} + NH_3 \qquad K_4'^{\ominus} = \frac{[Cu^{2+}][NH_3]}{[Cu(NH_3)^{2+}]} = \frac{1}{K_1^{\ominus}}$$

各级不稳定常数的乘积等于总的不稳定常数（ $K_{不稳}^{\ominus}$ ）。可以证明，同一配离子的不稳定常数与其稳定常数互为倒数，即

$$[Cu(NH_3)_4]^{2+} \rightleftharpoons Cu^{2+} + 4NH_3$$

$$K_{\text{不稳}}^{\ominus} = \frac{[Cu^{2+}][NH_3]^4}{[Cu(NH_3)_4^{2+}]} = K_1'^{\ominus} \cdot K_2'^{\ominus} \cdot K_3'^{\ominus} \cdot K_4'^{\ominus} = \frac{1}{K_4^{\ominus}} \cdot \frac{1}{K_3^{\ominus}} \cdot \frac{1}{K_2^{\ominus}} \cdot \frac{1}{K_1^{\ominus}} = \frac{1}{K_{\text{稳}}^{\ominus}}$$

同理，对于 ML_n 型配合物，有：$K_{\text{不稳}}^{\ominus} = K_1'^{\ominus} \cdot K_2'^{\ominus} \cdots K_{n-1}'^{\ominus} \cdot K_n'^{\ominus} = \dfrac{1}{K_{\text{稳}}^{\ominus}}$。

一般而言，$K_{\text{不稳}}^{\ominus}$ 越大，说明配离子解离的趋势越大，配离子越不稳定。

【例 12-1】 将 15.9 g $CuSO_4$ 溶于 1.0 L 4.0 mol·L^{-1} NH_3 溶液中，已知 $M(CuSO_4) = 159$ g·mol^{-1}，$K_{\text{稳}}^{\ominus} = 4.82 \times 10^{12}$。分别求平衡时溶液中 Cu^{2+}、NH_3 和 $[Cu(NH_3)_4]^{2+}$ 的浓度。

解　15.9 g $CuSO_4$ 溶解后，总浓度 $c_{CuSO_4} = \dfrac{\dfrac{m}{M}}{V} = \dfrac{\dfrac{15.9}{159}}{1.0} = 0.10$(mol·$L^{-1}$)，由于 NH_3 浓度较大，与 $CuSO_4$ 发生配位反应后仍有剩余，同时因 $K_{\text{稳}}^{\ominus}$ 较大，可以认为 $CuSO_4$ 生成的配离子全部是 $[Cu(NH_3)_4]^{2+}$，其浓度为 0.10 mol·L^{-1}，溶液中的 Cu^{2+} 来自于 $[Cu(NH_3)_4]^{2+}$ 配离子的解离，设 $[Cu^{2+}]$ 为 x mol·L^{-1}，

配位反应	Cu^{2+}	$+$	$4NH_3$	$\rightleftharpoons$	$[Cu(NH_3)_4]^{2+}$
反应前/(mol·L^{-1})	0.10		4.0		0
平衡时/(mol·L^{-1})	x		$3.6 + 4x$		$0.10 - x$

一般情况下，可认为 $[Cu(NH_3)_4^{2+}] = 0.10 - x \approx 0.10$(mol·$L^{-1}$)，$[NH_3] = 3.6 + 4x \approx 3.6$ (mol·L^{-1})，所以

$$K_{\text{稳}}^{\ominus} = \frac{[Cu(NH_3)_4^{2+}]}{[Cu^{2+}][NH_3]^4} = \frac{0.10}{x \times (3.6)^4} = 4.8 \times 10^{12}$$

即

$$x = \frac{0.10}{4.82 \times 10^{12} \times (3.6)^4} = 1.2 \times 10^{-16} \text{(mol·L^{-1})}$$

计算结果：　　　　$[NH_3] = 3.6$ mol·L^{-1}，　$[Cu(NH_3)_4^{2+}] = 0.10$ mol·L^{-1}

$$[Cu^{2+}] = 1.2 \times 10^{-16} \text{ mol·L^{-1}}$$

应当指出的是：在 0.10 mol·L^{-1} $[Cu(NH_3)_4]^{2+}$ 配离子的溶液中仍存在各低配位数的配离子，根据逐级解离常数的关系式，同理可计算得到 $[Cu(NH_3)]^{2+}$、$[Cu(NH_3)_2]^{2+}$、$[Cu(NH_3)_3]^{2+}$ 的平衡浓度分别为 6.3×10^{-12} mol·L^{-1}、7.2×10^{-8} mol·L^{-1}、2.0×10^{-4} mol·L^{-1}，其浓度远比 $[Cu(NH_3)_4^{2+}] = 0.10$ mol·L^{-1} 小。因此，当加入过量的配体(或配位剂)，金属离子绝大部分处在最高配位数的状态，而其他较低配位数的配离子可忽略不计。如果只计算游离金属离子的浓度，直接由 $K_{\text{稳}}^{\ominus}$(或 $K_{\text{不稳}}^{\ominus}$)计算得到。

3. 累积稳定常数

配合物逐级稳定常数的乘积称为累积稳定常数，常用 β_i 表示。以 ML_n 型配合物为例：

第一级累积稳定常数 $\beta_1 = K_1^{\ominus} = \dfrac{[ML]}{[M][L]}$

第二级累积稳定常数 $\beta_2 = K_1^{\ominus} \cdot K_2^{\ominus} = \dfrac{[\mathrm{ML}_2]}{[\mathrm{M}][\mathrm{L}]^2}$

$$\vdots$$

第 n 级累积稳定常数 $\beta_n = K_1^{\ominus} \cdot K_2^{\ominus} \cdots K_{n-1}^{\ominus} \cdot K_n^{\ominus} = \dfrac{[\mathrm{ML}_n]}{[\mathrm{M}][\mathrm{L}]^n} = K_{稳}^{\ominus}$

第 n 级累积稳定常数又称为配合物的总稳定常数，实质上就是该配合物的稳定常数 $K_{稳}^{\ominus}$。表 12-1 中列出了一些金属离子与常见配体形成配合物的 $\lg\beta_i$。

表 12-1 金属配合物的稳定常数

配合物组成		$I/(\mathrm{mol\cdot L^{-1}})$	n	$\lg\beta_i$
中心离子	配体			
Ag^+		0.1	1, 2	3.40, 7.40
Cd^{2+}		0.1	1, ⋯, 6	2.60, 4.65, 6.04, 6.92, 6.6, 4.9
Co^{2+}		0.1	1, ⋯, 6	2.05, 3.62, 4.61, 5.31, 5.43, 4.75
Cu^{2+}	NH_3	2	1, ⋯, 4	4.13, 7.61, 10.48, 12.59
Ni^{2+}		0.1	1, ⋯, 6	2.75, 4.95, 6.64, 7.79, 8.50, 8.49
Zn^{2+}		0.1	1, ⋯, 4	2.27, 4.61, 7.01, 9.06
Al^{3+}		0.53	1, ⋯, 6	6.1, 11.15, 15.0, 17.7, 19.4, 19.7
Fe^{3+}		0.5	1, 2, 3	5.2, 9.2, 11.9
Th^{4+}		0.5	1, 2, 3	7.7, 13.5, 18.0
TiO^{2+}	F^-	3	1, ⋯, 4	5.4, 9.8, 13.7, 17.4
Sn^{4+}		*	6	25
Zr^{2+}		2	1, 2, 3	8.8, 16.1, 21.9
Ag^+	Cl^-	0.2	1, ⋯, 4	2.9, 4.7, 5.0, 5.9
Hg^{2+}		0.5	1, ⋯, 4	6.7, 13.2, 14.1, 15.1
Cd^{2+}	I^-	*	1, ⋯, 4	2.4, 3.4, 5.0, 6.15
Hg^{2+}		0.5	1, ⋯, 4	12.9, 23.8, 27.6, 29.8
Ag^+		0~0.3	1, ⋯, 4	—, 21.1, 21.8, 20.7
Cd^{2+}		3	1, ⋯, 4	5.5, 10.6, 15.3, 18.9
Cu^{2+}		0	1, ⋯, 4	—, 24.0, 28.6, 30.3
Fe^{2+}		0	6	35.4
Fe^{3+}	CN^-	0	6	43.6
Hg^{2+}		0.1	1, ⋯, 4	18.0, 34.7, 38.5, 41.5
Ni^{2+}		0.1	4	31.3
Zn^{2+}		0.1	4	16.7
Fe^{3+}	SCN^-	*	1, ⋯, 5	2.3, 4.2, 5.6, 6.4, 6.4
Hg^{2+}		1	1, ⋯, 4	—, 16.1, 19.0, 20.9

配合物组成		$I/(\text{mol} \cdot \text{L}^{-1})$	n	$\lg\beta_i$
中心离子	配体			
Ag^+	$S_2O_3^{2-}$	0	1, 2	8.82, 13.5
Hg^{2+}		0	1, 2	29.86, 32.26
Ag^+	phen	0.1	1, 2	5.02, 12.07
Cd^{2+}		0.1	1, 2, 3	6.4, 11.6, 15.8
Co^{2+}		0.1	1, 2, 3	7.0, 13.7, 20.1
Cu^{2+}		0.1	1, 2, 3	9.1, 15.8, 21.0
Fe^{2+}		0.1	1, 2, 3	5.9, 11.1, 21.3
Hg^{2+}		0.1	1, 2, 3	—, 19.65, 23.35
Ni^{2+}		0.1	1, 2, 3	8.8, 17.1, 24.8
Zn^{2+}		0.1	1, 2, 3	6.4, 12.15, 17.0
Ag^+	en	0.1	1, 2	4.7, 7.7
Cd^{2+}		0.1	1, 2	5.47, 10.02
Co^{2+}		0.1	1, 2, 3	5.89, 10.72, 13.82
Cu^{2+}		0.1	1, 2	10.55, 19.60
Hg^{2+}		0.1	2	23.42
Ni^{2+}		0.1	1, 2, 3	7.66, 14.06, 18.59
Zn^{2+}		0.1	1, 2, 3	5.71, 10.37, 12.08

注：*表示离子强度 I 不定；phen 代表邻二氮菲；en 代表乙二胺。

12.1.2　影响配位化合物稳定性的因素

配合物在溶液中的稳定性实质上是配离子在溶液中的稳定性。由 11.1.1 节讨论可知，其稳定性的大小由相应的稳定常数衡量。配离子是由中心离子和配体相互作用形成的，因此配合物的稳定性规律及原因，首先应从中心离子与配体的本性及它们之间的相互作用加以讨论；其次，温度、压力等外部条件对配离子的稳定性也有重要影响。

1. 中心离子的性质对配合物稳定性的影响

一般来说，位于周期表两端的元素形成配合物的能力弱，其中主族元素中电荷小、半径大的第一主族金属离子 K^+、Rb^+、Cs^+等形成配合物的能力最弱，而位于周期表中部的过渡元素生成配合物的能力强，这与中心离子的价层电子构型有关。

1) 8e 型金属离子

8e 型的金属离子包括碱金属离子、碱土金属离子和 Al^{3+}、Sc^{3+}、Y^{3+}、La^{3+}等，以及 Ti^{4+}、Zr^{4+}、Hf^{4+}等正四价离子，属于稀有气体型。氧化数大于+4 的金属元素自由离子在水溶液中强烈水解，常以水合氧化物的形式存在。例如，$TiCl_4$ 在水溶液中易形成 TiO^{2+}而难以以 Ti^{4+}形式存在。此类金属离子的特征是价电子层中没有容易激发的价电子，因而形成配合物的能力差。

它们与荷电配体或偶极分子中电负性较大的配位原子靠静电吸引形成配合物，共价成分少，因此这类金属离子生成的配合物稳定性主要取决于金属离子的电荷高低和半径大小。当配体一定时，金属离子的电荷越高、半径越小，生成的配合物越稳定，反之，配合物稳定性越差。

对于同一族金属离子，配合物的稳定性顺序为

$$Li^+ > Na^+ > K^+ > Rb^+ > Cs^+$$

$$Mg^{2+} > Ca^{2+} > Sr^{2+} > Ba^{2+}$$

$$Sc^{3+} > Y^{3+} > La^{3+}$$

而半径相近、电荷不同的金属离子，配合物的稳定性顺序为

$$Th^{4+} > Y^{3+} > Ca^{2+} > Na^+$$

$$La^{3+} > Sr^{2+} > K^+$$

研究结果表明，大多数金属离子形成的配合物的稳定性与金属离子的离子势 z/r(离子电荷与半径之比)变化规律一致。某些离子出现反常如 Li^+ 与 Ba^{2+}、Ra^{2+}，若改用 z^2/r 作为参数，会有更好的一致性。另外，Mg^{2+} 的配合物的稳定性反而比 Ca^{2+} 小，其原因可能是 Mg^{2+} 的半径较小，不能与多齿配体的所有配位原子配合，使生成配合物的稳定性有所降低。Sc^{3+} 与 Al^{3+} 的配合物的稳定性为 $Sc^{3+} > Al^{3+}$，这与 Mg^{2+}、Ca^{2+} 的反常原因类似。

镧系元素原子的 4f 电子为外数第三层，因此镧系元素的原子失去两个 6s 电子和一个 5d 电子或 4f 电子生成 Ln^{3+}，与稀有气体型离子类似，随着离子半径减小，生成的配合物稳定性增大。

2) 18e 型与 18+2e 型金属离子

具有该电子构型的金属离子的配合物稳定性规律比较复杂，因为这些离子与配体结合时往往带有不同程度共价键的性质，并且共价键所占的比重可随配体不同而不同。

属于 18e 型的金属离子常见的有：Cu^+、Ag^+、Au^+、Ga^{3+}、In^{3+}、Tl^{3+}、Zn^{2+}、Cd^{2+}、Hg^{2+} 等。18e 型金属离子中，第ⅡB 族 Zn^{2+}、Cd^{2+}、Hg^{2+} 的稳定常数见表 12-2。

表 12-2　金属离子 Zn^{2+}、Cd^{2+}、Hg^{2+} 部分配合物的稳定常数 $lgK_稳$

L	$lgK_稳$		
	Zn^{2+}	Cd^{2+}	Hg^{2+}
Cl^-	−0.19	1.59	6.47
Br^-	−0.60	1.76	9.05
I^-	<−1.3	2.08	12.87
NH_3	2.37	2.73	8.81
CN^-	—	5.5	8.00
en	5.7	5.45	14.32
EDTA	16.50	16.46	1.7
bipy	5.13	4.18	9.64

由表 12-2 数据可知，对大多数配体来说，Hg^{2+} 稳定常数最大，而 Zn^{2+} 和 Cd^{2+} 的次序不一定，配体不同，Zn^{2+} 和 Cd^{2+} 有倒置现象。以卤素离子作配体为例，当以 Cl^-、Br^-、I^- 作配体时，形成的配合物的稳定常数 $K^\ominus$ 顺序为 $Hg^{2+} > Cd^{2+} > Zn^{2+}$，这是因为 Cl^-、Br^-、I^- 的变形

性都较大，而金属阳离子的变形性顺序为 $Zn^{2+}<Cd^{2+}<Hg^{2+}$，因此阴阳离子的总极化顺序为 $Zn^{2+}<Cd^{2+}<Hg^{2+}$。这反映了配离子中 M 与 L 间的化学键的共价性增强时，配离子稳定性增大。而当以 F^- 作为配体时，由于其电负性大，变形性远小于 Cl^-、Br^-、I^-，因此它与变形性也相对较小的 Zn^{2+} 和 Cd^{2+} 分别形成配离子时，中心原子与配体之间主要以静电作用形成化学键，而离子半径 $Zn^{2+}<Cd^{2+}$，因此配离子的稳定性顺序为 $Zn^{2+}>Cd^{2+}$。但当 F^- 与 Hg^{2+} 形成配离子时，因 Hg^{2+} 的变形性较大，F^- 体积较小，可使 Hg^{2+} 发生一定程度的变形，导致中心原子与配体之间相互极化作用增加，相应配离子的稳定性较高，总的顺序为 $Hg^{2+}>Zn^{2+}>Cd^{2+}$。

18+2e 型的中心离子有 Ga^+、In^+、Tl^+、Ge^{2+}、Sn^{2+}、Pb^{2+}、As(Ⅲ)、Sb(Ⅲ)、Bi(Ⅲ) 等，其配合物稳定性规律有以下三点：

(1) 中心离子比电荷相同、半径相近的稀有气体型离子相应的配合物稳定性高。

(2) 中心离子虽有较多电子，但由于受到 s 电子的作用，使 d 电子的活动性受到限制，因此它比电荷相同、半径相近的 18e 型金属离子的极化作用、变形性差，形成的配离子的稳定性也较(9～17)e 型、18e 型金属离子相应配离子的稳定性差。

(3) 中心离子虽有 d 电子，但即使遇到合适的配体也不能形成反馈 π 键，故该类型中心离子形成的配合物较少。

3) (9～17)e 型金属离子

(9～17)e 型金属离子属于过渡金属离子，总的来讲，它们具有空的 d 轨道，电荷较高，半径较小，对配体的吸引力较强，容易形成稳定的配合物。从价键理论来看，过渡金属离子一般都有空的 d 轨道，容易接受配体电子对形成配位键。例如，d^3 电子构型(Cr^{3+})，

$$Cr^{3+}: \underline{\uparrow}\,\underline{\uparrow}\,\underline{\uparrow}\,\underline{\ \ }\,\underline{\ \ }\quad\underline{\ \ }\,\underline{\ \ }\quad\underline{\ \ }\,\underline{\ \ }\,\underline{\ \ }$$
$$\qquad\qquad 3d\qquad\quad 4s\qquad 4p$$

3d 亚层的 5 个 d 轨道可容纳 10 个电子，Cr^{3+} 只有 3 个 d 电子，还有空的 d 轨道可接受配体的电子对形成配合物。

(9～17)e 型金属离子的电荷较高，d 电子数越少，其变形性越小，越接近同周期左侧 8e 型金属离子，与配体之间的作用以静电吸引占优势，与 F^-、OH^- 等配体(配位原子电负性较大)的配位能力较强，如 $Ti^{4+}(d^0)$、$V^{4+}(d^1)$、$V^{5+}(d^0)$ 等。而电荷越低，d 电子数越多，其变形性越大，越接近同周期右侧的 18e 型金属离子，以离子的变形和极化占优势，与 S^{2-}、CN^- 等配体(配位原子电负性较小)的配位能力较强，如 $Fe^{2+}(d^6)$、$Co^{2+}(d^7)$、$Ni^{2+}(d^8)$、$Cu^{2+}(d^9)$ 等。

另外，(9～17)e 型金属离子其外层多数都有自由 d 电子，在形成配离子时，这些 d 电子可形成反馈 π 键，从而增强配合物的稳定性。从晶体场理论来看，在正八面体弱场情况下，第一过渡系二价金属离子(包括 d^{10} 的 Zn^{2+} 在内)的晶体场稳定化能(CFSE)的变化规律是

$$d^0<d^1<d^2<d^3>d^4>d^5<d^6<d^7<d^8>d^9>d^{10}$$

对应的离子：Ca^{2+}、Sc^{2+}、Ti^{2+}、V^{2+}、Cr^{2+}、Mn^{2+}、Fe^{2+}、Co^{2+}、Ni^{2+}、Cu^{2+}、Zn^{2+}

而第一过渡系金属离子生成配合物的稳定性服从欧文-威廉姆特(Irving-Williams)规则，顺序为

$$Mn^{2+}<Fe^{2+}<Co^{2+}<Ni^{2+}<Cu^{2+}>Zn^{2+}$$

即配合物的稳定性与中心原子的电荷和半径有关，同一周期的 M^{2+}，从左到右，有效核电荷增加，离子半径递减，形成配合物的稳定性增加。

在上述两个顺序中，Ni^{2+} 与 Cu^{2+} 稳定性顺序的矛盾可以用姜-泰勒效应解释。这种效应使 Cu^{2+} 的六配位的配位个体进一步得到稳定化，足以使 Cu^{2+} 的六配位的单个配体的稳定性高于 Ni^{2+} 的相应单个配体(其中不发生姜-泰勒效应)的稳定性。同理，Cr^{2+} 的高自旋八面体型配离子应与 Cu^{2+} 相似，出现 $V^{2+} < Cr^{2+}$，配离子如 $V(EDTA)^{2-}$ 配离子的 $lgK_1 = 12.7(293\ K)$，而 $Cr(EDTA)^{2-}$ 的 $lgK_1 = 13.6(293\ K)$。

综上所述，结合 CFSE 和姜-泰勒效应两大因素的影响，可以理解第四周期 $Ca^{2+} \sim Zn^{2+}$ 的八面体非低自旋配离子在水溶液中的稳定性顺序一般为

$$Ca^{2+} < Sc^{2+} < Ti^{2+} < V^{2+} < Cr^{2+} > Mn^{2+} < Fe^{2+} < Co^{2+} < Ni^{2+} < Cu^{2+} > Zn^{2+}$$

值得注意的是，$Ni^{2+} > Cu^{2+}$ 的稳定性顺序的事例还是存在的。例如，它们与邻二氮菲(phen)或 2,2′-联吡啶(bipy)形成的单个配体的 $K_1^{\ominus}$ 虽然为 $Ni^{2+} < Cu^{2+}$，但 $K_2^{\ominus}$、$K_3^{\ominus}$ 都是 $Ni^{2+} > Cu^{2+}$。这是由于这两种配体的场强很大，即 CFSE 很大，Cu^{2+} 配离子中的姜-泰勒效应引起的稳定化不足以改变由 CFSE 效应引起的 $Ni^{2+} > Cu^{2+}$ 的顺序。

2. 配体对配合物稳定性的影响

中心原子相同而配体不同的配合物的稳定性具有很大差别，因此配体的性质也是影响配合物稳定性的一个重要因素。配体性质对配合物稳定性的影响十分复杂，下面仅从配体的配位原子的性质、配体的碱性、配体的空间效应、配体的螯合效应四个方面加以讨论。

1) 配位原子的性质

配体中的配位原子是直接与中心原子键合的原子，它有时既是电子对的给予体，又是电子对的接受体。当它仅为电子对的给予体时，给出电子对能力强，形成的配合物稳定。若配位原子既是电子对给予体，同时又可接受中心原子的孤电子对，则必然使配合物稳定性增强。例如，第二周期常见配位原子为 C、N、O、F，当它们以配体 NH_3、H_2O、NH_2^-、OH^-、O_2^{2-}、F^- 等形式存在时，价电子轨道已填满，与中心原子键合时，只能给出其孤电子对形成 $M \leftarrow L\ \sigma$ 配位键，而当 C、N、O 以配体 CO、C_2H_2、CN^-、NO_2^-、丙酮等形式存在时，配位原子与中心原子除形成正常的 $M \leftarrow L\ \sigma$ 配位键外，又可以自身的空轨道接受中心原子的电子对形成 d-π^* 反馈 π 键。第三周期以后的其他配位原子，如 $P(R_3P)$、$S(R_2S)$ 或 $X^-(Cl^-、Br^-、I^-)$ 都可提供孤电子对和空轨道，它们与中心原子键合时，既提供孤电子对形成 $M \leftarrow L\ \sigma$ 配位键，又以自身的空轨道接受中心原子的 d 电子形成 d-d 反馈 π 键。

2) 配体的碱性

根据酸碱质子理论，配体的碱性表示配体结合质子的能力，配体的碱性越强表示亲核能力越强，可用配体的质子化常数表示:

$$L^- + H^+ \rightleftharpoons HL, \quad K_H^{\ominus} = \frac{[HL]}{[H^+][L^-]}$$

配体与质子的反应和配体与中心原子的配位反应极为相似，配体越易结合质子，则越易配合金属离子，即配体的碱性越强，所形成的配合物越稳定。实验表明，结构类型相近，配位原子相同的一系列配体的碱性与配合物稳定性几乎存在相当一致的线性关系。例如，比较胺类配体与 H^+ 和 Ag^+ 的结合力，发现随着配体碱性增强，$lg K_H^{\ominus}$ 和 $lg K_{\text{稳}}^{\ominus}$ 的值同时增加，而 $lg K_{\text{稳}}^{\ominus} / lg K_H^{\ominus}$ 的比值基本保持不变(表 12-3)。

表 12-3　胺类配体的 $\lg K_H^\ominus$ 与银胺配合物的 $\lg K_稳^\ominus$

配体	$\lg K_H^\ominus$	$\lg K_稳^\ominus$	$\lg K_稳^\ominus / \lg K_H^\ominus$
en	10.18	3.70	0.36
NH_2CH_2COOH	9.76	3.50	0.36
$C_6H_5CH_2NH_2$	9.62	3.57	0.37
NH_3	9.28	3.60	0.39
Py	5.45	2.11	0.39
C_9H_7N	4.98	1.84	0.37
β 萘胺	4.28	1.62	0.38

　　配体碱性与其形成配合物稳定性之间大多存在上述线性关系，但也有偏离较大或违背的情况，可能是由于：配体的配位原子相同，但配体的结构并非十分接近；是否成键或成键的情况有所不同；形成螯环的大小或数目不同；空间位阻效应等。

　　3) 配体的空间效应

　　当配体引入一个取代基时，不仅可以改变配体的酸碱性，还会妨碍配合物的顺利形成，这种现象称为空间位阻(空间效应)。这种效应常存在于取代基与配位原子处于较近的位置。例如，2-甲基-8-羟基喹啉配合物就比 8-羟基喹啉或 4-甲基-8-羟基喹啉所形成的配合物稳定性差(表 12-4)。

表 12-4　部分 M^{2+} 与 8-羟基喹啉及其衍生物形成配合物的 $\lg K_稳^\ominus$

配体	$\lg K_H^\ominus$	Mn^{2+}		Co^{2+}		Ni^{2+}		Cu^{2+}	
		$\lg\beta_1$	$\lg\beta_2$	$\lg\beta_1$	$\lg\beta_2$	$\lg\beta_1$	$\lg\beta_2$	$\lg\beta_1$	$\lg\beta_2$
8-羟基喹啉	11.54	8.28	15.45	10.55	19.66	11.44	21.38	13.49	26.22
2-甲基-8-羟基喹啉	11.71	7.44	13.99	9.63	18.50	9.41	17.76	12.48	24.00
4-甲基-8-羟基喹啉	11.62	8.31	15.55	10.55	20.00	11.57	22.29	13.52	—

　　由表 12-4 中数据可知，三种配体的碱性相差不大，但配合物稳定常数相差较大。在 2-位引入甲基后，生成的配合物的稳定性显著下降，这显然是 2-位上的甲基靠近配位原子 N，妨碍了正常的配位反应进行而导致配合物的稳定性下降。而在 4-甲基-8-羟基喹啉中，由于甲基离配位原子 N 较远，因而对配合物稳定性影响不大，故稳定常数较接近。

　　除了空间位阻外，还有另外一种类型的空间效应，这种效应是由螯合剂的空间结构带来的一种空间张力。当配体中配位原子的空间排布与给定的中心原子要求的立体结构(即易形成四边形、四面体或八面体)相矛盾时，一般不生成配合物，即使生成配合物，在金属离子与配体之间也存在一种空间张力。例如，Pt^{2+} 的配合物一般为四边形结构，但当它们与三氨基三乙胺配位时，由于三氨基三乙胺中的 4 个氮原子呈角锥形分布，不满足平面四边形的要求，若强制扭曲形成四边形结构，显然会产生强大的空间张力，其稳定性必然会低。

　　同理，Cu^{2+} 也倾向于形成平面四边形配合物，因此与三氨基三乙胺形成的配合物稳定性也较低。而三乙基四胺也是含四个配位 N 原子的配体：

$$H_2N—CH_2—CH_2—NH—CH_2—CH_2—NH—CH_2—CH_2—NH_2$$

$$\begin{array}{l} \quad\quad\quad CH_2CH_2NH_2 \\ N—CH_2CH_2NH_2 \\ \quad\quad\quad CH_2CH_2NH_2 \end{array}$$

三氨基三乙胺

其分子链柔软易变，四个 N 原子可以在同一平面上与 Cu^{2+} 配合，因此形成的配合物较稳定。

4) 配体的螯合效应

螯合物的稳定性通常比组成和结构相似的简单配合物的稳定性高。例如，配离子 $[Ni(NH_3)_6]^{2+}$ 的 $\lg K_{稳}^{\ominus}=8.9$，而配离子 $[Ni(en)_3]^{2+}$ 的 $\lg K_{稳}^{\ominus}=19.30$。两种配合物的配位原子相同，组成和结构相似，但是由于螯合环的生成使稳定常数增加了十个数量级，这种现象称为螯合效应。螯合效应使螯合物具有的特殊稳定性可从两方面加以解释，即熵增加的结果和螯合物比较难解离。先用熵增加原理进行解释，螯合效应可表示为

$$ML_2 \;+\; L—L \;\rightleftharpoons\; M\!\!\begin{array}{c}L\\ |\\ L\end{array} \;+\; 2L$$

其中，ML_2 和 $M\!\!\begin{array}{c}L\\|\\L\end{array}$ 分别是含有相同数目同种配位原子的简单配合物及螯合物；L—L 表示多齿配体；L 表示单齿配体。

该化学反应达到平衡时，其平衡常数表达式为

$$\lg K^{\ominus}=\lg\frac{\left[M\!\!\begin{array}{c}L\\|\\L\end{array}\right]\cdot[L]^2}{[ML_2]\cdot[L—L]}=\lg\beta_{L—L}-\lg\beta_L \tag{12-1}$$

式中，$\beta_{L—L}$、β_L 分别为螯合物和简单配合物的累积稳定常数；$K^{\ominus}$ 为上述反应的平衡常数。

从热力学观点来看，平衡常数与标准吉布斯自由能变的关系为

$$\Delta_r G_m^{\ominus}=-RT\ln K^{\ominus}$$

即

$$\Delta_r G_m^{\ominus}=-2.303RT\lg K^{\ominus} \tag{12-2}$$

而 $\Delta_r G_m^{\ominus}$ 与标准摩尔焓变 $\Delta_r H_m^{\ominus}$、标准摩尔熵变 $\Delta_r S_m^{\ominus}$ 之间存在以下关系：

$$-2.303RT\lg K^{\ominus}=\Delta_r H_m^{\ominus}-T\Delta_r S_m^{\ominus} \tag{12-3}$$

当螯合物与简单配合物的组成与结构相似时，反应的 $\Delta_r H_m^{\ominus}$ 变化不大，即焓变对螯合效应贡献不大，螯合效应主要来自标准熵的变化 $\Delta_r S_m^{\ominus}$，反应后由于质点数增加，因此该反应是一个熵增过程(表 12-5)，使反应的平衡常数增大，标准吉布斯自由能变化为负，反应易向右进行，说明螯合物比组成和结构相似的简单配合物稳定性高。表 12-5 中 Cd^{2+} 和 Zn^{2+} 的胺型配合物的 $\Delta_r H_m^{\ominus}$ 差别很小，而 $\Delta_r S_m^{\ominus}$ 相差很大。需要指出的是，由 $[Cu(NH_3)_4]^{2+}$ 生成 $[Cu(en)_2]^{2+}$ 时，除熵增加外，焓变也起重要作用，这种较大的焓变是由 CFSE 提供的。

表 12-5　几种配离子 298.15 K 时的热力学数据

配离子	$\lg\beta_i^*$	$\Delta_r G_m^{\ominus}/(kJ\cdot mol^{-1})$	$\Delta_r H_m^{\ominus}/(kJ\cdot mol^{-1})$	$\Delta_r S_m^{\ominus}/(J\cdot mol^{-1}\cdot K^{-1})$
$[Cd(NH_3)_2]^{2+}$	4.97	−28.2	−29.8	−1.6
$[Cd(NH_2)(CH_3)_2]^{2+}$	4.81	−27.4	−29.3	−1.9
$[Cd(en)]^{2+}$	5.84	−33.3	−29.4	3.9

续表

配离子	$\lg\beta_i^*$	$\Delta_r G_m^{\ominus}/(kJ \cdot mol^{-1})$	$\Delta_r H_m^{\ominus}/(kJ \cdot mol^{-1})$	$\Delta_r S_m^{\ominus}/(J \cdot mol^{-1} \cdot K^{-1})$
$[Zn(NH_3)_2]^{2+}$	5.01	−28.6	−28.0	0.6
$[Zn(en)]^{2+}$	6.15	−35.1	−27.6	7.5
$[Cu(NH_3)_2]^{2+}$	7.87	−44.7	−50.2	−5.5
$[Cu(en)]^{2+}$	11.02	−62.7	−61.0	1.7

注: $\lg\beta_i^*$由热力学数据计算得出,与表 12-1 中数据有出入。

另外,从配合物的生成和解离观点来看,若为单齿配体(如 NH_3),它从配合物中解离后立即进入溶液,再配合到原位的可能性较小。而多齿配体(如乙二胺),当一个配位原子解离后,另一配位原子仍与中心原子键合,解离的配位原子再与中心原子键合的可能性大,因而解离的可能性小,螯合物的稳定性高。

(1) 环的大小。

大量实验事实表明,螯环的大小对螯合物稳定性有一定影响。例如,

$$
\begin{array}{cc}
CH_3 & O^- \\
| & | \\
C & C \\
\diagup \diagdown & \diagup \diagdown \\
O \quad O^- & O \quad O^- \\
\text{乙酸根} & \text{碳酸根}
\end{array}
$$

似乎可以形成四元环螯合物,但该类螯合物很少见到。这是由于两个配位原子(O)距离太近,形成四元环螯合物需克服配位原子间的张力,故不易生成。

单就螯环大小来讲,以五元环和六元环的螯合物最为稳定,而五元环又比六元环稳定。例如, en 和丙二胺(pn)与 Ni^{2+} 形成的螯合物 $[Ni(en)_3]^{2+}$ 中有三个五元环, $[Ni(pn)_3]^{2+}$ 中有三个六元环,其稳定常数见表 12-6。

表 12-6　$[Ni(en)_3]^{2+}$和$[Ni(pn)_3]^{2+}$的逐级稳定常数

稳定常数	$[Ni(en)_3]^{2+}$	$[Ni(pn)_3]^{2+}$
$\lg K_1$	7.7	6.4
$\lg K_2$	6.5	4.3
$\lg K_3$	5.1	1.2

形成五元环比形成六元环更稳定,主要是由于在这些配体中,碳原子为 sp^3 杂化,其键角为 109°28′,与五元环中正五边形的五个原子键角的 108°很接近,张力较小;六元环中正六边形的六个原子键角为 120°,张力较大,稳定性稍差。但是,对于共轭体系的配体,由于其中碳原子为 sp^2 杂化,其键角为 120°,理论上与正六边形的六原子环的键角 120°相等,不会有显著张力,因此也很稳定。

当螯环继续增大时,配合物的稳定性下降。例如, Ca^{2+} 与 EDTA 型配体形成的螯合物,其稳定性随胺的碳数 n 值不同而变化(表 12-7)。当然更大的环也还是可以形成的,如 $NH_2(CH_2)_6NH_2$ 作配体与 Ca^{2+} 可以形成九元环的配离子 $[Ca(NH_2—C_6H_{12}—NH_2)_2]^{2+}$。

$$^-OOCH_2C \diagdown N(CH_2)_nN \diagup CH_2COO^-$$
$$^-OOCH_2C \diagup \qquad \diagdown CH_2COO^-$$

氨基乙酸类物质的结构

表 12-7　金属 EDTA 型配合物的 $\lg K_稳^\ominus$

n	Mg^{2+}	Ca^{2+}	Sr^{2+}	Ba^{2+}
2(全为五元环)	8.7	10.5	8.6	7.3
3(有一个六元环)	6.0	7.1	5.2	4.2
4(有一个七元环)	—	5.0	—	—
5(有一个八元环)	—	4.6	—	—

(2) 螯环的数目。

多齿配体中配位原子都与中心原子键合时,二齿配体与中心原子配位会形成一个螯环,三齿配体形成两个螯环, n 齿配体形成(n−1)个螯环。

实验事实证明,螯合剂中配位原子越多,生成的螯合物中成环数目越多,螯合物就越稳定(表 12-8)。

表 12-8　几种多胺螯合物的 $\lg K_稳^\ominus$

配体	Co^{2+}	Ni^{2+}	Cu^{2+}	Zn^{2+}	Cd^{2+}
en	6.0	7.9	10.3	6.0	5.7
dien	8.1	10.7	16.0	8.9	8.4
trien	10.2	14.0	20.4	12.1	10.8
penten	15.8	19.3	22.4	16.2	16.8

螯合物中成环数目越多,说明与中心原子键合的配位原子越多,配体越难解离下来,螯合物越稳定。

3. 外部条件对配合物稳定性的影响

配合物的稳定性除了受本身组成物质性质的影响外,还受温度、压力等外界条件影响。配位平衡与其他平衡一样,配合物的平衡常数随温度变化而变化。如果某反应在 T_1、T_2 下的稳定常数分别为 $K_1^\ominus$、$K_2^\ominus$,若忽略反应的焓变 $\Delta_r H_m^\ominus$ 随温度的变化,则有关系式

$$\lg \frac{K_2^\ominus}{K_1^\ominus} = \frac{\Delta_r H_m^\ominus}{2.303R}\left(\frac{T_2 - T_1}{T_2 T_1}\right) \tag{12-4}$$

若水溶液中的配合反应为放热反应,则 $\Delta_r H_m^\ominus < 0$,$K_稳^\ominus$ 随温度升高而降低,若为吸热反应,则 $\Delta_r H_m^\ominus > 0$,$K_稳^\ominus$ 随温度升高而升高。

压力对配合物的稳定性也有一定影响。当压力改变不大时,对溶液中配合物的稳定性影响可忽略不计,当压力增到很高时,这种影响不能忽略。例如,当压力从 10 kPa 增大到 20 kPa 时,[FeCl]$^{2+}$的稳定常数可减小为 1/20 左右。

需要指出的是,随着配位化学的不断发展,人们对配合物在溶液中稳定性的认识越来越深

入，取得了相当丰富的研究成果，总结了不少经验和规律。但由于影响配合物稳定性的因素十分复杂，各因素所起作用程度不同，且对不同类型配合物还会变化，因此对配合物稳定性规律的认识不完善，有待进一步研究探讨。

12.1.3　软硬酸碱理论与配离子稳定性

通过 12.1.2 节讨论可知，配合物的稳定性与中心原子的性质、配体及配位原子的性质有关，但不同的金属离子与同一系列的配体生成配合物的稳定性也会有不同的变化规律。例如，Fe^{3+}与卤素离子 X^-形成的配合物稳定性顺序为 $F^- \gg Cl^- > Br^- > I^-$，$Ag^+$与卤素离子 X^-形成的配合物稳定性顺序为 $F^- \ll Cl^- < Br^- < I^-$，因此要求人们在研究配合物稳定性时，将金属离子与配体的性质结合起来考虑，探索它们形成配合物的规律。

1. 软硬酸碱理论及分类

20 世纪 60 年代，美国化学家皮尔逊(Pearson)在阿兰(Ahland)等工作的基础上，根据配合物的稳定性，将中心原子和配体进行分类，以 $CH_3Hg(H_2O)^+$为标准酸测定各种碱和酸的相对亲和力，以此作为分类依据。

软硬酸碱的分类和举例见表 12-9。

表 12-9　部分软硬酸碱和交界酸碱

酸碱类型	物质
软酸	Pd^{2+}, Pt^{2+}, Pt^{4+}, Cu^+, Ag^+, Au^+, Cd^{2+}, Hg^+, Hg^{2+}, Br_2, Br^+, I_2, I^+
交界酸	Fe^{2+}, Co^{2+}, Ni^{2+}, Cu^{2+}, Zn^{2+}, Rh^{3+}, Ir^{3+}, Ru^{3+}, Os^{3+}, Sn^{2+}, Pb^{2+}, Sb^{2+}
硬酸	H^+, Li^+, Na^+, K^+, Be^{2+}, Mg^{2+}, Ca^{2+}, Sr^{2+}, Sc^{3+}, La^{3+}, Ce^{4+}, Gd^{3+}, Lu^{3+}, Th^{4+}, Ti^{4+}, Zr^{4+}, Hf^{4+}, $Cl(Ⅲ)$, $I(Ⅴ)$, $I(Ⅶ)$
软碱	H^-, R^-, C_2H_4, C_6H_6, CN^-, RNC, CO, SCN^-, R_3P, $(RO)_3P$, R_3As, R_2S, RSH, $S_2O_3^{2-}$, I^-
交界碱	$C_6H_5NH_2$, C_5H_5N, N_3^-, N_2, NO_2^-, SO_3^{2-}, Br^-
硬碱	NH_3, RNH_2, N_2H_4, H_2O, OH^-, O^{2-}, ROH, R_2O, CH_3COO^-, CO_3^{2-}, NO_3^-, PO_4^{3-}, SO_4^{2-}, ClO_4^-, F^-

讨论酸碱的软硬度时应当注意，同属一类软硬度也有差异。例如，Cs^+和 Li^+都为硬酸，但 Cs^+的酸性小于 Li^+。同一种元素氧化态不同，软硬度也不同，氧化态高则硬度大，氧化态低则硬度小。例如，Fe^{3+}属于硬酸，而 Fe 属于软酸，Fe^{2+}为交界酸。同理，SO_4^{2-}为硬碱，而 $S_2O_3^{2-}$为软碱，SO_3^{2-}为交界碱。另外，取代基团对酸碱软硬度也会产生影响。例如，BF_3 为硬酸，$B(CH_3)_3$ 为交界酸，BH_3 为软酸；NH_3 为硬碱，$C_6H_5NH_2$ 为交界碱。

2. 软硬酸碱定则及应用

1) 软硬酸碱定则

1963 年，皮尔逊在总结大量化学事实的基础上，得出了一个简单的经验性规则：硬亲硬，软亲软，软硬交界就不管，或简称硬亲硬，软亲软。这一规律称为软硬酸碱原则，简称为 HSAB(hard and soft acids and bases)。该定则的含义为硬酸优先与硬碱配合，软酸优先与软碱配合形成稳定的配合物。而软酸与硬碱或硬酸与软碱之间配合形成的配合物稳定性差。交界酸碱则不管对象是软还是硬都可以配合，其生成的配合物稳定性没有显著差别。从成键类型看，硬酸与硬碱，配合物中的配位键主要形式为离子键；软酸与软碱则以共价键结合。这就是硬亲硬，软亲软的本质。

2) 定则应用

(1) 配合物的稳定性。软硬酸碱定则可以大体上解释配合物的稳定性。例如，上面讨论的 X^- 作为配体时，按 F^-、Cl^-、Br^-、I^- 次序，硬度越来越小，即 F^-、Cl^- 是硬碱，Br^- 为交界碱，而 I^- 为软碱，因此当它们与属于硬酸的 Fe^{3+} 配位时，生成的配合物稳定性越来越差，而与属于软酸的 Ag^+ 配位时，生成的配合物稳定性越来越强。又如，$[Cd(CN)_4]^{2-}$ 和 $[Cd(NH_3)_4]^{2+}$，由于软酸 Cd^{2+} 与软碱 CN^- 的匹配，比软酸 Cd^{2+} 与硬碱 NH_3 的匹配要好，因此稳定性为 $[Cd(CN)_4]^{2-}$ > $[Cd(NH_3)_4]^{2+}$，两种配离子的稳定常数 $K_稳^\ominus$ 分别为 3.6×10^6、1.3×10^{18}，符合软硬酸碱定则。例如，CO 属于软碱，因此它能与属于软酸的过渡金属原子形成稳定的羰基配合物，如 $Fe(CO)_5$、$Ni(CO)_4$、$Cr(CO)_6$ 等。而过渡金属的阳离子(如 Fe^{3+}、Ni^{2+}、Cr^{3+} 等)都为硬酸，很少生成羰基配合物。

(2) 类聚效应。在混合配体的配合物中，某些不同的配体易一起与中心原子形成稳定的配合物。例如，在 $[Co(CN)_5X]^{3-}$ 和 $[CoX(NH_3)_5]^-$ 配合物中，X 代表 F^-、Cl^-、Br^-、I^-，在前一配合物中，稳定性随 X 的原子序数增加而增加，而后一配合物中却恰恰相反。在 $[Co(CN)_5X]^{3-}$ 配离子中，CN^- 属软碱；在 $[CoX(NH_3)_5]^-$ 中，NH_3 为硬碱。同类配体易一起与中心原子形成稳定的配合物，故有上面的配合物稳定性顺序。这种在混配型配合物生成过程中的 "软-软" 或 "硬-硬" 相聚的趋势称为类聚效应。类聚效应的原因为软碱配体容易极化变形，配合后电子对偏向中心原子，使中心原子的软度增加，因而更倾向于配合软碱配体。硬碱配体与中心原子配合时，配位键的电子对偏向配体，中心原子的正电荷仍然保持，因而易于再结合硬碱配体。

软硬酸碱规则基本是经验性的，比较粗糙，缺乏定量的酸碱标度。同时也有例外，如 CN^- 为软碱，既能与软酸 Ag^+ 和 Hg^{2+} 等形成稳定的配离子 $[Ag(CN)_2]^-$、$[Hg(CN)_4]^{2-}$，也能与硬酸 Fe^{3+} 和 Co^{3+} 等形成稳定的配离子 $[Fe(CN)_6]^{3-}$、$[Co(CN)_6]^{3-}$。由于配合物的成键情况比较复杂，人们对软硬酸碱的研究尚不够深入，目前还不能简单地用 "硬亲硬，软亲软" 原则全面概括配离子(配合物)的稳定性。因此，围绕软硬酸碱理论，1983 年帕尔(Parr)和皮尔逊提出了 "绝对硬度" 的概念。此后，还有学者提出最大化学硬度原则(MHP)、最小亲电系数原则(mEP)、最小可极化度原则(mPP)，成为深层次解释酸碱反应发生倾向、酸碱反应选择性的重要依据，此处不再赘述。

12.2　配位平衡的移动

金属离子 M 与配体 L 形成配合物的反应通式为

$$M + nL \rightleftharpoons ML_n$$

上述反应略去了中心离子 M、配体 L、配合物(或配离子) ML_n 所带电荷。这种配位平衡也是一种相对的动态平衡。根据平衡移动原理，改变 M 或 L 的浓度，会使上述平衡发生移动。例如，向上述平衡体系中加入某种试剂，如酸、碱、沉淀剂、氧化剂或还原剂，或其他配位剂，当其与 M 或 L 发生反应时就会导致上述配位平衡发生移动。这一过程涉及配位平衡与其他各种化学平衡相互联系的多重平衡。下面分别予以讨论。

12.2.1　配位平衡与酸碱电离平衡

许多配体(如 CN^-、F^-、CO_3^{2-}、$C_2O_4^{2-}$、EDTA 等)是弱酸根或有机弱酸根。当向溶液中加酸时,它们将生成弱酸而降低本身参与配位反应的平衡浓度,使配位平衡向左移动,不利于配合物的形成,这就是配合物的酸效应。例如,$[Fe(CN)_6]^{3-}$ 在强酸性溶液中会发生如下反应:

$$[Fe(CN)_6]^{3-} \rightleftharpoons Fe^{3+} + 6CN^-$$
$$+$$
$$6H^+ \rightleftharpoons 6HCN$$

增大溶液的 pH,有利于减小酸效应的影响,但对配离子中金属离子来说,将产生其他的影响。随着溶液 pH 的增大,OH^-浓度的增加会促使生成溶度积小的金属氢氧化物沉淀,即加剧金属离子的水解反应。例如,$[FeF_6]^{3-}$的 Fe^{3+}易水解生成 $Fe(OH)_3$ 沉淀,pH 越大,$[FeF_6]^{3-}$解离越彻底,此过程可以用如下反应式表示

$$[FeF_6]^{3-} \rightleftharpoons 6F^- + Fe^{3+}$$
$$+$$
$$3OH^- \rightleftharpoons Fe(OH)_3 \downarrow$$

配离子中金属离子的水解反应导致配离子解离,使配离子稳定性降低,这种作用称为水解效应。在 pH 一定的溶液中,配体的酸效应和金属离子的水解效应同时存在,配位平衡将发生移动,对配离子的稳定性产生影响。

从上述两种效应来看,酸度对配合物稳定性的影响是复杂的,既要考虑配体的酸效应,又要考虑金属离子的水解效应,而酸效应和水解效应两者的作用刚好相反,所以在考虑酸度对配合物稳定性的影响时要全面地考虑这些因素。两者影响的相对大小取决于配合物的稳定常数、配体碱性强弱及金属离子氢氧化物的溶度积大小。实际上,一般以酸效应为主,在保证不生成氢氧化物沉淀的前提下,尽可能增大溶液的 pH,以保证配合物的稳定性;一般每种配合物均有其最适宜的酸度范围,调节溶液的 pH 可导致配合物的形成或破坏,这在生产实际中应用广泛。

12.2.2　配位平衡与沉淀溶解平衡

一些难溶盐往往因形成配合物而溶解,如 AgCl 固体溶于氨水生成$[Ag(NH_3)_2]^+$。相反,因为沉淀剂的加入,许多配合物生成沉淀而解离,如$[Ag(NH_3)_2]^+$溶液中加入 KI 溶液,因生成难溶的 AgI 而导致配离子的稳定性被破坏。因此,配位平衡与沉淀溶解平衡之间相互转化的可能性,可通过配合物的稳定常数及难溶盐的溶度积进行计算以做出判断。沉淀溶解平衡对配位平衡的影响看作是沉淀剂与配体共同争夺金属离子的过程。

例如,在$[Cu(NH_3)_4]^{2+}$配离子的溶液中加入 Na_2S 溶液:

$$[Cu(NH_3)_4]^{2+} + S^{2-} \rightleftharpoons CuS \downarrow + 4NH_3$$

该反应的平衡常数为

$$K^{\ominus} = \frac{[NH_3]^4}{[Cu(NH_3)_4^{2+}][S^{2-}]}$$

$$= \frac{[Cu^{2+}][NH_3]^4}{[Cu(NH_3)_4^{2+}][S^{2-}][Cu^{2+}]} = \frac{1}{K^{\ominus}_{稳} \cdot K^{\ominus}_{sp}} = 7.6 \times 10^{21}$$

该反应的平衡常数很大，正向反应可以进行得很完全。

再如，用浓氨水溶解氯化银沉淀：

$$AgCl(s) + 2NH_3 \rightleftharpoons [Ag(NH_3)_2]^+ + Cl^-$$

该反应的平衡常数为

$$K^{\ominus} = \frac{[Ag(NH_3)_2^+][Cl^-]}{[NH_3]^2}$$

$$= \frac{[Ag(NH_3)_2^+][Cl^-][Ag^+]}{[Ag^+][NH_3]^2} = K^{\ominus}_{稳} \cdot K^{\ominus}_{sp} = 3.0 \times 10^{-3}$$

从 $K^{\ominus}$ 值来看，上述反应进行的程度不大，因此欲使 AgCl 沉淀溶解应加入浓氨水，促使反应正向进行。

综上所述，决定上述反应方向的是配离子的稳定常数和难溶电解质溶度积的相对大小及配体和沉淀剂的浓度。当配合物的 $K^{\ominus}_{稳}$ 大，沉淀的 $K^{\ominus}_{sp}$ 也大时，有利于沉淀溶解平衡向配位平衡移动，即沉淀溶解生成配合物；当配合物的 $K^{\ominus}_{稳}$ 小，沉淀的 $K^{\ominus}_{sp}$ 也小时，有利于配位平衡向沉淀溶解平衡移动，即配合物被破坏而生成沉淀。

【例 12-2】　在【例 12-1】含[Cu(NH$_3$)$_4$]$^{2+}$的溶液中(1) 加入 2.0 mol · L^{-1} NaOH 溶液 5.0 mL，有无Cu(OH)$_2$ 沉淀生成？ (2) 加入 0.50 mol · L^{-1}Na$_2$S 溶液 2.0 mL，有无 CuS 沉淀生成？

解　已知[Cu(NH$_3$)$_4$]$^{2+}$的 $K^{\ominus}_{稳}=4.8 \times 10^{12}$, Cu(OH)$_2$ 的 $K^{\ominus}_{sp}=2.2 \times 10^{-20}$, CuS 的 $K^{\ominus}_{sp}=6.3 \times 10^{-36}$, NH$_3$ · H$_2$O 的 $K^{\ominus}_b = 1.8 \times 10^{-5}$。

(1) 在原 1 L 的氨水溶液中，计算得

[NH$_3$] = 3.6 mol · L^{-1};　[Cu(NH$_3$)$_4^{2+}$] = 0.10 mol · L^{-1}, [Cu^{2+}] = 1.2× 10^{-16} mol · L^{-1}

加入 2.0 mol · L^{-1} NaOH 溶液 5.0 mL 后，假如刚加入时反应还未进行，相当于稀释：

$$c(NaOH) = \frac{2.0 \times 5.0 \times 10^{-3}}{1 + 5.0 \times 10^{-3}} \approx 0.010(mol \cdot L^{-1})$$

从严格意义上讲，此时溶液的酸碱性应为强碱与弱碱的混合溶液，溶液中[OH$^-$]来自于NaOH 完全解离及弱碱 NH$_3$ · H$_2$O 部分解离之和。[OH$^-$] $\approx c$(NaOH) = 0.010 mol · L^{-1}，若需准确，可参见分析化学相关内容。

$$[Cu^{2+}][OH^-]^2 = 1.2 \times 10^{-16} \times (0.010)^2 = 1.2 \times 10^{-20} < K^{\ominus}_{sp} (Cu(OH)_2)$$

因此，无 Cu(OH)$_2$ 沉淀生成。

(2) 加入 0.50 mol · L^{-1} Na$_2$S 溶液 2.0 mL，在氨水溶液中不考虑 S^{2-}水解，溶液中[S^{2-}]为

$$[S^{2-}] = \frac{0.50 \times 2.0 \times 10^{-3}}{1 + 2.0 \times 10^{-3}} \approx 1.0 \times 10^{-3} (mol \cdot L^{-1})$$

$$[Cu^{2+}][S^{2-}] = 1.2 \times 10^{-16} \times 1.0 \times 10^{-3} = 1.2 \times 10^{-19} > K_{sp}^{\ominus}(CuS)$$

因此，有 CuS 沉淀生成。假如 Na₂S 的量足够，就可使配离子[Cu(NH₃)₄]²⁺完全破坏，全部转化为 CuS 沉淀。

【例 12-3】 (1) 欲使 0.10 mmol 的 AgCl 完全溶解，生成[Ag(NH₃)₂]⁺，最少需要 1.0 mL 多大浓度的氨水？ (2) 欲使 0.10 mmol 的 AgI 完全溶解，最少需要 1.0 mL 多大浓度的氨水？需要 1.0 mL 多大浓度的 KCN 溶液？

解 (1) 假设 0.10 mmol AgCl 被 1.0 mL 氨水恰好完全溶解，则 $[Ag(NH_3)_2^+] = [Cl^-] = 0.10 \, mol \cdot L^{-1}$，若氨水的平衡浓度为 x，则

$$AgCl + 2NH_3 \rightleftharpoons [Ag(NH_3)_2]^+ + Cl^-$$
$$\qquad\qquad x \qquad\qquad 0.10 \qquad\quad 0.10$$

$$\frac{[Ag(NH_3)_2^+][Cl^-]}{[NH_3]^2} = \frac{0.10 \times 0.10}{x^2} = K_{稳}^{\ominus} \cdot K_{sp}^{\ominus} = 3.0 \times 10^{-3}$$

$$x = 1.83 \, mol \cdot L^{-1}$$

这一浓度是维持平衡所需的[NH₃]，另外生成 0.10 mmol[Ag(NH₃)₂]⁺还需消耗(0.10×2)mmol NH₃，故共需要 NH₃ 的量为 1.83 + 0.20 = 2.03(mmol)。即最少需要 1.0 mL 浓度为 2.03 mol · L⁻¹ 的氨水。

(2) 同理可计算出溶解 AgI 所需要氨的浓度是 $2.7 \times 10^3 \, mol \cdot L^{-1}$，氨水实际上不可能达到这样的浓度，所以 AgI 沉淀不能被氨水溶解。若改用 KCN 溶液，可计算溶解沉淀所需的最低 KCN 浓度：

$$AgI + 2CN^- \rightleftharpoons [Ag(CN)_2]^- + I^-$$
$$\qquad\qquad x \qquad\qquad 0.10 \qquad\quad 0.10$$

$$\frac{[Ag(CN)_2^-][I^-]}{[CN^-]^2} = \frac{0.10 \times 0.10}{x^2} = K_{稳}^{\ominus} \cdot K_{sp}^{\ominus} = 3.7 \times 10^4$$

$$x = [CN^-] = 5.2 \times 10^{-4} \, mol \cdot L^{-1}$$

因此，共需 CN⁻的量为 $5.2 \times 10^{-4} + 0.20 \approx 0.20$(mmol)，即 1.0 mL 浓度为 0.20 mol · L⁻¹ 的 KCN。结果表明 AgI 沉淀可溶于 KCN 溶液。

12.2.3 配位平衡与氧化还原平衡

配位反应的发生可使溶液中的金属离子的浓度降低，从而改变了金属离子的氧化还原能力。例如，溶液中 Cu⁺是不稳定的，易发生歧化反应，若在溶液中加入 KCN，则由于形成了[Cu(CN)₂]⁻使溶液中[Cu⁺]大大降低，从而使电极电势降低，使溶液中的 Cu(Ⅰ)趋于稳定。配合反应不仅能改变金属离子的稳定性，还能改变氧化还原的方向，或者阻止某些氧化还原反应的发生。例如，Fe³⁺可以氧化 I⁻，

$$2Fe^{3+} + 2I^- === 2Fe^{2+} + I_2$$

若在溶液中加入 F 后，由于生成了较稳定的[FeF$_6$]$^{3-}$配离子，使溶液中[Fe^{3+}]大大降低，导致电对的 E 值大大下降，从而使上述反应逆向进行。

【例 12-4】 已知 $E^{\ominus}$(Ag$^+$/Ag) = 0.80 V，[Ag(NH$_3$)$_2$]$^+$ 的 $K^{\ominus}_{稳}$ = 1.1×10^7，计算 298.15 K 时，电对 [Ag(NH$_3$)$_2$]$^+$/Ag 的标准电极电势。

解 利用 $E^{\ominus}$(Ag$^+$/Ag)来计算另一电对[Ag(NH$_3$)$_2$]$^+$/Ag 的标准电极电势，可以认为是在原电对 Ag$^+$/Ag 的溶液中加入 NH$_3\cdot$H$_2$O 得到的电对[Ag(NH$_3$)$_2$]$^+$/Ag 的溶液。在加入 NH$_3\cdot$H$_2$O 过程中，游离的 Ag$^+$浓度不断下降，根据能斯特方程，电极电势 E 为

$$E = E^{\ominus}_{\text{Ag}^+/\text{Ag}} + 0.059\lg[\text{Ag}^+]$$

$$= E^{\ominus}_{\text{Ag}^+/\text{Ag}} + 0.059\lg\frac{[\text{Ag(NH}_3)_2^+]}{[\text{NH}_3]^2\cdot K^{\ominus}_{稳}}$$

在平衡时，当溶液中[Ag(NH$_3$)$_2^+$]、[NH$_3$]均达到 1.0 mol·L^{-1}，实际上该溶液已转化成电对 [Ag(NH$_3$)$_2$]$^+$/Ag 的溶液，其电极反应为

$$[\text{Ag(NH}_3)_2]^+ + \text{e}^- \Longleftrightarrow \text{Ag} + 2\text{NH}_3$$

根据定义，溶液中参与电极反应的物质浓度均为 1.0 mol·L^{-1}，按上式计算的 E 实质上就是[Ag(NH$_3$)$_2$]$^+$/Ag 电对的标准电极电势，即

$$E^{\ominus}_{[\text{Ag(NH}_3)_2]^+/\text{Ag}} = E = E^{\ominus}_{\text{Ag}^+/\text{Ag}} + 0.059\lg\frac{[\text{Ag(NH}_3)_2^+]}{[\text{NH}_3]^2\cdot K^{\ominus}_{稳}}$$

$$= 0.80 + 0.059\lg\frac{1.0}{1.0^2\times1.1\times10^7} = 0.38(\text{V})$$

从计算结果可以看出，当金属离子形成配合物后，其电极电势一般变小，因而金属离子得电子的能力减弱，使其不易被还原为金属，增加了金属离子的稳定性，而相应的金属单质的还原性增强。例如，金和铂不与硝酸反应，但可与王水反应。

$$\text{Au} + \text{HNO}_3 + 4\text{HCl} \Longleftrightarrow \text{H[AuCl}_4] + \text{NO}\uparrow + 2\text{H}_2\text{O}$$

$$3\text{Pt} + 4\text{HNO}_3 + 18\text{HCl} \Longleftrightarrow 3\text{H}_2[\text{PtCl}_6] + 4\text{NO}\uparrow + 8\text{H}_2\text{O}$$

上述两个反应能顺利进行，就是由于配离子[AuCl$_4$]$^-$ 与[PtCl$_6$]$^{2-}$ 的生成，使 Au、Pt 的还原性增强，从而被氧化。在通常情况下，氧不能氧化金，但在 NaCN 存在下，氧能使金发生下列反应：

$$2\text{Au} + 4\text{CN}^- + 1/2\,\text{O}_2 + \text{H}_2\text{O} \Longleftrightarrow 2[\text{Au(CN)}_2]^- + 2\text{OH}^-$$

这可用下列电对的标准电极电势来说明。$E^{\ominus}$(Au$^+$/Au) = 1.69 V，$E^{\ominus}$(O$_2$/OH$^-$) = 0.40 V，前者电极电势大于后者，故氧不能将金氧化。但在 NaCN 存在下由于形成了[Au(CN)$_2$]$^-$配离子，改变了电极电势，$E^{\ominus}$([Au(CN)$_2$]$^-$/Au) = –0.57 V，$E^{\ominus}$(O$_2$/OH$^-$) – $E^{\ominus}$([Au(CN)$_2$]$^-$/Au) > 0 而使该氧化反应得以顺利进行，工业上就是利用该反应富集提取金矿中的金。

上面讨论的是金属离子与其单质组成的电对形成配合物后电极电势的变化情况。可见，对

于不同氧化数的金属离子电对 Co^{3+}/Co^{2+} 及其氨配合物组成电对 $[Co(NH_3)_6]^{3+}/[Co(NH_3)_6]^{2+}$ 的 $E^{\ominus}$ 值, 前者的正值比后者要大得多, 这说明 Co(Ⅲ)形成配合物后的氧化能力降低。但对电对 Fe^{3+}/Fe^{2+} 及其邻二氮菲配合物电对来说, 前者的 $E^{\ominus}$ 正值比后者要小, 这说明 Fe(Ⅲ)形成配合物后氧化能力增强。以上两种是截然相反的情况, 主要是由它们的相应配合物稳定性的差异所造成的。

设同一金属 M 的两种不同氧化数离子构成的电对为 $M^{m+}/M^{n+}(m>n)$, 中性配体 L 与 M 均形成配位数都为 a 的配合物, 其电对的标准电极电势和配合物的稳定常数间存在下列关系:

$$E^{\ominus}_{ML_a^{m+}/ML_a^{n+}} = E^{\ominus}_{M^{m+}/M^{n+}} + \frac{0.059}{m-n}\lg\frac{K^{\ominus}_{稳}(ML_a^{n+})}{K^{\ominus}_{稳}(ML_a^{m+})}$$

从上式可知, 若低氧化数离子配合物的 $K^{\ominus}_{稳}$ 大于高氧化数离子配合物的 $K^{\ominus}_{稳}$ 时, 配合物电对的 $E^{\ominus}$ 值将大于金属离子电对的 $E^{\ominus}$; 若高氧化数离子配合物的 $K^{\ominus}_{稳}$ 大于低氧化数离子配合物的 $K^{\ominus}_{稳}$ 时, 则配合物电对的 $E^{\ominus}$ 值将小于金属离子电对的 $E^{\ominus}$。

12.2.4　配位平衡与配位平衡之间的转化

配合物的大多数性质都与取代反应有关, 这种取代反应包括新配体取代原有的配体(称为配体取代)和新金属离子取代原有的金属离子(称为金属离子取代)。例如,

$$[Fe(SCN)_6]^{3-} + 6F^- \rightleftharpoons [FeF_6]^{3-} + 6SCN^-$$

如果考虑到在水溶液中的金属离子已经是以水为配体的配离子, 那么配位反应的实质就是配体取代反应, 如

$$[Cu(H_2O)_4]^{2+} + 4NH_3 \rightleftharpoons [Cu(NH_3)_4]^{2+} + 4H_2O$$

配体取代反应进行的程度和方向由其平衡常数决定, 而该平衡常数可由两种配合物的稳定常数求得。例如,

$$[Mn(en)_3]^{2+} + Ni^{2+} \rightleftharpoons [Ni(en)_3]^{2+} + Mn^{2+}$$

该反应的平衡常数为

$$K^{\ominus} = \frac{[Ni(en)_3^{2+}][Mn^{2+}]}{[Mn(en)_3^{2+}][Ni^{2+}]} = \frac{[Ni(en)_3^{2+}][Mn^{2+}][en]^3}{[Ni^{2+}][Mn(en)_3^{2+}][en]^3} = \frac{K^{\ominus}_{稳}[Ni(en)_3^{2+}]}{K^{\ominus}_{稳}[Mn(en)_3^{2+}]}$$

已知 $K^{\ominus}_{稳}[Ni(en)_3^{2+}] = 10^{18.33}$, $K^{\ominus}_{稳}[Mn(en)_3^{2+}] = 10^{5.67}$, 代入上式得

$$K^{\ominus} = 10^{12.66} = 4.57\times10^{12}$$

由 $K^{\ominus}$ 值可看出上述取代反应进行的程度很大, 在含 $[Mn(en)_3]^{2+}$ 配离子的溶液中加入足够的 Ni^{2+} 时, $[Mn(en)_3]^{2+}$ 可完全转化为 $[Ni(en)_3]^{2+}$。平衡常数的大小取决于两个配合物各自稳定常数的相对大小, 稳定常数相差越大, 转化反应进行得越完全。只有当生成的新配合物比原来的配合物更稳定时, 取代反应才可以发生。

12.3　配合物的取代反应与配合物的"活动性"

在水溶液中, 配合物可以发生多种类型的化学反应, 如配合物的取代反应、氧化还原反

应、分子重排反应及配合物本身结构发生变化的反应等。但最常见、研究得最多的是前两种反应类型。

配合物的取代反应(substitution reactions)是指配合物中原有的金属-配体键发生断裂并生成新的金属-配体键的反应。配合物的活性和惰性与热力学上的稳定性和不稳定性是两种不同的概念。配合物的活性和惰性指的是动力学性质，它取决于该配合物与活化配合物之间的能量差即活化能。配合物的稳定性和不稳定性指的是配合物的热力学性质，它取决于反应物和产物的能量差，即反应能。

活性与惰性之间没有严格的界定，1952 年陶比(Taube)提出，在 298 K，各反应物的浓度为 $0.1\ mol \cdot L^{-1}$ 时，配合物的取代反应若在 1 min 内能完成，称为活性配合物，若大于 1 min，则称为惰性配合物。反应的快慢以反应速率常数 k 表示，k 越大，取代反应速率越快。

配合物的稳定性、不稳定性与其惰性、活性之间也没有必然的规律。虽然常发现热力学上稳定的配合物在动力学上可能是惰性的，而热力学上不稳定的配合物往往在动力学上是活性的，但也存在取代反应中是活性的配合物，有可能是热力学稳定的配合物；反之，惰性配合物也有可能是热力学不稳定的配合物。例如，在水溶液中如果用含放射性碳 ^{14}C 标记的氰离子研究四氰合镍(Ⅱ)中 CN^- 的取代反应：

$$[Ni(CN)_4]^{2-} + 4H_2O \rightleftharpoons [Ni(H_2O)_4]^{2+} + 4CN^-$$

取代反应仅需 30 s，说明 $[Ni(CN)_4]^{2-}$ 是活性配合物；然而，$[Ni(CN)_4]^{2-}$ 配离子在热力学上是稳定的低自旋配离子，上述反应的平衡常数 $\lg K^{\ominus} = -22$。

$[Co(NH_3)_6]^{3+}$ 在酸性溶液中用 Cl^- 取代：

$$[Co(NH_3)_6]^{3+}(橙黄) + H^+ + Cl^- \rightleftharpoons [Co(NH_3)_5Cl]^{2+}(紫红) + NH_4^+$$

反应必须在 $6\ mol \cdot L^{-1}$ 盐酸溶液中加热几个小时，才有$[Co(NH_3)_5Cl]^{2+}$生成的明显现象，反应很慢，这说明$[Co(NH_3)_6]^{3+}$是惰性配合物，但它却是热力学不稳定的配合物。

在大量研究 Pt(Ⅱ)配合物取代反应的基础上，1926 年苏联学者契尔纳耶夫(Черняев)提出了著名的反位效应理论。反位效应指出：在配合物内界中，某配体对其反位基团有活化作用，即可加速其反位基团被取代的作用，这是一种动力学现象。对于 Pt(Ⅱ)配合物的取代反应，已由实验总结出的动力学反位效应的强弱顺序为

$$CN^- \sim CO \sim C_2H_4 > H^- \sim NO \sim PR_3 > [SC(NH_2)_2] \sim SR_2 \sim CH_3^- > NO_2^- \sim I^- \sim C_6H_5^- \sim$$

$$SCN^- > Br^- > Cl^- > Py > RNH_2 \sim NH_3 > F^- > OH^- > H_2O$$

反位效应规律具有一定的实用价值，它可以指导、预测各种化合物的合成。例如，*cis*-$[PtCl_2(NH_3)_2]$是以$[PtCl_4]^{2-}$为原料，以两分子氨取代而制得：

因为 Cl^- 比 NH_3 具有较大的反位效应，所以第二个 NH_3 进入与 Cl^- 反位的另一个 Cl^- 的位置上，因而生成顺式异构体。*trans*-$[PtCl_2(NH_3)_2]$是以$[Pt(NH_3)_4]^{2+}$为原料，以两个 Cl^- 取代而制得，反应如下：

$$[Pt(NH_3)_4]^{2+} \xrightarrow{Cl^-} \begin{bmatrix} H_3N & & NH_3 \\ & Pt & \\ H_3N & & Cl \end{bmatrix}^+ \xrightarrow{Cl^-} \begin{bmatrix} NH_3 & & Cl \\ & Pt & \\ Cl & & NH_3 \end{bmatrix} \quad (trans)$$

因为 Cl⁻的反位效应大于 NH₃，第二个 Cl⁻进入第一个 Cl⁻的反位，所以生成 *trans*-[PtCl₂(NH₃)₂]。

若以[PtCl₄]²⁻为原料，合成[PtBrCl(NH₃)(Py)]的 3 种异构体，根据反位效应的顺序 Br⁻>Cl⁻>Py>NH₃，可通过以下合成路线来制得。反应如下：

a. $[PtCl_4]^{2-} \xrightarrow[(1)]{2NH_3} \begin{bmatrix} Cl & & NH_3 \\ & Pt & \\ Cl & & NH_3 \end{bmatrix} \xrightarrow[(2)]{Py} \begin{bmatrix} Py & & NH_3 \\ & Pt & \\ Cl & & NH_3 \end{bmatrix}^+ \xrightarrow[(3)]{Br^-} \begin{bmatrix} Py & & Br \\ & Pt & \\ Cl & & NH_3 \end{bmatrix}$

b. $[PtCl_4]^{2-} \xrightarrow[(1)]{NH_3} \begin{bmatrix} Cl & & NH_3 \\ & Pt & \\ Cl & & Cl \end{bmatrix} \xrightarrow[(2)]{Br^-} \begin{bmatrix} Br & & NH_3 \\ & Pt & \\ Cl & & Cl \end{bmatrix} \xrightarrow[(3)]{Py} \begin{bmatrix} Br & & NH_3 \\ & Pt & \\ Cl & & Py \end{bmatrix}$

c. $[PtCl_4]^{2-} \xrightarrow[(1)]{Py} \begin{bmatrix} Cl & & Py \\ & Pt & \\ Cl & & Cl \end{bmatrix} \xrightarrow[(2)]{Br^-} \begin{bmatrix} Cl & & Py \\ & Pt & \\ Cl & & Br \end{bmatrix} \xrightarrow[(3)]{NH_3} \begin{bmatrix} NH_3 & & Py \\ & Pt & \\ Cl & & Br \end{bmatrix}$

上述反应中 a(3)、b(3)、c(3)反应遵循反位效应规律，但 a(2)反应明显违反这一规律，因反位效应 Cl⁻>NH₃，应是 Py 取代 NH₃，而此处恰恰相反。这说明除考虑反位效应以外，还要考虑各种 Pt—L(配体)键的相对稳定性。对 Pt(Ⅱ)配合物而言，Pt(Ⅱ)—X 键比 Pt(Ⅱ)—N 键更活泼。因此，在 a(2)、b(2)、c(2)反应中，氯离子比含氮原子配体(NH₃、Py)更易被取代。必须指出，反位效应的顺序是一个经验规律，至今尚未找到一个对一切金属配合物通用的各种配体的反位顺序。即使对于 Pt(Ⅱ)，也不是所有的配合物反应都严格遵循反位效应规律，详细研究过的大约 120 个 Pt(Ⅱ)配合物反应中，约有 80 个反应严格遵循该规则，其余的反应并不严格遵循。此外，反位效应也存在于八面体配合物中，但不及平面正方形配合物那样明显和典型。

12.4　配位化合物的应用

有关配位化合物的应用研究已成为当代化学的前沿领域之一，它的发展打破了传统的无机化学和有机化学之间的界限，其独特的性能在生产实践中取得了重大应用。

12.4.1　在分析化学方面

除乙二胺四乙酸(EDTA)的配位滴定法、分光光度法得到广泛应用外，配合物在其他方面也有较多的应用。

1. 离子的鉴定

通过形成有色配离子鉴定离子。例如，在溶液中 NH_3 与 Cu^{2+} 能形成深蓝色的 $[Cu(NH_3)_4]^{2+}$，借此配位反应可鉴定 Cu^{2+}。

通过形成难溶有色配合物鉴定离子。例如，前文提及的丁二酮肟在弱碱性介质中与 Ni^{2+} 可形成鲜红色的难溶二酮肟合镍(Ⅱ)沉淀，借此可以鉴定、测定 Ni^{2+}。

2. 离子的分离

在含有 Zn^{2+} 与 Al^{3+} 的溶液中加入过量浓氨水，可达到分离目的：

$$Zn^{2+}、Al^{3+} \xrightarrow{\text{过量浓氨水}} \begin{cases} [Zn(NH_3)_4]^{2+} \ (aq) \\ Al(OH)_3 \downarrow \quad (s) \end{cases}$$

3. 离子的掩蔽

例如，加入配位剂 KSCN 鉴定 Co^{2+} 时，发生下列反应：

$$[Co(H_2O)_4]^{2+} + 4SCN^- \xrightarrow{\text{丙酮}} [Co(SCN)_4]^{2-} + 4H_2O$$
$$\text{(粉红)} \qquad\qquad\qquad\qquad \text{(纯蓝)}$$

但是如果溶液中同时含有 Fe^{3+} 时，Fe^{3+} 也可与 SCN^- 反应形成血红色的 $Fe(SCN)^{2+}$，干扰 Co^{2+} 的鉴定。若事先在溶液中先加入足量的掩蔽剂 NaF(或 NH_4F)，Fe^{3+} 形成更稳定的无色配离子 FeF_6^{3-}，这样就可以消除 Fe^{3+} 对鉴定 Co^{2+} 的干扰。在分析化学上，这种排除干扰作用的效应称为掩蔽效应，所用的配位剂称为掩蔽剂。

12.4.2　在化工催化方面

在有机合成中，利用配位反应而产生的催化作用称为配位催化。其含义是指单体分子先与催化剂活性中心配合，接着在配位界内进行反应。由于催化活性高、选择性专一及反应条件温和，配合物被广泛应用于石油化学工业生产中。例如，用 Wacker 法由乙烯制备乙醛采用 $PdCl_2$ 和 $CuCl_2$ 的稀盐酸溶液催化，借助 $[PdCl_3(C_2H_4)]^-$ 等中间产物的形成，使 C_2H_4 分子活化，在常温常压下乙烯就能比较容易地氧化生成乙醛，转化率高达 95%，其反应式为

$$C_2H_4 + \frac{1}{2}O_2 \xrightarrow{PdCl_2+CuCl_2} CH_3CHO$$

此外，齐格勒-纳塔聚合催化剂是金属铝和钛的配合物，用于乙烯的低压聚合，这项研究成果使数千种聚乙烯物品成为日常用品。

12.4.3　在冶金工业方面

1. 高纯金属的制备

绝大多数过渡元素都能与一氧化碳形成金属羰基配合物。与常见的相应金属化合物相比，它们容易挥发，受热易分解为金属和一氧化碳。利用上述特性，工业上采用羰基化精炼技术制备高纯金属。先将含有杂质的金属制成羰基配合物并使之挥发，与杂质分离；然后加热分解即可制得纯度极高的金属。例如，制造铁心和催化剂用的高纯铁粉正是采用这种技术

生产的：

$$Fe + 5CO \xrightarrow[20\,MPa]{200℃} [Fe(CO)_5] \xrightarrow{200\sim250℃} 5CO + Fe$$

　(细粉)　　　　　　　　　　　　　　　　　　　　　(高纯)

由于金属羰基配合物大多具有剧毒且易燃，在制备和使用时应特别注意安全。

　　2. 贵金属的提取

　　众所周知，贵金属难以氧化，从其矿石中提取有困难。但是当有合适的配位剂存在时，如在 NaCN 溶液中，由于 $E^{\ominus}([Au(CN)_2]^-/Au)$ 值比 $E^{\ominus}(O_2/OH^-)$ 值小很多，Au 还原性增强，易被 O_2 氧化，生成 $[Au(CN)_2]^-$ 而溶解，然后再用锌粉从溶液中置换出 Au。

12.4.4　在生物医药、生命科学方面

　　生物体内各种各样起特殊催化作用的酶，氧化还原酶、转移酶、水解酶、异构化酶、裂解酶和连接酶，几乎都与有机金属配合物密切相关。例如，动物体内储存或输运氧分子的血红素(Heme)就是铁与卟啉衍生物形成的配合物的总称，植物进行光合作用所必备的叶绿素是以 Mg^{2+} 为中心的卟啉环配合物。植物固氮酶是铁、铜的蛋白质配合物。

　　在医学上，常利用配位反应治疗人体中某些元素的中毒。例如，EDTA 的钙盐是人体铅中毒的高效解毒剂。对于铅中毒患者，可注射溶于生理盐水或葡萄糖溶液的 $Na_2[Ca(EDTA)]$（简写为 Na_2CaY）是因为：

$$Pb^{2+} + CaY^{2-} \longrightarrow Ca^{2+} + PbY^{2-}$$

PbY^{2-} 及剩余的 Na_2CaY 均可随尿液排出体外，从而达到解铅毒的目的。另外，治疗糖尿病的胰岛素、治疗血吸虫病的酒石酸锑钾及抗癌药顺铂、二氮茂钛等都属于配合物。现已证实多种顺铂 $[PtCl_2(NH_3)_2]$ 及其某些类似物对子宫癌、肺癌、睾丸癌有明显疗效。除了上面介绍的二价铂类抗癌药物之外，人们已经发现配合物 $[Au(CN)_2]^-$ 有抗病毒作用，以及四价铂、四价钛、三价钌等配合物也具有很好的抗癌活性，相关研究目前正在进行中，期待在不久的将来能有新的突破。

12.4.5　在功能材料科学方面

　　1. 非线性光学材料

　　当外加高强度的电磁场(如激光等)与物质发生相互作用时，由于电磁场会诱导分子发生极化，从而产生不同于原来电磁场(入射光)频率、相位、振幅等物理性质的新的电磁场，这一现象称为非线性光学(non-linear optical，NLO)效应，具有该性质的物质称为非线性光学材料。例如，含有羰基和取代吡啶配体(简写 L)的钨配合物 $[W(CO)_5L]$，4,4′-乙基对硝基苯吡啶或 4,4′-乙基-(N,N-二甲基)苯胺吡啶，八面体型二价钌配合物 $[Ru(NH_3)_4L]^{3+}$（L 为 4-N-甲基-联吡啶季铵盐)，锌的卟啉类配合物，钴、镍、铜等与席夫碱衍生物的配合物都具有很好的性能。

　　非线性光学材料在激光倍频、激光影视、激光印刷等现代激光技术，在军事上应用的光学限制器，以及在光通信、光信号处理、信息储存等方面都有广泛的应用，因此相关研究受到了广大科学工作者越来越多的关注。

2. 稀土配合物发光材料

我国稀土资源丰富，广大科学工作者在稀土的萃取、分离、纯化，以及稀土金属配合物的制备、结构、催化性能等方面开展了一系列系统而深入的研究工作，得到了许多国际同行认可和赞许的成果。

常见发光材料有 Tb^{3+}、Eu^{3+}、Sm^{3+}、Dy^{3+} 的配合物，稀土金属离子与过渡金属配合物中的过渡金属离子不一样，一般趋向于形成高配位数(≥ 6)的配合物。目前报道的用于稀土配合物发光研究的有机配体种类很多，包括三苯基氧磷类单齿、联吡啶类和 β-二酮类双齿及大环类、冠醚类多齿配体等。

值得注意的是，某些配合物具有特殊光电、热磁等功能，这对于电子、激光和信息等高新技术的开发具有重要的意义。

习 题

12-1 试解释下列现象。

(1) 在含有[Cu(NH₃)₄]²⁺的溶液中加入 6 mol·L⁻¹ H₂SO₄，溶液由深蓝色转变为浅蓝色；

(2) 衣服上沾有黄色铁锈斑点，清洗时可用草酸除去。

12-2 将 40.0 mL 0.10 mol·L⁻¹AgNO₃ 溶液和 20.0 mL 6.0 mol·L⁻¹ 氨水混合并稀释至 100 mL。试计算：

(1) 平衡时溶液中 Ag⁺、[Ag(NH₃)₂]⁺和 NH₃ 的浓度；

(2) 在 100 mL 稀释液中，加入 0.010 mol KCl 固体，是否有 AgCl 沉淀产生？

(3) 若要防止 AgCl 沉淀生成，在(2)所得的溶液中还应加入 12.0 mol·L⁻¹ 氨水多少毫升？

12-3 (1) 在两份 0.10 mol·L⁻¹ K[Ag(CN)₂]溶液中，分别加入 KCl、KI 固体，使 Cl⁻或 I⁻的浓度为 1.0×10⁻² mol·L⁻¹，能否产生 AgCl 或 AgI 沉淀？

(2) 如果在 0.10 mol·L⁻¹ K[Ag(CN)₂]溶液中，加入 KCN 固体使游离的[CN⁻] = 0.10 mol·L⁻¹，然后再分别加入 KI 或 Na₂S 固体，使 I⁻或 S²⁻的浓度为 0.10 mol·L⁻¹，能否产生 AgI 或 Ag₂S 沉淀？

12-4 已知：Cu⁺ + e⁻ == Cu，$E^\ominus$(Cu⁺/Cu) = 0.52 V；

[Cu(NH₃)₂]⁺ + e⁻ == Cu + 2NH₃，$E^\ominus$([Cu(NH₃)₂]⁺/Cu) = −0.11 V。

试计算[Cu(NH₃)₂]⁺ == Cu⁺ + 2NH₃ 的 $K^\ominus_{不稳}$。

12-5 计算下列反应的平衡常数，并预测它们在标准状态下的反应方向：

(1) [Ag(CN)₂]⁻ + 2NH₃ ⇌ [Ag(NH₃)₂]⁺ + 2CN⁻

(2) [FeF₆]³⁻ + 6CN⁻ ⇌ [Fe(CN)₆]³⁻ + 6F⁻

(3) [Ag(S₂O₃)₂]³⁻ + Cl⁻ ⇌ AgCl(s) + 2S₂O₃²⁻

(4) [Cu(NH₃)₄]²⁺ + S²⁻ ⇌ CuS(s) + 4NH₃

12-6 已知原电池：Zn ∣ Zn²⁺(0.10 mol·L⁻¹) ‖ Cu²⁺(0.10 mol·L⁻¹) ∣ Cu

(1) 先向右半电池通入过量 NH₃，使游离[NH₃] = 1.00 mol·L⁻¹，测得电动势 E_1 = 0.714 V，计算[Cu(NH₃)₄]²⁺的 $K^\ominus_稳$ (假定溶液体积不变)；

(2) 只在左半电池加入过量 Na₂S 固体，使 S²⁻的浓度为 1.00 mol·L⁻¹，计算此时原电池的电动势 E_2(ZnS 的 $K^\ominus_{sp}$ = 1.6×10⁻²⁴ mol·L⁻¹，不考虑体积变化)；

(3) 经(1)、(2)处理后，计算该新原电池的平衡常数 $K^\ominus$ 和 Δ_rG_m。

12-7 试通过计算说明：

(1) 在 100 mL 0.15 mol · L^{-1} 的 K[Ag (CN)$_2$] 溶液中加入 50 mL 0.10 mol · L^{-1} 的 KI 溶液，是否有 AgI 沉淀生成？

(2) 在上述混合溶液中再加入 50 mL 0.20 mol · L^{-1} 的 KCN 溶液，是否有 AgI 沉淀析出？(已知：[Ag(CN)$_2$]$^-$ 的 $K_{稳}^{\ominus}$ =1.26×10^{21}，AgI 的 $K_{sp}^{\ominus}$ = 8.3×10^{-17})

12-8 通过计算判断在 [Cd(CN)$_4$]$^{2-}$ 溶液中通入 H$_2$S 至饱和，能否产生 CdS 沉淀？(已知：[Cd(CN)$_4$]$^{2-}$ 的 $K_{稳}^{\ominus}$ = 6.0×10^{18}；H$_2$S 的 $K_{a1}^{\ominus}$ × $K_{a2}^{\ominus}$ = 9.37×10^{-22}；Cd 的 $K_{sp}^{\ominus}$ = 8.0×10^{-27}；HCN 的 $K_{a}^{\ominus}$ = 6.2×10^{-10})

12-9 $E^{\ominus}$(Au$^+$/Au) = 1.69 V，[Au(CN)$_2$]$^-$ 的 $K_{稳}^{\ominus}$ = 2.0×10^{38}，计算当 [Au(CN)$_2^-$] = 0.80 mol · L^{-1}，[CN$^-$] = 0.50 mol · L^{-1} 时电对 [Au(CN)$_2$]$^-$ / Au 的电势 E。

12-10 已知 $E^{\ominus}$(Au$^+$/Au) = 1.68 V，$E^{\ominus}$(O$_2$/OH$^-$) = 0.401 V，[Au(CN)$_2$]$^-$ 的 $K_{稳}^{\ominus}$ = 2.0×10^{38}，HCN 的 $K_{a}^{\ominus}$ = 4.93×10^{-10}。

根据上述数据计算：

(1) 反应 O$_2$ + 4Au + 8CN$^-$ + 2H$_2$O ══ 4[Au (CN)$_2$]$^-$ + 4OH$^-$ 的平衡常数 $K^{\ominus}$；

(2) 在中性条件下(pH = 7)，溶液中氰化物(HCN 和 CN$^-$)总浓度为 0.10 mol · L^{-1}，[Au(CN)$_2$]$^-$ 浓度为 0.10 mol · L^{-1}，向该溶液通入 100 kPa 的空气 (p_{O_2} = 20 kPa)，计算上述反应的 $\Delta_r G_m$。(法拉第常量 F = 96500 C · mol^{-1})

12-11 已知：Co^{3+} + e$^-$ ══ Co^{2+}，$E^{\ominus}$ = 1.84 V；[Co(NH$_3$)$_6$]$^{3+}$ + e$^-$ ══ [Co(NH$_3$)$_6$]$^{2+}$，$E^{\ominus}$ = 0.062 V；[Co(NH$_3$)$_6$]$^{2+}$ 的 $K_{稳}^{\ominus}$ = 1.3×10^5。求配离子 [Co(NH$_3$)$_6$]$^{3+}$ 的 $K_{稳}^{\ominus}$。

12-12 (1) 求 Zn (OH)$_2$ + 2OH$^-$ ══ [Zn (OH)$_4$]$^{2-}$ 的平衡常数；

(2) 0.010 mol Zn (OH)$_2$ 加到 1.0 mol · L^{-1} NaOH 溶液中，NaOH 浓度要多大，才能使之完全溶解(完全生成[Zn(OH)$_4$]$^{2-}$)？($K_{稳}^{\ominus}$ [Zn(OH)$_4$]$^{2-}$ = 3.2×10^{15}，$K_{sp}^{\ominus}$ [Zn(OH)$_2$] = 1.0×10^{-17})

12-13 将 0.60 mol · L^{-1} 的 KF、0.60 mol · L^{-1} 的 KCN 和 0.030 mol · L^{-1} 的 FeCl$_3$ 溶液等体积混合，试求：

(1) 反应 [FeF$_6$]$^{3-}$ + 6 CN$^-$ ══ [Fe (CN)$_6$]$^{3-}$ + 6 F$^-$ 的标准平衡常数 $K^{\ominus}$；

(2) 平衡时各组分的浓度。(已知 [FeF$_6$]$^{3-}$ 的 $K_{稳}^{\ominus}$ = 2.0×10^{14}，[Fe (CN)$_6$]$^{3-}$ 的 $K_{稳}^{\ominus}$ = 1.0×10^{42})

12-14 空气中 1.0 mol · L^{-1} 的氨水能否溶解金属铜，生成 0.01 mol · L^{-1} 的 [Cu (NH$_3$)$_4$]$^{2+}$ 配离子？{已知：$K_{稳}^{\ominus}$ [Cu (NH$_3$)$_4$]$^{2+}$ = 2.1×10^{13}，$E^{\ominus}$ (Cu^{2+} / Cu) = 0.337 V，$E^{\ominus}$ (O$_2$ / OH$^-$) = 0.401 V，NH$_3$ 的 $K_b^{\ominus}$ = 1.8×10^{-5}，空气中 O$_2$ 的含量为 21%(体积分数)}

12-15 已知反位效应的顺序为：R$_3$P＞Cl＞R$_3$N。试预测 K$_2$PtCl$_4$ 与 2 mol 的 R$_3$P 进行取代反应及它与 2 mol 的 R$_3$N 进行取代反应的产物。

12-16 根据软硬酸碱原理，比较下列各组中，不同配体与同一中心离子形成的配合物的相对稳定性大小，并简述理由。

(1) Cl$^-$、I$^-$ 与 Hg^{2+}　　　　(2) Br$^-$、F$^-$ 与 Al^{3+}　　　　(3) NH$_3$、CN$^-$ 与 Cd^{2+}

附　　录

附录 1　常用单位换算

名称	符号	与 SI 的关系
长度		
米(SI 单位)	m	
厘米	cm	$= 10^{-2}$ m
埃	Å	$= 10^{-10}$ m
微米	μm	$= 10^{-6}$ m
纳米	nm	$= 10^{-9}$ m
皮米	pm	$= 10^{-12}$ m
体积		
立方米(SI 单位)	m^3	
升	L	$= dm^3 = 10^{-3}\ m^3$
加仑(美)(US)	gal(US)	$= 3.78543\ dm^3$
加仑(英)(UK)	gal(UK)	$= 4.54609\ dm^3$
质量		
千克(SI 单位)	kg	
吨	t	$= Mg = 10^3$ kg
磅	lb	$= 0.45359237$ kg
盎司	oz	$= 28.3495$ g
能量		
焦耳(SI 单位)	J	$= kg \cdot m^2 \cdot s^{-2}$
尔格	erg	$= 10^{-7}$ J
电子伏	eV	$= 1.6022 \times 10^{-19}$ J
热化学卡	Cal_{th}	$= 4.184$ J
国际卡	Cal_{it}	$= 4.1868$ J
升大气压	L · atm	$= 101.325$ J
英热单位	Btu	$= 1055.06$ J
压力		
帕斯卡(SI 单位)	Pa	$= N \cdot m^{-2} = kg \cdot m^{-1} \cdot s^{-2}$
大气压	atm	$= 101.325$ kPa
巴	bar	$= 10^5$ Pa
托	Torr	$= 133.322$ Pa

名称	符号	与 SI 的关系
压力		
毫米汞柱	mmHg	= 133.322 Pa
磅力每平方英寸	psi	= 6.894757×10³ Pa
热力学温度		
开尔文(Kelvin)(SI 单位)	K	
功率		
瓦特(SI 单位)	W	= kg · m² · s⁻³
马力	hp	= 745.7 W
热容		
SI 单位	J · K⁻¹	
克劳	Cl	= 4.184 J · K⁻¹

附录 2　部分物质的热力学数据(298.15 K)

物质	$\Delta_f H_m^{\ominus}/(kJ \cdot mol^{-1})$	$S_m^{\ominus}/(J \cdot K^{-1} \cdot mol^{-1})$	$\Delta_f G_m^{\ominus}/(kJ \cdot mol^{-1})$
	无机物		
Ag(s)	0	42.55	0
AgBr(s)	−100.37	107.11	−96.90
AgCl(s)	−127.01	96.25	−109.8
AgI(s)	−61.84	115.5	−66.19
AgNO₃(s)	−124.4	140.92	−33.47
Ag₂CO₃(s)	−505.9	167.4	−436.8
Ag₂O(s)	−31.1	121.3	−11.21
Al₂O₃(s, 刚玉)	−1675.7	50.92	−1582.3
Br₂(l)	0	152.21	0
Br₂(g)	30.71	245.35	3.14
C(石墨, s)	0	5.74	0
C(金刚石, s)	1.90	2.38	2.90
CO(g)	−110.53	197.66	−137.16
CO₂(g)	−393.51	213.79	−394.38
CS₂(g)	117.7	237.82	67.1
CaC₂(s)	−59.8	69.96	−64.9
CaCO₃(方解石, s)	−1207.6	91.7	−1129.1
CaCl₂(s)	−795.4	108.4	−748.8
CaO(s)	−634.9	38.1	−603.3
Cl₂(g)	0	233.08	0
CuO(s)	−157.3	42.6	−129.7
CuSO₄(s)	−771.4	109.2	−662.2
Cu₂O(s)	−168.6	93.1	−149.0

物质	$\Delta_f H_m^{\ominus}/(kJ \cdot mol^{-1})$	$S_m^{\ominus}/(J \cdot K^{-1} \cdot mol^{-1})$	$\Delta_f G_m^{\ominus}/(kJ \cdot mol^{-1})$
无机物			
$F_2(g)$	0	202.79	0
$FeO(s)$	−272.0	60.75	−251.4
FeS_2(黄铁矿，s)	−178.2	52.92	−166.9
Fe_2O_3(赤铁矿，s)	−824.2	87.40	−742.2
Fe_3O_4(磁铁矿，s)	−1118.4	145.27	−1015.4
$H_2(g)$	0	130.68	0
$HBr(g)$	−36.29	198.70	−53.4
$HCl(g)$	−92.31	186.90	−95.30
$HF(g)$	−273.30	173.78	−275.4
$HI(g)$	26.50	206.59	1.7
$HCN(g)$	135.1	201.81	124.7
$H_2O(l)$	−285.84	69.94	−237.19
$H_2O(g)$	−241.83	188.72	−228.59
$H_2O_2(l)$	−187.78	109.6	−120.42
$H_2S(g)$	−20.6	205.81	−33.4
$H_2SO_4(l)$	−814.0	156.90	−689.90
$HgCl_2(s)$	−224.3	146.0	−178.6
HgO(正交，s)	−90.79	70.25	−58.49
$Hg_2Cl_2(s)$	−265.37	191.60	−210.67
$Hg_2SO_4(s)$	−743.09	200.75	−625.8
$I_2(s)$	0	116.14	0
$I_2(g)$	62.24	260.49	19.37
$KCl(s)$	−435.87	82.67	−408.32
$KI(s)$	−327.65	104.35	−322.31
$KNO_3(s)$	−492.71	132.92	−393.13
$K_2SO_4(s)$	−1433.69	175.70	−1316.40
$KHSO_4(s)$	−1160.6	138.1	−1131.4
$N_2(g)$	0	191.6	0
$NH_3(g)$	−45.94	192.78	−16.4
NH_4Cl(α型，s)	−314.5	133.0	−202.9
NH_4Cl(β型，s)	−315.39	94.50	−203.88
$(NH_4)_2SO_4(s)$	−1179.30	220.29	−900.36
$NO(g)$	91.29	210.76	87.60
$NO_2(g)$	33.1	240.1	51.3
$N_2O(g)$	81.6	220.0	103.7
$N_2O_4(g)$	11.1	304.38	99.8
$N_2O_5(g)$	11.3	355.7	117.1

物质	$\Delta_f H_m^\ominus /(kJ \cdot mol^{-1})$	$S_m^\ominus /(J \cdot K^{-1} \cdot mol^{-1})$	$\Delta_f G_m^\ominus /(kJ \cdot mol^{-1})$
无机物			
NaCl(s)	−411.0	72.38	−384.0
NaNO₃(s)	−466.68	116.30	−365.90
NaOH(s)	−425.6	64.40	−379.4
Na₂CO₃(s)	−1130.7	135.0	−1044.4
NaHCO₃(s)	−950.81	101.7	−851.0
Na₂SO₄(正交, s)	−1387.1	149.6	−1270.2
O₂(g)	0	205.03	0
PCl₃(g)	−227.1	311.8	−267.8
PCl₅(g)	−374.9	364.6	−305.0
S(正交, s)	0	32.05	0
SO₂(g)	−296.90	248.53	−300.37
SO₃(g)	−395.18	256.23	−370.42
SiO₂(α-石英, s)	−910.7	41.46	−856.4
ZnO(s)	−350.46	43.65	−320.52
有机物			
CH₄(g) 甲烷	−74.85	186.19	−50.79
C₂H₆(g) 乙烷	−84.67	229.4	−32.89
C₃H₈(g) 丙烷	−103.85	269.91	−23.49
C₄H₁₀(g) 正丁烷	−126.15	310.12	−17.15
C₄H₁₀(g) 异丁烷	−134.52	294.64	−20.92
C₅H₁₂(g) 正戊烷	−146.44	348.95	−8.37
C₅H₁₂(g) 异戊烷	−154.47	343.59	−14.64
C₆H₁₄(g) 正己烷	−167.19	388.40	−0.29
C₇H₁₆(g) 正庚烷	−187.82	427.77	8.12
C₈H₁₈(g) 正辛烷	−208.45	466.84	16.66
C₂H₄(g) 乙烯	52.28	219.45	68.12
C₃H₆(g) 丙烯	20.41	266.94	62.72
C₄H₈(g) 1-丁烯	−0.13	305.60	71.50
C₄H₆(g) 1, 3-丁二烯	110.16	278.74	150.67
C₂H₂(g) 乙炔	226.75	200.82	209.20
C₃H₄(g) 丙炔	185.43	248.22	194.46
C₃H₆(g) 环丙烷	53.30	237.55	104.46
C₆H₁₂(g) 环己烷	−123.14	293.24	31.76
C₆H₁₀(g) 环己烯	−5.36	310.86	106.99

物质	$\Delta_f H_m^\ominus/(kJ \cdot mol^{-1})$	$S_m^\ominus/(J \cdot K^{-1} \cdot mol^{-1})$	$\Delta_f G_m^\ominus/(kJ \cdot mol^{-1})$
有机物			
C_6H_6 (l) 苯	49.03	172.80	124.50
C_6H_6 (g) 苯	82.93	269.20	129.66
C_7H_8 (l) 甲苯	12.0	210.58	114.15
C_7H_8 (g) 甲苯	50.0	319.74	122.29
C_8H_{10} (l) 乙苯	−12.47	255.18	119.86
C_8H_{10} (g) 乙苯	29.79	360.56	130.71
C_8H_{10} (l) 间二甲苯	−25.42	252.17	107.65
C_8H_{10} (g) 间二甲苯	17.24	357.39	118.85
C_8H_{10} (l) 邻二甲苯	−24.44	246.48	110.33
C_8H_{10} (g) 邻二甲苯	19.0	352.75	122.08
C_8H_{10} (l) 对二甲苯	−24.43	247.36	110.08
C_8H_{10} (g) 对二甲苯	17.95	352.42	121.14
C_8H_8 (l) 苯乙烯	103.89	237.57	202.51
C_8H_8 (g) 苯乙烯	147.36	345.21	213.90
$C_{10}H_8$ (s) 萘	75.44	166.9	196.36
$C_{10}H_8$ (g) 萘	150.96	335.75	223.69
C_2H_6O (g) 甲醚	−184.05	266.38	−112.59
C_3H_8O (g) 甲乙醚	−216.44	310.73	−117.54
$C_4H_{10}O$ (l) 乙醚	−273.2	253.1	−116.65
$C_4H_{10}O$ (g) 乙醚	−252.21	342.78	−112.19
C_2H_4O (g) 环氧乙烷	−52.63	242.53	−13.01
C_3H_6O (g) 环氧丙烷	−92.76	286.84	25.69
CH_4O (l) 甲醇	−238.57	126.8	−166.23
CH_4O (g) 甲醇	−201.17	237.7	−161.88
C_2H_6O (l) 乙醇	−277.63	160.7	−174.47
C_2H_6O (g) 乙醇	−235.31	282.0	−168.62
C_3H_8O (l) 丙醇	−306.98	192.9	−173.09
C_3H_8O (g) 丙醇	−257.53	324.91	−162.86
C_3H_8O (l) 异丙醇	−320.29	179.9	−182.51
C_3H_8O (g) 异丙醇	−268.61	306.3	−175.35
$C_4H_{10}O$ (l) 丁醇	−325.81	225.73	−160.00
$C_4H_{10}O$ (g) 丁醇	−274.42	363.28	−150.52

续表

物质	$\Delta_f H_m^\ominus/(\text{kJ}\cdot\text{mol}^{-1})$	$S_m^\ominus/(\text{J}\cdot\text{K}^{-1}\cdot\text{mol}^{-1})$	$\Delta_f G_m^\ominus/(\text{kJ}\cdot\text{mol}^{-1})$
有机物			
$C_2H_6O_2$ (l) 乙二醇	−454.80	166.9	−323.08
CH_2O (g) 甲醛	−115.90	220.1	−110.0
C_2H_4O (l) 乙醛	−192.30	160.2	−128.12
C_2H_4O (g) 乙醛	−166.36	265.7	−133.72
C_3H_6O (l) 丙酮	−248.28	200.0	−155.44
C_3H_6O (g) 丙酮	−216.69	295.80	−152.3
CH_2O_2 (l) 甲酸	−409.20	128.95	−346.0
CH_2O_2 (g) 甲酸	−362.63	251.0	−335.72
$C_2H_4O_2$ (l) 乙酸	−487.0	159.8	−392.5
$C_2H_4O_2$ (g) 乙酸	−436.4	293.3	−381.6
$C_4H_6O_3$ (l) 乙酐	−624.00	268.61	−488.67
$C_4H_6O_3$ (g) 乙酐	−575.72	390.06	−476.57
$C_3H_4O_2$ (g) 丙烯酸	−336.23	315.12	−285.99
$C_7H_6O_2$ (s) 苯甲酸	−385.14	167.57	−245.14
$C_7H_6O_2$ (g) 苯甲酸	−290.20	369.10	−210.31
$C_4H_8O_2$ (l) 乙酸乙酯	−463.2	259	−315.5
$C_4H_8O_2$ (g) 乙酸乙酯	−442.92	362.86	−327.27
C_6H_6O (s) 苯酚	−155.90	142.3	−40.75
C_6H_6O (g) 苯酚	−96.36	315.71	−32.81
C_7H_8O (g) 间甲苯酚	−132.34	356.88	−40.43
C_7H_8O (g) 邻甲苯酚	−128.62	357.72	−36.96
C_7H_8O (g) 对甲苯酚	−125.39	347.76	−30.77
CH_5N (l) 甲胺	−47.3	150.21	35.7
CH_5N (g) 甲胺	−22.97	243.41	32.16
$C_4H_{11}N$ (g) 二乙胺	−72.38	352.32	72.25
C_5H_5N (l) 吡啶	100.0	177.90	181.43
C_5H_5N (g) 吡啶	140.16	282.91	190.27
C_6H_7N (l) 苯胺	35.31	191.6	153.22
C_6H_7N (g) 苯胺	86.86	319.27	166.79
C_2H_3N (l) 乙腈	31.38	149.62	77.22
C_2H_3N (g) 乙腈	65.23	245.12	82.58
C_3H_3N (g) 丙烯腈	184.93	274.04	195.34

续表

物质	$\Delta_f H_m^{\ominus}/(kJ \cdot mol^{-1})$	$S_m^{\ominus}/(J \cdot K^{-1} \cdot mol^{-1})$	$\Delta_f G_m^{\ominus}/(kJ \cdot mol^{-1})$
有机物			
CH_3NO_2(l) 硝基甲烷	−113.09	171.75	−14.42
CH_3NO_2(g) 硝基甲烷	−74.73	274.96	−6.84
$C_6H_5NO_2$(l) 硝基苯	15.90	244.3	146.23
CH_2F_2(g) 二氟甲烷	−446.9	246.71	−419.2
CHF_3(g) 三氟甲烷	−668.3	259.68	−653.9
CF_4(g) 四氟化碳	−925	261.61	−879
C_2F_6(g) 六氟乙烷	−1297	332.3	−1213
CH_3Cl(g) 一氯甲烷	−82.0	234.18	−58.6
CH_2Cl_2(l) 二氯甲烷	−121.46	177.8	−67.26
CH_2Cl_2(g) 二氯甲烷	−88	270.62	−59
$CHCl_3$(l) 氯仿	−131.8	202.9	−71.5
$CHCl_3$(g) 氯仿	−100	296.48	−67
CCl_4(l) 四氯化碳	−139.3	214.43	−68.6
CCl_4(g) 四氯化碳	−106.7	309.41	−64.0
C_2H_5Cl(l) 氯乙烷	−136.52	190.79	−59.31
C_2H_5Cl(g) 氯乙烷	−112.17	276.00	−60.39
$C_2H_4Cl_2$(l) 1, 2-二氯乙烷	−165.23	208.53	−79.52
$C_2H_4Cl_2$(g) 1, 2-二氯乙烷	−129.79	308.39	−73.78
C_2H_3Cl(g) 氯乙烯	35.6	263.99	51.9
C_6H_5Cl(l) 氯苯	10.79	209.2	89.30
C_6H_5Cl(g) 氯苯	51.84	313.58	99.23
CH_3Br(g) 溴甲烷	−35.1	246.38	−25.9
CH_3I(g) 碘甲烷	20.5	254.60	−22.2
CH_4S(g) 甲硫醇	−22.34	255.17	−9.30
C_2H_6S(l) 乙硫醇	−73.35	207.02	−5.26
C_2H_6S(g) 乙硫醇	−45.81	296.21	−4.33

附录 3　水溶液中某些离子的热力学数据(298.15 K)

离子	$\Delta_f H_m^{\ominus}/(kJ \cdot mol^{-1})$	$S_m^{\ominus}/(J \cdot K^{-1} \cdot mol^{-1})$	$\Delta_f G_m^{\ominus}/(kJ \cdot mol^{-1})$
H^+	0	0	0
Li^+	−278.49	13.4	−293.31
Na^+	−240.12	59.0	−261.91

续表

离子	$\Delta_f H_m^{\ominus}/(kJ \cdot mol^{-1})$	$S_m^{\ominus}/(J \cdot K^{-1} \cdot mol^{-1})$	$\Delta_f G_m^{\ominus}/(kJ \cdot mol^{-1})$
K^+	−252.38	102.5	−283.27
NH_4^+	−132.51	113.4	−79.31
Tl^+	5.36	125.5	−32.40
Ag^+	105.58	72.68	77.11
Cu^{2+}	64.77	−99.6	65.49
Hg_2^{2+}	172.4	84.5	153.52
Mg^{2+}	−466.85	−138.1	−454.8
Ca^{2+}	−542.83	−53.1	−553.58
Ba^{2+}	−537.64	9.6	−560.77
Zn^{2+}	−153.89	−112.1	−147.06
Cd^{2+}	−75.90	−73.2	−77.61
Pb^{2+}	−1.7	10.5	−24.43
Hg^{2+}	171.1	−32.2	164.4
Fe^{2+}	−89.1	−137.7	−78.9
Ni^{2+}	−54.0	−128.9	−45.6
Co^{2+}	−58.2	−113	−54.4
Mn^{2+}	−220.75	−73.6	−228.1
Al^{3+}	−531	−321.7	−485
Fe^{3+}	−48.5	−315.9	−4.7
La^{3+}	−707.1	−217.6	−683.7
Ce^{3+}	−696.2	−205	−672.0
Ce^{4+}	−537.2	−301	−503.8
Th^{4+}	−769	−422.6	−705.1
F^-	−332.63	−13.8	−278.79
Cl^-	−167.16	56.5	−131.23
Br^-	−121.55	82.4	−103.96
I^-	−55.19	111.3	−51.57
S^{2-}	33.1	−14.6	85.8
OH^-	−230	−10.75	−157.24
ClO^-	−107.1	42	−36.8

离子	$\Delta_f H_m^{\ominus}/(kJ \cdot mol^{-1})$	$S_m^{\ominus}/(J \cdot K^{-1} \cdot mol^{-1})$	$\Delta_f G_m^{\ominus}/(kJ \cdot mol^{-1})$
ClO_2^-	−66.5	101.3	17.2
ClO_3^-	−103.97	162.3	−7.95
ClO_4^-	−129.33	182.0	−8.52
SO_3^{2-}	−635.5	−29	−486.5
SO_4^{2-}	−909.27	20.1	−744.53
$S_2O_3^{2-}$	−648.5	67	−522.5
HS^-	−17.6	62.8	12.08
HSO_3^-	−626.22	139.7	−527.73
NO_2^-	−104.6	123.0	−32.3
NO_3^-	−205.0	146.4	−108.74
PO_4^{3-}	−1277.4	−222	−1018.7
CO_3^{2-}	−677.14	−56.9	−527.81
HCO_3^-	−691.99	91.2	−586.77
CN^-	150.6	94.1	172.4
SCN^-	76.44	144.3	92.71
$HC_2O_4^-$	−818.4	149.4	−698.34
$C_2O_4^{2-}$	−825.1	45.6	−673.9
HCO_2^-	−425.55	92	−351.0
CH_3COO^-	−486.01	86.6	−369.31

附录 4　一些有机物的标准摩尔燃烧焓(298.15 K)

物质	$-\Delta_c H_m^{\ominus}/(kJ \cdot mol^{-1})$	物质	$-\Delta_c H_m^{\ominus}/(kJ \cdot mol^{-1})$
碳氢化合物			
$CH_4(g)$ 甲烷	890.31	$C_4H_8(l)$ 环丁烷	2720.5
$C_2H_2(g)$ 乙炔	1299.6	$C_5H_{12}(g)$ 正戊烷	3536.1
$C_2H_4(g)$ 乙烯	1411.0	$C_6H_6(l)$ 苯	3267.5
$C_2H_6(g)$ 乙烷	1559.8	$C_6H_{12}(l)$ 环己烷	3919.9
$C_3H_6(g)$ 环丙烷	2091.5	$C_6H_{14}(l)$ 正己烷	4163.1
$C_3H_8(g)$ 丙烷	2219.9	$C_{10}H_8(s)$ 萘	5153.9
醇、醚、酚			
$CH_4O(l)$ 甲醇	726.5	$C_3H_8O_3(l)$ 丙三醇	1655.40

物质	$-\Delta_c H_m^{\ominus}/(\text{kJ}\cdot\text{mol}^{-1})$	物质	$-\Delta_c H_m^{\ominus}/(\text{kJ}\cdot\text{mol}^{-1})$
醇、醚、酚			
$C_2H_6O(l)$　乙醇	1366.8	$C_4H_{10}O(l)$　二乙醚	2751.1
$C_2H_6O(g)$　二甲醚	1460.5	$C_5H_{12}O(l)$　正戊醇	3329.96
$C_2H_6O_2(l)$　乙二醇	1189.7	$C_5H_{12}O_5(s)$　木糖醇	2564.08
$C_3H_8O(l)$　正丙醇	2019.8	$C_6H_6O(s)$　苯酚	3053.5
醛、酮			
$CH_2O(g)$　甲醛	570.78	$C_3H_6O(l)$　丙醛	1816.3
$C_2H_4O(l)$　乙醛	1166.4	$C_4H_8O(l)$　丁酮	2444.17
$C_3H_6O(l)$　丙酮	1790.4	$C_7H_5O_2(l)$　水杨醛	3332.13
酸、酯			
$CH_2O_2(l)$　甲酸	254.6	$C_3H_4O_4(s)$　丙二酸	861.15
$C_2H_4O_2(l)$　乙酸	874.54	$C_3H_6O_2(l)$　乙酸甲酯	1592.84
$C_2H_4O_2(l)$　甲酸甲酯	979.5	$C_7H_6O_2(s)$　苯甲酸	3226.9
含氮有机物			
$CH_3NO(l)$　甲酰胺	568.19	$C_2H_5NO(s)$　乙酰胺	1183.65
$CH_4N_2O(s)$　脲	631.66	$C_5H_5N(l)$　吡啶	2782.4
$CH_5N(l)$　甲胺	1060.6	$C_6H_7N(l)$　苯胺	3393.06

附录 5　凝固点降低常数

溶剂	凝固点/℃	凝固点降低常数/(℃·kg·mol^{-1})	溶剂	凝固点/℃	凝固点降低常数/(℃·kg·mol^{-1})
苯	5.5	5.12	硝基苯	5.8	7.50
水	0	1.86	乙酸	16.69	3.90
甲酸	8.0	2.77	苯酚	40.7	7.27
萘	80.1	6.90			

附录 6　沸点升高常数

溶剂	沸点/℃	沸点升高常数/(℃·kg·mol^{-1})	溶剂	沸点/℃	沸点升高常数/(℃·kg·mol^{-1})
丙酮	56.3	1.72	四氯化碳	78.5	4.88
苯	80.2	2.57	乙酸	118.5	3.07
水	100.0	0.52	三氯甲烷	61.2	3.88
二硫化碳	46.2	2.3	乙醚	35.6	2.16
乙醇	78.2	1.19			

附录 7　弱酸的电离常数(298.15 K)

弱酸	电离常数 $K_a^{\ominus}$
HAsO$_2$	5.8×10^{-10}
H$_3$AsO$_4$	$K_1^{\ominus} = 5.62 \times 10^{-3}$,　$K_2^{\ominus} = 1.70 \times 10^{-7}$,　$K_3^{\ominus} = 2.95 \times 10^{-12}$
H$_3$BO$_3$	$K_1^{\ominus} = 5.70 \times 10^{-10}$
HCOOH	1.77×10^{-4}
CH$_3$COOH(HAc)	1.8×10^{-5}
ClCH$_2$COOH	1.40×10^{-3}
H$_2$C$_2$O$_4$	$K_1^{\ominus} = 5.9 \times 10^{-2}$,　$K_2^{\ominus} = 6.4 \times 10^{-5}$
H$_2$C$_4$H$_4$O$_6$(酒石酸)	$K_1^{\ominus} = 1.04 \times 10^{-3}$,　$K_2^{\ominus} = 4.55 \times 10^{-5}$
H$_3$C$_6$H$_5$O$_7$(柠檬酸)	$K_1^{\ominus} = 8.4 \times 10^{-4}$,　$K_2^{\ominus} = 1.8 \times 10^{-5}$,　$K_3^{\ominus} = 4 \times 10^{-6}$
H$_2$CO$_3$	$K_1^{\ominus} = 4.31 \times 10^{-7}$,　$K_2^{\ominus} = 5.61 \times 10^{-11}$
HClO	1.1×10^{-8}
HCN	7.2×10^{-10}
HSCN	1.4×10^{-1}
H$_2$CrO$_4$	$K_1^{\ominus} = 1.8 \times 10^{-1}$,　$K_2^{\ominus} = 3.2 \times 10^{-7}$
HF	7.4×10^{-4}
HIO$_3$	1.67×10^{-1}
HNO$_2$	4.0×10^{-4}
H$_2$O$_2$	$K_1^{\ominus} = 2.4 \times 10^{-12}$,　$K_2^{\ominus} = 1.0 \times 10^{-25}$
H$_3$PO$_4$	$K_1^{\ominus} = 7.51 \times 10^{-3}$,　$K_2^{\ominus} = 6.23 \times 10^{-8}$,　$K_3^{\ominus} = 2.2 \times 10^{-13}$
H$_2$S	$K_1^{\ominus} = 1.1 \times 10^{-7}$,　$K_2^{\ominus} = 1.0 \times 10^{-14}$
H$_2$SO$_3$	$K_1^{\ominus} = 1.7 \times 10^{-2}$,　$K_2^{\ominus} = 6.2 \times 10^{-8}$
H$_2$S$_2$O$_3$	$K_1^{\ominus} = 5 \times 10^{-1}$,　$K_2^{\ominus} = 10^{-2}$
H$_2$SO$_4$	$K_2^{\ominus} = 1.2 \times 10^{-2}$
H$_4$Y(乙二胺四乙酸)	$K_1^{\ominus} = 10^{-2}$,　$K_2^{\ominus} = 2.1 \times 10^{-3}$,　$K_3^{\ominus} = 6.9 \times 10^{-7}$,　$K_4^{\ominus} = 5.9 \times 10^{-11}$

附录 8　弱碱的电离常数(298.15 K)

弱碱	电离常数 $K_b^{\ominus}$	弱碱	电离常数 $K_b^{\ominus}$
NH$_4$OH	1.8×10^{-5}	C$_5$H$_5$N(吡啶)	2.04×10^{-9}
NH$_2$NH$_2$(联氨)	8.0×10^{-7}	(CH$_2$)$_6$N$_4$(六次甲基四胺)	1.4×10^{-9}
NH$_2$OH(羟胺)	1.1×10^{-8}	NH$_2$C$_6$H$_4$C$_6$H$_4$NH$_2$(联苯二胺)	$K_1^{\ominus} = 9.3 \times 10^{-10}$
C$_6$H$_5$NH$_2$(苯胺)	4.0×10^{-16}		$K_2^{\ominus} = 5.6 \times 10^{-11}$

附录 9　难溶化合物的溶度积

化合物	溶度积 $K_{sp}^{\ominus}$	化合物	溶度积 $K_{sp}^{\ominus}$
AgAc	4.4×10^{-3}	CuS	8.0×10^{-36}
AgBr	7.7×10^{-13}	Cu_2S	2.6×10^{-49}
AgCl	1.6×10^{-10}	$FeCO_3$	2.11×10^{-11}
AgCN	1.6×10^{-10}	$Fe(OH)_2$	4.8×10^{-16}
AgSCN	1.16×10^{-12}	$Fe(OH)_3$	3.8×10^{-38}
Ag_2CO_3	8.1×10^{-12}	FeS	6.3×10^{-18}
Ag_2CrO_4	9.0×10^{-12}	Fe_2S_3	10^{-88}
$Ag_2Cr_2O_7$	2.0×10^{-7}	Hg_2Cl_2	1.1×10^{-18}
AgI	1.5×10^{-16}	Hg_2CO_3	10^{-16}
$AgIO_3$	1.0×10^{-8}	Hg_2I_2	4.5×10^{-29}
$AgNO_2$	1.6×10^{-14}	$Hg(OH)_2$	2×10^{-22}
AgOH	2×10^{-3}	Hg_2S	1.0×10^{-45}
Ag_2S	1.6×10^{-49}	HgS	4×10^{-53}
Ag_2SO_4	7.7×10^{-5}	Hg_2SO_4	6.3×10^{-7}
$Al(OH)_3$	2×10^{-33}	$MgCO_3$	2.6×10^{-5}
$BaCO_3$	8.0×10^{-9}	MgF_2	6.5×10^{-9}
$BaC_2O_4 \cdot 2H_2O$	1.6×10^{-7}	$MgC_2O_4 \cdot 2H_2O$	1×10^{-8}
$BaCrO_4$	2.4×10^{-10}	$MgNH_4PO_4$	2.5×10^{-13}
$BaSO_4$	1.1×10^{-10}	$Mg(OH)_2$	6×10^{-12}
Bi_2S_3	1×10^{-97}	$MnCO_3$	5×10^{-16}
$CaCO_3$	4.8×10^{-9}	$Mn(OH)_2$	4×10^{-14}
$CaC_2O_4 \cdot H_2O$	2.6×10^{-9}	MnS	1.4×10^{-15}
$CaCrO_4$	2.3×10^{-2}	$NiCO_3$	1.3×10^{-7}
CaF_2	4.0×10^{-11}	$Ni(OH)_2$	4.8×10^{-18}
$Ca(OH)_2$	8×10^{-5}	α-NiS	3×10^{-21}
$CaSO_4 \cdot 2H_2O$	6.1×10^{-5}	β-NiS	2×10^{-28}
$Ca_3(PO_4)_2$	3.0×10^{-33}	$PbCl_2$	2.4×10^{-4}
$CdCO_3$	2.5×10^{-4}	$PbBr_2$	7.4×10^{-5}
$Cd(OH)_2$	1.2×10^{-14}	$PbCO_3$	4×10^{-14}
CdS	3.6×10^{-29}	$PbCrO_4$	2×10^{-14}
$CoCO_3$	1.0×10^{-12}	PbF_2	4.0×10^{-8}
$Co(OH)_2$	2.0×10^{-16}	PbI_2	8.7×10^{-9}
α-CoS	5×10^{-22}	$Pb(OH)_2$	2.5×10^{-16}
β-CoS	6.0×10^{-29}	PbS	8.0×10^{-23}
$Cr(OH)_3$	7.0×10^{-31}	$PbSO_4$	2.2×10^{-8}
CuBr	5.2×10^{-9}	$Sn(OH)_2$	10^{-27}
CuCl	1.4×10^{-6}	SnS	1.0×10^{-23}
CuI	1.1×10^{-12}	$SrC_2O_4 \cdot H_2O$	5.6×10^{-8}
$Cu(OH)_2$	5.6×10^{-12}	$SrCrO_4$	3.6×10^{-5}

化合物	溶度积 $K_{sp}^{\ominus}$	化合物	溶度积 $K_{sp}^{\ominus}$
SrF_2	2.8×10^{-9}	$ZnCO_3$	9.98×10^{-11}
$Sr(OH)_2$	3.2×10^{-4}	ZnC_2O_4	7.5×10^{-9}
$SrSO_4$	2.8×10^{-7}	$Zn(OH)_2$	1.0×10^{-17}
$SrCO_3$	1.6×10^{-9}	ZnS	1.2×10^{-23}

附录 10 标准电极电势(298.15 K，酸性介质)

电对符号	电极反应 氧化型 $+ ze^- \rightleftharpoons$ 还原型	电极电势/V
N_2/HN_3	$3N_2 + 2H^+ + 2e^- \rightleftharpoons 2HN_3$	-3.09
Li^+/Li	$Li^+ + e^- \rightleftharpoons Li$	-3.0401
Cs^+/Cs	$Cs^+ + e^- \rightleftharpoons Cs$	-3.026
Rb^+/Rb	$Rb^+ + e^- \rightleftharpoons Rb$	-2.98
K^+/K	$K^+ + e^- \rightleftharpoons K$	-2.931
Ba^{2+}/Ba	$Ba^{2+} + 2e^- \rightleftharpoons Ba$	-2.912
Sr^{2+}/Sr	$Sr^{2+} + 2e^- \rightleftharpoons Sr$	-2.899
Ca^{2+}/Ca	$Ca^{2+} + 2e^- \rightleftharpoons Ca$	-2.868
Na^+/Na	$Na^+ + e^- \rightleftharpoons Na$	-2.71
La^{3+}/La	$La^{3+} + 3e^- \rightleftharpoons La$	-2.379
Y^{3+}/Y	$Y^{3+} + 3e^- \rightleftharpoons Y$	-2.372
Mg^{2+}/Mg	$Mg^{2+} + 2e^- \rightleftharpoons Mg$	-2.372
Ce^{3+}/Ce	$Ce^{3+} + 3e^- \rightleftharpoons Ce$	-2.336
N_2/NH_3OH^+	$N_2 + 2H_2O + 4H^+ + 2e^- \rightleftharpoons 2NH_3OH^+$	-1.87
Be^{2+}/Be	$Be^{2+} + 2e^- \rightleftharpoons Be$	-1.847
U^{3+}/U	$U^{3+} + 3e^- \rightleftharpoons U$	-1.798
Al^{3+}/Al	$Al^{3+} + 3e^- \rightleftharpoons Al$	-1.662
Ti^{2+}/Ti	$Ti^{2+} + 2e^- \rightleftharpoons Ti$	-1.630
ZrO_2/Zr	$ZrO_2 + 4H^+ + 4e^- \rightleftharpoons Zr + 2H_2O$	-1.553

续表

电对符号	电极反应 氧化型 $+ ze^- \rightleftharpoons$ 还原型	电极电势/V
Hf^{4+}/Hf	$Hf^{4+} + 4e^- \rightleftharpoons Hf$	-1.55
Zr^{4+}/Zr	$Zr^{4+} + 4e^- \rightleftharpoons Zr$	-1.45
Ti^{3+}/Ti	$Ti^{3+} + 3e^- \rightleftharpoons Ti$	-1.37
Mn^{2+}/Mn	$Mn^{2+} + 2e^- \rightleftharpoons Mn$	-1.185
V^{2+}/V	$V^{2+} + 2e^- \rightleftharpoons V$	-1.175
Nb^{3+}/Nb	$Nb^{3+} + 3e^- \rightleftharpoons Nb$	-1.099
Cr^{2+}/Cr	$Cr^{2+} + 2e^- \rightleftharpoons Cr$	-0.913
Ti^{3+}/Ti^{2+}	$Ti^{3+} + e^- \rightleftharpoons Ti^{2+}$	-0.9
H_3BO_3/B	$H_3BO_3 + 3H^+ + 3e^- \rightleftharpoons B + 3H_2O$	-0.8698
Bi/BiH_3	$Bi + 3H^+ + 3e^- \rightleftharpoons BiH_3$	-0.8
Te/H_2Te	$Te + 2H^+ + 2e^- \rightleftharpoons H_2Te$	-0.793
$Zn^{2+}/Zn(Hg)$	$Zn^{2+} + 2e^- + Hg \rightleftharpoons Zn(Hg)$	-0.7628
Zn^{2+}/Zn	$Zn^{2+} + 2e^- \rightleftharpoons Zn$	-0.7618
Tl^+/Tl	$Tl^+ + e^- \rightleftharpoons Tl$	-0.752
Cr^{3+}/Cr	$Cr^{3+} + 3e^- \rightleftharpoons Cr$	-0.744
H_2SeO_3/Se	$H_2SeO_3 + 4H^+ + 4e^- \rightleftharpoons Se + 3H_2O$	-0.74
$TlBr/Tl$	$TlBr + e^- \rightleftharpoons Tl + Br^-$	-0.658
Nb_2O_5/Nb	$Nb_2O_5 + 10H^+ + 10e^- \rightleftharpoons 2Nb + 5H_2O$	-0.644
As/AsH_3	$As + 3H^+ + 3e^- \rightleftharpoons AsH_3$	-0.608
U^{4+}/U^{3+}	$U^{4+} + e^- \rightleftharpoons U^{3+}$	-0.607
Ta^{3+}/Ta	$Ta^{3+} + 3e^- \rightleftharpoons Ta$	-0.6
$TlCl/Tl$	$TlCl + e^- \rightleftharpoons Tl + Cl^-$	-0.5568
Ga^{3+}/Ga	$Ga^{3+} + 3e^- \rightleftharpoons Ga$	-0.549
Sb/SbH_3	$Sb + 3H^+ + 3e^- \rightleftharpoons SbH_3$	-0.510
H_3PO_2/P	$H_3PO_2 + H^+ + e^- \rightleftharpoons P + 2H_2O$	-0.508
TiO_2/Ti^{2+}	$TiO_2 + 4H^+ + 2e^- \rightleftharpoons Ti^{2+} + 2H_2O$	-0.502

电对符号	电极反应	电极电势/V
	氧化型 $+ze^- \rightleftharpoons$ 还原型	
H_3PO_3/H_3PO_2	$H_3PO_3 + 2H^+ + 2e^- \rightleftharpoons H_3PO_2 + H_2O$	-0.499
$PbHPO_4/Pb$	$PbHPO_4 + 2e^- \rightleftharpoons Pb + HPO_4^{2-}$	-0.465
H_3PO_3/P	$H_3PO_3 + 3H^+ + 3e^- \rightleftharpoons P + 3H_2O$	-0.454
Fe^{2+}/Fe	$Fe^{2+} + 2e^- \rightleftharpoons Fe$	-0.447
Tl_2SO_4/Tl	$Tl_2SO_4 + 2e^- \rightleftharpoons 2Tl + SO_4^{2-}$	-0.4360
Cr^{3+}/Cr^{2+}	$Cr^{3+} + e^- \rightleftharpoons Cr^{2+}$	-0.407
Cd^{2+}/Cd	$Cd^{2+} + 2e^- \rightleftharpoons Cd$	-0.4030
$Se/H_2Se(aq)$	$Se + 2H^+ + 2e^- \rightleftharpoons H_2Se(aq)$	-0.399
PbI_2/Pb	$PbI_2 + 2e^- \rightleftharpoons Pb + 2I^-$	-0.365
$PbSO_4/Pb$	$PbSO_4 + 2e^- \rightleftharpoons Pb + SO_4^{2-}$	-0.3588
In^{3+}/In	$In^{3+} + 3e^- \rightleftharpoons In$	-0.3382
Tl^+/Tl	$Tl^+ + e^- \rightleftharpoons Tl$	-0.336
PbF_2/Pb	$PbF_2 + 2e^- \rightleftharpoons Pb + 2F^-$	-0.3444
$PbBr_2/Pb$	$PbBr_2 + 2e^- \rightleftharpoons Pb + 2Br^-$	-0.284
Co^{2+}/Co	$Co^{2+} + 2e^- \rightleftharpoons Co$	-0.28
H_3PO_4/H_3PO_3	$H_3PO_4 + 2H^+ + 2e^- \rightleftharpoons H_3PO_3 + H_2O$	-0.276
$PbCl_2/Pb$	$PbCl_2 + 2e^- \rightleftharpoons Pb + 2Cl^-$	-0.2675
Ni^{2+}/Ni	$Ni^{2+} + 2e^- \rightleftharpoons Ni$	-0.257
V^{3+}/V^{2+}	$V^{3+} + e^- \rightleftharpoons V^{2+}$	-0.255
V_2O_5/V	$V_2O_5 + 10H^+ + 10e^- \rightleftharpoons 2V + 5H_2O$	-0.242
$N_2/N_2H_5^+$	$N_2 + 5H^+ + 4e^- \rightleftharpoons N_2H_5^+$	-0.23
$SO_4^{2-}/S_2O_6^{2-}$	$2SO_4^{2-} + 4H^+ + 2e^- \rightleftharpoons S_2O_6^{2-} + 2H_2O$	-0.22
Ga^+/Ga	$Ga^+ + e^- \rightleftharpoons Ga$	-0.2
Mo^{3+}/Mo	$Mo^{3+} + 3e^- \rightleftharpoons Mo$	-0.200
$CO_2/HCOOH$	$CO_2 + 2H^+ + 2e^- \rightleftharpoons HCOOH$	-0.199

电对符号	电极反应	电极电势/V
	氧化型 $+ ze^- \rightleftharpoons$ 还原型	
H_2GeO_3/Ge	$H_2GeO_3 + 4H^+ + 4e^- \rightleftharpoons Ge + 3H_2O$	-0.182
AgI/Ag	$AgI + e^- \rightleftharpoons Ag + I^-$	-0.15224
In^+/In	$In^+ + e^- \rightleftharpoons In$	-0.14
Sn^{2+}/Sn	$Sn^{2+} + 2e^- \rightleftharpoons Sn$	-0.1375
Pb^{2+}/Pb	$Pb^{2+} + 2e^- \rightleftharpoons Pb$	-0.1262
$Pb^{2+}/Pb(Hg)$	$Pb^{2+} + 2e^- + Hg \rightleftharpoons Pb(Hg)$	-0.1205
GeO_2/GeO	$GeO_2 + 2H^+ + 2e^- \rightleftharpoons GeO + H_2O$	-0.118
SnO_2/Sn	$SnO_2 + 4H^+ + 4e^- \rightleftharpoons Sn + 2H_2O$	-0.117
$P/PH_3(g)$	$P(红) + 3H^+ + 3e^- \rightleftharpoons PH_3(g)$	-0.111
SnO_2/Sn^{2+}	$SnO_2 + 4H^+ + 2e^- \rightleftharpoons Sn^{2+} + 2H_2O$	-0.094
WO_3/W	$WO_3 + 6H^+ + 6e^- \rightleftharpoons W + 3H_2O$	-0.090
Se/H_2Se	$Se + 2H^+ + 2e^- \rightleftharpoons H_2Se$	-0.082
$P/PH_3(g)$	$P(白) + 3H^+ + 3e^- \rightleftharpoons PH_3(g)$	-0.063
$H_2SO_3/HS_2O_4^-$	$2H_2SO_3 + H^+ + 2e \rightleftharpoons HS_2O_4^- + 2H_2O$	-0.056
Hg_2I_2/Hg	$Hg_2I_2 + 2e^- \rightleftharpoons 2Hg + 2I^-$	-0.0405
Fe^{3+}/Fe	$Fe^{3+} + 3e^- \rightleftharpoons Fe$	-0.037
Ag_2S/Ag	$Ag_2S + 2H^+ + 2e^- \rightleftharpoons 2Ag + H_2S$	0.0366
H^+/H_2	$2H^+ + 2e^- \rightleftharpoons H_2$	0.00000
CuI_2^-/Cu	$CuI_2^- + e^- \rightleftharpoons Cu + 2I^-$	0.00
$AgBr/Ag$	$AgBr + e^- \rightleftharpoons Ag + Br^-$	0.07133
MoO_3/Mo	$MoO_3 + 6H^+ + 6e^- \rightleftharpoons Mo + 3H_2O$	0.075
W^{3+}/W	$W^{3+} + 3e^- \rightleftharpoons W$	0.1
Ge^{4+}/Ge	$Ge^{4+} + 4e^- \rightleftharpoons Ge$	0.124
Hg_2Br_2/Hg	$Hg_2Br_2 + 2e^- \rightleftharpoons 2Hg + 2Br^-$	0.13923
$S/H_2S(aq)$	$S + 2H^+ + 2e^- \rightleftharpoons H_2S(aq)$	0.142
Sn^{4+}/Sn^{2+}	$Sn^{4+} + 2e^- \rightleftharpoons Sn^{2+}$	0.151

电对符号	电极反应	电极电势/V
	氧化型 $+ ze^- \rightleftharpoons$ 还原型	
Sb_2O_3/Sb	$Sb_2O_3 + 6H^+ + 6e^- \rightleftharpoons 2Sb + 3H_2O$	0.152
Cu^{2+}/Cu^+	$Cu^{2+} + e^- \rightleftharpoons Cu^+$	0.153
$BiOCl/Bi$	$BiOCl + 2H^+ + 3e^- \rightleftharpoons Bi + Cl^- + H_2O$	0.1583
SO_4^{2-}/H_2SO_3	$SO_4^{2-} + 4H^+ + 2e^- \rightleftharpoons H_2SO_3 + H_2O$	0.172
Bi^{3+}/Bi^+	$Bi^{3+} + 2e^- \rightleftharpoons Bi^+$	0.2
SbO^+/Sb	$SbO^+ + 2H^+ + 3e^- \rightleftharpoons Sb + H_2O$	0.212
$AgCl/Ag$	$AgCl + e^- \rightleftharpoons Ag + Cl^-$	0.22233
As_2O_3/As	$As_2O_3 + 6H^+ + 6e^- \rightleftharpoons 2As + 3H_2O$	0.234
Ru^{3+}/Ru^{2+}	$Ru^{3+} + e^- \rightleftharpoons Ru^{2+}$	0.2487
Ge^{2+}/Ge	$Ge^{2+} + 2e^- \rightleftharpoons Ge$	0.24
$HAsO_2/As$	$HAsO_2 + 3H^+ + 3e^- \rightleftharpoons As + 2H_2O$	0.248
Hg_2Cl_2/Hg	$Hg_2Cl_2 + 2e^- \rightleftharpoons 2Hg + 2Cl^-$	0.26808
Re^{3+}/Re	$Re^{3+} + 3e^- \rightleftharpoons Re$	0.300
Tc^{3+}/Tc^{2+}	$Tc^{3+} + e^- \rightleftharpoons Tc^{2+}$	0.3
Bi^{3+}/Bi	$Bi^{3+} + 3e^- \rightleftharpoons Bi$	0.308
BiO^+/Bi	$BiO^+ + 2H^+ + 3e^- \rightleftharpoons Bi + H_2O$	0.320
$HCNO/(CN)_2$	$2HCNO + 2H^+ + 2e^- \rightleftharpoons (CN)_2 + 2H_2O$	0.330
VO^{2+}/V^{3+}	$VO^{2+} + 2H^+ + e^- \rightleftharpoons V^{3+} + H_2O$	0.337
Cu^{2+}/Cu	$Cu^{2+} + 2e^- \rightleftharpoons Cu$	0.3419
$AgIO_3/Ag$	$AgIO_3 + e^- \rightleftharpoons Ag + IO_3^-$	0.354
$(CN)_2/HCN$	$(CN)_2 + 2H^+ + 2e^- \rightleftharpoons 2HCN$	0.373
Ag_2CrO_4/Ag	$Ag_2CrO_4 + 2e^- \rightleftharpoons 2Ag + CrO_4^{2-}$	0.4470
H_2SO_3/S	$H_2SO_3 + 4H^+ + 4e^- \rightleftharpoons S + 3H_2O$	0.449
Ru^{2+}/Ru	$Ru^{2+} + 2e^- \rightleftharpoons Ru$	0.455
AgC_2O_4/Ag	$AgC_2O_4 + 2e^- \rightleftharpoons 2Ag + C_2O_4^{2-}$	0.4647
TcO_4^-/Tc	$TcO_4^- + 8H^+ + 7e^- \rightleftharpoons Tc + 4H_2O$	0.472

电对符号	电极反应	电极电势/V
	氧化型 $+ ze^- \rightleftharpoons$ 还原型	
Bi^+/Bi	$Bi^+ + e^- \rightleftharpoons Bi$	0.5
Cu^+/Cu	$Cu^+ + e^- \rightleftharpoons Cu$	0.521
I_2/I^-	$I_2 + 2e^- \rightleftharpoons 2I^-$	0.5355
I_3^-/I^-	$I_3^- + 2e^- \rightleftharpoons 3I^-$	0.536
$AgBrO_3/Ag$	$AgBrO_3 + e^- \rightleftharpoons Ag + BrO_3^-$	0.546
MnO_4^-/MnO_4^{2-}	$MnO_4^- + e^- \rightleftharpoons MnO_4^{2-}$	0.558
$H_3AsO_4/HAsO_2$	$H_3AsO_4 + 2H^+ + 2e^- \rightleftharpoons HAsO_2 + 2H_2O$	0.560
$S_2O_6^{2-}/H_2SO_3$	$S_2O_6^{2-} + 4H^+ + 2e^- \rightleftharpoons 2H_2SO_3$	0.564
Te^{4+}/Te	$Te^{4+} + 4e^- \rightleftharpoons Te$	0.568
Sb_2O_5/SbO^+	$Sb_2O_5 + 6H^+ + 4e^- \rightleftharpoons 2SbO^+ + 3H_2O$	0.581
$[PdCl_4]^{2-}/Pd$	$[PdCl_4]^{2-} + 2e^- \rightleftharpoons Pd + 4Cl^-$	0.591
TeO_2/Te	$TeO_2 + 4H^+ + 4e^- \rightleftharpoons Te + 2H_2O$	0.593
Hg_2SO_4/Hg	$Hg_2SO_4 + 2e^- \rightleftharpoons 2Hg + SO_4^{2-}$	0.6125
$AgAc/Ag$	$AgAc + e^- \rightleftharpoons Ag + Ac^-$	0.643
Ag_2SO_4/Ag	$Ag_2SO_4 + 2e^- \rightleftharpoons 2Ag + SO_4^{2-}$	0.654
$[PtCl_6]^{2-}/[PtCl_4]^{2-}$	$[PtCl_6]^{2-} + 2e^- \rightleftharpoons [PtCl_4]^{2-} + 2Cl^-$	0.68
O_2/H_2O_2	$O_2 + 2H^+ + 2e^- \rightleftharpoons H_2O_2$	0.695
Tl^{3+}/Tl	$Tl^{3+} + 3e^- \rightleftharpoons Tl$	0.741
$[PtCl_4]^{2-}/Pt$	$[PtCl_4]^{2-} + 2e^- \rightleftharpoons Pt + 4Cl^-$	0.755
Rh^{3+}/Rh	$Rh^{3+} + 3e^- \rightleftharpoons Rh$	0.758
ReO_4^-/ReO_3	$ReO_4^- + 2H^+ + e^- \rightleftharpoons ReO_3 + H_2O$	0.768
$(CNS)_2/CNS^-$	$(CNS)_2 + 2e^- \rightleftharpoons 2CNS^-$	0.77
Fe^{3+}/Fe^{2+}	$Fe^{3+} + e^- \rightleftharpoons Fe^{2+}$	0.771
Hg_2^{2+}/Hg	$Hg_2^{2+} + 2e^- \rightleftharpoons 2Hg$	0.7973
Ag^+/Ag	$Ag^+ + e^- \rightleftharpoons Ag$	0.7996
NO_3^-/N_2O_4	$2NO_3^- + 4H^+ + 2e^- \rightleftharpoons N_2O_4 + 2H_2O$	0.803

电对符号	电极反应	电极电势/V
	氧化型 $+ ze^- \rightleftharpoons$ 还原型	
OsO_4/Os	$OsO_4 + 8H^+ + 8e^- \rightleftharpoons Os + 4H_2O$	0.838
Hg^{2+}/Hg	$Hg^{2+} + 2e^- \rightleftharpoons Hg$	0.851
$SiO_2(石英)/Si$	$SiO_2(石英) + 4H^+ + 4e^- \rightleftharpoons Si + 2H_2O$	0.857
Hg^{2+}/Hg_2^{2+}	$2Hg^{2+} + 2e^- \rightleftharpoons Hg_2^{2+}$	0.920
NO_3^-/HNO_2	$NO_3^- + 3H^+ + 2e^- \rightleftharpoons HNO_2 + H_2O$	0.934
Pd^{2+}/Pd	$Pd^{2+} + 2e^- \rightleftharpoons Pd$	0.951
V_2O_5/VO^{2+}	$V_2O_5 + 6H^+ + 2e^- \rightleftharpoons 2VO^{2+} + 3H_2O$	0.957
NO_3^-/NO	$NO_3^- + 4H^+ + 3e^- \rightleftharpoons NO + 2H_2O$	0.957
HNO_2/NO	$HNO_2 + H^+ + e^- \rightleftharpoons NO + H_2O$	0.983
HIO/I^-	$HIO + H^+ + 2e^- \rightleftharpoons I^- + H_2O$	0.987
VO_2^+/VO^{2+}	$VO_2^+ + 2H^+ + e^- \rightleftharpoons VO^{2+} + H_2O$	0.991
PtO_2/Pt	$PtO_2 + 4H^+ + 4e^- \rightleftharpoons Pt + 2H_2O$	1.00
$AuCl_4^-/Au$	$AuCl_4^- + 3e^- \rightleftharpoons Au + 4Cl^-$	1.002
OsO_4/OsO_2	$OsO_4 + 4H^+ + 4e^- \rightleftharpoons OsO_2 + 2H_2O$	1.02
H_6TeO_6/TeO_2	$H_6TeO_6 + 2H^+ + 2e^- \rightleftharpoons TeO_2 + 4H_2O$	1.02
$Hg(OH)_2/Hg$	$Hg(OH)_2 + 2H^+ + 2e^- \rightleftharpoons Hg + 2H_2O$	1.034
N_2O_4/NO	$N_2O_4 + 4H^+ + 4e^- \rightleftharpoons 2NO + 2H_2O$	1.035
RuO_4/Ru	$RuO_4 + 8H^+ + 8e^- \rightleftharpoons Ru + 4H_2O$	1.038
N_2O_4/HNO_2	$N_2O_4 + 2H^+ + 2e^- \rightleftharpoons 2HNO_2$	1.065
$Br_2(l)/Br^-$	$Br_2(l) + 2e^- \rightleftharpoons 2Br^-$	1.066
IO_3^-/I^-	$IO_3^- + 6H^+ + 6e^- \rightleftharpoons I^- + 3H_2O$	1.085
$Br_2(aq)/Br^-$	$Br_2(aq) + 2e^- \rightleftharpoons 2Br^-$	1.0873
$Cu^{2+}/[Cu(CN)_2]^-$	$Cu^{2+} + 2CN^- + e^- \rightleftharpoons [Cu(CN)_2]^-$	1.103
$[Fe(phen)_3]^{3+}/[Fe(phen)_3]^{2+}$	$[Fe(phen)_3]^{3+} + e^- \rightleftharpoons [Fe(phen)_3]^{2+}$	1.147
SeO_4^{2-}/H_2SeO_3	$SeO_4^{2-} + 4H^+ + 2e^- \rightleftharpoons H_2SeO_3 + H_2O$	1.151
ClO_3^-/ClO_2	$ClO_3^- + 2H^+ + e^- \rightleftharpoons ClO_2 + H_2O$	1.152

电对符号	电极反应	电极电势/V
	氧化型 $+ze^-$ ⇌ 还原型	
Ir^{3+}/Ir	$Ir^{3+} + 3e^- \rightleftharpoons Ir$	1.156
Pt^{2+}/Pt	$Pt^{2+} + 2e^- \rightleftharpoons Pt$	1.18
ClO_4^-/ClO_3^-	$ClO_4^- + 2H^+ + 2e^- \rightleftharpoons ClO_3^- + H_2O$	1.189
IO_3^-/I_2	$2IO_3^- + 12H^+ + 10e^- \rightleftharpoons I_2 + 6H_2O$	1.195
$ClO_3^-/HClO_2$	$ClO_3^- + 3H^+ + 2e^- \rightleftharpoons HClO_2 + H_2O$	1.214
MnO_2/Mn^{2+}	$MnO_2 + 4H^+ + 2e^- \rightleftharpoons Mn^{2+} + 2H_2O$	1.224
O_2/H_2O	$O_2 + 4H^+ + 4e^- \rightleftharpoons 2H_2O$	1.229
$Cr_2O_7^{2-}/Cr^{3+}$	$Cr_2O_7^{2-} + 14H^+ + 6e^- \rightleftharpoons 2Cr^{3+} + 7H_2O$	1.232
Tl^{3+}/Tl^+	$Tl^{3+} + 2e^- \rightleftharpoons Tl^+$	1.252
$N_2H_5^+/NH_4^+$	$N_2H_5^+ + 3H^+ + 2e^- \rightleftharpoons 2NH_4^+$	1.275
$ClO_2/HClO_2$	$ClO_2 + H^+ + e^- \rightleftharpoons HClO_2$	1.277
$[PdCl_6]^{2-}/[PdCl_4]^{2-}$	$[PdCl_6]^{2-} + 2e^- \rightleftharpoons [PdCl_4]^{2-} + 2Cl^-$	1.288
HNO_2/N_2O	$2HNO_2 + 4H^+ + 4e^- \rightleftharpoons N_2O + 3H_2O$	1.297
$HBrO/Br^-$	$HBrO + H^+ + 2e^- \rightleftharpoons Br^- + H_2O$	1.331
NH_3OH^+/NH_4^+	$NH_3OH^+ + 2H^+ + 2e^- \rightleftharpoons NH_4^+ + H_2O$	1.35*
Cl_2/Cl^-	$Cl_2 + 2e^- \rightleftharpoons 2Cl^-$	1.35827
ClO_4^-/Cl^-	$ClO_4^- + 8H^+ + 8e^- \rightleftharpoons Cl^- + 4H_2O$	1.389
ClO_4^-/Cl_2	$ClO_4^- + 8H^+ + 7e^- \rightleftharpoons 1/2Cl_2 + 4H_2O$	1.39
Au^{3+}/Au^+	$Au^{3+} + 2e^- \rightleftharpoons Au^+$	1.401
$NH_3OH^+/N_2H_5^+$	$2NH_3OH^+ + H^+ + 2e^- \rightleftharpoons N_2H_5^+ + H_2O$	1.42
BrO_3^-/Br^-	$BrO_3^- + 6H^+ + 6e^- \rightleftharpoons Br^- + 3H_2O$	1.423
HIO/I_2	$2HIO + 2H^+ + 2e^- \rightleftharpoons I_2 + 2H_2O$	1.439
ClO_3^-/Cl^-	$ClO_3^- + 6H^+ + 6e^- \rightleftharpoons Cl^- + 3H_2O$	1.451
PbO_2/Pb^{2+}	$PbO_2 + 4H^+ + 2e^- \rightleftharpoons Pb^{2+} + 2H_2O$	1.455
ClO_3^-/Cl_2	$ClO_3^- + 6H^+ + 5e^- \rightleftharpoons 1/2Cl_2 + 3H_2O$	1.47
CrO_2/Cr^{3+}	$CrO_2 + 4H^+ + e^- \rightleftharpoons Cr^{3+} + 2H_2O$	1.48

电对符号	电极反应	电极电势/V
	氧化型 $+ ze^-$ ⇌ 还原型	
BrO_3^- / Br_2	$BrO_3^- + 6H^+ + 5e^- \rightleftharpoons 1/2Br_2 + 3H_2O$	1.482
$HClO/Cl^-$	$HClO + H^+ + 2e^- \rightleftharpoons Cl^- + H_2O$	1.482
Mn_2O_3/Mn^{2+}	$Mn_2O_3 + 6H^+ + 2e^- \rightleftharpoons 2Mn^{2+} + 3H_2O$	1.485
Au^{3+}/Au	$Au^{3+} + 3e^- \rightleftharpoons Au$	1.498
MnO_4^- /Mn^{2+}	$MnO_4^- + 8H^+ + 5e^- \rightleftharpoons Mn^{2+} + 4H_2O$	1.507
Mn^{3+}/Mn^{2+}	$Mn^{3+} + e^- \rightleftharpoons Mn^{2+}$	1.5415
$HClO_2/Cl^-$	$HClO_2 + 3H^+ + 4e^- \rightleftharpoons Cl^- + 2H_2O$	1.570
$HBrO/Br_2(aq)$	$HBrO + H^+ + e^- \rightleftharpoons 1/2Br_2(aq) + H_2O$	1.574
NO/N_2O	$2NO + 2H^+ + 2e^- \rightleftharpoons N_2O + H_2O$	1.591
Bi_2O_4/BiO^+	$Bi_2O_4 + 4H^+ + 2e^- \rightleftharpoons 2BiO^+ + 2H_2O$	1.593
$HBrO/Br_2(l)$	$HBrO + H^+ + e^- \rightleftharpoons 1/2Br_2(l) + H_2O$	1.596
H_5IO_6 / IO_3^-	$H_5IO_6 + H^+ + 2e^- \rightleftharpoons IO_3^- + 3H_2O$	1.601
$HClO/Cl_2$	$HClO + H^+ + e^- \rightleftharpoons 1/2Cl_2 + H_2O$	1.611
$HClO_2/Cl_2$	$HClO_2 + 3H^+ + 3e^- \rightleftharpoons 1/2Cl_2 + 2H_2O$	1.628
$HClO_2/HClO$	$HClO_2 + 2H^+ + 2e^- \rightleftharpoons HClO + H_2O$	1.645
NiO_2/Ni^{2+}	$NiO_2 + 4H^+ + 2e^- \rightleftharpoons Ni^{2+} + 2H_2O$	I.678
MnO_4^- /MnO_2	$MnO_4^- + 4H^+ + 3e^- \rightleftharpoons MnO_2 + 2H_2O$	1.679
$PbO_2/PbSO_4$	$PbO_2 + SO_4^{2-} + 4H^+ + 2e^- \rightleftharpoons PbSO_4 + 2H_2O$	1.6913
Au^+/Au	$Au^+ + e^- \rightleftharpoons Au$	1.692
Ce^{4+}/Ce^{3+}	$Ce^{4+} + e^- \rightleftharpoons Ce^{3+}$	1.72
N_2O/N_2	$N_2O + 2H^+ + 2e^- \rightleftharpoons N_2 + H_2O$	1.766
H_2O_2/H_2O	$H_2O_2 + 2H^+ + 2e^- \rightleftharpoons 2H_2O$	1.776
Ag^{3+}/Ag^{2+}	$Ag^{3+} + e^- \rightleftharpoons Ag^{2+}$	1.8
Ag_2O_2/Ag	$Ag_2O_2 + 4H^+ + 4e^- \rightleftharpoons 2Ag + 2H_2O$	1.802
BrO_4^- / BrO_3^-	$BrO_4^- + 2H^+ + 2e^- \rightleftharpoons BrO_3^- + H_2O$	1.853*
Ag^{3+}/Ag^+	$Ag^{3+} + 2e^- \rightleftharpoons Ag^+$	1.9

续表

电对符号	电极反应	电极电势/V
	氧化型 $+ze^-\rightleftharpoons$ 还原型	
Co^{3+}/Co^{2+}	$Co^{3+}+e^-\rightleftharpoons Co^{2+}$	1.92
Ag^{2+}/Ag^+	$Ag^{2+}+e^-\rightleftharpoons Ag^+$	1.980
$S_2O_8^{2-}/SO_4^{2-}$	$S_2O_8^{2-}+2e^-\rightleftharpoons 2SO_4^{2-}$	2.010
$HFeO_4^-/Fe^{3+}$	$HFeO_4^-+7H^++3e^-\rightleftharpoons Fe^{3+}+4H_2O$	2.07
O_3/H_2O	$O_3+2H^++2e^-\rightleftharpoons O_2+H_2O$	2.076
$HFeO_4^-/FeOOH$	$HFeO_4^-+4H^++3e^-\rightleftharpoons FeOOH+2H_2O$	2.08
XeO_3/Xe	$XeO_3+6H^++6e^-\rightleftharpoons Xe+3H_2O$	2.10
$S_2O_8^{2-}/HSO_4^-$	$S_2O_8^{2-}+2H^++2e^-\rightleftharpoons 2HSO_4^-$	2.123
Cu^{3+}/Cu^{2+}	$Cu^{3+}+e^-\rightleftharpoons Cu^{2+}$	2.4
H_4XeO_6/XeO_3	$H_4XeO_6+2H^++2e^-\rightleftharpoons XeO_3+3H_2O$	2.42
$O(g)/H_2O$	$O(g)+2H^++2e^-\rightleftharpoons H_2O$	2.421
F_2/HF	$F_2+2H^++2e^-\rightleftharpoons 2HF$	3.053

附录 11　标准电极电势(298.15 K，碱性介质)

电对符号	电极反应	电极电势/V
	氧化型 $+ze^-\rightleftharpoons$ 还原型	
$Ca(OH)_2/Ca$	$Ca(OH)_2+2e^-\rightleftharpoons Ca+2OH^-$	−3.02
$Ba(OH)_2/Ba$	$Ba(OH)_2+2e^-\rightleftharpoons Ba+2OH^-$	−2.99
$La(OH)_3/La$	$La(OH)_3+3e^-\rightleftharpoons La+3OH^-$	−2.90
$Sr(OH)_2/Sr$	$Sr(OH)_2+2e^-\rightleftharpoons Sr+2OH^-$	−2.88
$Mg(OH)_2/Mg$	$Mg(OH)_2+2e^-\rightleftharpoons Mg+2OH^-$	−2.690
$Al(OH)_3/Al$	$Al(OH)_3+3e^-\rightleftharpoons Al+3OH^-$	−2.31
$H_2BO_3^-/B$	$H_2BO_3^-+H_2O+3e^-\rightleftharpoons B+4OH^-$	−1.79
HPO_3^{2-}/P	$HPO_3^{2-}+2H_2O+3e^-\rightleftharpoons P+5OH^-$	−1.71
SiO_3^{2-}/Si	$SiO_3^{2-}+3H_2O+4e^-\rightleftharpoons Si+6OH^-$	−1.697
$HPO_3^{2-}/H_2PO_2^-$	$HPO_3^{2-}+2H_2O+2e^-\rightleftharpoons H_2PO_2^-+3OH^-$	−1.65

续表

电对符号	电极反应	电极电势/V
	氧化型 + ze^- ⇌ 还原型	
$Cr(OH)_3/Cr$	$Cr(OH)_3 + 3e^- \rightleftharpoons Cr + 3OH^-$	−1.48
ZnO/Zn	$ZnO + H_2O + 2e^- \rightleftharpoons Zn + 2OH^-$	−1.260
$Zn(OH)_2/Zn$	$Zn(OH)_2 + 2e^- \rightleftharpoons Zn + 2OH^-$	−1.249
SiF_6^{2-}/Si	$SiF_6^{2-} + 4e^- \rightleftharpoons Si + 6F^-$	−1.24
ZnO_2^{2-}/Zn	$ZnO_2^{2-} + 2H_2O + 2e^- \rightleftharpoons Zn + 4OH^-$	−1.215
CrO_2^-/Cr	$CrO_2^- + 2H_2O + 3e^- \rightleftharpoons Cr + 4OH^-$	−1.2
$[Zn(OH)_4]^{2-}/Zn$	$[Zn(OH)_4]^{2-} + 2e^- \rightleftharpoons Zn + 4OH^-$	−1.199
$SO_3^{2-}/S_2O_4^{2-}$	$2SO_3^{2-} + 2H_2O + 2e^- \rightleftharpoons S_2O_4^{2-} + 4OH^-$	−1.12
PO_4^{3-}/HPO_3^{2-}	$PO_4^{3-} + 2H_2O + 2e^- \rightleftharpoons HPO_3^{2-} + 3OH^-$	−1.05
In_2O_3/In	$In_2O_3 + 3H_2O + 6e^- \rightleftharpoons 2In + 6OH^-$	−1.034
$In(OH)_3/In$	$In(OH)_3 + 3e^- \rightleftharpoons In + 3OH^-$	−0.99
SnO_2/Sn	$SnO_2 + 2H_2O + 4e^- \rightleftharpoons Sn + 4OH^-$	−0.945
$[Sn(OH)_6]^{2-}/HSnO_2^-$	$[Sn(OH)_6]^{2-} + 2e^- \rightleftharpoons HSnO_2^- + 3OH^- + H_2O$	−0.93
SO_4^{2-}/SO_3^{2-}	$SO_4^{2-} + H_2O + 2e^- \rightleftharpoons SO_3^{2-} + 2OH^-$	−0.93
Se/Se^{2-}	$Se + 2e^- \rightleftharpoons Se^{2-}$	−0.924
$HSnO_2^-/Sn$	$HSnO_2^- + H_2O + 2e^- \rightleftharpoons Sn + 3OH^-$	−0.909
P/PH_3	$P + 3H_2O + 3e^- \rightleftharpoons PH_3(g) + 3OH^-$	−0.87
NO_3^-/N_2O_4	$2NO_3^- + 2H_2O + 2e^- \rightleftharpoons N_2O_4 + 4OH^-$	−0.85
H_2O/H_2	$2H_2O + 2e^- \rightleftharpoons H_2 + 2OH^-$	−0.8277
$Cd(OH)_2/Cd(Hg)$	$Cd(OH)_2 + 2e^- + Hg \rightleftharpoons Cd(Hg) + 2OH^-$	−0.809
CdO/Cd	$CdO + H_2O + 2e^- \rightleftharpoons Cd + 2OH^-$	−0.783
$Co(OH)_2/Co$	$Co(OH)_2 + 2e^- \rightleftharpoons Co + 2OH^-$	−0.73
$Ni(OH)_2/Ni$	$Ni(OH)_2 + 2e^- \rightleftharpoons Ni + 2OH^-$	−0.72
AsO_4^{3-}/AsO_2^-	$AsO_4^{3-} + 2H_2O + 2e^- \rightleftharpoons AsO_2^- + 4OH^-$	−0.71
Ag_2S/Ag	$Ag_2S + 2e^- \rightleftharpoons 2Ag + S^{2-}$	−0.691
SbO_2^-/Sb	$SbO_2^- + 2H_2O + 3e^- \rightleftharpoons Sb + 4OH^-$	−0.66

电对符号	电极反应 氧化型 $+ze^-\rightleftharpoons$ 还原型	电极电势/V
$[Cd(OH)_4]^{2-}/Cd$	$[Cd(OH)_4]^{2-} + 2e^- \rightleftharpoons Cd + 4OH^-$	−0.658
SbO_3^-/SbO_2^-	$SbO_3^- + H_2O + 2e^- \rightleftharpoons SbO_2^- + 2OH^-$	−0.59
SO_3^{2-}/S	$SO_3^{2-} + 3H_2O + 4e^- \rightleftharpoons S + 6OH^-$	−0.59
ReO_4^-/Re	$ReO_4^- + 4H_2O + 7e^- \rightleftharpoons Re + 8OH^-$	−0.584
PbO/Pb	$PbO + H_2O + 2e^- \rightleftharpoons Pb + 2OH^-$	−0.580
$SO_3^{2-}/S_2O_3^{2-}$	$2SO_3^{2-} + 3H_2O + 4e^- \rightleftharpoons S_2O_3^{2-} + 6OH^-$	−0.571
TeO_3^{2-}/Te	$TeO_3^{2-} + 3H_2O + 4e^- \rightleftharpoons Te + 6OH^-$	−0.57
$Fe(OH)_3/Fe(OH)_2$	$Fe(OH)_3 + e^- \rightleftharpoons Fe(OH)_2 + OH^-$	−0.56
$HPbO_2^-/Pb$	$HPbO_2^- + H_2O + 2e^- \rightleftharpoons Pb + 3OH^-$	−0.537
$NiO_2/Ni(OH)_2$	$NiO_2 + 2H_2O + 2e^- \rightleftharpoons Ni(OH)_2 + 2OH^-$	−0.490
S/S^{2-}	$S + 2e^- \rightleftharpoons S^{2-}$	−0.47627
NO_2^-/NO	$NO_2^- + H_2O + e^- \rightleftharpoons NO + 2OH^-$	−0.46
Bi_2O_3/Bi	$Bi_2O_3 + 3H_2O + 6e^- \rightleftharpoons 2Bi + 6OH^-$	−0.46
SeO_3^{2-}/Se	$SeO_3^{2-} + 3H_2O + 4e^- \rightleftharpoons Se + 6OH^-$	−0.366
Cu_2O/Cu	$Cu_2O + H_2O + 2e^- \rightleftharpoons 2Cu + 2OH^-$	−0.360
$TlOH/Tl$	$TlOH + e^- \rightleftharpoons Tl + OH^-$	−0.34
$Cu(OH)_2/Cu$	$Cu(OH)_2 + 2e^- \rightleftharpoons Cu + 2OH^-$	−0.222
O_2/H_2O_2	$O_2 + 2H_2O + 2e^- \rightleftharpoons H_2O_2 + 2OH^-$	−0.146
$CrO_4^{2-}/Cr(OH)_3$	$CrO_4^{2-} + 4H_2O + 3e^- \rightleftharpoons Cr(OH)_3 + 5OH^-$	−0.13
$Cu(OH)_2/Cu_2O$	$2Cu(OH)_2 + 2e^- \rightleftharpoons Cu_2O + 2OH^- + H_2O$	−0.080
O_2/HO_2^-	$O_2 + H_2O + 2e^- \rightleftharpoons HO_2^- + OH^-$	−0.076
$Tl(OH)_3/TlOH$	$Tl(OH)_3 + 2e^- \rightleftharpoons TlOH + 2OH^-$	−0.05
$AgCN/Ag$	$AgCN + e^- \rightleftharpoons Ag + CN^-$	−0.017
NO_3^-/NO_2^-	$NO_3^- + H_2O + 2e^- \rightleftharpoons NO_2^- + 2OH^-$	0.01
Tl_2O_3/Tl^+	$Tl_2O_3 + 3H_2O + 4e^- \rightleftharpoons 2Tl^+ + 6OH^-$	0.02
SeO_4^{2-}/SeO_3^{2-}	$SeO_4^{2-} + H_2O + 2e^- \rightleftharpoons SeO_3^{2-} + 2OH^-$	0.05

电对符号	电极反应	电极电势/V
	氧化型 $+ ze^- \rightleftharpoons$ 还原型	
$Pd(OH)_2/Pd$	$Pd(OH)_2 + 2e^- \rightleftharpoons Pd + 2OH^-$	0.07
$S_4O_6^{2-}/S_2O_3^{2-}$	$S_4O_6^{2-} + 2e^- \rightleftharpoons 2S_2O_3^{2-}$	0.08
HgO/Hg	$HgO + H_2O + 2e^- \rightleftharpoons Hg + 2OH^-$	0.0977
Ir_2O_3/Ir	$Ir_2O_3 + 3H_2O + 6e^- \rightleftharpoons 2Ir + 6OH^-$	0.0098
$[Co(NH_3)_6]^{3+}/[Co(NH_3)_6]^{2+}$	$[Co(NH_3)_6]^{3+} + e^- \rightleftharpoons [Co(NH_3)_6]^{2+}$	0.108
Hg_2O/Hg	$Hg_2O + H_2O + 2e^- \rightleftharpoons 2Hg + 2OH^-$	0.123
$Pt(OH)_2/Pt$	$Pt(OH)_2 + 2e^- \rightleftharpoons Pt + 2OH^-$	0.14
IO_3^-/IO^-	$IO_3^- + 2H_2O + 4e^- \rightleftharpoons IO^- + 4OH^-$	0.15
$Mn(OH)_3/Mn(OH)_2$	$Mn(OH)_3 + e^- \rightleftharpoons Mn(OH)_2 + OH^-$	0.15
NO_2^-/N_2O	$2NO_2^- + 3H_2O + 4e^- \rightleftharpoons N_2O + 6OH^-$	0.16
$Co(OH)_3/Co(OH)_2$	$Co(OH)_3 + e^- \rightleftharpoons Co(OH)_2 + OH^-$	0.17
PbO_2/PbO	$PbO_2 + H_2O + 2e^- \rightleftharpoons PbO + 2OH^-$	0.247
IO_3^-/I^-	$IO_3^- + 3H_2O + 6e^- \rightleftharpoons I^- + 6OH^-$	0.26
ClO_3^-/ClO_2^-	$ClO_3^- + H_2O + 2e^- \rightleftharpoons ClO_2^- + 2OH^-$	0.33
Ag_2O/Ag	$Ag_2O + H_2O + 2e^- \rightleftharpoons 2Ag + 2OH^-$	0.342
$[Fe(CN)_6]^{3-}/[Fe(CN)_6]^{4-}$	$[Fe(CN)_6]^{3+} + e^- \rightleftharpoons [Fe(CN)_6]^{4-}$	0.358
ClO_4^-/ClO_3^-	$ClO_4^- + H_2O + 2e^- \rightleftharpoons ClO_3^- + 2OH^-$	0.36
O_2/OH^-	$O_2 + 2H_2O + 4e^- \rightleftharpoons 4OH^-$	0.401
Ag_2CO_3/Ag	$Ag_2CO_3 + 2e^- \rightleftharpoons 2Ag + CO_3^{2-}$	0.47
IO^-/I^-	$IO^- + H_2O + 2e^- \rightleftharpoons I^- + 2OH^-$	0.485
MnO_4^-/MnO_2	$MnO_4^- + 2H_2O + 3e^- \rightleftharpoons MnO_2 + 4OH^-$	0.595
MnO_4^{2-}/MnO_2	$MnO_4^{2-} + 2H_2O + 2e^- \rightleftharpoons MnO_2 + 4OH^-$	0.60
BrO_3^-/Br^-	$BrO_3^- + 3H_2O + 6e^- \rightleftharpoons Br^- + 6OH^-$	0.61
ClO_3^-/Cl^-	$ClO_3^- + 3H_2O + 6e^- \rightleftharpoons Cl^- + 6OH^-$	0.62
ClO_2^-/Cl^-	$ClO_2^- + 2H_2O + 4e^- \rightleftharpoons Cl^- + 4OH^-$	0.66
$H_3IO_6^{2-}/IO_3^-$	$H_3IO_6^{2-} + 2e^- \rightleftharpoons IO_3^- + 3OH^-$	0.7

电对符号	电极反应	电极电势/V
	氧化型 $+\,ze^-\rightleftharpoons$ 还原型	
NO/N_2O	$2NO + H_2O + 2e^- \rightleftharpoons N_2O + 2OH^-$	0.76
ClO_2^-/Cl^-	$ClO_2^- + 2H_2O + 4e^- \rightleftharpoons Cl^- + 4OH^-$	0.76
BrO^-/Br^-	$BrO^- + H_2O + 2e^- \rightleftharpoons Br^- + 2OH^-$	0.761
AgF/Ag	$AgF + e^- \rightleftharpoons Ag + F^-$	0.779
ClO^-/Cl^-	$ClO^- + H_2O + 2e^- \rightleftharpoons Cl^- + 2OH^-$	0.81
N_2O_4/NO_2^-	$N_2O_4 + 2e^- \rightleftharpoons 2NO_2^-$	0.867
HO_2^-/OH^-	$HO_2^- + H_2O + 2e^- \rightleftharpoons 3OH^-$	0.878
$ClO_2(aq)/ClO_2^-$	$ClO_2(aq) + e^- \rightleftharpoons ClO_2^-$	0.954
RuO_4/RuO_4^-	$RuO_4 + e^- \rightleftharpoons RuO_4^-$	1.00
O_3/O_2	$O_3 + H_2O + 2e^- \rightleftharpoons O_2 + 2OH^-$	1.24
F_2/F^-	$F_2 + 2e^- \rightleftharpoons 2F^-$	2.866
XeF/Xe	$XeF + e^- \rightleftharpoons Xe + F^-$	3.4

附录 12　一些配位化合物的稳定常数

配离子	$K_{稳}^{\ominus}$	$\lg K_{稳}^{\ominus}$	配离子	$K_{稳}^{\ominus}$	$\lg K_{稳}^{\ominus}$
$[Ag(NH_3)_2]^+$	1.12×10^7	7.05	$[CdCl_4]^{2-}$	6.31×10^2	2.80
$[Cd(NH_3)_6]^{2+}$	1.38×10^5	5.14	$[CuCl_3]^{2-}$	5.01×10^5	5.7
$[Cd(NH_3)_4]^{2+}$	1.32×10^7	7.12	$[FeCl_4]^-$	1.02×10^0	0.01
$[Co(NH_3)_6]^{2+}$	1.29×10^5	5.11	$[HgCl_4]^{2-}$	1.17×10^{15}	15.07
$[Co(NH_3)_6]^{3+}$	1.58×10^{35}	35.2	$[PtCl_4]^{2-}$	1.00×10^{16}	16.0
$[Cu(NH_3)_2]^+$	7.24×10^{10}	10.86	$[SnCl_4]^{2-}$	3.02×10^1	1.48
$[Cu(NH_3)_4]^{2+}$	2.09×10^{13}	13.32	$[ZnCl_4]^{2-}$	1.58×10^0	0.20
$[Fe(NH_3)_2]^{2+}$	1.58×10^2	2.2	$[Ag(CN)_2]^-$	1.26×10^{21}	21.1
$[Hg(NH_3)_4]^{2+}$	1.91×10^{19}	19.28	$[Ag(CN)_4]^{3-}$	3.98×10^{20}	20.6
$[Mg(NH_3)_2]^{2+}$	2.00×10^1	1.3	$[Au(CN)_2]^-$	2.00×10^{38}	38.3
$[Ni(NH_3)_6]^{2+}$	5.50×10^8	8.74	$[Cd(CN)_4]^{2-}$	6.03×10^{18}	18.78
$[Ni(NH_3)_4]^{2+}$	9.12×10^7	7.96	$[Cu(CN)_2]^-$	1.00×10^{24}	24.0
$[Pt(NH_3)_4]^{2+}$	2.00×10^{35}	35.3	$[Cu(CN)_4]^{3-}$	2.00×10^{30}	30.3
$[Zn(NH_3)_4]^{2+}$	2.88×10^9	9.46	$[Fe(CN)_6]^{4-}$	1.00×10^{35}	35
$[AuCl_2]^+$	6.31×10^9	9.8	$[Fe(CN)_6]^{3-}$	1.00×10^{42}	42

配离子	$K_稳^\ominus$	lg $K_稳^\ominus$	配离子	$K_稳^\ominus$	lg $K_稳^\ominus$
$[Hg(CN)_4]^{2-}$	2.51×10^{41}	41.4	$[Co(en)_3]^{2+}$	8.71×10^{13}	13.94
$[Ni(CN)_4]^{2-}$	2.00×10^{31}	31.3	$[Co(en)_3]^{3+}$	4.90×10^{48}	48.69
$[Zn(CN)_4]^{2-}$	5.01×10^{16}	16.7	$[Cr(en)_2]^{2+}$	1.55×10^{9}	9.19
$[AlF_6]^{3-}$	6.92×10^{19}	19.84	$[Cu(en)_2]^{+}$	6.31×10^{10}	10.8
$[FeF_6]^{3-}$	1.91×10^{5}	5.28	$[Cu(en)_3]^{2+}$	1.00×10^{21}	21.0
$[FeF_2]^{+}$	2.00×10^{9}	9.30	$[Fe(en)_3]^{2+}$	5.01×10^{9}	9.70
$[ScF_6]^{3-}$	2.00×10^{17}	17.3	$[Hg(en)_2]^{2+}$	2.00×10^{23}	23.3
$[Al(OH)_4]^{-}$	1.07×10^{33}	33.03	$[Mn(en)_3]^{2+}$	4.68×10^{5}	5.67
$[Cd(OH)_4]^{2-}$	4.17×10^{8}	8.62	$[Ni(en)_3]^{2+}$	2.14×10^{18}	18.33
$[Cr(OH)_4]^{-}$	7.94×10^{29}	29.9	$[Zn(en)_3]^{2+}$	1.29×10^{14}	14.11
$[Cu(OH)_4]^{2-}$	3.16×10^{18}	18.5	$[AgEDTA]^{3-}$	2.09×10^{7}	7.32
$[Fe(OH)_4]^{2-}$	3.80×10^{8}	8.58	$[AlEDTA]^{-}$	1.29×10^{16}	16.11
$[AgI_3]^{2-}$	4.79×10^{13}	13.68	$[CaEDTA]^{2-}$	1.00×10^{11}	11.0
$[AgI_2]^{-}$	5.50×10^{11}	11.74	$[CdEDTA]^{2-}$	2.51×10^{16}	16.4
$[CdI_4]^{2-}$	2.57×10^{5}	5.41	$[CoEDTA]^{2-}$	2.04×10^{16}	16.31
$[CuI_2]^{-}$	7.08×10^{8}	8.85	$[CoEDTA]^{-}$	1.00×10^{36}	36
$[PbI_4]^{2-}$	2.95×10^{4}	4.47	$[CuEDTA]^{2-}$	5.01×10^{18}	18.7
$[HgI_4]^{2-}$	6.76×10^{29}	29.83	$[FeEDTA]^{2-}$	2.14×10^{14}	14.33
$[Ag(SCN)_2]^{-}$	3.72×10^{7}	7.57	$[FeEDTA]^{-}$	1.70×10^{24}	24.23
$[Ag(SCN)_4]^{3-}$	1.20×10^{10}	10.08	$[HgEDTA]^{2-}$	6.31×10^{21}	21.80
$[Co(SCN)_4]^{2-}$	1.00×10^{3}	3.00	$[MgEDTA]^{2-}$	4.37×10^{8}	8.64
$[Fe(SCN)]^{2+}$	8.91×10^{2}	2.95	$[MnEDTA]^{2-}$	6.31×10^{13}	13.8
$[Fe(SCN)_2]^{+}$	2.29×10^{3}	3.36	$[NiEDTA]^{2-}$	3.63×10^{18}	18.56
$[Cu(SCN)_2]^{-}$	1.51×10^{5}	5.18	$[ZnEDTA]^{2-}$	2.51×10^{16}	16.4
$[Hg(SCN)_4]^{2-}$	1.70×10^{21}	21.23	$[Al(C_2O_4)_3]^{3-}$	2.00×10^{16}	16.3
$[Ag(S_2O_3)_2]^{3-}$	2.88×10^{13}	13.46	$[Ce(C_2O_4)_3]^{3-}$	2.00×10^{11}	11.3
$[Cd(S_2O_3)_2]^{2-}$	2.75×10^{6}	6.44	$[Co(C_2O_4)_3]^{4-}$	5.01×10^{9}	9.7
$[Cu(S_2O_3)_2]^{3-}$	1.66×10^{12}	12.22	$[Co(C_2O_4)_3]^{3-}$	1.00×10^{20}	20
$[Pb(S_2O_3)_2]^{2-}$	1.35×10^{5}	5.13	$[Cu(C_2O_4)_2]^{2-}$	3.16×10^{8}	8.5
$[Hg(S_2O_3)_4]^{6-}$	1.74×10^{33}	33.24	$[Fe(C_2O_4)_3]^{4-}$	1.66×10^{5}	5.22
$[Ag(en)_2]^{+}$	5.01×10^{7}	7.70	$[Fe(C_2O_4)_3]^{3-}$	1.58×10^{20}	20.2
$[Cd(en)_3]^{2+}$	1.23×10^{12}	12.09			